U0286775

清华

开发者书库·Python

Python

玩转数学问题

轻松学习NumPy、SciPy和Matplotlib

张 骞◎编著

清华大学出版社

北京

内 容 简 介

本书主要介绍如何使用 Python 处理数学问题，涉及代数、统计、概率和微积分等方面内容。

本书第 1～4 章主要讲解 Python 编程的基础知识，第 5～12 章主要介绍 Python 用于处理数学问题的第三方扩展库的使用，包括 NumPy、SciPy 和 Matplotlib。第 5 章 Python 绘图是后续很多章节的基础，读者务必首先熟悉这一章的内容。第 6 章类和面向对象编程主要讲解什么是面向对象的程序设计，Python 是一种面向对象的程序设计语言，掌握面向对象的概念对于理解 Python 程序、编写出效率更高的 Python 代码会很有帮助。NumPy 是 Python 科学计算的基础，第 7 章详细讲解 NumPy 的使用方法。第 8 章的内容相对比较独立，主要介绍 Python 在符号计算方面的应用。第 9 章和第 10 章是关于统计分析和概率统计的内容，会用到第 5～7 章的知识。第 11 章是关于分形的介绍，可使读者了解如何使用 Python 绘制分形。第 12 章讲解 Python 中的异常处理。

本书适合作为高等院校及培训机构相关专业的参考用书，也适合对如何使用 Python 处理数学问题感兴趣的初学者阅读。

本书封面贴有清华大学出版社防伪标签，无标签者不得销售。

版权所有，侵权必究。举报：010-62782989，beiqinquan@tup.tsinghua.edu.cn。

图书在版编目（CIP）数据

Python 玩转数学问题：轻松学习 NumPy、SciPy 和 Matplotlib/张骞编著.—北京：清华大学出版社，2022.4

（清华开发者书库.Python）

ISBN 978-7-302-59157-3

Ⅰ.①P… Ⅱ.①张… Ⅲ.①软件工具－程序设计 Ⅳ.①TP311.561

中国版本图书馆 CIP 数据核字（2021）第 185014 号

责任编辑：赵佳霓
封面设计：刘　键
责任校对：郝美丽
责任印制：沈　露

出版发行：清华大学出版社
　　　　网　　　址：http://www.tup.com.cn，http://www.wqbook.com
　　　　地　　　址：北京清华大学学研大厦 A 座　　　邮　　　编：100084
　　　　社 总 机：010-83470000　　　　　　　　　邮　　　购：010-62786544
　　　　投稿与读者服务：010-62776969，c-service@tup.tsinghua.edu.cn
　　　　质量反馈：010-62772015，zhiliang@tup.tsinghua.edu.cn
　　　　课件下载：http://www.tup.com.cn，010-83470236

印 装 者：三河市天利华印刷装订有限公司
经　　销：全国新华书店
开　　本：185mm×260mm　　　印　张：27　　　字　数：653 千字
版　　次：2022 年 4 月第 1 版　　　印　次：2022 年 4 月第 1 次印刷
印　　数：1～2000
定　　价：100.00 元

产品编号：091140-01

前言
PREFACE

随着信息技术的发展,我们经常会收发电子邮件、网购、追剧、玩电子游戏等,但这是否意味着我们非常熟悉身边的这些新技术呢? 虽然每天都要和各种各样的数字媒体打交道,但是有能力自己创建并分享数字内容的人不多。随着技术的进步,不远的将来,生活在这个"数字世界"的"数字原住民"应既是消费者也是生产者。

大部分人可能认为编写计算机程序是专业性极强的工作,是少数人才可以完成的任务。其实并非如此。学习计算机语言就好比学习一门自然语言、游泳或者驾驶汽车,大多数人稍微花点时间便能够掌握。

计算机语言是一种特殊形式的语言,它可以被用来定义计算机程序,向计算机发出指令。计算机科学发展至今,产生了 600 多种计算机语言,至今仍流行的语言有 20 多种,新的计算机语言也在不断产生。它们可分为三类:机器语言、汇编语言和高级语言。这里"高级"仅指语言发展的阶段,并不是说它的功能较前者更强。对于初学者来讲,应该从高级语言入门,因为计算机高级语言接近于数学语言或人类自然语言,学习起来较为容易。

一般情况下,学习计算机编程有如下一些困难:

(1) 编程语言的语法规则晦涩难懂。

(2) 语言教程中所涉及的例子远离我们的日常生活经验。

因此,入门学习的计算机语言需要满足以下两个条件:

(1) 语法规则简单。

(2) 学到的知识可以很快应用到实践中。

那么,Python 能够满足笔者提出的这两个条件吗? Python 的语法规则相对于 C++ 或 Java 简单,能够满足条件 1。Python 拥有丰富的内建和第三方扩展库,因此有着丰富的应用方式,也能够满足条件 2。在 Python 语言的众多应用中,处理数学问题无疑是非常热门和有实用价值的应用方向,因此,笔者在学习 Python 编程的过程中,便萌生了编写一本书,介绍如何使用 Python 处理数学问题的念头。

Python 语言拥有丰富的针对数学的扩展库: NumPy 库支持高维度矩阵运算,内含大量针对数组运算的函数; Matplotlib 为 Python 语言提供了绘图扩展; SciPy 库支持线性代数、微积分、概率统计等; SymPy 库使得 Python 语言能够支持符号计算。在熟悉 Python 的基本语法结构之后,如果能够熟练掌握这些库的使用方法,则在日后的工作和学习中完全可以使用 Python 来处理遇到的数学问题。

本书首先简要介绍了 Python 的基本语法,涵盖了处理数学问题时需要用到的基本语法。接下来详细介绍了第三方库的使用方法。相关章节如果继续深入,则完全可以独立成书。特别是关于如何使用 Python 进行数值计算,目前已有多本非常优秀的著作或译作出版。希望本书中的相关章节能帮助读者熟悉如何使用 Python 的数值运算库。这样,在将来阅读相关图书时,可以专注于算法而不会受困于 Python 语法和相应库的使用方法。

　　一本书的编纂并非易事。很多自以为已经掌握的概念,在编写例程时,会突然变得很生疏。所幸,Python 的世界是开放的,很多问题都能够通过互联网找到答案,因此,当读者在遇到本书中未曾涉及的概念时,可以通过互联网寻求帮助,笔者相信读者一定能够找到满意的答案。由于本人能力的限制,书中难免存有舛误,欢迎读者指正。

　　要特别感谢清华大学出版社的赵佳霓编辑,她在本书的编辑过程中给予笔者大量帮助。此外,还要感谢曾庆华、韩雷、曹睿、刘亚辉,感谢他们抽出宝贵的时间通读本书的初稿,指出错误并给出了修改建议。

张　骞

2022 年 1 月

本书源代码

目 录

CONTENTS

第 1 章

Spyder IDE

Spyder 是一个 Python 语言的科学运算集成开发环境(IDE)。Spyder 由 Python 语言开发,集成了 NumPy、SciPy、Matplotlib、IPython,以及其他开源软件。Spyder 具有编辑、分析、调试和概要分析功能,它将数据探索、交互式执行、深度检查和精美可视化等功能进行了独特的组合,提供了一个强大的科学运算环境。Spyder 可以在 Windows、macOS 和 Linux 上运行。

1.1 安装 Spyder

安装 Spyder 的简单方法是将其作为 Anaconda 发行版的一部分,并使用 conda 包和 Anaconda 环境管理器来安装和更新。建议使用 64 位 Python 3 版本,除非有特殊的要求。本书中的代码,均由 Python 3 完成。

Anaconda 的最新版本可以在以下网址获取:

https://www.anaconda.com/products/individual

Anaconda 的下载页面如图 1-1 所示。

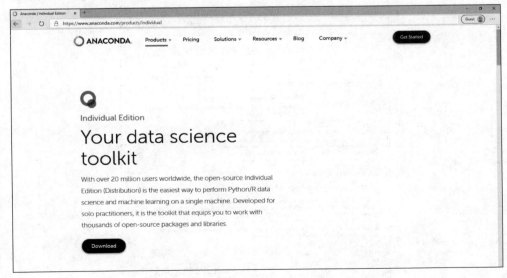

图 1-1　Anaconda 下载页面

这个页面很长,可以单击 Download 按钮,浏览器会转到如图 1-2 所示的目标平台选择页面,在此页面可以选择适合自己平台的安装包。

图 1-2　Anaconda 目标平台选择页面

安装包下载完毕之后,建议使用默认配置进行安装,在 Anaconda 安装过程中无须修改任何配置。Anaconda 安装起始页面如图 1-3 所示,许可证页面如图 1-4 所示。

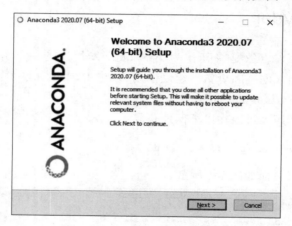

图 1-3　Anaconda 安装起始页面

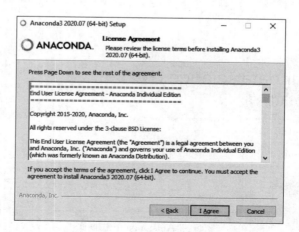

图 1-4　Anaconda 许可证页面

在选择如何与 Windows 集成时，如图 1-5 所示，这里建议使用安装包内的默认选项，除非是高级用户并对于自己所使用的环境有深入了解。

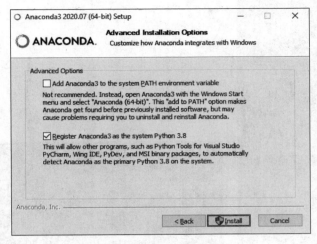

图 1-5 选择与 Windows 的集成方式

接下来一直单击 Next 按钮，最后单击 Finish 按钮，如图 1-6 所示，安装完毕。

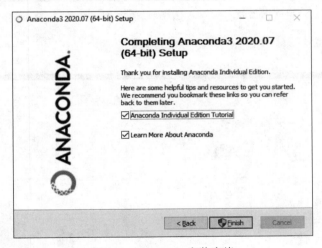

图 1-6 Anaconda 安装完毕

1.2 使用 Spyder

安装完毕之后，可以直接启动 Spyder，也可以通过 Anaconda 的环境管理器来启动 Spyder。在 Windows 平台，可以在菜单栏直接启动 Spyder，如图 1-7 所示。

也可以通过 Anaconda Powershell（Linux 或 macOS 则是系统 terminal）来启动 Spyder。如图 1-8 所示，先启动 Anaconda Powershell，然后在其中启动 Spyder。

另一种启动 Spyder 的方法是使用 Anaconda 环境管理器，Anaconda 环境管理器的主页面如图 1-9 所示，可以发现 Anaconda 管理着不止一种软件。单击 Spyder 标签的 Launch，

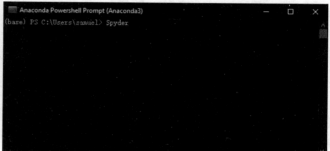

图 1-7　Windows 启动栏新增添的　　　　图 1-8　通过 Anaconda Powershell 启动 Spyder
　　　　相关图标

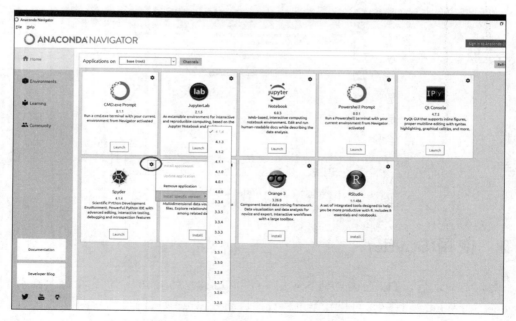

图 1-9　Anaconda 环境管理器主页面

即可启动 Spyder。Anaconda 环境管理器最重要的一个功能是对已安装的软件进行维护。
单击每个软件标签右上角的 ✿，在弹出菜单里可选择升级、安装、卸载和安装指定版本。

当 Spyder 启动后,会看到如图 1-10 所示的界面。

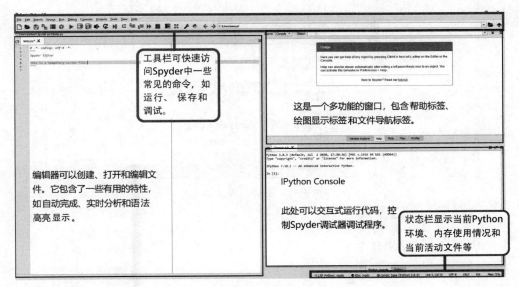

图 1-10 Spyder 启动界面

Spyder 的界面被分成 5 个区域:工具栏、状态栏、编辑器、控制窗和帮助栏。

(1) 位于窗口正上方的工具栏提供一些常见命令的快捷运行方式,包括新建、打开、保存、运行和调试文件等。

(2) 位于窗口正下方的状态栏显示当前 Python 环境、Git 分支、内存使用情况和当前活动文件等各种属性。

(3) 窗口左侧是 Spyder 的编辑器。这个编辑器可以自动补全代码,支持语法高亮显示,能够实时分析代码。

(4) 窗口右侧下方是 IPython Console(控制窗)。

(5) 窗口右侧上方是一个组合框,内含变量浏览器、帮助栏、绘图窗、文件浏览器、代码分析栏等。这个框中包含的内容可动态配置。

使用 Tab 键自动补齐是 IPython 和 Spyder 的一个非常实用的功能。当需要输入任何内容(变量、函数或者类)时,无须输入所有字符。在输入部分字符后,试着按 Tab 键,此时变量(函数或类)的名称将被自动补齐。如果有多个名称具有相同的前缀,则会有选项列表弹出供选择正确的名字。这一功能可以帮助我们节省时间和减少错误。

编程过程中遇到的问题,可以使用 Spyder 的帮助功能寻找答案,如图 1-11 所示。

获得帮助的方式有以下几种:

(1) 在 Object 检测栏里输入想要查询的对象名称。

(2) 将光标置于对象之上,使用 Ctrl+I 快捷键。

(3) 在 IPython console 内输入 help(< object name >)。

(4) 在 IPython console 内输入? < object name >、?? < object name >、< object name >? 或 < object name >??。

(5) 求助于互联网。

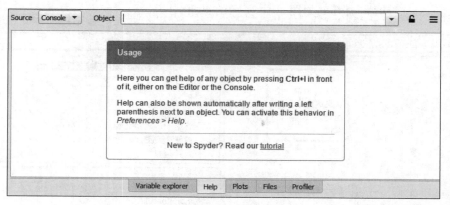

图 1-11　Spyder 帮助栏

1.3　升级 Spyder

Spyder 在每次启动之后,都会自动检测是否有最新的版本可供更新。一旦检测到新的版本,则会弹出如图 1-12 所示的对话框,提示升级。

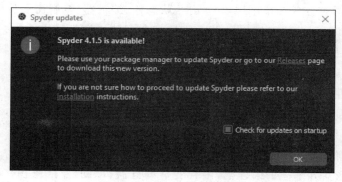

图 1-12　Spyder 升级对话框

可以通过 Anaconda 进行升级,也可以使用 conda 命令来升级。在 Windows 平台上,在 Anaconda Powershell 内(其他平台在 terminal 内)直接运行以下命令即可。

更新 Anaconda 到最新版本:

```
conda update anaconda
```

升级 Spyder:

```
conda install spyder = 4
```

升级完毕之后,通过 Help 菜单中的 About Spyder 来检查当前版本,如图 1-13 所示。Spyder 的当前版本已经是 4.1.5 了。

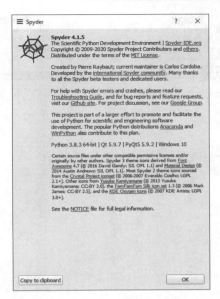

图 1-13　Spyder 的当前版本信息

1.4　使用 Spyder 在线版

如果在本地还没有安装 Spyder 或者使用的是一台公共计算机,只要可以连接互联网,就可以尝试在线体验 Spyder。利用 Binder,可以在 Web 浏览器中(建议使用 Firefox 或者基于 Chrome 内核的浏览器)运行一个功能齐全的 Spyder 在线副本。下面网址链接的是 Binder 上的 Spyder 页面,在浏览器的网址栏输入该网址即可登录一台 Ubuntu 网络虚拟机:

https://mybinder. org/v2/gh/spyder-ide/spyder/4. x?URLpath＝/desktop

Binder 虚拟机桌面如图 1-14 所示。

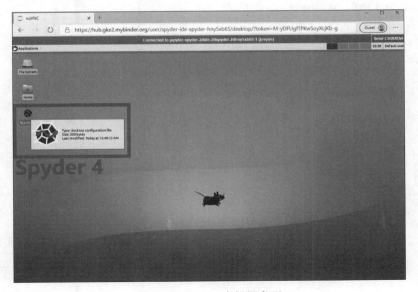

图 1-14　Binder 虚拟机桌面

单击桌面上的 Spyder 图标，即可在线运行 Spyder，如图 1-15 所示。

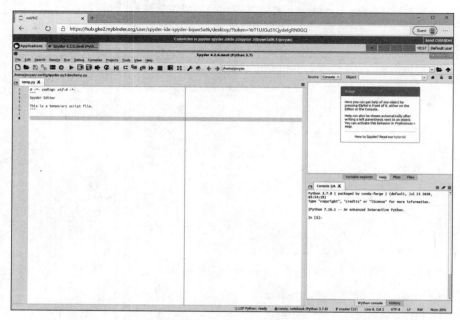

图 1-15　Spyder 在线版

1.5　本章小结

在本章，我们认识了 Spyder IDE。在第 2 章中，我们将开始使用 Python 处理数学问题。

第 2 章

用 Python 处理计算公式

数学计算是大多数 Python 开发的基本部分。无论是一个科学项目、一个金融应用程序，还是任何其他类型的编程工作，都不可避免对数学计算的需要。我们首先考虑一个关于运动的问题。根据牛顿第二运动定律，垂直运动的物体与初始位置的垂直距离可由以下公式计算：

$$y(t) = v_0 t - \frac{1}{2} g t^2 \tag{2-1}$$

其中，y 表示距离起点的高度，v_0 是初始速度，g 是重力加速度，t 是运动的时间。给出 v_0 和 t，就可以算出高度 y。

2.1 将 Python 作为计算器

我们可以将 Python 视为一个功能完备的科学计算器，虽然看上去它缺乏简单易用的用户界面。Python 支持以下基本运算：

（1）算术运算。
（2）关系运算。
（3）赋值运算。
（4）逻辑运算。
（5）位运算。

在 IPython Console 下可以使用不同的 v_0 计算最终结果。当 $v_0 = 5$ m/s，$g = 9.81$ m/s^2 时该物体从上升到落回原地，经历的时间是 $t = 2v_0/g \approx 1$ s，期间经历的路程是 $y = 5 \times 0.6 - 1/2 \times 9.81 \times 0.6^2$。在 IPython Console 下可直接得到如下结果：

```
In [1]: 5 * 0.6 - 1/2 * 9.81 * 0.6 ** 2
Out[1]: 1.2342
```

2.1.1 算术运算

现在，试着输入一些算式，代码如下：

```
In [2]: 2 - 2
Out[2]: 0
```

```
In [3]: 1.5 * 1.8 - 12 * 13.4
Out[3]: -158.10000000000002
```

Python 中四则运算的符号分别是＋、－、＊、/。乘法和除法运算的符号与数学语言中的符号不同。幂运算符是两个连续的＊,例如 2^4 在 Python 中需写成 2 ＊ ＊ 4,代码如下:

```
In [4]: 2 ** 4
Out[4]: 16
```

Python 默认的除法运算是实数运算,其结果可能是浮点数,代码如下:

```
In [5]: 5/3
Out[5]: 1.6666666666666667
```

如果需要得到整数结果,则需要使用//,代码如下:

```
In [6]: 5//3
Out[6]: 1
```

此处是向下取整。需要注意,当其中一个数为负数时的结果,代码如下:

```
In [7]: -5//3
Out[7]: -2
```

和其他很多编程语言一样,Python 使用％作为模运算符,代码如下:

```
In [8]: 5 % 3
Out[8]: 2
```

Python 支持的基本算术运算如表 2-1 所示。

表 2-1　Python 基本算术运算

运 算 符	说　　明	例　　子	输　　出
＋	加法运算符	13＋5	18
－	减法运算符	13－5	8
＊	乘法运算符	13 ＊ 5	65
/	除法运算符	13/5	2.6
//	向下取整除法运算符	13//5	2
％	取余数运算符	13％5	3
＊＊	幂运算	2 ＊＊ 4	16

2.1.2　关系运算

如果要对数据排序,则需要进行比较,比较运算又称为关系运算。运算的结果是真(True)和假(False)中的一个,代码如下:

```
In [9]: 1 > 2
Out[9]: False

In [10]: 34 <= 200
Out[10]: True

In [11]: 'c' < 'm'
Out[11]: True

In [12]: 3 == 3
Out[12]: True
```

注意：Python 中等于运算是两个等号。

对于数值类型，关系运算的结果与预期的数学结果一致。对于字符串，比较的结果由字符的组合顺序及对位字符的大小写决定。

如果相互比较的两个操作数是不可比较的类型，就会引发异常，代码如下：

```
In [13]: 1 < 'a'
Traceback (most recent call last):

  File "< ipython - input - 13 - 126e4c86ad85 >", line 1, in < module >
    1 < 'a'

TypeError: '<' not supported between instances of 'int' and 'str'
```

Python 支持的关系运算符如表 2-2 所示。

表 2-2 Python 关系运算符

运 算 符	说 明	例 子	输 出
<	小于	13<5	False
<=	小于或等于	13<=5	False
>	大于	13>5	True
>=	大于或等于	13>=5	True
==	等于	13==5	False
!=	不等于	13!=5	True

2.1.3 赋值运算

赋值是计算过程中最常见的一种运算。给变量赋初始值、保存运算的中间或最终结果，这些都需要用到赋值运算，代码如下：

```
In [14]: a = 3

In [15]: a
Out[15]: 3
```

注意：这里需要注意赋值运算符和相等运算符的差别。对这个差异的忽视，往往会在代码中引入难于发现的Bug。

Python支持扩展的赋值运算，其效果相当于基础赋值运算符与算术运算符的组合。使用扩展赋值运算符可以提高程序的运行效率，代码如下：

```
In [16]: a += 3
         a
Out[16]: 6
```

Python支持的赋值运算符如表2-3所示。

表 2-3　Python 赋值运算符

运　算　符	说　　明	例　　子	输　　出
=	基础赋值	a＝3　print(a)	3
+=	加并赋值	a＋＝5　print(a)	8
−=	减并赋值	a−＝4　print(a)	4
*=	乘并赋值	a＊＝2　print(a)	8
/=	除并赋值	a/＝3　print(a)	2.6666666666666665
//=	向下取整除并赋值	a//＝1　print(a)	2.0
%=	取模并赋值	a％＝3　print(a)	2.0
** =	求幂并赋值	a＊＊＝4　print(a)	16.0

2.1.4　逻辑运算

逻辑运算分为与、或、非3种。逻辑运算符的优先级低于关系运算符，代码如下：

```
In [17]: 2 < 3 and 3 < 4
Out[17]: True

In [18]: 2 > 3 or 3 > 4
Out[18]: False

In [19]: not True
Out[19]: False
```

Python支持的逻辑运算符如表2-4所示。

表 2-4　Python 逻辑运算符

运　算　符	说　　明	例　　子	输　　出
and	与	2＜3 and 3＜4	True
or	或	2＞3 or 3＞4	False
not	非	not True	False

2.1.5 位运算

在计算机内部,变量或常量是以二进制形式存储的。位运算其实就是直接对在内存中的二进制数据进行操作。

按位与,代码如下:

```
In [20]: 1 & 1
Out[20]: 1

In [21]: 3 & 5
Out[21]: 1
```

按位或,代码如下:

```
In [22]: 1 | 1
Out[22]: 1

In [23]: 3 | 5
Out[23]: 7
```

按位异或,代码如下:

```
In [24]: 1 ^ 1
Out[24]: 0

In [25]: 3 ^ 5
Out[25]: 6
```

按位取反,代码如下:

```
In [26]: ~1
Out[26]: -2
```

按位左移,代码如下:

```
In [27]: 2 << 3
Out[27]: 16
```

按位右移,代码如下:

```
In [28]: 16 >> 3
Out[28]: 2
```

注意:位运算仅适用于int型数据,对其他类型数据进行位运算会引发异常。

```
In [29]: 1.5 << 2
Traceback (most recent call last):

  File "< ipython - input - 29 - d3cbf2be3f75 >", line 1, in < module >
    1.5 << 2

TypeError: unsupported operand type(s) for <<: 'float' and 'int'
```

Python 支持的位运算符如表 2-5 所示。

表 2-5　Python 位运算符

运　算　符	说　明	例　子	输　出
&	按位与	3 & 5	1
|	按位或	3 | 5	7
^	按位异或	3 ^ 5	6
~	取反	~1	−2
<<	左移	2 << 3	16
>>	右移	18 >> 3	2

本节所介绍的这些运算的优先级及结合性如表 2-6 所示。

表 2-6　Python 运算优先级及结合性

运　算　符	说　明	优　先　级	结　合　性	优先级顺序
( )	小括号	14	无	高
**	幂	13	左	
~	按位取反	12	右	
+（正号）、−（负号）	符号运算符	11	右	
*、/、//、%	乘除	10	左	
+、−	加减	9	左	
>>、<<	位移	8	左	
&	按位与	7	右	
^	按位异或	6	左	
|	按位或	5	左	
==、!=、>、>=、<、<=	关系运算符	4	左	
not	逻辑非	3	右	
and	逻辑与	2	左	
or	逻辑或	1	左	低

2.2　编写 Python 脚本

接下来我们的目标是编写一段计算物体高度的通用代码，这样每次仅需修改 v_0 的值，而无须重复输入完整的计算公式。

Python 程序的源代码实质上是一段文本。我们可以使用任何一款文本编辑软件（例如：Windows 下的 Notepad)来编辑它。Spyder IDE 的编辑器具有针对 Python 的语法高亮显示和代码分析功能,这些特性将会大大提高编写代码的效率。

初次启动 Spyder 时,编辑栏内会有一个 temp. py 文件,如图 2-1 所示。当然,也可以单击工具栏的"创建"按钮(或者 Ctrl＋N 快捷键)来创建一个新的文件。

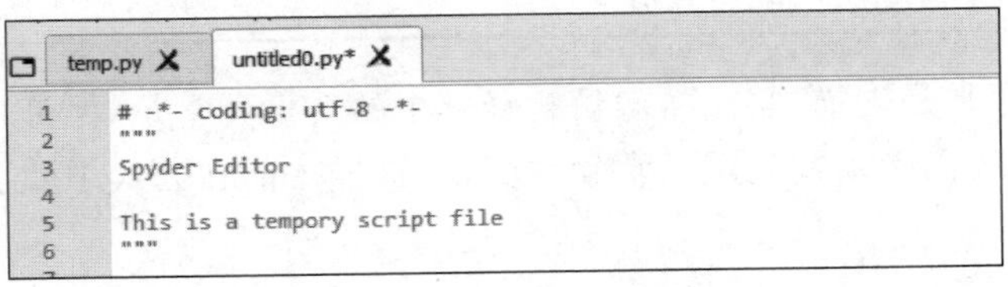

```
temp.py  ✕     untitled0.py* ✕
1   # -*- coding: utf-8 -*-
2   """
3   Spyder Editor
4
5   This is a tempory script file
6   """
```

图 2-1　Spyder 文件编辑框

untitled0. py 文件的头部是一些注释性文字。

第 1 行的 ＃-＊- coding：utf-8-＊-不是一般的注释性文字,它的目的是告诉 Python 解释器,这段代码运行时需要使用 utf-8 编码。Python 中默认的编码格式是 ASCII 编码,在没有修改编码格式时无法正确打印汉字。在学习过程中,代码中如果包含非英文字符,就需要在文件头部指定编码格式。

下面是从第 2 行开始的注释文本:

```
"""
Spyder Editor

This is a temporary script file.
"""
```

它是针对本文件的说明。文件注释的主要目的是描述该文件的内容。有时文件注释也会包含版本信息和许可证引用等。

现在,将以下代码添加到 untitled0. py 文件中:

```
v0 = 5
g = 9.81
t = v0/g
y = v0*t - 0.5*g*t**2
print(y)
```

然后单击运行按钮,或者按 F5 键。在 Console 窗口可以得到如下信息:

```
In [30]: runfile('C:/Users/samuel/.spyder - py3/temp.py',
wdir = 'C:/Users/samuel/.spyder - py3')
1.27420998980632
```

现在,读者可以自行修改 v_0 的值,也可以修改 t 的值,看一看得到的输出是多少。

这段使用变量的代码跨越了几行文本,相比 2.1 节中通过一行代码便能够得到结果,代码明显复杂了。尽管如此,使用变量还是有一些优势的,甚至在这个非常简单的示例中。优势之一是程序变得更易于阅读,因为变量使数值的含义变得更加直观,使公式更容易识别。

另一个优势是修改变量的值变得更加容易。这一优势在较复杂的公式中会更加明显。当同一变量多次出现时，只需要在一处修改它的值，从而可以避免因变量更新不同步而引入错误。

注意：将程序中多次出现的数值保存在变量中。

数学中，我们通常是先描述公式，然后解释其中的变量和常量，但是，程序是一行一行按顺序执行的，因此，我们必须首先定义常量和变量，这样才能在公式中使用它们。

2.2.1　定义变量

Python 中的变量是具有名字和值的一个对象。赋值运算符实质上是将左侧的名称和右边的对象进行关联，因此，Python 在定义变量时，不必显式指明变量类型，代码如下：

```
x = 2
```

使用未与任何对象关联的变量将会引起程序异常，代码如下：

```
In [31]: y
Traceback (most recent call last):

  File "< ipython - input - 31 - 9063a9f0e032 >", line 1, in < module >
    y

NameError: name 'y' is not defined

In [32]: x = y * 2
Traceback (most recent call last):

  File "< ipython - input - 32 - bff3de4a9e8c >", line 1, in < module >
    x = y * 2

NameError: name 'y' is not defined
```

由于 y 没有和任何对象关联，因此执行以上代码时会导致异常。

在以下代码中，y 和对象 2 产生了关联，因此后续的代码得以正常执行。

```
In [33]: y = 3
        x = y ** 2
        x
Out[33]: 9
```

2.2.2　变量名

不是任何名称都可以作为 Python 的变量名。Python 有一些必须遵守的规则和约定如下：

（1）变量名不得包含空格。

（2）变量名不得以数字开头。

（3）变量名不得包含特殊字符（如：!@＃＄%^&.*()\|）。

以下是合法的变量名：

```
In [34]: half = 1.0/2.0
In [35]: one_half = 1.0/2.0
```

而以下则是非法的变量名：

```
In [36]: one half = 1/2
  File "< ipython - input - 36 - 013db163c393 >", line 1
    one half = 1/2
        ^
SyntaxError: invalid syntax

In [37]: 1half = 1/2
  File "< ipython - input - 37 - 5e289c89f5ad >", line 1
    1half = 1/2
      ^
SyntaxError: invalid syntax


In [38]: one! half = 1/2
  File "< ipython - input - 38 - b4c263eb32b3 >", line 1
    one! half = 1/2
       ^
SyntaxError: invalid syntax
```

为变量命名需要注意以下几点：

（1）变量名应该是描述性的，即在代码中说明它们的目的。

（2）变量名应该完全用小写。

（3）变量名中使用下画线分隔不同的单词。

更多的命名约定可参阅 Python 官方文档 PEP8。

此处使用变量来实现式(2-1)。以下代码中的变量名符合前文的 3 条原则。

```
initial_velocity = 5
acceleration_of_gravity = 9.81
time = 0.6
vertical_position_of_ball = initial_velocity * time - \
                0.5 * acceleration_of_gravity * time ** 2
print(vertical_position_of_bal)
```

　　但是这么长的名字使代码不得不被分为两行。显然这种命名在实际应用中是不合适的。

　　以下是关于变量命名的两点建议：

（1）使用待解决数学问题中的通用变量名。

（2）如果数学问题中无通用变量名，则需仔细挑选描述性的名称。

2.2.3　变量类型

Python 的数据类型类似于其他编程语言，包括字符串、数字及布尔型，这些是所有编程语言中必需的基础数据类型。这些基本的数据类型有一些不同于其他语言的细节，例如：Python 的 int 数据类型支持无限整数精度。

使用 Python 的内建函数 type()，可以查询一个对象的类型，代码如下：

```
In [39]: type(3)
Out[39]: int

In [40]: type(3.0)
Out[40]: float

In [41]: type('3')
Out[41]: str

In [42]: type(1 == 3)
Out[42]: bool
```

Python 支持的与数相关的类型有 int、float 和 complex。

1. int 型数据

数据类型 int 支持高精度运算，因此无须担心所进行的运算会发生溢出错误，示例代码如下：

```
In [43]: 3 ** 100
Out[43]: 515377520732011331036461129765621272702107522001

In [44]: 3 ** 1000
Out[44]:
13220708194808066368904552597521443659654220327521481676649203682268285973467048995407
78313850608061963909777696872582355950954582100618911865342725257953674027620225198320
80387801477422896484127439040011758861804112894781562309443806156617305408667449050617
81254803444055470543970388958174653682549161362208302685637785822902284163983078878969
18556404084898937609373242171846359938695516765018940588109060426089671438864102814350
38564874716583201061436613217310276890285522000
```

int 型数据默认采用十进制，也可以采用其他进制。

十六进制以 0x 为前缀：

```
In [45]: 0x14
Out[45]: 20

In [46]: 0xa
Out[46]: 10
```

八进制以 0o(数字 0 加字符 o)为前缀：

```
In [47]: 0o22
Out[47]: 18
```

二进制以 0b 或 0B 为前缀：

```
In [48]: 0b110
Out[48]: 6

In [49]: 0B110
Out[49]: 6
```

可以使用 bin()、oct()、hex()这 3 个内建函数实现十进制和其他 3 种进制之间的转换，代码如下：

```
In [50]: hex(100)
Out[50]: '0x64'

In [51]: oct(100)
Out[51]: '0o144'

In [52]: bin(100)
Out[52]: '0b1100100'
```

2．float 型数据

可以简单地理解浮点数是用来描述小数的。对于浮点数的表示，常见的是使用小数的形式，另外还可以使用指数的形式。

Python 浮点数的指数表示形式为 mEe 或 mee。各项的意义如下：

(1) m 为尾数(Mantissa)部分，是一个十进制数。

(2) 最后那个 e 为指数(Exponent)部分，是一个十进制整数。

(3) 中间的 E 或 e 是固定的字符，可以大写，也可以小写，用于分隔尾数部分和指数部分。

(4) Base 为基，Base 等于 10。

整个表达式等价于 $m \times 10^e$。示例代码如下：

```
In [53]: x = 3.0
         x
Out[53]: 3.0

In [54]: x = 3e8
         x
Out[54]: 300000000.0
```

当指数部分是负数时，float 型数据默认的输出为指数形式，代码如下：

```
In [55]: x = 3e-6
         x
Out[55]: 3e-06
```

如果想改变输出格式,则需要使用 2.2.7 节的格式化输出。

与 int 型数据不同,float 型数据不能表示无限的精度,代码如下:

```
In [56]: x = 3e1000
         x
Out[56]: inf

In [57]: x = 3e-1000
         x
Out[57]: 0.0
```

当指数很大时,x 表示无穷,而当指数为一个绝对值比较大的负数时,x 为 0。

3. complex 型数据

Python 语言本身支持复数,不依赖于第三方库。复数由实部(Real)和虚部(Imag)构成,在 Python 中,复数的虚部以 j 或者 J 作为后缀,具体格式为 $a+bj$。

a 和 b 分别表示实部和虚部。使用 real 和 imag,可以分别访问一个 complex 类型数据的实部和虚部,通过下面的例子,我们可以看到 complex 类型数据的实部和虚部都是 float 型数据,代码如下:

```
In [58]: type(1 + 3j)
Out[58]: complex

In [59]: a = 2 + 3j

In [60]: a.real
Out[60]: 2.0

In [61]: a.imag
Out[61]: 3.0
```

complex 支持基本的四则运算,代码如下:

```
In [62]: (1 + 3j) + (4 + 5j)
Out[62]: (5 + 8j)

In [63]: (1 + 3j) - (4 + 5j)
Out[63]: (-3 - 2j)

In [64]: (1 + 3j) * (4 + 5j)
Out[64]: (-11 + 17j)

In [65]: (1 + 3j) / (4 + 5j)
Out[65]: (0.4634146341463415 + 0.17073170731707324j)
```

complex 类型仅仅支持比较是否相等，代码如下：

```
In [66]: (1 + 3j) == (4 + 5j)
Out[66]: False
```

complex 类型不支持其余的关系运算，以下代码会运行出错：

```
In [67]: (1 + 3j) > (4 + 5j)
Traceback (most recent call last):

  File "< ipython - input - 67 - 8fc49b79071d >", line 1, in < module >
    (1 + 3j) > (4 + 5j)

TypeError: '>' not supported between instances of 'complex' and 'complex'
```

4. 字符串

在多数编程语言中，字符串是一种很重要的数据类型。Python 也提供了对字符串类型的支持。Python 中的字符串用单引号'或双引号"括起来，同时使用反斜杠转义特殊字符，代码如下：

```
In [68]: type("Hello")
Out[68]: str

In [69]: x = "Hello"
         type(x)
Out[69]: str
```

此处 Hello 是一个字符串，x 则是一个字符串变量。

Python 的字符串类型，重载了运算符"＋"和"＊"。运算符"＋"将两个字符串拼接起来，而运算符"＊"对原字符串进行复制，代码如下：

```
In [70]: "Hello" + 'World!'
Out[70]: 'Hello World!'

In [71]: "Hello" * 3
Out[71]: 'HelloHelloHello'
```

加法运算符在这里实质上等同于拼接。str 类型对象可以和一个 int 类型对象相乘，结果等于将 str 对象复制多份。

参与加法运算的两个对象必须同是 str 类型，否则运行程序时会出错。

```
In [72]: "Hello" + 3
Traceback (most recent call last):

  File "< ipython - input - 72 - 801ea13c8371 >", line 1, in < module >
    "Hello" + 3

TypeError: can only concatenate str (not "int") to str
```

　　Python 的字符串是不可变的字符序列。字符串中的单个字符可以被索引，但是不允许被修改。示例代码如下：

```
In [73]: x[1]
Out[73]: 'e'

In [74]: x[1] = 'a'
Traceback (most recent call last):

  File "< ipython - input - 74 - aac403a9aa9d >", line 1, in < module >
    x[1] = 'a'

TypeError: 'str' object does not support item assignment
```

　　当程序试图去修改字符串中的某个字符时，Python 解释器将终止它的执行并引发错误异常。

5. Bool 型数据

　　Python 中布尔值使用常量 True 和 False 来表示（需要注意首字母的大小写），代码如下：

```
In [75]: type(False)
Out[75]: bool

In [76]: 1 == 2
Out[76]: False
```

　　由于 Bool 型是对 int 型的继承，因此 True == 1 和 False == 0 将会返回值 True。我们甚至可以对其进行数值计算，代码如下：

```
In [77]: True == 1
Out[77]: True

In [78]: True + True
Out[78]: 2

In [79]: False + True
Out[79]: 1
```

2.2.4　表达式

　　表达式（Expression）是值、变量和运算符的组合。值或变量自身也被认为是一个表达式，合法的表达式如下：

```
In [80]: 13
Out[80]: 13
```

```
In [81]: x
Out[81]: 'Hello'

In [82]: x * 3
Out[82]: 'HelloHelloHello'
```

2.2.5　语句

语句(Statement)是 Python 解释器可以执行的一段代码单元,通常占据一行,也可以被分隔成多行。示例代码如下:

```
In [83]: n = 17
         print(n)
17
```

以上的赋值语句将新建一个变量 n,其值为 17,输出语句会显示某个值。

示例中的赋值语句是由单独的逻辑行所构成的简单语句。Python 也支持跨越多行的复合语句,虽然在某些简单形式下整个复合语句也可能包含于一行之内。可以将复合语句视为由一系列简单语句组成的逻辑组合,其中某条语句会以特定方式影响或控制所包含的其他语句的执行。更多的复合语句,将在后文详细介绍。

2.2.6　注释

程序的可读性随着程序规模及复杂度的增加而越来越差。由于形式语言是稠密的,因此通常很难在阅读一段代码后,轻易说出其做了什么或者为什么这样做。

注释在代码中不属于可执行的部分。它以自然语言的方式为代码维护者提供关于程序本身的必要信息。

Python 中的注释有单行注释和多行注释两种方式:

(1) 单行注释以字符 # 开始。

(2) 多行注释用 3 个双引号"""或 3 个单引号'''括起来。

单行注释可以独占一行。也可紧跟在语句之后,此时字符 # 之后的所有内容均被视为注释。

现在为代码添加上说明性文字,代码如下:

```
"""
一个物体做自由落体运动时,计算其垂直高度的程序。
"""
v0 = 5                    # 初始速度
g = 9.81                  # 重力加速度
t = 0.6                   # 物体运行时间
y = v0 * t - 0.5 * g * t ** 2    # 当前垂直高度
```

起始的块注释是为了说明本段代码的作用。行尾的注释为变量添加说明性文字,从而避免使用冗长的变量名。

2.2.7　格式化输出

Python 的 print()函数支持多种格式化输出,从而使程序的输出形式更加丰富。这里先介绍如何使用格式化说明符%[flags][w][.pre]type。

(1) flags 可以有+、-、''或0。+表示右对齐。-表示左对齐。''为一个空格,表示在正数的左侧填充一个空格,从而与负数对齐。0 表示使用 0 填充。

(2) w 表示显示宽度。

(3) .pre 表示小数点后精度。

(4) type 为输出的格式,具体意义如表 2-7 所示。

表 2-7　格式控制字符

字　符	输出类型
d	十进制整数
E,e	以指数形式输出
f	浮点数
g	浮点数,省略最低有效位后的 0
o	八进制
s	字符串
X,x	十六进制

以十六进制输出,显示宽带 10 位,左侧带'+',代码如下:

```
In [84]: print("% +10x" % 10)
       + a
```

以十进制输出,显示宽带 4 位,左侧补 0,代码如下:

```
In [85]: print("% 04d" % 5)
0005
```

以浮点数的形式输出,显示宽带 6 位,小数点后显示 3 位,代码如下:

```
In [86]: print("% 6.3f" % 2.3)
 2.300
```

将代码最后一行改成如下形式:

```
print("At t = %.4f s, the height of the ball is %.4f m"%(t, y))
```

现在将在 Console 中看到:

```
In [87]: runfile('C:/Users/samuel/.spyder - py3/temp.py',
wdir = 'C:/Users/samuel/.spyder - py3')
At t = 0.5097 s, the height of the ball is 1.2742 m
```

2.3 编程陷阱

通常情况下,程序中的数学运算会按预期工作,但是,由于硬件的限制,计算机的计算并不精确,特别是在涉及浮点数运算时。舍入错误并非由算法引入,如果在算法设计时不注意存在的舍入误差,可能会导致意外结果。示例代码如下:

```
In [88]: v1 = 1/49.0 * 49
         v2 = 1/51.0 * 51
         print("%.16f %.16f" % (v1, v2))
0.9999999999999999 1.0000000000000000
```

以上代码分别计算 $1/49 \times 49$ 和 $1/51 \times 51$。在数学中,这两个计算式的结果都是 1,但是由于计算机进行浮点运算的误差,其结果并不一样。在两种特定情况下,这种误差可能很重要,需要特别注意。在一种情况下,错误可能会通过大量计算积累,最终导致结果出现重大错误。在另一种情况下,两个十进制数的比较可能是不可预测的,示例代码如下:

```
In [89]: print(v1 == 1)
         print(v2 == 1)
False
True
```

代码出现矛盾的结果,在其中一种情况下评估值为 False,而在另一种情况下却是 True。这是比较浮点数时的普遍问题,这种代码使程序的行为变得不可预测。为了解决这个问题,进行浮点数比较的通常做法是使用公差值,代码如下:

```
In [90]: tol = 1e-14
         print(abs(v1-1) < tol)
         print(abs(v2-1) < tol)
True
True
```

公差值的原则是应该足够小,以至于对于当前的应用而言无关紧要,但要大于典型的机器精度 10^{-16}。

一种更一般的方式是使用 math 模块的 isclose() 函数,详情参阅 3.2.2 节。

2.4 本章小结

程序是以文本文件形式存在的语句集合,计算机完全按照编程者告诉计算机的方式运行。语句中的任何错误都可能导致执行终止或产生错误的结果,因此,程序必须精确。

Python 语言的语句也可以在 Pythonshell 中交互执行。

变量指向一个对象,对象可以有不同的类型,本章介绍的类型有 int、float、complex、str 和 bool。不同类型的对象所支持的运算具有不同的性质。变量的命名须做到程序明确,以增加程序的可读性。

为增加程序的可读性，需要加入注释。

Python 有丰富的格式化输出的手段，本章介绍了 % 格式输出。其他的格式化方式将在后续章节中介绍。

2.5　练习

练习 1：

计算 $15!(n!=n\times(n-1)\times\cdots\times2\times1)$。

练习 2：

判断一个人的预期寿命是否可以达到 10^9 s。

练习 3：

完成摄氏度和华氏度之间的转换。

$$F=\frac{9}{5}C+32$$

练习 4：

令 p 为某银行一年的定期存款利率，某人存入的初始资金为 A，那么 n 年后总资产为

$$A\left(1+\frac{p}{100}\right)^n$$

假设某账户初期存入人民币 1000 元，如果利率为每年 3%，编写一个程序计算 5 年后该账户的资产值。

练习 5：

物体做圆周运动时的向心力由以下公式计算：

$$a_c=\frac{v^2}{r}$$

其中 r 为运动轨迹的半径，$v=2\pi r/T$ 为物体圆周运动的平均速度，T 为途经一周的时间。编写一个程序计算不同半径 r 和时间 T 下物体保持匀速圆周运动所需的向心力。

练习 6：

计算机并不能完美地表示实数，这可能导致精确性问题。例如有两个实数：$x=1$，$y=1+10^{-14}\sqrt{3}$。从数学上看，$10^{14}(y-x)=\sqrt{3}$，但是在计算机程序设计中，需要注意精度的问题。编码验证 Python 中浮点数运算精度对计算结果的影响，并试图解决这一问题。

第 3 章

函数与分支

第 2 章介绍了 Python 中的基本运算和基本数据类型,示例程序仅执行了少量计算,这些计算使用常规计算器即可以轻松完成。现在考虑以下高斯函数:

$$f(x) = \frac{1}{\sigma\sqrt{2\pi}}e^{-\frac{(x-\mu)^2}{2\sigma^2}}$$ (3-1)

这是一个数学中比较复杂的函数。即使使用科学计算器,也不能很轻松地完成函数运算。这一章将重点介绍如下内容:

(1) 如何将数学方程编写成 Python 的程序。

(2) 如何使用条件判断控制程序执行的流程。

3.1 使用函数

此处需要进行求平方根和指数运算,它们均不属于 Python 的基本运算。Python 之所以流行,一个主要的原因是它拥有丰富的库(标准库和第三方库)。Python 的库包含了一些定义和语句。库不属于核心语言,在使用前需要导入。

高级运算以函数的形式被封装在 Python 的 Math 库里。以下为式(3-1)的代码实现:

```
In[1]: from math import sqrt, pi, exp
       σ = 1
       μ = 2
       x = 3.5
       f = 1/sqrt(2 * σ * pi) * exp(− 0.5 * ((x − μ) ** 2/σ))
       print(f)
0.12951759566589174
```

这里,sqrt()和 exp()是两个函数,pi 是一个常量,它们均由 Math 库导入。print()是 Python 的内建函数,因此不需导入便可以直接使用。

库导入的方法有如下 3 种:

(1) 仅导入库名,但是不将库中的任何符号导入当前程序的符号表。

(2) 将某库中指定的符号导入当前程序的符号表。

(3) 将某库中所有符号导入当前符号表。

这 3 种方法各有利弊。

第 1 种方法最安全,因为它实际上并未导入任何符号,因此不会造成命名空间中出现名字冲突,但是每次使用某个符号前,必须指明它来自哪个库,代码如下:

```
In [2]: import math
        math.log(2.3)
Out[2]: 0.8329091229351039

In [3]: math.sin(1.2)
Out[3]: 0.9320390859672263
```

第 2 种方法,在确定不会引入冲突的前提下,仅导入需要使用的符号,使用时不需要再指明库名,代码如下:

```
In [4]: from math import log
        log(2.3)
Out[4]: 0.8329091229351039
```

第 3 种方法,程序写起来会很简单,但增加了名字冲突的可能性,在复杂的程序中不建议使用。例如 Math 库含有一个数学常数 math.e,代码如下:

```
In [5]: math.e
Out[5]: 2.718281828459045
```

而在某些第三方库中也可能存在具有不同意义的常量 e,例如在 scipy.constants 中,代码如下:

```
In [6]: import scipy.constants
        scipy.constants.e
Out[6]: 1.6021766208e-19
```

如果我们将它们一起导入,则会出现名字空间污染的情况,代码如下:

```
In [7]: from math import *
        from scipy.constants import *
        print(e)
1.602176634e-19
```

此处,我们看到无法使用 Math 库中的 e,因为在第二次导入之后,这个名字现在关联的是代表电子电量的对象。

为解决这个问题,Python 引入了别名机制,代码如下:

```
In [8]: from math import e
        from scipy.constants import e as charge_e
        print(e, charge_e)
2.718281828459045 1.6021766208e-19
```

这里,我们将电子电量重命名为 charge_e。这一导入方式不仅可以避免符号名的冲突,

还可以简化某些较长的符号名,代码如下:

```
In [9]: import numpy as np
        import matplotlib.pyplot as plt
```

这样在后续代码中,就可以节省输入的字符数了。

对于某个库的使用如有任何疑问,可以在该库的发布网站找到最权威的解答。对于 Python 标准库,帮助文件可以在 Python 官网查询,也可以使用 pydoc。如果只是想查看某个库内开放的外部符号,则可以使用 Python 内建函数 dir(),示例代码如下:

```
In [10]: import math
         dir(math)
Out[10]:
['__doc__',
 '__loader__',
 '__name__',
 '__package__',
 '__spec__',
 'acos',
 'acosh',
 ... ...
 'tau',
 'trunc']
```

3.2 Python Math 模块

对于 Python 中简单的数学计算,可以使用内置的数学运算符,例如加法"＋"、减法"－"、除法"/"和乘法"＊",但更高级的运算,如指数、对数、三角或幂函数,则没有内置。这是否意味着需要从头开始实现这些函数呢? 幸运的是,这是没有必要的。Python 提供了 Math 模块,该模块将提供高级数学函数。

接下来,将讲述如下内容:

(1) Python Math 模块是什么。

(2) 如何利用 Math 模块功能解决现实生活中的问题。

(3) Math 模块的常数是什么,包括 pi、tau 和欧拉数。

(4) 内置函数和 Math 库函数有什么区别。

(5) Math 和 cmath 之间的区别是什么。

Python Math 模块被用来处理数学运算。它随标准 Python 一起打包发布。Math 模块的大部分函数是对 C 平台的数学函数的简单包装。因为它的底层函数是用 CPython 编写的,所以数学模块是高效的,并且符合 C 标准。

Python Math 模块使应用程序可以执行常见和有用的数学计算。下面是 Math 模块的一些实际用途:

(1) 使用阶乘计算组合数和排列数。

（2）用三角函数计算杆的高度。

（3）用指数函数计算放射性衰变。

（4）用双曲函数计算悬索桥的曲线。

（5）解二次方程。

（6）利用三角函数模拟周期函数，例如声波和光波等。

由于 Math 模块随 Python 发行版一起发布，所以不必单独安装它。使用它只需使用下面的代码直接导入：

```
In [11]: import math
```

导入之后，我们就可以使用 Math 模块了。

3.2.1　常数

Python Math 模块提供了各种预定义的常量。访问这些常量有几个优点：首先，不必手动将它们硬编码到程序中，这节省了大量时间；另外，它们为整个代码提供了一致性。该模块包括如下几个重要的数学常数和重要值：

（1）π。

（2）τ。

（3）欧拉数。

（4）∞。

（5）非数值（NaN）。

1. Pi

圆周率（π）是圆的周长（c）与直径（d）之比：$\pi = c/d$，这个比率对任何圆都是相同的。

π 是一个无理数，这意味着它不能表示为一个简单的分数，因此，π 有无限个小数位数，但它可以近似为 22/7 或 3.141。圆周率是世界上公认的非常重要的数学常数。它有自己的庆祝日，称为圆周率日，即 3 月 14 日。

以下代码使用 Math 模块中的 Pi 常量显示 π 的近似值：

```
In [12]: math.pi
Out[12]: 3.141592653589793
```

在 Python 中 Pi 的值被指定为小数点后 15 位。所提供的位数取决于底层 C 编译器。Python 默认情况下输出前 15 位数字。Pi 总是返回一个浮点值。

我们可以用 $2\pi r$ 计算一个圆的周长，其中 r 是圆的半径，代码如下：

```
In [13]: r = 3
         circumference = 2 * math.pi * r
         print("圆的周长 = 2 * %.4f * %d = %.4f" % (math.pi, r, circumference))
圆的周长 = 2 * 3.1416 * 3 = 18.8496
```

以下代码用于计算圆的面积：

```
In [14]: r = 5
         area = math.pi * r * r
         print("圆的面积 = %.4f * %d^2 = %.4f" % (math.pi, r, area))
圆的面积 = 3.1416 * 5^2 = 78.5398
```

如上所示，使用 Python 进行数学计算，如果遇到 π，则最好的做法是使用 Math 模块给出的 Pi 值，而不是对该值进行硬编码。

2. Tau

Tau(τ) 是圆的周长与半径的比值。这个常数等于 2π，它也是一个无理数，大约是 6.28。

许多数学表达式含有 2π，而使用 τ 可以帮助简化算式。例如，可以代入 τ，使用更简单的算式 τr，而不是用 $2\pi r$ 来计算圆的周长。

然而，使用 τ 作为常数仍在争论中。如果需要，则可以使用如下代码：

```
In [15]: math.tau
Out[15]: 6.283185307179586

In [16]: r = 3
         circumference = math.tau * r
         print("圆的周长 = %.4f * %d = %.4f" % (math.tau, r, circumference))
圆的周长 = 6.2832 * 3 = 18.8496
```

3. 欧拉数

欧拉数(e)是一个常数，它是自然对数的基础，自然对数是一种常用来计算增长率或衰减率的数学函数。和 π、τ 一样，欧拉数是一个无理数，小数点后有无限个数位。e 的值常近似为 2.718。

欧拉数是一个重要的常数，因为它有许多实际用途，如计算人口随时间的增长或确定放射性衰变率等。可以从 Math 模块中访问欧拉数，代码如下：

```
In [17]: math.e
Out[17]: 2.718281828459045
```

4. 无穷大

无穷大(∞)不能用数来定义。相反，它是一个数学概念，代表着无穷无尽的事物。无穷大可以向正负两个方向移动。

如果需要将给定值与绝对最大值或最小值进行比较，则可以在算法中使用无穷大。Python 中表示正无穷大和负无穷大的值的代码如下：

```
In [18]: print("正无穷大是", math.inf)
         print("负无穷大是", - math.inf)
正无穷大是 inf
负无穷大是 - inf
```

无穷大不是一个数值。相反，它被定义为 math.inf。Python 在 3.5 版本中引入了这个常量，它相当于 float("inf")，代码如下：

```
In [19]: float("inf") == math.inf
Out[19]: True
```

float("inf")和 math.inf 都表示无穷大的概念,math.inf 大于任何数值,示例代码如下:

```
In [20]: x = 10e308
         math.inf > x
Out[20]: True
```

在上面的代码中,math.inf 大于 10^{308}(双精度浮点数的最大值)。同样,$-$math.inf 小于任何值。

没有一个数可以大于无穷大或小于负无穷大。任何针对 math.inf 的数学运算都不能改变它的值,示例代码如下:

```
In [21]: math.inf + 1e308, math.inf / 1e308
Out[21]: (inf, inf)
```

可见,加法和除法都不会改变 math.inf 的值。

5. 非数值

非数值(NaN)并不是一个真正的数学概念。它起源于计算机科学领域,是指对非数值的引用。Python 在 3.5 版中引入了 NaN 常量。NaN 值可能是由于无效输入引起的,也可能表示作为数的变量已被文本字符或符号破坏。在 Python 数值运算中,如果引入 NaN,则可能导致程序的结果值无效,因此,在必要的情况下,必须检测一个变量的值是否为 NaN。

NaN 不是一个数。math.nan 的值是 nan,与 float("nan")的值相同。

3.2.2 算术函数

数论是纯数学的一个分支,纯数学是对自然数的研究。数论通常处理正整数或整数。

Python Math 模块提供了在数论和表示理论(一个相关领域)中有用的函数。这些函数允许计算一系列重要的值,包括以下内容:

(1) 数的阶乘。

(2) 两个数的最大公约数。

(3) 可迭代对象的和。

1. factorial()

函数 factorial()用于排列或组合运算,可以通过将所选数和 1 之间的所有整数相乘来确定一个数的阶乘。阶乘的数学描述为 $n!$。

表 3-1 给出了 4、6 和 7 的阶乘值。

表 3-1　4、6 和 7 的阶乘

符　　号	描　　述	表　达　式	结　　果
4!	4 的阶乘	$4\times3\times2\times1$	24
6!	6 的阶乘	$6\times5\times4\times3\times2\times1$	720
7!	7 的阶乘	$7\times6\times5\times4\times3\times2\times1$	5040

从表 3-1 中可以看到,4! 也就是 4 的阶乘,将 4 到 1 的所有整数相乘得到 24。同样,6! 和 7! 分别得到 720 和 5040。

在 Python 中,可以使用以下方法实现阶乘函数:

(1) for 循环。

(2) 递归函数。

(3) math. factorial()。

以下代码使用 for 循环实现阶乘,这是一个相对简单的方法:

```
In [22]: def Factorial(num):
         """
         使用 for 循环实现阶乘

         参数
         ____
         num: int
             求 num 的阶乘

         返回值
         ____
         factorial: int
             阶乘值
         """
         if num < 0:
             return 0
         if num == 0:
             return 1

         factorial = 1
         for i in range(1, num + 1):
             factorial = factorial * i
         return factorial

         Factorial(7)
Out[22]: 5040
```

更方便的方法是直接使用 Math 库的函数 math. factorial(),代码如下:

```
In [23]: math. factorial(7)
Out[23]: 5040
```

函数 math. factorial() 仅接收非负整数,如果传入负数或小数作为参数,则将得到 ValueError 异常。示例代码如下:

```
In [24]: math. factorial(4.3)
Traceback (most recent call last):
```

```
    File "< ipython - input - 24 - ad0d56075f62 >", line 1, in < module >
      math. factorial(4.3)

ValueError: factorial()only accepts integral values
```

错误提示中显示,该函数仅能接收整数。

```
In [25]: math. factorial( - 5)
Traceback (most recent call last):

  File "< ipython - input - 25 - a46d876612ec >", line 1, in < module >
    math. factorial( - 5)

ValueError: factorial()not defined for negative values
```

错误提示中显示,该函数不支持负数作为入参。

下面我们比较以下 Math 库函数 math. factorial()与我们自定义的函数 Factorial()运算效率的差别。

```
In [26]: % timeit Factorial(100)
9. 58 μs ± 7.42 ns per loop (mean ± std. dev. of 7 runs, 100000 loops each)

In [27]: % timeit math. factorial(100)
1.56 μs ± 8.02 ns per loop (mean ± std. dev. of 7 runs, 1000000 loops each)
```

从执行时间可以看出,Math 库函数 math. factorial()比纯 Python 代码的实现更快。这是因为它的底层由 C 实现。尽管由于 CPU 的不同,可能会得到不同的计时结果,但 math. factorial()总是最快的。

函数 math. factorial()不仅更快,而且更稳定。当实现自己的函数时,必须显式地为各种异常情况编写代码,例如处理负数或小数输入。实现中的一个错误可能导致程序运行出现 Bug,但是在使用 math. factorial()时,不必担心灾难情况的出现,因为函数会处理所有灾难情况,因此,最好的实践是尽可能地使用 math. factorial()。

2. ceil()

函数 math. ceil()将返回大于或等于给定值的最小整数。无论正数或负数,该函数都将返回下一个大于给定值的整数。例如,输入 5. 43 将返回值 6,而输入 -12. 43 将返回值 -12。

math. ceil()可以将正实数或负实数作为输入值,并且始终返回整数。当向 math. ceil()输入一个整数时,它将返回相同的数。示例代码如下:

```
In [28]: math. ceil(5.43), math. ceil( - 12.43)
Out[28]: (6,  - 12)

In [29]: math. ceil(6), math. ceil( - 11)
Out[29]: (6,  - 11)
```

如果输入的值不是数,则函数将返回 TypeError,代码如下:

```
In [30]: math.ceil("x")
Traceback (most recent call last):

  File "< ipython - input - 30 - 6b47497c589c >", line 1, in < module >
    math.ceil("x")

TypeError: must be real number, not str
```

3. floor()

函数 math.floor() 的行为与 math.ceil() 相反,它将返回小于或等于给定值的最接近的整数。例如,输入 8.72 将返回 8,输入 −12.34 将返回 −13。

math.floor() 可以接收正数或负数作为输入,并返回一个整数。如果输入一个整数,则函数将返回相同的值。示例代码如下:

```
In [31]: math.floor(8.72), math.floor( - 12.34)
Out[31]: (8,  - 13)

In [32]: math.floor(6), math.floor( - 11)
Out[32]: (6,  - 11)
```

同样,如果输入的值不是数,则函数 math.floor() 将返回 TypeError,代码如下:

```
In [33]: math.floor("x")
Traceback (most recent call last):

  File "< ipython - input - 33 - c49ad4f39c09 >", line 1, in < module >
    math.floor("x")

TypeError: must be real number, not str
```

4. trunc()

当需要只保留某个小数的整数部分时,可以使用 Math 模块的函数 math.trunc()。

去掉小数是一种舍入方法。使用函数 math.trunc(),负数总是向上取整(类似于函数 math.ceil()),正数总是向下取整(类似于函数 math.floor())。

下面的代码演示函数 math.trunc() 如何使正数或负数截尾:

```
In [34]: math.trunc(12.52), math.trunc( - 43.24)
Out[34]: (12,  - 43)
```

5. isclose()

在某些情况下,特别是在数据科学领域中,可能需要确定两个数是否彼此接近,但要做到这一点,首先需要回答一个重要的问题:多接近才算接近?

例如,取一组数:2.32、2.33 和 2.331。当我们仅比较小数点后两位时,会觉得 2.32 和

2.33 非常接近,但实际上,2.33 和 2.331 更接近。"接近"是一个相对的概念。如果没有某种阈值,则无法确定接近程度。

幸运的是,Math 模块提供了一个名为 isclose() 的函数,允许设置阈值或容忍值。如果两个数值的差值在设定的接近度容忍范围内,则返回值为 True,否则返回值为 False。

下面来看一看如何使用默认公差来比较两个数值。

(1) 相对容差($\mathrm{rel_{tol}}$),是评估实际值与预期值之间的差异相对于预期值的量值。这是容忍的百分比。默认值为 1e−09 或 0.000000001。

(2) 绝对容差($\mathrm{abs_{tol}}$),被认为是"接近"的最大差值,而不管输入值的大小。默认值是 0.0。

当满足以下条件时,函数 math.isclose() 的返回值为 True:

$$\mathrm{abs}(a - b) \leqslant \max(\mathrm{rel_{tol}} \times \max(\mathrm{abs}(a), \mathrm{abs}(b)), \mathrm{abs_{tol}}) \tag{3-2}$$

函数 math.isclose() 使用上面的表达式来确定两个数的接近度。

在下面的例子中,数字 6 和 7 被认为不接近:

```
In [35]: math.isclose(6, 7)
Out[35]: False
```

数字 6 和 7 被认为不接近,因为默认的相对容差设置为小数点后 9 位,但是如果在相同的容差下输入 6.999999999 和 7,则它们被认为是接近的,代码如下:

```
In [36]: math.isclose(6.999999999, 7)
Out[36]: True
```

可以看到 6.999999999 在 7 的小数点后 9 位之内,因此,基于默认的相对容差,6.999999999 和 7 被认为是接近的。

可以根据需要任意调整相对容差。如果将 rel_tol 设置为 0.2,则认为 6 和 7 很接近,代码如下:

```
In [37]: math.isclose(6, 7, rel_tol = 0.2)
Out[37]: True
```

可以观察到 6 和 7 现在已经被认为接近了。这是因为它们彼此之间的距离不超过 20%。

与 rel_tol 一样,也可以根据需要调整 abs_tol 的值。要被视为接近,输入值之间的差异必须小于或等于绝对容差值。以下代码设置 abs_tol 的值:

```
In [38]: math.isclose(6, 7, abs_tol = 1.0)
Out[38]: True

In [39]: math.isclose(6, 7, abs_tol = 0.2)
Out[39]: False
```

我们可以使用函数 math.isclose() 确定非常小的数之间的接近程度。下面的代码使用

nan 和 inf 来定义几个关于接近程度的特殊情况：

```
In [40]: math.isclose(math.nan, 1e308)
Out[40]: False

In [41]: math.isclose(math.nan, math.nan)
Out[41]: False

In [42]: math.isclose(math.inf, 1e308)
Out[42]: False

In [43]: math.isclose(math.inf, math.inf)
Out[43]: True
```

从上面的例子可以看出，nan 不接近任何值，甚至不接近它本身。另一方面，inf 不接近任何数值，甚至不接近非常大的数值，但它很接近自身。

6. pow()

函数 math.pow() 用来求一个数的幂。Python 另有一个内置函数 pow()，它与 math. pow() 不同。关于它们的不同，稍后会做出说明。math.pow() 接收 2 个参数，代码如下：

```
In [44]: math.pow(2, 5)
Out[44]: 32.0

In [45]: math.pow(5, 2.4)
Out[45]: 47.59134846789696
```

函数 math.pow() 的第 1 个参数是底数，第 2 个参数是指数。可以提供整数或小数作为输入，函数总是返回一个浮点值。在 math.pow() 中定义了一些特殊情况。

当以 1 为底取任意次幂时，其结果均为 1.0。示例代码如下：

```
In [46]: math.pow(1.0, 3)
Out[46]: 1.0
```

任何底数的 0 次幂的结果总是 1.0。即使底是 nan，其结果也是 1.0。示例代码如下：

```
In [47]: math.pow(4, 0.0)
Out[47]: 1.0

In [48]: math.pow(-4, 0.0)
Out[48]: 1.0

In [49]: math.pow(0, 0.0)
Out[49]: 1.0

In [50]: math.pow(math.nan, 0.0)
Out[50]: 1.0
```

0.0 的任何正数次幂都是 0.0。示例代码如下：

```
In [51]: math.pow(0.0, 2)
Out[51]: 0.0


In [52]: math.pow(0.0, 2.3)
Out[52]: 0.0
```

但是取 0.0 的负数次幂将得到 ValueError。

除了 math.pow() 之外，Python 中还有 2 种计算幂值的内置方法：

（1）x ** y。

（2）pow()。

第 1 种方法很简单。前文中已经用过了。第 2 种方法是一个通用的内置函数。内置的 pow() 不必任何导入便可以使用，该函数有 3 个参数：

（1）base 为底数。

（2）power 为幂指数。

（3）modulus 为模数。

前 2 个参数是强制的，第 3 个参数是可选的。入参可以是整型或浮点型，函数将根据输入参数的类型返回适当的结果。示例代码如下：

```
In [53]: math.pow(3, 2)
Out[53]: 9

In [54]: math.pow(2, 3.3)
Out[54]: 9.849155306759329
```

密码术中经常使用此参数。带有可选模数参数的内置函数 pow() 等价于 $(x ** y)\%z$。Python 语法如下：

```
In [55]: math.pow(32, 6, 5), (32 ** 6) % 5 == math.pow(32, 6, 5)
Out[55]: (4, True)
```

函数 pow() 计算底数 32 的 6 次幂模 5，在这种情况下，结果是 4。

尽管这 3 种计算幂的方法可以得到相同的结果，但它们之间有一些实现上的差异，因此会影响执行的效率。下面是对它们执行效率的比较：

```
In [56]: %timeit 10 ** 308
1.04 μs ± 2.49 ns per loop (mean ± std. dev. of 7 runs, 1000000 loops each)

In [57]: %timeit pow(10, 308)
1.09 μs ± 11.3 ns per loop (mean ± std. dev. of 7 runs, 1000000 loops each)

In [58]: %timeit math.pow(10, 308)
231 ns ± 0.765 ns per loop (mean ± std. dev. of 7 runs, 1000000 loops each)
```

在不同的 CPU 下可能会得到不同的数值结果,但无论在哪一种平台上,最终的结果都表明 Python 内建函数 pow() 的运行效率是最低的。函数 math. pow() 的底层实现依赖于 C 语言,这使得它具有比较高的运行效率,然而 math. pow() 不能处理复数,而 Python 内建函数 pow() 和 x ** y 使用输入对象自己的操作符 **,因此 pow() 和 ** 都可以处理复数。

7. exp()

当以欧拉数作为指数函数的底数时,该指数函数就是自然指数函数。函数 math. exp() 与数学中的自然指数函数相对应。输入可以是正数也可以是负数,函数 math. exp() 总是返回一个浮点值。如果输入的不是数值,则该方法将返回 TypeError,代码如下:

```
In [59]: math. exp(21)
Out[59]: 1318815734. 4832146

In [60]: math. exp( - 1. 2)
Out[60]: 0. 30119421191220214

In [61]: math. exp("x")
Traceback (most recent call last):

  File "< ipython - input - 61 - d942eff83a60 >", line 1, in < module >
    math. exp("x")

TypeError: must be real number, not str
```

也可以用 e ** x 表达式或通过使用 pow(math. e, x) 计算自然指数。这 3 种方法的执行时间对比如下:

```
In [62]: % timeit math. e ** 308
230 ns ± 13. 5 ns per loop (mean ± std. dev. of 7 runs, 1000000 loops each)

In [63]: % timeit pow(math. e, 308)
271 ns ± 18. 9 ns per loop (mean ± std. dev. of 7 runs, 1000000 loops each)

In [64]: % timeit math. exp(308)
171 ns ± 3. 31 ns per loop (mean ± std. dev. of 7 runs, 10000000 loops each)

In [65]: % timeit math. pow(math. e, 308)
265 ns ± 1. 32 ns per loop (mean ± std. dev. of 7 runs, 1000000 loops each)
```

可以看到 math. exp() 比其他方法快,而 pow(e, x) 是最慢的。这与预期相同,因为 Math 模块的底层是由 C 语言实现的。

值得注意的是,e ** x 和 pow(e, x) 返回相同的值,但 math. exp() 返回的值略有不同。这是由于实现的差异造成的。Python 文档指出,math. exp() 比其他 2 种方法更精确,代码如下:

```
In [66]: math. e ** 21, pow(math. e, 21), math. exp(21)
Out[66]: (1318815734. 4832132, 1318815734. 4832132, 1318815734. 4832146)
```

当一个不稳定的原子发射电离辐射而失去能量时，就会发生放射性衰变。放射性衰变的速率是用半衰期来测量的，半衰期是母核衰变一半所花费的时间。可以用以下公式计算衰减过程：

$$N(t) = N(0)e^{\frac{-693t}{T}} \qquad (3\text{-}3)$$

现在用上面的公式计算某放射性元素在一定时间后的剩余量。给定公式的变量如下：

（1）$N(0)$是物质的初始量。

（2）$N(t)$是经过一段时间 t 还没有衰减的量。

（3）T 是衰变量的半衰期。

（4）e 是欧拉数。

科学研究已经确定了所有放射性元素的半衰期。可以将相应的值代入方程式来计算任何放射性物质的剩余量。

放射性同位素锶-90 的半衰期为 38.1 年。样本中含有 100 毫克锶-90。以下代码计算 100 年后剩余的锶-90：

```
In [67]: half_life = 38.1
         initial = 100
         time = 100
         remaining = initial * math.exp(-0.693 * time / half_life)
         print("剩余的锶-90 有：%.4f 毫克" % remaining)
剩余的锶-90 有：16.2204 毫克
```

8. log()

对数函数可以看作指数函数的逆函数。一个数的自然对数是以自然常数（或欧拉数）e 为底数的对数。Math 模块的函数 math.log()有 2 个参数。第 1 个参数是强制性的，第 2 个参数是底数，它是可选的，默认为 e。通过第 1 个参数，可以得到输入值的自然对数（以 e 为底），代码如下：

```
In [68]: math.log(4)
Out[68]: 1.3862943611198906

In [69]: math.log(math.e)
Out[69]: 1.0

In [70]: math.log(-3)
Traceback (most recent call last):

  File "<ipython-input-70-986324ee0bdd>", line 1, in <module>
    math.log(-3)

ValueError: math domain error
```

```
In [71]: math.log('x')
Traceback (most recent call last):

  File "< ipython - input - 71 - 0c782b7d43c0 >", line 1, in < module >
    math.log('x')

TypeError: must be real number, not str
```

函数 math.log()接收正数为输入参数,不接收负数和字符串,因为负数和 0 的对数是没有定义的。

通过输入不同的值,可以求不同底数的对数,代码如下:

```
In [72]: math.log(4, 2)
Out[72]: 2.0

In [73]: math.log(math.pi, 5)
Out[73]: 0.711260668712669
```

以上代码分别求以 2 为底 4 的对数和以 5 为底 π 的对数。

Python Math 模块还提供了两个单独的函数,分别用以计算以 2 和 10 为底的对数,代码如下:

```
In [74]: math.log10(math.pi), math.log(math.pi, 10)
Out[74]: (0.49714987269413385, 0.4971498726941338)

In [75]: math.log2(math.pi), math.log(math.pi, 2)
Out[75]: (1.6514961294723187, 1.651496129472319)
```

以上结果略有不同,Python 文档指出 log10()和 log2()拥有更高的准确度,尽管它们都可以通过向 log()传入第 2 个参数替换,因此在有较高精度要求的情况下,尽量使用这 2 个函数。

前述的例子使用 math.exp()计算放射性元素在一段时间后的剩余质量。我们也可以通过测量一个间隔的质量变化来找到未知放射性元素的半衰期,此时需要使用 math.log()。

下式是用来计算放射性元素的半衰期的公式:

$$T = \frac{-693t}{\ln \dfrac{N(t)}{N(0)}} \tag{3-4}$$

给定公式的变量说明如下:

(1) T 是半衰期。

(2) $N(0)$是物质的初始量。

(3) $N(t)$是经过一段时间 t 还没有衰减的量。

(4) ln 是自然对数。

假设有一个未知的放射性元素样本。100 年前它被发现时,样本量是 100 毫克。经过

100 年的衰变后，只剩下 16.22 毫克。以下代码使用式（3-4）计算出这个未知元素的半衰期：

```
In [76]: initial = 100
         remaining = 16.22
         time = 100
         half_life = (-0.693 * time) / math.log(remaining / initial)
         print("未知物的半衰期是%f"%(half_life 年))
未知物的半衰期是 38.099424 年
```

可以看到这个未知元素的半衰期大约是 38.1 年。根据这些信息，可以确定这个未知元素是锶-90。

3.2.3　Math 库中其他的重要数学函数

Python Math 模块有许多用于数学计算的有用函数，接下来将简要地介绍 Math 模块中其他一些重要函数。

1. gcd()

两个正数的最大公约数（GCD）是能将两个数整除的最大正整数。

例如，15 和 25 的 GCD 是 5，5 是能够同时整除 15 和 25 的最大整数。15 和 30 的 GCD 是 15，因为 15 和 30 都可以被 15 整除，没有余数。

计算 GCD 的算法很多，但是我们无须自己实现。Python Math 模块提供了一个名为 math.gcd() 的函数，可以计算两个数的 GCD。它接收正数或负数作为输入，并返回适当的 GCD，但是，小数不能作为输入。

2. sum()

如果想要在不使用循环的情况下找到可迭代对象值的和，则 math.fsum() 可能是最简单的方法。可以使用数组、元组或列表等迭代对象作为输入，求函数返回值的和。一个名为 sum() 的内置函数也允许计算可迭代对象的和，但 math.fsum() 比 sum() 更精确。

3. sqrt()

一个数的算术平方根是一个值，当它与自己相乘时，就得到这个数。可以使用 math.sqrt() 找到任何正实数（整数或小数）的算术平方根。返回值始终是一个浮点数。如果尝试输入一个负数，则函数将抛出一个 ValueError 异常。

4. radians()

在现实生活和数学中，经常会遇到需要测量角度才能进行计算的情况。角度可以用度或弧度来测量。有时必须将度转换成弧度，反之亦然。如果想把度转换成弧度，则可以使用 math.radians()，它返回输入的弧度值。同样地，如果想将弧度转换为度，则可以使用 math.degrees()。

5. 三角函数

三角学是对三角形的研究。它处理三角形的角和边之间的关系。三角学主要对直角三角形感兴趣，但它也可以应用于其他类型的三角形。Python Math 模块提供了非常有用的函数，可以执行三角计算。相关函数如表 3-2 所示。

表 3-2　Math 库的三角函数

函　　数	描　　述
math. sin()	计算正弦值
math. cos()	计算余弦值
math. tan()	计算正切值
math. asin()	计算反正弦
math. acos()	计算反余弦
math. atan()	计算反正切
math. hypot()	计算直角三角形的斜边长

以上三角函数的入参和反三角函数返回值都是弧度,参看以下代码:

```
In [77]: math.cos(math.pi)
Out[77]: -1.0

In [78]: math.acos(-1)
Out[78]: 3.141592653589793
```

math. cos()的输入是弧度,如果应用中是度,则需要首先使用 math. radians()将其转化为弧度。其他的三角函数具有相同的特征。

反三角函数的输入是度,如果应用中是弧度,则需要首先使用 math. degrees()将其转化为度。其他的反三角函数具有相同的特征。

函数 math. hypot()根据直角三角形的两个直角边计算斜边,代码如下:

```
In [79]: parendicular = 3
         base = 4
         math.hypot(parendicular, base)
Out[79]: 5.0
```

3.3　定义函数

如果我们需要求高斯函数的多个值,则需要重复输入复杂的表达式,显然这不是一个高效的做法。编码中有一个 DRY 原则,即 Do not Repeat Yourself 原则。无论是库函数还是内建函数,最主要的目的是使具有明确功能的代码可以被复用。在 3.1 节的几段代码中,我们无须编写进行方根运算和指数运算的代码。在每次需要输出时,也无须特意编写用于输出的代码。我们所需的功能已经作为函数存在了。同样,我们可以自定义一个函数 gaussian(),在需要求值的地方调用它。

通过 3.2 节的例子,我们可以看到程序中的函数和数学中的函数有很多相似的地方。简单来讲就是将输入映射成输出,每一组输入均有唯一的输出与之对应。不过程序中的函数不仅仅可以做数学运算。

函数使我们可以把复杂的任务分解成多个较小的任务,这对于解决复杂的问题是必不可少的。另外,将一个程序分割成多个较小的函数对于测试和验证一个程序是否正常工作也很方便。我们可以编写小段代码来测试单独的函数,在将这些函数放入一个完整的程序之前确保它们能够正常工作。如果这些测试都正确地完成了,就可以确信主程序能够按照预期的方式工作。

现在,我们将数学上的高斯方程写成 Python 函数,代码如下:

```
In [80]: from math import sqrt, pi, exp
         def gaussian(x):
             σ = 1
             μ = 2
             g = 1/sqrt(2 * σ * pi) * exp( - 0.5 * ((x - μ) ** 2/σ))
             return g
```

与 3.2 节相比,这里代码有三处改动。def gaussian(x): 被称为函数头,用于定义函数的接口。Python 中使用关键字 def 定义函数,def 之后是函数的名称,紧接着是括号包裹的函数入参。入参的个数可以是 0 个也可以是多个。如果有多个入参,则各入参之间需要使用逗号分隔。

函数名的命名约定和变量名类似(小写字符、不能有空格、下画线连接不同字段)。

函数头之后为函数体,这部分需要相对于函数头进行缩进。Python 中的缩进(Indentation)决定了代码的作用域范围,相同缩进行的代码处于同一作用域范围。

注意:不要混合使用制表符和空格来缩进。

混合缩进将会引发 IndentationError 异常。强烈建议每个缩进层次使用单个制表符(Tab)或 4 个空格。更加重要的是,一旦选择一种风格,以后最好只使用这一种风格。

函数体的前三行定义了 3 个变量,由于它们均在函数体中被定义,作用域仅仅在函数体内,无法在函数体外被访问,因此被称为函数的局部变量。最后一行的关键字 return 指明函数的返回值(此处是局部变量 f 的值)。相比 3.2 节使用 print()将计算结果输出到屏幕,return 使得函数调用者可以得到计算的结果。

如果我们的程序仅仅定义了一个函数,则运行结果是什么也没有的。定义的函数如果不被调用,实质上等同于什么都没做。这一点和数学中的函数很类似,当你写下函数 $f(x)$ 时,它仅仅表示一个映射关系,但此处并无具体的映射。只有输入具体值之后,才有输出产生。Python 的主程序通常指源代码中不在特定函数内的每一行代码。运行程序时,只执行主程序中的语句。只有在主程序中包含对函数的调用时,函数定义中的代码才会运行。在前面的章节中,我们已经调用了预先定义的函数,例如 print 等。现在我们也以完全相同的方式调用自己写的一个函数,代码如下:

```
In [81]: x = 0
         g1 = gaussian(x)
         g2 = gaussian(4)
         print(g1, g2)
0.05399096651318806 0.05399096651318806
```

对于 gaussian()的调用将返回一个浮点型对象,在程序运行中 gaussian(x)将被一个浮点型对象替换。不同于 C/C++、Java 等编程语言,Python 不要求指明函数输入参数和返回值的类型。对于简单的函数,我们可以通过查看代码来确定它们的类型,但是对于复杂的函数,则需要增添相应的注释进一步说明。这些注释文字被称为函数文档或者 docstring。推荐注释格式如下:

```
"""计算正态分布概率密度。

在本函数中,标准差 σ 固定为1,数学期望 μ 固定为2。

参数
----
x: float
        随机变量 x 的值。

返回值
-----
g: float
        随机变量的概率密度。
"""
```

这些说明性文字被加在函数头之后,这样便可以使用 help 函数显示出来,代码如下:

```
In [82]: help(gaussian)
计算正态分布概率密度。

在本函数中,标准差 σ 固定为1,数学期望 μ 固定为2。

参数
----
x: float
        随机变量 x 的值。

返回值
-----
g: float
        随机变量的概率密度。
```

函数注释需要包含以下几部分:

(1) 头部为简要的说明,通常使用祈使句。如"计算……""返回……""做……"。

(2) 接下来是对于函数较为详细的说明。这部分是可选的,对于简单的函数,可以省略。

(3) 第三部分是对于入参的详细说明。

(4) 第四部分为返回值的详细说明。

注释的格式有很多种,本书中将采用 Numpydoc 中的格式规范,因为 Spyder IDE 针对这种规范在显示上有特别的处理。可以在 Spyder IDE 的编辑窗或者 Console 输入以上代码,将光标置于函数名上,按 Ctrl+I 快捷键。此时 Help 窗口的输出如图 3-1 所示。

图 3-1　函数注释

也可以在 Help 窗口的 Object 框中输入函数名查询。此时需要根据函数是在编辑窗还是 Console 里定义的,在 Source 框里做不同的选择。

3.4　括号匹配

注意:对于像本例中如此复杂的公式,括号的使用很容易出错。这样的错误通常会导致一个指向下一行的错误消息。这种错误信息会令新手感到非常困惑,因此,如果你获得的错误消息直接指向复杂数学公式下面一行,则表示错误通常是在公式本身。

很多编辑器具有语法分析的功能,能够实时检测括号的配对情况。在 Spyder 的编辑器中,将光标放置在右括号之后,该右括号及与之配对的左括号会自动高亮显示。如果当前行中存在括号失配,则会出现错误警示。如图 3-2 所示,第 29 行匹配的两个括号被高亮显示。由于第 29 行的括号目前处于失配状态,所以行首有错误警示标识。

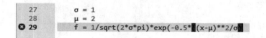

图 3-2　括号匹配高亮显示及失配告警

如果这个错误在编辑时被忽略了,则 Spyder 编辑器会认为出现超长代码换行的情况,光标不会自动出现在下一行的对齐处。参看如图 3-3 所示的光标位置,而新增的第 30 行的行首也被自动加上了错误警示标识。当遇到这种错误警示时,需仔细查看前一行的代码。

如果编辑第 30 行时忽略了缩进的异常,则在行首的错误警示标识会一直存在,虽然第 30 行不存在任何问题,如图 3-4 所示。在用 Spyder 打开已经编写好的程序时,如果发现这种错误,则需查看前一行是否存在括号失配的情况。

图 3-3　代码换行　　　　　　　　　　　　图 3-4　上一行代码括号失配

3.5　入参和局部变量

前文的例子中,期望值 μ 和方差 σ^2 在函数中被赋予了固定值。在数学函数中,这两个值也是可以变化的。也就是说,概率密度是由 μ、σ、x 这 3 个量决定的。Python 的函数可以有多个入参,我们可以将代码做如下修改:

```
In [83]: def gaussian(x, μ, σ):
             """计算正态分布概率密度。

             参数
             ----
             x: float
                 随机变量 x 的值。
             σ:float
                 标准差
             μ: float
                 数学期望
             返回值
             -----
             g: float
                     随机变量的概率密度。
             """

             f = 1/sqrt(2 * σ * pi) * exp( - 0.5 * ((x - μ) ** 2/σ))
             return f

In [84]: gaussian(14, 0, 1)
Out[84]: 1.0966065593889713e - 43

In [85]: gaussian(14, 0, 0.1)
Out[85]: 0.0

In [86]: gaussian(14, 1, 0.5)
Out[86]: 2.2680760989571468e - 74
```

函数定义中用于描述预期参数的标识符被称为形式参数,而调用函数时由调用者发送的对象是实际参数。Python 中的参数传递遵循赋值语句的语义。当函数被调用时,函数调用者将实际参数赋值给该函数的每个形式参数。

以调用 gaussian$(14,0,1)$ 为例,在函数执行之前,形式参数分别被赋值如下:

(1) $x=14$。

（2）$\mu = 0$。

（3）$\sigma = 1$。

函数在使用 return 返回时，同样会进行一个类似的赋值过程。在 gaussian()内，我们创建了一个对象并称为 f。函数返回时，这个对象会和调用者作用域中的一个变量名关联。

3.5.1　参数默认值

Python 支持函数的多态（Polymorphic），这样的函数支持一种以上的调用方式。最值得注意的是，函数可以声明一个或多个参数的默认值，从而允许调用者在调用时传入具有变化数量的实际参数。这样的函数通常具有以下定义：

```
def foo(a, b = 15, c = 27):
```

该函数有 3 个参数，最后 2 个提供了默认值。调用者可以传入 3 个实际参数，代码如下：

```
foo(4,12,8)
```

此种情况下，函数执行时不使用默认值。如果调用者只发送 1 个参数，则代码如下：

```
foo(4)
```

函数执行时，$a = 4$、$b = 15$、$c = 27$。如果调用者传入 2 个参数，假设它们是前 2 个，则第 3 个是默认值，代码如下：

```
foo(8, 20)
```

函数执行时，$a = 8$、$b = 20$、$c = 27$。

默认参数必须处于函数入参列表的尾部，不能出现在列表中部。如下定义是非法的：

```
bar(a, b = 15, c)
```

该定义中入参 b 有一个默认值，其后所有参数也必须有默认参数值。

现在将之前的函数再次修改，代码如下：

```
In [87]: def gaussian(x, μ = 0, σ = 1):
             """计算正态分布概率密度。

             参数
             ----
             x: float
                  随机变量 x 的值。
             σ:float
                标准差，默认值为 1。
```

```
      μ: float
          数学期望, 默认值 0。

      返回值
      -----
      g: float
          随机变量的概率密度。
      """

      g = 1/sqrt(2 * σ * pi) * exp( - 0.5 * ((x - μ) ** 2/σ))
      return g
```

3.5.2 关键字参数

现在对于带有默认参数的函数分别进行三次调用: 使用默认参数、修改第 2 个参数值、修改 2 个参数值, 代码如下:

```
In [88]: gaussian(0.1)
Out[88]: 0.3969525474770118

In [89]: gaussian(0.1, - 2)
Out[89]: 0.04398359598042719

In [90]: gaussian(0.1, 1, 2.4)
Out[90]: 0.15493962244573706
```

但是这里有一个问题, 如何只修改第 3 个参数的值呢? 传统的参数传入机制是依次匹配调用者传入的实际参数, 在这种情况下, 实参需要和形参在位置上一一对应, 因此, 如果我们只想修改第 3 个参数的默认值, 则须传入第 2 个参数的默认值, 代码如下:

```
In [91]: gaussian(0.1, 0, 2.4)
Out[91]: 0.1660817194169522
```

Python 支持另一种机制——关键字参数(Keyword Argument)。关键字参数传入的方式是显式指定形式参数。示例代码如下:

```
In [92]: gaussian(0.1, σ = 2.4)
Out[92]: 0.1660817194169522
```

此时, 仅第 3 个参数的默认值被改变了。因为调用时并未给第 2 个参数赋值。

3.5.3 局部变量和全局变量

在编程中, 必须理解局部变量和全局变量之间的区别。一旦将两者混淆, 便会为程序引入不可预知的问题。如前文所述, 传递给函数的参数及我们在函数内部定义的变量都是局部变量。这些变量仅在函数内可见, 其作用域也仅在函数内, 但是全局变量的作用域覆盖整个程序,也可以在函数内部被访问,就像代码中的其他任何地方一样,这样便可能会引入混乱。

我们看以下代码:

```
In [93]: % reset − f
         def gaussian(x):
             σ = 1
             μ = 0
             g = 1/sqrt(2 * σ * pi) * exp( − 0.5 * ((x − μ) ** 2/σ))
         return g
         gaussian(0.1)
         g
Traceback (most recent call last):

  File "< ipython − input − 93 − 30230dfc8314 >", line 1, in < module >
    g

NameError: name 'g' is not defined
```

首先,我们需要使用 IPython 的魔术命令清除当前命名空间中的所有全局变量,因为有可能名为 g 的对象已经存在于当前的全局命名空间。

后续代码在访问 g 时出现错误,原因是变量 g 在函数 gaussian() 之外不存在。变量 g 是函数内部定义的局部变量,其作用域仅局限在函数内部,因此无法在函数体外被访问。

现在,我们将 σ 和 μ 的定义移到函数定义外。此时函数仍然能够工作,函数执行时将使用 σ 和 μ 的值,最终能够得到预期的结果,代码如下:

```
In [94]: σ = 1
         μ = 0

         def gaussian(x):
             g = 1/sqrt(2 * σ * pi) * exp( − 0.5 * ((x − μ) ** 2/σ))
             return g
```

但是如果在函数体内也定义了变量 σ 或 μ,则会是什么结果呢? 函数被调用时,会使用了哪个 σ 的值呢?

Python 解释器处理同名变量的原则是:局部变量名总是优先于全局变量名,因此,在上面的代码中,Python 解释器在查找公式中出现的变量 σ、μ 和 x 的值时,首先搜索本地命名空间,即在函数 gaussian() 内定义的本地变量。一旦找到匹配的本地变量,如代码中的 σ 和 x,则它们的值被使用。如果在本地命名空间中找不到某些变量,则 Python 解释器将移至全局命名空间查找与给定名称匹配的全局变量。如果在全局变量中找到了具有正确名称的变量,则使用相应的值。如果未找到具有正确名称的全局变量,并且没有其他可搜索的位置,则程序便以错误消息结尾。这种对变量的顺序搜索是很自然且合乎逻辑的,但也是造成混乱和编程错误的潜在原因。如果试图在函数内部更改全局变量,则可能还会引起其他混乱。示例代码如下:

```
In [95]: from math import sqrt, pi, exp

         σ = 1                    # 全局变量
         μ = 0

         def gaussian(x):
             σ = 5                # 新的局部变量
             g = 1/sqrt(2 * σ * pi) * exp( - 0.5 * ((x - μ) ** 2/σ))
             return g

         print(gaussian(0.01),σ)
0.17841062750008155 1
```

虽然函数内部存在语句 $\sigma = 5$，但是在调用函数后全局变量 σ 的值保持不变。由于出现在函数内部，所以 Python 解释器会将其视为重新定义一个局部变量，而不是试图改变一个全局变量。局部变量的作用域范围仅在函数内部，函数返回后，局部变量将不再存在，而全局变量仍然存在并且具有其原始值。如果要在函数内部更改全局变量的值，则必须使用关键字 global 明确声明。现将代码改动如下：

```
In [96]: from math import sqrt, pi, exp

         global σ = 1 # 全局变量
         μ = 0

         def gaussian(x):
             σ = 5 # 全局变量 σ 的值将被修改
             f = 1/sqrt(2 * σ * pi) * exp( - 0.5 * ((x - μ) ** 2/σ))
             return f

         print(gaussian(0.01),σ)
0.17841062750008155 5
```

在这种情况下，全局变量的值发生了变化。关键字 global 告诉 Python 解释器确实希望更改全局变量的值，而不是定义新的局部变量。通常情况下，应尽量减少在函数内部使用全局变量，而应将函数内部使用的所有变量定义为局部变量或以参数的形式传递给函数。如果我们希望更改全局变量的值，则应使用函数返回值来更新它的值，而不要使用关键字 global。很难想到一个示例，其中使用 global 是最佳解决方案。现在，将以上代码更新如下：

```
In [97]: from math import sqrt, pi, exp

         σ = 1
         μ = 0

         def gaussian(x):
             g = 1/sqrt(2 * σ * pi) * exp( - 0.5 * ((x - μ) ** 2/σ))
             return g, 5
```

```
        g, σ = gaussian(0.001)
        print(g,σ)
0.3989420809303424 5
```

需要注意,在这里,从函数返回的是一个元组(Python tuple 类型)。此元组有两个成员,它们之间用逗号隔开,就像在参数列表中一样。函数被调用后,其返回值被分配给全局变量 g 和 σ。本例可能并不具有实际的应用意义,但在许多情况下,需要通过函数调用并更改全局变量。在这种情况下,应始终通过赋值方式执行更改。

注意:将全局变量作为参数传入,从函数中返回变量,然后将返回值赋给全局变量。

遵循这一规范远胜于在函数内部使用全局关键字 global,因为它确保了每个函数都是独立的实体,并通过定义明确参数列表、返回值和其他代码接口。

3.6 函数返回值

函数使用 return 语句结束执行。如同前面代码中所示,通常情况下 return 语句是函数体内的最后一条语句。return 语句也可能在函数体中多次出现,此时必然存在一些条件逻辑。在我们的例子中,return 语句带有显式的参数。如果在没有显式参数的情况下执行 return 语句,则将自动返回 None。

注意:None 是 Python 一种 NoneType 的对象。

Python 函数可能同时返回多个值。当有多个返回值时,return 语句中的各个参数之间需要用逗号分隔,接收这些返回值的变量也需要使用逗号分隔。此时函数返回的对象类型是 tuple。第 4 章会详细介绍 tuple 这一对象类型。

3.7 Lambda 表达式

Python 函数的参数可以是任何 Python 对象,甚至是另一个函数。此功能对于许多科学应用程序非常有用。在数学中,很多函数的定义需要使用其他的数学函数。例如求积分 $\int_a^b f(x)\mathrm{d}x$、求导数 $f'(x)$。在这些应用程序中,我们需要将一个函数作为参数传入新定义的函数。

下面的例子是求一个函数在某一点的二阶导数:

$$f''(x) \approx \frac{f(x-h) - 2f(x) + f(x+h)}{h^2} \tag{3-5}$$

相应的 Python 代码如下:

```
In [98]: def diff2(f, x, h = 1E-6):
         '''求给定函数的二阶导数
```

```
         入参
         ____
         f:function
              待求微分的函数
         x:float
              求微分值的点
         h:float
              距离微分点的增量,默认值为 1e − 6

         返回值
         _____
         d2: float
              函数的二阶导数
         '''
         r = (f(x − h) − 2 * f(x) + f(x + h))/float(h * h)
         return r
```

函数 diff2 的第一个入参 f 是一个函数。在函数体中,它像普通函数一样被调用。此时需要注意,在调用时必须传入一个函数对象,否则程序运行会出错。因为 diff2 执行到 $f(x - h)$ 时,需要调用一个函数。

在使用 diff2 之前,有一个函数必须事先定义好,这样才可以作为 diff2 的一个参数。示例代码如下:

```
In [99]: def f(x):
                return x ** 2 − 1
         print(diff2(f, 1.5))
1.999733711954832
```

Lambda 函数提供了一种便捷的方式来定义函数。Lambda 是一个小型的匿名函数,与常规的 Python 函数相比,它受更严格但更简洁的语法约束。一个最简单的 Lambda 函数的代码如下:

```
In [100]: lambda x: x
Out[100]: < function __main__.< lambda >(x)>
```

在上面的示例中,表达式由以下内容组成:

(1) 关键字:lambda。

(2) 绑定变量:x。

(3) 函数体:x。

Lambda 函数的语法规范如下:

```
somefunc = lambda a1, a2, some_expression
```

因为 Lambda 函数是一个表达式,所以可以命名它。它等同于以下代码:

```
def somefunc(a1, a2, ...):
    return some_expression
```

Lambda 函数中的参数无须用括号包围，多个入参之间使用逗号分隔。

在我们这个例子中，使用 Lambda 函数可以使代码更加紧凑，以下代码仅使用一行代码即完成了之前的函数定义：

```
In [101]: f = lambda x: x ** 2 - 1
```

以上的例子，可能还难于表明 Lambda 函数的全部优势，毕竟它只是将两行代码简化为一行。现在参看下面的代码：

```
In [102]: print(diff2(lambda x: x ** 2 - 1, 1.5))
1.999733711954832
```

在需要将一个简单的数学表达式作为函数入参传递时，以这种方式使用 Lambda 函数是非常方便的。它不仅节省了一些输入，还可以提高代码的可读性，此时，我们不需要再去看某一个函数的定义。

也可以将函数及其参数括在括号中，代码如下：

```
In [103]: (lambda x: x ** 2 - 1)(1.5)
Out[103]: 1.25
```

约简是一种 Lambda 演算策略，用于计算表达式的值。在当前示例中，它用参数 1.5 替换绑定变量 x。

就像使用 def 定义的普通函数对象一样，Python Lambda 表达式支持所有不同的参数传递方式，包括：

（1）位置参数。

（2）关键字参数。

（3）变量参数列表（通常称为 varargs）。

（4）关键字参数变量列表。

（5）仅关键字参数。

以下示例演示了向 Lambda 表达式传递参数的不同方式：

```
In [104]: (lambda x, y, z: x + y + z)(1, 2, 3)        #位置参数
Out[104]: 6

In [105]: (lambda x, y, z = 3: x + y + z)(1, 2)       #默认参数
Out[105]: 6

In [106]: (lambda x, y, z = 3: x + y + z)(1, y = 2)   #关键字参数
Out[106]: 6

In [107]: (lambda * args: sum(args))(1,2,3)           #变量参数列表
```

```
Out[107]: 6

In [108]: (lambda ** kwargs: sum(kwargs.values()))(one = 1, two = 2, three = 3)
Out[108]: 6

In [109]: (lambda x, *, y = 0, z = 0: x + y + z)(1, y = 2, z = 3)
Out[109]: 6
```

3.8 条件分支

计算机程序的流程常常需要分支。也就是说,如果符合条件,就做一件事。如果不符合此条件,就做另一件事。一个简单的例子是单位阶跃函数:

$$H(n) = \begin{cases} 0, & n < 0 \\ 1, & n \geqslant 0 \end{cases} \tag{3-6}$$

单位阶跃函数的 Python 实现检查输入参数 n 的值,并根据 n 的值选择执行不同的语句。以下是公式(3-6)的代码实现:

```
In [110]: def h1(n):
              """单位阶跃函数。

              参数
              ----
              n: float
                 -∞ ~ ∞

              返回值
              -----
              h: float
                1,n >= 0
                0,otherwise
              """
              if n >= 0:
                  value = 1
              else:
                  value = 0
              return value
```

条件语句基于一个或多个布尔表达式。Python 解释器首先会对布尔表达式进行评估,然后根据评估的结果选定并执行相应的代码块。在 Python 中,条件语句的形式如下:

```
if first_condition:
    first_block
elif second_condition:
    second_block
elif third_condition:
    third_block
else:
    fourth_block
```

　　每个条件都是一个布尔表达式,每个代码块都包含一个或多个条件执行语句。如果第一个条件成立,则将执行第一个代码块。如果第一个条件不成立,则以类似的方式继续对第二个条件进行评估。最后,从所有待选分支中选中并执行一个代码块。可能有任意多个 elif 子句(包括 0),而最后的 else 子句也是可选的。

　　与函数定义类似,每个条件判断语句以冒号":"结尾,其后的条件代码块需保持相同的缩进。

　　对于阶跃函数的另一种定义如下:

$$H(n) = \begin{cases} 1, & n > 0 \\ \dfrac{1}{2}, & n = 0 \\ 0, & n < 0 \end{cases} \tag{3-7}$$

Python 函数实现的代码如下:

```
In [111]: def h2(n):
            """阶跃函数 2

            参数
            ────
            n: float
              - ∞ ～ ∞

            返回值
            ─────
            h: float
              1, n > 0
              0.5, n = 0
              0, otherwise
            """
            if n > 0:
                value = 1
            elif n == 0:
                value = 0.5
            else:
                value = 0
            return value
```

我们还可以如下编写代码:

```
In [112]: def h3(n):
            """阶跃函数 3
            h2()的另一种实现

            参数
            ────
            n: float
              - ∞ ～ ∞
```

```
        返回值
        -----
        h: float
            1, n > 0
            0.5, n = 0
            0, otherwise
        """
        if n >= 0:
            if n == 0:
                value = 0.5
            else:
                value = 1
        else:
            value = 0
        return value
```

此时,在 $n \geqslant 0$ 的条件下,我们又嵌入了一个条件分支。

非布尔类型可以被评估为具有直观含义的布尔值。例如,如果 response 是用户输入的字符串,并且希望以非空字符串来限制行为,则可以编写如下代码:

```
if response:
    do_calculate()
```

以上代码等同于如下代码:

```
if response != '':
    do_calculate()
```

对于简单的条件判断,可以将其嵌入特定的语句中。其格式如下:

```
variable = (value1 if condition else value2)
```

采用这种方式,可以将 h1() 改写为如下代码:

```
In [113]: def h3(n):
              return (1 if x >= 0 else 0)
```

3.9 程序验证

在 3.3 节中,我们提到了将程序中功能明确的代码编写成独立的函数,这样便于程序正确性的验证。本节将介绍如何编写测试代码以验证某一函数的功能是否能够按预期想法工作,这一编程方法对开发出功能正确的程序非常有效。

尽管需要花费额外的时间来编写测试用例,但由于可及早发现错误,因此通常可以为后期调试节省更多时间。该过程通常被称为单元测试,因为每个测试都会只验证程序的一小部分是否按预期工作。许多编程者甚至会更进一步,他们会在编写实际功能之前编写测试用例。这种方法通常被称为测试驱动开发(Test-Driven Development,TDD),它是越来越受欢迎的软件开发方法。

3.9.1 编写测试函数

我们将用于测试功能的代码编写为函数,它是一种专门用于测试的特殊类型的函数,但代码在实际运行时不会用到它们。编写好的测试函数是一个具有挑战性的工作,因为这个函数需要以一种可靠的方式测试已有代码的功能。测试函数的整体思想非常简单。对于通常需要一个或多个参数的给定函数,我们选择一些参数并手工计算函数的运行结果。在测试函数内部,我们只需使用正确的参数调用函数,然后将函数返回的结果与预期的(手工计算得到)结果进行比较。下面的示例说明了如何编写测试函数来测试函数 $double(x)$ 是否可以正常工作,代码如下:

```
In [114]: def double(x):
    """将输入加倍

    一个测试用例。

    参数
    ----
    x: float
        被加倍的数。

    返回值
    -----
    2x: float
        输入的两倍。
    """
    return 2 * x

def test_double():
    """函数 double()的测试函数。

    参数
    ----
        无

    返回值
    -----
        无
    """
    x = 4                    # 函数入参
    expected = 8             # 期待函数输出
    computed = double(x)
    success = computed == expected
    msg = f'computed {computed}, expected {expected}'
    assert success, msg
```

这段代码中,函数 test_double() 没有使用 return 返回,测试函数通常不应返回任何内容,因为无论返回对或错都无太大意义。测试函数的唯一目的是发现被测函数中潜在的错误,一旦发现被测试函数的返回值与我们的期望值不同,则需要立即将错误显示出来,因此代码中使用了 Python 关键字 assert(断言)。断言用于判断一个条件表达式是否为 True,当条件表达式为 False 时触发异常。断言语句的基本格式如下:

```
assert < test >, < message >
```

其中 test 是一个条件表达式,message 是一段字符串。其在逻辑上等同于以下代码:

```
if not test:
    raise AssertionError(message)
```

在示例的测试代码中,我们将期望值与返回的计算结果进行比较。这个布尔表达式的返回值将为 True 或 False,然后将此值赋给变量 success,变量 success 在断言中被用作条件表达式。断言语句中的字符串 message 是对错误原因进行说明的文字,在断言被触发时将被输出。如果断言语句中没有这一项,则在断言被触发时,仅有通用的一条消息 assertion error 被输出。为了使测试结果更加明确,一定要向断言语句中添加明确的错误信息。

可以在一个测试函数中添加多个断言。这对于使用不同的参数测试同一个函数会很有用。例如,如果为 3.8 节的单位阶跃函数编写一个测试函数,则自然会测试定义该函数的所有单独间隔。以下代码说明了如何完成此操作:

```
In [115]: def test_h1():
              """
              函数 h1(n)的测试函数

              参数
              ----
                      无

              返回值
              -----
                      无

              """
              x1, exp1 = 2, 1
              x2, exp2 = 0, 1
              x3, exp3 = -1, 0

              assert h1(x1) == exp1, '输入大于 0 时结果错误 %d' % (h1(x1))
              assert h1(x2) == exp2, '输入等于 0 时结果错误 %d' % (h1(x2))
              assert h1(x3) == exp3, '输入小于 0 时结果错误 %d' % (h1(x3))

          test_h1()
```

函数 test_h1() 执行成功,未引发异常,因而函数 h1() 的实现通过了测试。

编写测试函数时,应遵守如下规则:

(1) 测试函数必须至少具有一个形如 assert success,<msg>的断言语句。其中 success 是布尔变量或表达式,如果测试通过则为 True,否则为 False。如果需要,则可以包含多个断言。

(2) 测试函数不应使用任何输入参数。应将测试过程中使用的所有参数定义为测试函数内部的局部变量。

(3) 函数的名称应始终为 test_,后面跟要测试的函数的名称。遵循此约定很有用,因为它使任何阅读代码的人都可以明显看出该函数是一个测试函数。这一命名方式的另一好处是:这是某些测试工具的函数命名约定,因为它们会自动调用这种函数对代码进行自动测试。

用于科学计算的 Python 函数执行的是某种数学函数的功能,它返回数值或数值列表/元组。针对它们的测试函数在结构上通常都比较固定。遵循以上这些规则,并记住测试函数只是将被测函数的返回值与预期结果进行比较,这样编写测试函数就不是一件复杂的事情了。

遵循上面定义的测试函数命名约定的一个优点是,有一些工具可用于自动运行文件或文件夹中的所有测试函数,并报告是否有任何 Bug 潜入代码。在多人共同参与的大型开发项目中,使用这样的自动化测试工具是必不可少的。即使是个人开发和维护的项目,使用这样的工具也是有益处的。

3.9.2　使用 pytest

这里向大家推荐 pytest,其官方网站为 https://docs.pytest.org/en/stable/index.html。

如果我们向它传递一个文件名,pytest 将在这个文件中查找以 test_开头的函数,正如上面的命名约定所指定的那样。所有这些函数都将被标识为测试函数并由 pytest 调用,无论这些函数是否在实际应用中被调用。执行之后,pytest 将打印一个简短的摘要,说明它找到了多少个测试函数,以及针对通过和失败的统计值。现在我们将 3.9.1 节的程序稍做修改,将第三处检验的预期改成一个错误的值,运行 pytest 的结果如下:

```
(base) PS C:\Users\samuel\Documents\用 Python 探索数学书稿\code\ch3 >
    pytest .\s2.py
========================= test session starts =========================
platform win32 -- Python 3.8.3, pytest-6.1.1, py-1.9.0, pluggy-0.13.1
rootdir: C:\Users\samuel\Documents\用 Python 探索数学书稿\code\ch3
collected 2 items

s2.py .F                                                        [100%]

=============================== FAILURES ===============================
_____ test_h1 _____

    def test_h1():
        x1, exp1 = 2, 1
```

```
        x2, exp2 = 0, 1
        x3, exp3 = -1, -1

        assert h1(x1) == exp1, '输入大于 0 时结果错误 %d' % (h1(x1))
        assert h1(x2) == exp2, '输入等于 0 时结果错误 %d' % (h1(x2))
>       assert h1(x3) == exp3, '输入小于 0 时结果错误 %d' % (h1(x3))
E       AssertionError: 输入小于 0 时结果错误 0
E       assert 0 == -1
E        + where 0 = h1(-1)

s2.py:33: AssertionError
========================== warnings summary ===========================
..\..\..\..\..\..\..\..\programdata\anaconda3\lib\site-
packages\pyreadline\py3k_compat.py:8
  c:\programdata\anaconda3\lib\site-packages\pyreadline\py3k_compat.py:8:
DeprecationWarning: Using or importing the ABCs from 'collections' instead of from 'collections.
abc' is deprecated since Python 3.3, and in 3.9 it will stop working
    return isinstance(x, collections.Callable)

-- Docs: https://docs.pytest.org/en/stable/warnings.html
======================= short test summary info =======================
FAILED s2.py::test_h1 - AssertionError: 输入小于 0 时结果错误 0
==================== 1 failed, 1 passed, 1 warning in 0.19s ====================
(base) PS C:\Users\samuel\Documents\用 Python 探索数学书稿\code\ch3 >
```

对于规模较大的软件项目,通常将目录名作为 pytest 的运行参数。在这种情况下,该工具将在给定目录及其所有子目录中搜索文件名以 test 开头或结尾(例如,test_math.py, math_test.py 等)的 Python 文件,并在所有这些文件中搜索。所有符合测试函数命名约定的函数(以 test_ 作为函数名前缀)都被其视为测试函数,pytest 一旦检测到这种函数将按上述方式执行它。大型软件项目通常具有数千个测试函数,将它们收集到单独的文件中并使用自动工具(如 pytest)会非常高效。当然,对于本书中编写的小程序,将测试函数与要测试的函数写在同一文件中则比较方便。

重点是,我们直接运行测试函数时,如果测试通过,则测试函数会静默运行。因为只有在存在断言错误的情况下,测试函数才会有输出。这可能会造成混淆,有时甚至会怀疑是否调用了该测试函数。首次编写测试函数时,在该函数内部包含一个打印语句可能会很有用,只需验证该函数是否已被实际调用。一旦我们知道函数可以正常工作并且习惯了测试函数的工作方式,就应该删除该语句。

3.10 本章小结

本章详细介绍了如下内容:
(1) 如何从别的模块导入并使用库函数。
(2) 如何自定义函数。
(3) 如何为函数编写格式良好的注释。

（4）局部变量和全局变量的差别。

（5）如何编写条件判读语句。

在第 4 章中，我们将学习如何使用循环语句使程序能够更加高效地运行。

3.11　练习

练习 1：

编写一个用来计算长方体体积的函数，假设长方体的长、宽和高分别是 a、b 和 c，并使用以下值验证函数是否正确。

（1）$a = 1, b = 1, c = 1$。

（2）$a = 1, b = 2, c = 3.5$。

（3）$a = 0, b = 1, c = 1$。

（4）$a = 2, b = -1, c = 1$。

练习 2：

假设三角形的三条边的长度分别是 a、b 和 c。编写一个用来计算三角形面积的函数程序并验证任意三角形的面积可由公式（3-8）求得。

$$A = \sqrt{s(s-a)(s-b)(s-c)}, \quad s = \frac{a+b+c}{2} \tag{3-8}$$

使用以下数据验证：

（1）$a = 1, b = 1, c = 1$。

（2）$a = 3, b = 4, c = 5$。

（3）$a = 7, b = 8, c = 9$。

（4）$a = 2, b = -1, c = 1$。

练习 3：

编写一个函数程序计算物体从高度 H（单位：m）处下落所需要的时间 t，并用以下数据验证。

（1）$H = 1$ m（$t \approx 0.452$ s）。

（2）$H = 10$ m（$t \approx 1.428$ s）。

（3）$H = 0$ m（$t = 0$ s）。

（4）$H = -1$ m（思考合理的解）。

练习 4：

编写程序计算若干年后某人银行账户内的资产总额，函数如下：

$$f(n) = A\left(1 + \frac{p}{100}\right)^n \tag{3-9}$$

p 为银行一年定期的存款利率，A 为某人存入的初始资金，n 为存款年限。

练习 5：

开普勒第三定律指出，绕以某天体为焦点的椭圆轨道运行的所有行星或卫星，其各自椭圆轨道半长轴（r）的立方与周期（T）的平方之比是一个常量。

$$\left(\frac{T_A}{T_B}\right)^2 = \left(\frac{r_A}{r_B}\right)^3 \tag{3-10}$$

伽利略用木星直径作为度量单位测量了木星卫星的轨道大小。他发现：木星卫星一是离木星最近的卫星，它离木星 4.2 个单位长度，其公转周期为 1.8 天。木星卫星四的公转周期是 16.7 天，编写一个函数程序计算木星卫星四距离木星的距离（使用与木星卫星一相同的距离单位）。

练习 6：

给定二次方程如下：

$$ax^2 + bx + c = 0 \quad (a \neq 0)$$

其两个根为

$$x = \frac{-b \pm \sqrt{b^2 - 4ac}}{2a} \tag{3-11}$$

编写一个程序求任意二次方程的实数解。

注意： 不是所有二次方程都有实数解。

第 4 章   循　环

实际问题中往往会有许多具有规律性的重复操作,与之对应,在程序中就会出现重复执行的语句。重复执行意味着一次又一次地执行同一段代码。实现这种重复操作的编程结构称为循环。本章介绍如何通过循环自动执行程序中的重复任务。

循环通常被划分为循环体和循环判断两部分。Python 中有 while 和 for 两种循环机制。while 循环的重复执行通常基于对布尔条件的测试。for 循环能够提供对某些可迭代对象的索引,例如字符串的字符,列表中的元素或给定范围内的数字等。两者将在随后的所有章节中被广泛使用。

列表是在进行数据处理时,被广泛使用的一种可迭代类数据类型,可用于按特定顺序存储和处理的数据集合。本章的后半部分将介绍列表类。

4.1   while 循环

现在考虑第 2 章的练习题:

$$C = \frac{5}{9}(F - 32) \tag{4-1}$$

该练习要求实现一个华氏度和摄氏度转换的函数。这个函数实现很简单,代码如下:

```
In [1]: def f2c(f):
    """
    完成华氏度和摄氏度之间的转换

    参数
    ----
    f: float
        华氏度

    返回值
    -----
    c: float
        摄氏度
    """
    return (f - 32) * 5/9
```

表 4-1 华氏度和摄氏度对照表

华氏度/℉	摄氏度/℃
0	−17.77778
5	−15
10	−12.22222
15	−9.444444
20	−6.666667
25	−3.888889
30	−1.111111
……	……

如果需要列出表 4-1 中的结果,则需要循环执行所编写的函数。以下代码显然不是一个很好的解决方案:

```
In [2]: print(f2c(0))
        print(f2c(5))
        print(f2c(10))
        print(f2c(15))
        print(f2c(20))
        print(f2c(25))
        print(f2c(30))

−17.77777777777778
−15.0
−12.222222222222221
−9.444444444444445
−6.666666666666667
−3.888888888888889
−1.1111111111111112
```

输入这么多行相似的代码不仅非常无意义,而且很容易引入错误。编程时一定谨记 DRY 的原则。当编程时出现类似重复和无意义的代码时,通常存在更好的解决方法。在这种情况下,我们将利用计算机的一个主要优点:它们具有执行大量简单和重复性任务的强大能力。循环操作即建立在计算机的这一能力之上。

Python 中最通用的循环称为 while 循环。只要满足给定循环条件,while 循环将重复执行一组语句。while 循环的语法如下:

```
while 条件表达式:
    <语句 1>
    <语句 2>
    ……

<循环外的第一条语句>
```

第一行的 while 关键字后是一个 Python 条件表达式,被评估为 True 或 False。关于布尔型对象及布尔运算,可参考 2.1 节相关内容。在第一行的代码中条件表达式的值决定后续循环体是否被执行。

缩进是 Python 将代码分组在一起的方式。与函数和分支一样,在循环体中,所有需要重复执行的语句或代码块必须以完全相同的方式缩进。如果出现不同的缩进方式(除非是嵌入的二级循环或者分支),则程序执行时会出错。循环体后第一条未缩进的语句表明循环体的终止,这一行不被包含在循环体内。

为了使代码更直观一些,让我们使用一个 while 循环来表达更详细的温度转换表。现在,我们要解决的任务如下:将华氏度(0℉～ 100℉)转换成摄氏度,并将这两个值输出到屏幕上。为了编写正确的 while 循环来解决给定的任务,我们需要回答以下 4 个关键问题:

(1)循环从何处/如何开始,即变量的初始值是什么?

(2)哪些语句应在循环内重复?

(3)循环何时停止? 也就是说,什么条件应该变为 False 才能使循环停止?

(4)在每次循环中,如何更新每个变量的值?

查看上面的任务定义,我们应该能够回答所有这些问题:

(1)循环应从 0 开始,因此我们的初始条件应为 $f=0$。

(2)要重复执行的操作是数值的转换和结果的输出。

(3)我们希望循环在到达 100 后停止,因此我们的条件表达式变为 $f \leqslant 100$。

(4)我们希望每次转换的温度相差 1℉,因此我们需要在每次循环中为变量增加 1。

将这些详细信息插入上面的常规 while 循环框架中将产生以下代码:

```
In [3]: f = 0
        while f < = 100:
            print("%3d % 10.6f" % (f, f2c(f)))
            f += 1
```

该程序的流程如下:

(1)首先,$f=0$,$f \leqslant 100$ 为真,因此循环中的语句被执行:输出华氏度和转换后的摄氏度,将 f 增加 1。

(2)循环内的最后一行执行后,代码返回 while 行并再次判断 $f \leqslant 100$。此时判断仍然成立,因此循环语句将再次执行。新的一组数据得以输出,f 更新为 2。

(3)循环以这种方式继续,直到 f 从 100 更新为 101。现在判断 $101 \leqslant 100$,结果为假,循环结束。

注意:while 循环中的一个常见错误是忘记更新循环内的变量。此错误将导致无限循环,俗称"死循环"。此时如果想从终端窗口终止程序,则可以使用 Ctrl+C 快捷键停止它,此后可以改正错误并重新运行程序。

由于 print 总是使用最小的空间来输出数字,为了使输出的两列数据能够对齐,代码中使用了格式化输出字符("%3d % 10.6f"%(f, f2c(f)))。由于第一个数据是一个不大于 100 的整数,因此格式说明是%3d。第二个数据是一个不大于 100 的浮点数,使用了格式字符串%␣10.6f。需要注意%之后的空格,它表示数据右对齐,而左侧用空格补齐。输出结果如下:

```
  0 - 17.777778
  1 - 17.222222
 ...
 31   - 0.555556
 32     0.000000
 ...
 99 37.222222
100 37.777778
```

4.2　使用列表存储数据

到目前为止,我们已经使用一个变量来引用一个数(字符或字符串)。有时,我们会有一些数值的集合,例如在 4.1 节示例中的温度 0、1、2、…、100。在某些情况下,我们只需将结果输出到屏幕上。在这种情况下,使用单个变量进行更新并在每次循环中将其输出到屏幕即可,但通常情况下,我们需要保存所有的计算结果。例如,后续程序中可能需要对所有的计算结果进行进一步处理。使用多个变量来保存每个结果可以作为一种解决方案,代码如下:

```
n0 = 0
n1 = 1
n2 = 2
...
n10 = 10
```

但是这样做显然很低效,另外,也无法应对结果个数未知的情况,因此,需要一种可变长度的对象类型来满足需求,该种类型的对象可以随着程序的执行不断增添新成员。

Python 的列表类型是解决这种问题的最佳选择。列表可以说是 Python 中最通用、最有用的数据类型。实际上,在每个重要的 Python 程序中都可以找到它。

简言之,列表是任意对象的集合,在某种程度上类似于许多其他编程语言中的数组。相比其他编程语言中的数组,Python 列表更为灵活。Python 的列表是一个容器,它的内部不仅可以容纳数值型对象,还可以容纳任何其他类型的对象,甚至可以同时容纳不同类型的对象(整型、浮点型、字符串等)。Python 列表还具有大量便捷的内置功能,这使得它们非常灵活和实用,我们将使用一些较基本的功能。Python 列表的重要特征如下:

(1) 列表是有序的。

(2) 列表可以包含任何任意对象。

(3) 列表元素可以通过索引访问。

(4) 列表可以嵌套到任意深度。

(5) 列表是可变的。

(6) 列表是动态的。

4.2.1　创建列表

Python 通过将所有元素放在方括号[ ]中并用逗号分隔来创建列表,示例代码如下:

```
In [4]: mylist = [0, 1, 2, 3, 4, 5, 6, 7, 8, 9, 10]
```

列表不是对象的简单集合,它是对象的有序集合。元素在列表中的顺序是该列表的固有特性,拥有相同元素但不同排列的列表不相等。以下代码创建的列表 mylist2 与 mylist 拥有相同的元素,但倒序排列:

```
In [5]: mylist2 = [10, 9, 8, 7, 6, 5, 4, 3, 2, 1, 0]
        mylist == mylist2
Out[5]: False
```

由于顺序不同,因此列表 mylist2 并不等于 mylist。

列表中的成员不必是唯一的,可以拥有相同的元素,参看以下代码:

```
In [6]: mylist = ['bark', 'meow', 'woof', 'bark', 'cheep', 'bark']
        mylist
Out[6]: ['bark', 'meow', 'woof', 'bark', 'cheep', 'bark']
```

列表可以包含任何种类的对象。列表的元素可以是同一类型,如同 mylist 一样都是整型对象。也可以如同以下代码,具有不同类型的成员:

```
In [7]: mylist = [21.42, 'foobar', 3, 4, 'bark', False, 3.14159]
```

列表甚至可以包含更复杂的对象,例如函数、类和模块等。列表可以包含任意数量的对象,范围从 0 到计算机内存允许的数量。

4.2.2　列表索引

为了从列表中检索单个元素,我们可以使用索引。例如 mylist[3] 将挑选索引为 3 的元素。与访问字符串中的单个字符完全类似,列表索引是基于 0 的,列表索引从 0 开始,到 $n-1$ 结束,其中 n 是列表中元素的数量。尝试访问除这些以外的其他索引将引发 IndexError。mylist[3]为列表 mylist 中的第 4 个元素(索引值为 3)。参看以下代码:

```
In [8]: mylist = [4, -3.5, 'String']
        print(mylist[0])
        print(mylist[1])
        print(mylist[2])
        print(len(mylist))          # 输出列表长度
        print(mylist[3])            # 列表索引越界
4
-3.5
String
3
----------------------------------------------------------------------
IndexError                                Traceback (most recent call last)
< ipython - input - 8 - 5334fccfa5aa > in < module >
        4 print(mylist[2])
```

```
         5 print(len(mylist))                    ♯输出列表长度
----> 6 print(mylist[3])                         ♯列表索引越界

IndexError: list index out of range
```

列表索引如图 4-1 所示。

Python 允许对其序列进行负索引。索引 −1 指的是最后一项,索引 −2 指的是倒数第二项,以此类推。索引必须是整数,不能使用 float 或其他类型,否则将导致 TypeError,示例代码如下:

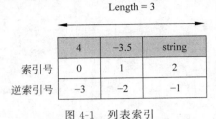

图 4-1　列表索引

```
In [9]: mylist = [4, - 3.5, 'String']
        print(mylist[ - 1])
        print(mylist[ - 2])
        print(mylist[ - 3])
        print(mylist[1.5])
String
- 3.5
4
----------------------------------------------------------------------
TypeError                            Traceback (most recent call last)
< ipython - input - 9 - edac86b0b6aa > in < module >
        3 print(mylist[ - 2])
        4 print(mylist[ - 3])
----> 5 print(mylist[1.5])

TypeError: list indices must be integers or slices, not float
```

也可以对列表进行切片访问。如果 mylist 是一个列表,则表达式 mylist [m:n]将返回 mylist 中从索引 m 到索引 $n-1$ 的元素,示例代码如下:

```
In [10]: mylist = ['foo', 'bar', 'baz', 'qux', 'quux', 'corge']
         mylist[2:5]
Out[10]: ['baz', 'qux', 'quux']
```

正负索引都可以被用于进行切片,但是注意尽量避免混用,否则可以出现意想不到的错误,示例代码如下:

```
In [11]: mylist[ - 4:5]
Out[11]: ['baz', 'qux', 'quux']

In [12]: mylist[ - 4:2]
Out[12]: []

In [13]: mylist[ - 4: - 2]
Out[13]: ['baz', 'qux']
```

如果忽略第一个索引,则切片将从列表的第一个元素开始。如果忽略第二个索引,则切片以最后一个元素结尾,示例代码如下:

```
In [14]: mylist[:4], mylist[0:4]
Out[14]: (['foo', 'bar', 'baz', 'qux'], ['foo', 'bar', 'baz', 'qux'])

In [15]: mylist[2:], mylist[2:len(mylist)]
Out[15]: (['baz', 'qux', 'quux', 'corge'], ['baz', 'qux', 'quux', 'corge'])

In [16]: mylist[:4] + mylist[4:]
Out[16]: ['foo', 'bar', 'baz', 'qux', 'quux', 'corge']

In [17]: mylist[:4] + mylist[4:] == mylist
Out[17]: True
```

默认的切片步长为1,可以指定一个切片步长。步长的值可以是正的,此时正序切片。步长的值也可以是负的,此时逆序切片,示例代码如下:

```
In [18]: mylist[0:6:2]      ♯间隔2个元素
Out[18]: ['foo', 'baz', 'quux']

In [19]: mylist[6:0:-2]     ♯逆序间隔2个元素
Out[19]: ['corge', 'qux', 'bar']
```

4.2.3 列表的基本操作

一些 Python 操作符和内置函数也可以与列表一起使用。以下代码使用 in 运算符查询列表中是否拥有某一成员:

```
In [20]: 'thud' not in mylist
Out[20]: True

In [21]: 'qux' in mylist
Out[21]: True
```

Python 内置的函数 len()返回 list 中的元素个数。这是一个经常会被用到的函数,它适用于列表及具有自然长度(例如字符串)的任何其他对象。函数 min()和 max()分别返回列表中最小和最大的元素,在使用 min()和 max()时,列表中的元素必须是相同的数据类型,且支持比较运算符。示例代码如下:

```
In [22]: len(mylist)
Out[22]: 6

In [23]: min(mylist)
Out[23]: 'bar'
```

```
In [24]: max(mylist)
Out[24]: 'qux'
```

运算符“+”被重载为串联，运算符“＊”被重载为复制，示例代码如下：

```
In [25]: mylist * 2
Out[25]:
['foo',
 'bar',
 'baz',
 'qux',
 'quux',
 'corge',
 'foo',
 'bar',
 'baz',
 'qux',
 'quux',
 'corge']

In [26]: mylist + ['grault', 'garply']
Out[26]: ['foo', 'bar', 'baz', 'qux', 'quux', 'corge', 'grault', 'garply']
```

可以使用串联运算符“+”或扩充赋值运算符“+=”将其他项添加到列表的开头或结尾，但是串联运算符左右两边的对象必须都是可迭代的对象，否则会引发 TypeError 异常，示例代码如下：

```
In [27]: mylist = ['foo', 'bar', 'baz', 'qux', 'quux', 'corge']
         mylist += 20
Traceback (most recent call last):

  File "< ipython - input - 27 - 273a84cd674c >", line 2, in < module >
    mylist += 20

TypeError: 'int' object is not iterable

In [28]: mylist += [20]
         mylist
Out[28]: ['foo', 'bar', 'baz', 'qux', 'quux', 'corge', 20]
```

列表必须与可迭代的对象连接在一起。需要注意的是，字符串也是可迭代的，但是将字符串连接到列表时可能会出现意想不到的结果，参看以下示例代码：

```
In [29]: mylist = ['foo', 'bar', 'baz', 'qux', 'quux']
         mylist += 'corge'
         mylist
Out[29]: ['foo', 'bar', 'baz', 'qux', 'quux', 'c', 'o', 'r', 'g', 'e']
```

如果我们想把 corge 追加到 mylist 的尾部，则此结果可能和预期就不太一样了。由于字符串是可遍历对象，因此其被视为字符组成的列表。在上面的示例中，连接到列表 mylist 的是字符串 corge 中的字符列表。

4.2.4　列表对象支持的方法

Python 提供了几种可用于修改列表对象的内置方法。

list. append()方法用于向列表对象的尾部追加新的成员，示例代码如下：

```
In [30]: mylist = ['a', 'b']
         mylist.append(123)
         mylist
Out[30]: ['a', 'b', 123]
```

list. append()方法不要求输入一定是可迭代的对象。它仅仅修改对象本身，并不返回新的列表。示例代码如下：

```
In [31]: mylist = ['a', 'b']
         x = mylist.append(123)
         print(x)
None
```

与串联运算符"+"不同的是，如果输入的对象是一个列表，则 list. append()方法将该列表作为新的元素追加到原列表尾部，示例代码如下：

```
In [32]: mylist = ['a', 'b']
         mylist.append([1, 2, 3])
         mylist
Out[32]: ['a', 'b', [1, 2, 3]]
```

同样对于可迭代对象字符串，list. append()方法在将其追加到列表尾部时，不会将其拆散，示例代码如下：

```
In [33]: mylist = ['a', 'b']
         mylist.append('foo')
         mylist
Out[33]: ['a', 'b', 'foo']
```

list. insert（index，obj）在列表对象中指定的 index 处插入对象 obj。在 list. insert()方法被调用之后，list[index]为 obj，其余的列表元素被推到后边，示例代码如下：

```
In [34]: mylist = ['foo', 'bar', 'baz', 'qux', 'quux', 'corge']
    ...: mylist.insert(3, 3.14159)
    ...: mylist[3], mylist
Out[34]: (3.14159, ['foo', 'bar', 'baz', 3.14159, 'qux', 'quux', 'corge'])
```

list. remove(obj)方法从列表 list 中删除成员 obj。如果 obj 不在 list 中，则会引发异

常,示例代码如下:

```
In [35]: mylist = ['foo', 'bar', 'baz', 'qux', 'quux', 'corge']
    ...: mylist.remove('baz')
    ...: mylist
Out[35]: ['foo', 'bar', 'qux', 'quux', 'corge']

In [36]: mylist.remove('Bark!')
Traceback (most recent call last):

  File "< ipython - input - 36 - 3231d5f41ad8 >", line 1, in < module >
    mylist.remove('Bark!')

ValueError: list.remove(x): x not in list
```

以上介绍的这些列表操作,特别是初始化、追加和索引列表的操作,在 Python 程序中非常常见,务必多花些时间,以确保完全理解它们是如何工作的。

同样值得注意的是列表和我们在第 2 章中介绍的基本类型之间的一个重要区别。例如,两个语句 $a=2$ 和 $b=a$ 会创建两个整型变量,它们的值都是 2。第二个语句 $b=a$ 在为 b 赋值前,将创建一个 a 的副本并将其与 b 关联,如果我们稍后更改了 b 的值,a 将不受影响。对于列表,情况就不同了,示例代码如下:

```
In [37]: mylist = [1,2,3,4]
    ...: mylist2 = mylist
    ...: mylist2[ - 1] = 6
    ...: print(mylist)
[1, 2, 3, 6]
```

这里,mylist、mylist2 都是列表,当 mylist2 被修改时 mylist 也会变化。之所以会发生这种情况,是因为 Python 的变量是一个符号和对象的关联,刚刚的赋值操作仅仅是将 mylist2 和 mylist 关联到同一个对象,并未创建一个新的对象。这一点,在使用像 list 这样的容器类型时要格外注意。如果我们确实想要创建原始列表的副本,则需要用 mylist2 = mylist.copy() 显式地声明这一点。此时,mylist 的一个副本将会被首先创建,然后 mylist2 与之关联。

本书没有涵盖列表和列表操作的所有方面,有兴趣的读者可以参阅官方说明。

4.3 for 循环

在介绍了列表之后,我们准备讲解将在本书中使用的第二种循环:for 循环。for 循环在形式上没有 while 循环那么简单,但是它更容易使用。for 循环简单地迭代列表中的所有元素,并对每个元素执行某一种操作,for 循环的结构如下:

```
for e in list:
    <语句 1>
    <语句 2>……
<循环后第一条语句>
```

关键行是第一行，它将遍历列表中的每个成员。与 while 循环一样，for 循环中的语句也必须缩进。for 语句后第一个未缩进的语句表示循环的结束，该语句不属于循环体。

对于每一次循环，列表中的单个元素被存储在变量 e 中，并且 for 循环内的代码块通常涉及使用变量 e 的运算。当循环块中的代码被执行完时，循环将移至列表中的下一个成员，并以这种方式继续，直到越过列表中最后一个成员。很容易看出为什么 for 循环比 while 循环更简单，因为不需要任何显著的条件表达式来停止循环，也不需要更新循环中的变量。for 循环将简单地遍历预定义列表中的所有成员，当没有更多成员时即停止。另一方面，由于列表需要预定义，所以 for 循环的灵活性比 while 循环稍差。当我们预先知道循环操作的次数时，for 循环是最佳选择。在不知道循环操作的次数时，while 循环通常是最佳选择。

对于具体的循环示例，我们返回上面介绍的温度转换。要为给定任务编写 for 循环，必须回答两个关键问题：

（1）列表应包含什么？

（2）应该对列表中的元素执行哪些操作？

在当前情况下，自然的答案是：

（1）列表应该是从 0 到 100 的整数，以 1 为步长。

（2）要重复的操作是数值的转换和打印，基本上与 while 循环相同。

因此，使用 for 循环的完整程序将变为如下形式：

```
In [38]: for f in range(101):
            print(" % 3d % 10.6f" % (f, f2c(f)))
```

通过与 4.1 节的 while 循环代码行进行对比，我们可看出 for 循环比 while 循环更容易编写。由于不需要维护循环控制变量并检测循环终止条件，改成 for 循环后，代码的整体结构变得简单，而且不容易出错。for 循环简单地遍历给定列表，对每个元素执行我们想要的操作，然后在到达列表末尾时停止。这类任务非常常见，因而 for 循环在 Python 程序中得到了广泛使用。

如前文所述，while 循环比 for 循环更灵活。虽然 for 循环始终可以转换为 while 循环，但并非所有 while 循环都可以表示为 for 循环。

以下是 for 循环的结构示例：

```
for element in mylist:
    # 对变量 element 进行处理
```

以上示例的 for 循环遍历一个列表，对每个元素进行一些处理，并在到达最后一个元素时停止。使用列表索引和 len() 函数，很容易在 while 循环中模仿此行为。转换成 while 循环后的代码如下：

```
index = 0
while index < len(somelist):
        element = somelist[index]        # 利用索引获取列表中一个元素的副本
        …                                 # 这里对该副本进行处理,也可以利用索引直接处理元素
        index += 1                        # 索引指向下一个元素
```

4.4　中止当前循环

在执行 while 循环或者 for 循环时,只要满足循环条件,循环体将一直执行,但在某些场景中,我们可能希望在当前循环结束前就提前结束它,Python 提供了两种中止当前循环体的办法:

(1) continue 语句,当前循环被中止,做下一次循环判断。

(2) break 语句,完全终止循环。

无论是 while 循环还是 for 循环,只要执行 break 语句,就会直接终止当前正在执行的循环体,示例代码如下:

```
In [39]: strings = "Hello World!"

        for s in strings:
            if s == ' ':
                break  # 终止循环
            print(s, end = "")
        print("\n 循环结束")
Hello
循环结束
```

我们可以看到,循环在遇到空格之后便终止了。

和 break 语句相比,continue 语句的作用仅仅中止执行本次循环中剩下的代码,示例代码如下:

```
In [40]: strings = "Hello World!"

        for s in strings:
            if s == ' ':
                print('\n')
                continue  # 中止当前循环,开始新一次的循环判断
            print(s, end = "")
        print("\n 循环结束")
Hello

World!
循环结束
```

4.5　列表推导式（list comprehension）

细心的读者可能会注意到，上面的代码可扩展性并不好。如果列表的长度增加，则创建列表的方法很快变得重复且无意义。如前文所述，当代码变得重复且无意义时，通常存在更好的解决方案。此处我们就遇到了这种情况，列表很少需要显式初始化。更好的选择是使用列表推导式。

列表推导式是 Python 构建列表（list）的一种快捷方式，可以使用简洁的代码创建出一个列表。它由 range 和 for 结合构成。

4.5.1　range 类型

Python 的 range 类型表示一个不可变的数字序列。它有以下两种形式：

（1）class range(stop)。

（2）class range(start，stop[，step])。

和很多编程语言一样，Python 支持重载技术。同一作用域内，可以有一组具有相同函数名、不同参数列表的函数。通过重载具有不同参数的同名函数，可以令代码更加直观。

在本书中，我们将广泛地将类 range 与 for 循环结合使用，需多花一些时间来熟悉它。了解类 range 如何工作的一个好方法是在交互式 Python shell 中测试不同参数值的语句，例如 print(list(range(start，stop，inc)))。

在创建 range 类时，我们可以仅传入一个参数，如 range(n)。第一个函数被调用，产生 0 到 $n-1$ 的 n 个整数，注意 n 不在其中。当使用 3 个参数时，第二个函数被调用，产生的整数数列为 start、start+step、start+2×step、…。我们可以将 range(n) 理解为 range(0，n，1)。第二个函数中的参数 step 是可选的，也就是说它有默认值（默认值为 1）。如果我们输入 range(start，stop)，则相当于 range(start，stop，1)。

4.5.2　使用 for 循环填充列表

引入列表的目的之一是方便将数字序列存储为单个变量，供以后在程序中处理。但是，在上面的代码中，我们所做的只是将结果打印到屏幕上，并没有真正利用它，并且我们创建的唯一列表是一个 0～100 的简单序列。

以下代码说明了在 Python 中使用值填充列表的一种常见的方法：

```
In [41]: mylist = []
         for a in range(5):
             mylist.append(a)
         print(mylist)
[0, 1, 2, 3, 4]
```

该代码中值得注意的部分是 mylist=[]，它只是创建一个没有元素的空列表。for 循环内使用列表类的成员函数 append() 将元素依次添加到列表中。创建空列表，然后用值填充列表的这种简单方法在 Python 程序中非常常见。

4.5.3 数列求和

在数学中,重复性任务的一个常见的例子是数列求和,式(4-2)是求前 n 个正数之和。

$$S = \sum_{i=1}^{n} i \qquad\qquad (4\text{-}2)$$

对于较大的 n 值,手工计算总和很麻烦,但是使用 range() 和 for 循环编程很容易实现:

```
In [42]: sum = 0
         for i in range(1, 101):
             sum += i
         print(sum)
5050
```

需要注意该段代码的结构。它与我们在 4.5.2 节示例代码中填充列表的方式非常相似。首先,我们将变量 sum 初始化为 0,然后在 for 循环的每次迭代中依次将数列中的数逐加到总和 sum 上。此处演示了实现数列求和的标准方法,科学计算中经常会遇到数列求和,本例中的求和方法值得花费一些时间来完全理解。

4.5.4 更改列表中的元素

如果想对列表中的所有元素做相同的修改,则使用循环是很好的办法,参看以下代码:

```
In [43]: v = [-1, 1, 10]
         for i in range(len(v)):
             v[i] = v[i] + 2
         print(v)
[1, 3, 12]
```

这段代码将列表中的每个元素的值加 2。
下面是错误的代码:

```
In [44]: v = [-1, 1, 10]
         for e in v:
             e = e + 2
         print(v)
[-1, 1, 10]
```

这段代码的错误在第 2 行,for e in v:虽然完成了列表的遍历,但是 e 在每次迭代时只是列表中某个元素的副本,而不是实际元素,因此,代码中更改的仅是副本,而不是实际的列表元素。在这种情况下,原列表的内容将保持不变。

注意:如果想修改列表成员,则一定要通过列表索引来修改。

4.5.5 创建列表的简便方式

表达式 range(len(v)) 创建了一组从 0 到 len(v)-1 的整数。可以使用这组整数来创建

列表对象,代码如下:

```
In [45]: mylist = [b for b in range(5)]
         print(mylist)
[0, 1, 2, 3, 4]
```

这段代码和4.5.2节使用for循环创建列表的代码运行结果一样,都是[0, 1, 2, 3, 4],但是本节代码明显简洁了很多。第一行代码不仅表明有一个列表被创建,而且清晰地说明了其中所包含的内容。

可以用以下伪代码说明这种新列表的创建方式:

```
newlist = [表达式 for 变量 in oldlist]
```

这段伪代码中的表达式通常涉及某种针对变量的运算。列表推导式就像for循环一样遍历oldlist中的所有元素,将每个元素的副本存储在变量中。表达式针对每个元素的副本进行运算,然后将运算结果追加到newlist中。newlist的长度与oldlist的长度相同,其元素由表达式给出。列表推导式很重要,它在Python程序中被广泛采用。它们适用于广泛的编程任务,但并不是绝对必要的,因为同一件事情总是可以通过常规的for循环来完成。

以下是比较复杂的列表推导式:

```
In [46]: #in 后面跟其他可迭代对象,如字符串
         list_a = [7 * c for c in "python"]

         #带 if 条件语句的列表推导式
         list_b = [d for d in range(6) if d % 2 != 0]

         #多个 for 循环
         list_c = [(e, f * f) for e in range(3) for f in range(5, 15, 5)]

         #嵌套列表推导式,多个并列条件
         list_d = [[x for x in range(g - 3, g)]
                   for g in range(22) if g % 3 == 0 and g != 0]

         print(list_a)
         print(list_b)
         print(list_c)
         print(list_d)
['ppppppp', 'yyyyyyy', 'ttttttt', 'hhhhhhh', 'ooooooo', 'nnnnnnn']
[1, 3, 5]
[(0, 25), (0, 100), (1, 25), (1, 100), (2, 25), (2, 100)]
[[0, 1, 2], [3, 4, 5], [6, 7, 8], [9, 10, 11], [12, 13, 14], [15, 16, 17], [18, 19, 20]]
```

4.5.6　zip()函数

有时我们想要同时迭代多个序列,每次分别从一个序列中取一个元素,此时可以使用zip()函数,示例代码如下:

```
In [47]: list1 = [1, 5, 4, 2, 10, 7]
         list2 = [101, 78, 37, 15, 62, 99]
         for x, y in zip(list1, list2):
             print(x,y)
1 101
5 78
4 37
2 15
10 62
7 99
```

zip(list1, list2) 会生成一个可返回元组 (x, y) 的迭代器,其中 x 来自 list1, y 来自 list2。一旦其中某个序列被迭代到最后一个元素,则迭代宣告结束,因此迭代长度跟参数列表中最短序列长度一致,代码如下:

```
In [48]: list1 = [1, 2, 3]
         list2 = ['w', 'x', 'y', 'z']
         for i in zip(list1, list2):
             print(i)
(1, 'w')
(2, 'x')
(3, 'y')
```

在本例中,当到达最短列表的末尾时,for 循环将停止,而较长列表的其余元素将不被访问。

4.6 嵌套列表

Python 中的列表可以存储任何对象,甚至是另一个列表。这样的列表通常被称为嵌套列表(Nested List),示例代码如下:

```
In [49]: list1 = list(range(10))
         list2 = list(range(10, 20))
         list3 = [list1, list2]  # 列表的成员是两个列表
         print(list1)
         print(list2)
         print(list3)
[0, 1, 2, 3, 4, 5, 6, 7, 8, 9]
[10, 11, 12, 13, 14, 15, 16, 17, 18, 19]
[[0, 1, 2, 3, 4, 5, 6, 7, 8, 9], [10, 11, 12, 13, 14, 15, 16, 17, 18, 19]]
```

本例中需要重点注意,list3 是一个包含列表的列表,其中 list3[0]、list3[1] 也是列表。可以按照列表习惯的方式索引 list3[0] 中的每个元素。嵌套的列表有点像 C/C++ 中的多维数组,对列表 list3 的访问则需要二级索引。例如,list3[0][0] 是所包含的第一个列表的第一个元素。

对嵌套列表的访问,通常采用以下形式:

```
for sublist1 in mylist:
    for sublist2 in sublist1:
        for value in sublist2:
            #对 value 进行处理的代码块
```

这里,mylist 是一个三维嵌套列表,即它的元素是一个二维嵌套列表。嵌套 for 循环看起来有点复杂,但是它遵循与简单的 for 循环完全相同的逻辑。当外层循环开始时,来自 mylist 的第一个元素被复制到变量 sublist1 中,然后在一个新的 for 循环内遍历 sublist1。在这个二级循环中,sublist1 的每个元素都将被复制到变量 sublist2 中,然后由嵌入的一个三级循环遍历 sublist2 的所有元素,将其赋值给变量 value,并对 value 进行一些计算。当到达 sublist2 的末尾时,最内层的 for 循环结束,第二级循环将进行下一次的迭代。当到达 sublist1 的末尾时,二级循环结束,第一级循环将进行下一次的迭代。当到达 list 的末尾时,整个循环结束。更多级的嵌套循环也与此类似,不过通常不建议使用级数过多的循环嵌套,因为这样的代码不容易维护和调试。

嵌套的列表也可以使用下面的代码访问:

```
for i1 in range(len(mylist)):
    for i2 in range(len(mylist[i1])):
        for i3 in range(len(mylist[i1][i2])):
            value = mylist[i1][i2][i3]
            #对 value 进行处理
```

尽管它们的逻辑与常规(一维)循环相同,但嵌套循环看起来更复杂,可能需要一些时间才能完全理解它们的工作原理。加深对嵌套循环的认识的一种好方法是创建一些小的嵌套列表,并检查对列表进行索引和循环的结果。下面的代码就是这样的一个例子,可尝试手动逐步执行此程序并预测输出:

```
In [50]: L = [[9, 7], [-1, 5, 6]]
         for row in L:
             for column in row:
                 print(column)

9
7
-1
5
6
```

4.7 Spyder 调试代码

现在让我们使用 Spyder 来逐步观察 4.6 节中示例代码的运行状态。程序调试最好的方法是设置断点。在某条语句前设置断点,调试时程序便会在这里停止运行。此时,我们可以观察局部或者全局变量。程序中的逻辑错误,往往是由于这些量的值出错而引起的。

图 4-2 是 Spyder 的调试菜单,菜单中显示了调试命令的快捷键。我们可以使用菜单中的命令在光标所在行上设置断点。也可以直接在指定行单击,设置、删除断点,方法很简单,在行号后单击即可。

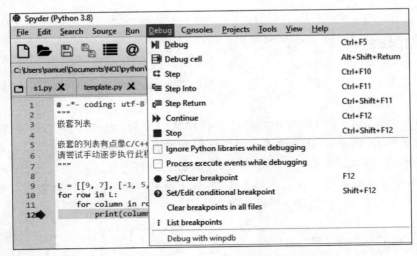

图 4-2　Spyder 调试菜单

现在笔者在代码的第 12 行设置了一个断点,程序运行到这里便会暂停,该行前的箭头表示当前程序执行到的位置。我们可以在 Spyder 右上方的窗口中选择变量浏览器(Variable Explorer)标签,如图 4-3 所示。

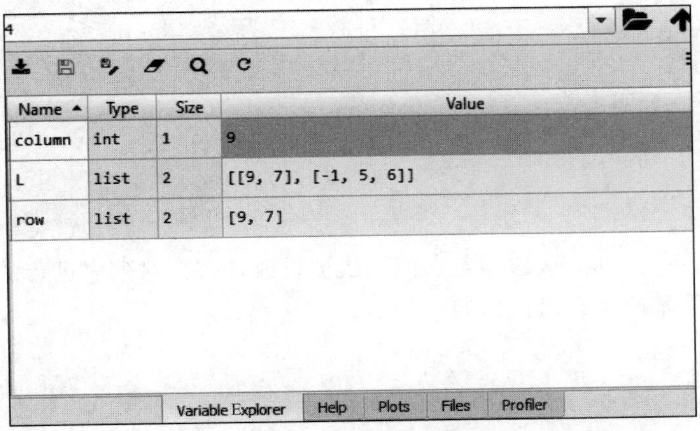

图 4-3　Spyder 变量浏览器

此时,我们可以看到全局变量 L 和两个局部变量(column 和 row)的值。由于是第一次迭代,因此 row 的值是 L 的第一个元素 $[9,7]$,而 column 的值则是 row 的第一个元素 9。

我们也可以使用图 4-4 所示的调试命令按钮进行调试。断点调试是一种非常有用的调试手段。它不仅在这里帮助我们深入理解对嵌套列表的访问,还对后续代码调试非常重要。建议在这里多花一点时间,熟悉 Spyder 的调试命令。

图 4-4　Spyder 调试命令按钮

4.8　Tuples

在第 3 章第 97 段例子程序中,函数同时返回两个值,其实这个函数返回的是 Python 中被称为元组(tuple)的对象。

列表以一种灵活且对用户友好的方式来存储数值序列,绝大多数 Python 程序中会使用列表。除了列表,Python 还提供了其他一些数据类型来存储数据序列。其中最重要的一种被称为元组,元组本质上是一个常量列表,其成员无法被更改。元组的定义方式几乎与列表相同,区别在用普通括号代替方括号。或者,只用逗号分隔的数值序列来定义元组。以下是两个完全等效的示例,它们定义了相同的元组:

```
In [51]: t = (2, 4, 6, 'temp.pdf')
         t = 2, 4, 6, 'temp.pdf'
```

元组也提供了与列表相同的功能,包括索引和切片:

```
In [52]: t = t + (-1.0, -2.0) #将两个元组串联
         print(t)
         print(t[1])
         print(t[2:])
         print(6 in t)
(2, 4, 6, 'temp.pdf', -1.0, -2.0)
4
(6, 'temp.pdf', -1.0, -2.0)
True
```

但是,元组是不可变的,这意味着它们无法被更改,因此,对列表进行的某些操作不能应用到元组上。以下是非法元组操作的一些示例:

```
In [53]: t[1] = 1
Traceback (most recent call last):

  File "< ipython - input - 33 - d6b0ce29b2aa >", line 1, in < module >
    t[1] = 1

TypeError: 'tuple' object does not support item assignmen

In [54]: t.append(0)
Traceback (most recent call last):
```

```
    File "< ipython - input - 54 - 027f59be7fb0 >", line 1, in < module >
      t.append(0)

AttributeError: 'tuple' object has no attribute 'append'

In [55]: del t[1]
Traceback (most recent call last):

  File "< ipython - input - 55 - 77cea8bc7ee1 >", line 1, in < module >
    del t[1]

TypeError: 'tuple' object doesn't support item deletion
```

　　细心的读者可能会对示例中的 $t=t+(-1.0,-2.0)$ 感到奇怪。因为既然假设元组是不可更改的，为什么这一语句没有引起错误？答案与赋值语句的工作方式有关。如第 2 章所述，赋值语句首先评估赋值运算符右侧的表达式。在本示例中，该表达式将两个元组叠加在一起，表达式中的两个元组在运算的过程中均未被更改。变量 t 与运算所得到的新元组重新关联，可以理解为原始的元组被新的更长的元组所取代。整个过程未有任何元组被修改，所改变的仅是变量名和对象的关联。

　　一个自然要问的问题是，当列表可以做同样的工作并且更加灵活时，为什么我们需要元组？这样做的主要原因是，在许多情况下，程序中需要对某些常量项进行保护，不希望它们在运行中被修改。这是元组被引入 Python 的一个重要原因。

4.9　求方程近似解

4.9.1　二分法

　　二分法求方程近似解依据的是中值定理。对于函数 $f(x)$，任取其定义域内的两点 x_1 和 x_2，如果 $f(x_1)$ 和 $f(x_2)$ 符号相反，说明方程 $f(x)=0$ 在 $[x_1,x_2]$ 内有实数解，否则 $f(x)=0$ 在区间 $[x_1,x_2]$ 内不一定有实数解。如方程 $f(x)=0$ 在 $[x_1,x_2]$ 内确定有实数解，则求近似解的过程为取 $[x_1,x_2]$ 的中点 x，检查 $f(x)$ 与 $f(x_1)$ 是否同符号。如果不同号，则说明实数解在 $[x_1,x]$ 区间，否则说明实数解在 $[x,x_2]$ 区间。这样就已经将实数解的取值范围缩小一半，然后用同样的办法再进一步缩小范围，直到区间相当小为止，代码如下：

```
In [56]: def bisection(f, x1, x2, tol = 1e - 6):
             """
             用二分法求方程近似解

             参数
             ----
             f: 函数
                 待解方程的函数。
             x1: 浮点型
                 求近似解的区间下界。
```

```
        x2: 浮点型
            求近似解的区间上界。
        tol: 浮点型, 可选参数
            近似解的公差值, 默认值 1e - 6。

        返回值
        ------
        m: 浮点型
            方程 f = 0 的近似解。
        """
        if f(x1) * f(x2) > 0:
            print('区间[ %g, %g]内不一定有解!' % (x1, x2))
            return
        m = (x1 + x2) / 2
        while abs(f(m)) > tol:
            if f(x1) * f(m) < 0:
                x2 = m
            else:
                x1 = m
            m = (x1 + x2) / 2
        return m
```

函数 bisection()的第 4 个参数是公差值,其作用可参考 2.3 节。

4.9.2 牛顿迭代法

这种迭代方法最早是牛顿提出的,因此被称为牛顿迭代法。它也是迭代逼近的方法,但是逼近的速度比二分法更快。牛顿迭代法是基于非线性函数 $f(x)$ 的局部线性化。迭代从一个初始点 x_0 开始,在 x_0 处对 $f(x)$ 进行求导得到了它的切线斜率。显然只要这个切线的斜率不为 0,它就会和 x 轴有一个交点。现以这个交点作为下一个取值,也就是 x_1 点,重复上述过程进行迭代。将这个迭代过程进行下去,很快就可以得到一个足够接近的解。算法如式(4-3)所示:

$$x_{n+1} = x_n - \frac{f(x_n)}{f'(x_n)}$$

（4-3）

其中,x_n 是第 n 步迭代之后的解,x_{n+1} 是改进的近似值,$f'(x)$ 是 $f(x)$ 的导数。和二分法类似,牛顿迭代法也可通过 while 循环实现,代码如下:

```
In [57]: def Newton(f, dfdx, x0, tol = 1e - 6):
         """
         用牛顿迭代法求方程近似解

         参数
         ----
         f: 函数
             待解方程的函数。
         dfdx: 函数
             待解方程函数的导函数。
```

```
        x0: 浮点型
            求近似解的迭代起点。
        tol: 浮点型，可选参数
            近似解的公差值，默认值 1e-6。

        返回值
        ------
        m: 浮点型
            方程 f = 0 的近似解。
        """
        f0 = f(x0)
        while abs(f0) > tol:
            x1 = x0 - f0/dfdx(x0)
            x0 = x1
            f0 = f(x0)
        return x0
```

现在我们使用刚刚定义的函数来求方程(4-4)的近似解。

$$x^2 - 4x + e^{-x} = 0 \qquad (4-4)$$

代码如下：

```
In [58]: #求解函数 f(x) = x**2 - 4*x + exp(-x)
         #利用二分法在区间[-0.5, 1]上求解
         f = lambda x: x**2 - 4*x + math.exp(-x)
         sol = bisection(f, -0.5, 1)
         print('利用二分法求得近似解 x = %g。f(%g) = %g'%(sol, sol, f(sol)))

         #利用牛顿迭代法求解
         dfdx = lambda x: 2*x - 4 - math.exp(-x) #导函数
         sol = Newton(f, dfdx, 0)
         print('利用牛顿迭代法求得近似解 x = %g。f(%g) = %g'%(sol, sol, f(sol)))
利用二分法求得近似解 x = 0.213348。f(0.213348) = -3.41372e-07
利用牛顿迭代法求得近似解 x = 0.213348。f(0.213348) = 4.52213e-09
```

在使用本节定义的函数之前，首先需要定义用于描述数学方程的 Python 函数。这里使用了 3.7 节介绍的 Lambda 表达式。Lambda 表达式使得作为参数的函数在形式上优于其他类型的参数。

由于默认输出精度的限制，两种迭代法最终的输出结果是一样的，但是将解分别代入函数 $f(x)$ 后，我们可以看出牛顿迭代法得到的结果更加逼近实际值。我们也可以修改输出格式，使解的输出具有更高精度。此时，便能更清晰地看出两者之间的区别。

4.10　本章小结

本章介绍了 Python 中两种循环的实现方式：while 循环和 for 循环。

while 循环形式上比较灵活，更适合循环迭代次数未知的情况。while 循环需要维护一些变量作为循环的结束判断条件，对这些变量的操作往往是 while 循环出错的原因。

for 循环更适合循环迭代次数已知的情况。for 循环经常会和列表推导式结合使用。for 循环都可以转换为 while 循环。

本章重点介绍了在科学计算中经常会用到的一种数据类型——列表(list)。对于列表的基本操作是后续章节的基础,务必多加练习。

4.11　练习

练习 1：

编写用来筛选质数的程序,并将 100 以内所有质数筛选出来。

练习 2：

一些人曾认为对于所有质数 p,$2^p - 1$ 也是质数。编写程序找到第一个反例。

练习 3：

梅森质数是形如 $2^p - 1$ 的质数,其中 p 也是质数。编写程序找出 40 以内的所有梅森质数。

练习 4：

编写程序对一个整数 n 进行质因子分解。

练习 5：

编写程序输出一个整数 n 的所有真因数,即除了自身以外的约数。

练习 6：

完美数是一种特殊的自然数。它的所有的真因数的和恰好等于它本身。编写程序找到 10 000 以内所有的完美数。

第 5 章

Python 绘图

数学中,数之间的联系经常需要借助图形的生动性和直观性来阐明。在本章中,将介绍一种有效的数据表示方法:使用 Matplotlib 为数据绘制图形。Matplotlib 是一个用于在 Python 中创建静态、动画和交互式视图的综合库。它能让使用者很轻松地将数据图形化,并且提供多样化的输出格式。

5.1 安装 Matplotlib

Anaconda 集成了 NumPy,而 Matplotlib 是 NumPy 的一个库。如果安装了 Anaconda则无须单独安装 Matplotlib。

如果需要安装 Matplotlib 及其依赖项,在 macOS、Windows 和 Linux 发行版上,可以使用以下命令安装 Wheel 包:

(1) python -m pip install -U pip。

(2) python -m pip install -U matplotlib。

对于 Linux 发布版,可以使用如下命令安装第三方发布版:

(1) Debian / Ubuntu:sudo apt-get install python3-matplotlib。

(2) Fedora:sudo dnf install python3-matplotlib。

(3) Red Hat:sudo yum install python3-matplotlib。

(4) Arch:sudo pacman-S python-matplotlib。

5.2 绘制简单图形

我们使用 Python 来绘制的第一张图形是连接(2,3)、(6,9)两点的线段。参看以下代码:

```
In [1]: import matplotlib.pyplot as plt
        x_axis = [2, 3]
        y_axis = [6, 9]
        plt.plot(x_axis, y_axis)
        plt.show()
```

在这段代码中,首先导入 pyplot 绘图接口,并为其起了一个别名 plt,这样后续使用时可以减少代码的输入量。有的程序中使用 from pylab import ＊,这样在后续的代码中可以直接使用 plot 和 show。这种写法是为了照顾 MATLAB 用户的使用习惯,本书不推荐使用这种写法,特别是在大型工程中,因为这样做可能会污染工程的命名空间。

注意:不要直接导入 pylab。

接下来的两行定义了两个列表,分别表示 X 坐标轴和 Y 坐标轴上两点的坐标值。函数 plot()在当前图形的当前平面直角坐标系内,使用线条、标记或两者的结合标识出 x 和 y 的映射关系。函数 plot()接收可变长度的入参,X 轴上的坐标列表是可选输入,Y 轴上的坐标列表是必须的。如果当前图形和当前平面直角坐标系不存在,则函数 plot()会首先创建它们,然后创建并返回一个 Line2D 对象。更准确地说,返回一个包含多个 Line2D 对象的列表。最后一行的函数 show()使用 Matplotlib 的默认配置将图形显示出来。

如果使用 Notebook,则可以在绘图之前包括命令％matplotlib inline 或％matplotlib Notebook,以使绘图自动显示在 Notebook 内部。如果代码通过 IPython 控制台运行,则图形可能会自动出现在控制台中。在 Spyder 中,绘图结果默认在右上角的 Plots 窗口显示。无论哪种方式,始终使用函数 show()以显示绘图的做法都是一种好的习惯。

以上代码的运行结果如图 5-1 所示。

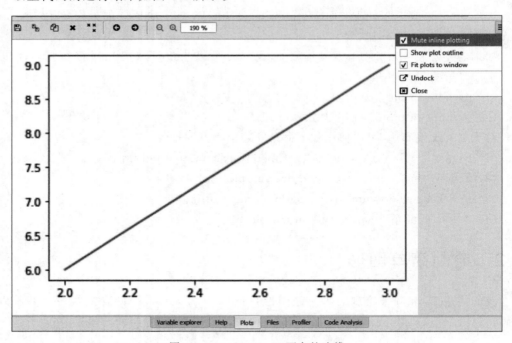

图 5-1 (2,6)、(3,9)两点的连线

默认情况下,绘制的结果仅在 Plots 窗口显示,如果希望它同时能够在 IPyhton Console 内显示,需在 option 栏内取消对 Mute inline plotting 的选择。

函数 plot()有多个关键字参数,其中关键字参数 marker 用于设置各点在图中的显示方式。增加该参数后,函数 plot()绘图时会将列表中的点在连线上标注出来,代码如下:

```
In [2]: x_axis = [2, 4, 6]
        y_axis = [6, 12, 18]
        plt.plot(x_axis, y_axis, marker = 'o')
        plt.show()
```

由于调用 plot()时增加了关键字参数 marker(关于关键字参数,详情可参见 3.5.2
节),参数列表中的每个点均被标识了出来,如图 5-2 所示。

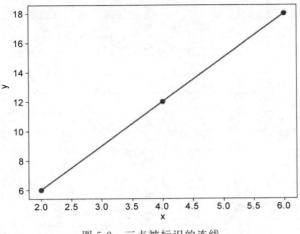

图 5-2   三点被标识的连线

以下代码中缺失了关键字 marker:

```
In [3]: x_axis = [2, 4, 6]
        y_axis = [6, 12, 18]
        plt.plot(x_axis, y_axis, 'o')
        plt.show()
```

此时输出的结果如图 5-3 所示,绘图结果是散点图。

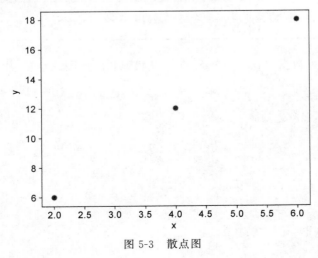

图 5-3   散点图

Matplotlib 中可供选择的简单的参数 marker 选项如表 5-1 所示，可尝试修改示例代码中参数 marker 的值。

表 5-1　Matplotlib 中的参数 marker

marker	显示符号	说　明
'.'	·	点
','	·	像素
'o'	●	实心圆
'v'	▼	倒三角
'^'	▲	正三角
'<'	◀	左三角
'>'	▶	右三角
'1'	Y	
'2'	⅄	
'3'	≺	
'4'	≻	
'8'	●	八边形
's'	■	正方形 1
'p'	⬟	五边形
'P'	✚	十字
'*'	★	星形
'h'	⬢	六边形 1
'H'	⬢	六边形 2
'+'	＋	加号
'x'	×	乘号
'X'	✖	叉号
'D'	◆	正方形 2
'd'	◆	菱形
'|'	|	竖线
'_'	—	横线

针对同样的一组数据，Matplotlib 还支持柱状图和散点图的绘制，代码如下：

```
In [4]: import matplotlib.pyplot as plt
        x_axis = [2, 4, 6]
        y_axis = [6, 12, 18]

        #绘制散点图
        plt.subplot(121)
        plt.scatter(x_axis, y_axis)

        #绘制柱状图
        plt.subplot(122)
        plt.bar(x_axis, y_axis)
```

函数 scatter()用于绘制散点图,函数 bar()用于绘制柱状图。函数 subplot()用于创建子图,关于子图详见 5.5.3 节。以上代码的运行结果如图 5-4 所示。

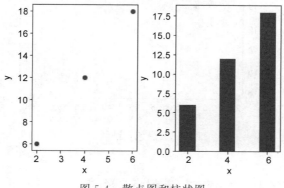

图 5-4　散点图和柱状图

关键字参数 color(代码中为 c)可以指定线条的颜色。颜色最简单的一种表示方式是使用字符,可选字符是集合{'b','g','r','c','m','y','k','w'}中元素之一,它们分别代表蓝色、绿色、红色、青色、洋红色、黄色、黑色和白色。

以下代码将线条的颜色指定为黑色:

```
In [5]: x_axis = [2, 4, 6]
        y_axis = [6, 12, 18]
        plt.plot(x_axis, y_axis, c = 'k')
        plt.show()
```

关键字参数 linestyle(代码中为 ls)用来指定线条的类型。有 2 种输入方式,其中最简便的是使用预定义的格式字符,可选类型字符如表 5-2 所示。

表 5-2　线条类型参数

参　　　　数	描　　　述
'-' or 'solid'	实线
'--' or 'dashed'	虚线
'-.' or 'dashdot'	点画线
':' or 'dotted'	点虚线
'None' or 'or'	无线条

以下代码以黑色点画线的形式输出:

```
In [6]: x_axis = [2, 4, 6]
        y_axis = [6, 12, 18]
        plt.plot(x_axis, y_axis, c = 'k', ls = '-.')
        plt.show()
```

代码执行结果如图 5-5 所示。

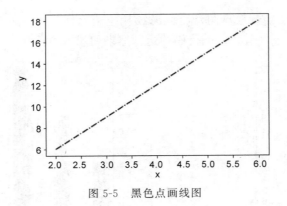

图 5-5　黑色点画线图

5.3　北京、上海和广州三地的平均温度

表 5-3 是北京、上海、广州三地的平均温度（数据来源：www.weatherbase.com）。

表 5-3　北京、上海、广州三地的平均温度

平均温度　　　　　　　　　　　　　　　　　　　　　　　　　　　　　　　单位：℃

	全年	1 月	2 月	3 月	4 月	5 月	6 月	7 月	8 月	9 月	10 月	11 月	12 月
北京	12	−3	0	6	13	20	24	26	25	20	13	5	−5
上海	16	4	5	8	15	20	23	28	27	23	18	12	6
广州	22	14	15	18	22	26	27	28	28	27	24	20	15

平均最高温度　　　　　　　　　　　　　　　　　　　　　　　　　　　　　单位：℃

	全年	1 月	2 月	3 月	4 月	5 月	6 月	7 月	8 月	9 月	10 月	11 月	12 月
北京	17	1	3	11	19	25	29	30	29	25	18	9	2
上海	19	7	8	11	18	23	27	31	30	26	22	16	10
广州	25	17	17	20	25	28	30	32	32	31	27	23	20

相比数据，图形能够更加直观地对比三地之间的气温。同时，我们也可以学习如何在同一个坐标系中绘制多条曲线。本例需同时绘制三条折线，它们之间的区别为各点的 Y 坐标，因此，这个程序需要有 4 个列表：X 坐标、北京平均温度、上海平均温度、广州平均温度，代码如下：

```
In [7]: month = list(range(1, 13))
        beijing = [ - 3, 0, 6, 13, 20, 24, 26, 25, 20, 13, 5, - 5]
        shangh = [4, 5, 8, 15, 20, 23, 28, 27, 23, 18, 12, 6]
        guangz = [14, 15, 18, 22, 26, 27, 28, 28, 27, 24, 20, 15]
        plt.plot(month, beijing, month, shangh, month, guangz)
        plt.legend(['Beijing', 'Shanghai', 'Guangzhou'])
        plt.show()
```

代码运行后的结果如图 5-6 所示。

在这段代码中，函数 plot() 的入参是多个坐标值的列表。此时，它们会两两一组，前一个被视为 X 坐标，后一个被视为 Y 坐标。如果列表是奇数，则最后一组只有 Y 坐标，其 X

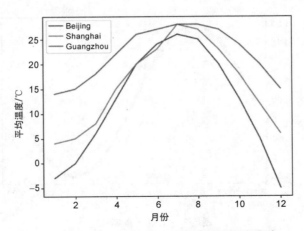

图 5-6　北京、上海、广州三地的月平均温度曲线

坐标使用默认值（从 0 开始，步长为 1）。可以删除示例程序中第 3 个 month，对比一下输出。函数 legend()增加示例图框以标识图上的每幅图形，输入的标签列表需要和函数 plot()中的坐标列表相匹配。还可以为函数 legend()指定第 2 个参数 loc，以指定示例框的位置，例如 lower center、center left 和 upper left。参数为 best 时，Matplotlib 会自行选择最佳位置以确保图例的位置不会干扰图形。

5.4　绘制函数图形

　　函数图形是函数的一种重要表达方式，它可以帮助我们理解函数的意义。本节将介绍如何绘制函数图形。

　　以下代码绘制正弦函数的曲线：

```
In [8]: import matplotlib.pyplot as plt
        from math import sin, pi

        x = []
        y = []
        for i in range(201):
            x_point = 0.01 * i
            x.append(x_point)
            y.append(sin(pi * x_point) * 2)
        plt.plot(x, y, linewidth = 1, marker = '.',
                 markerfacecolor = 'k', markersize = 8)
        plt.show()
```

　　与 5.3 节例子不同的地方是，绘制函数图形时所需的数据是在代码运行的过程中生成的。另外，这段代码在调用函数 plot()时，增加了 4 个参数：linewidth 用于设置连线的宽度；marker 用于设置各点的标识符样式；markerfacecolor 用于设置标识符的颜色；markersize 用于设置标识符的大小。代码运行后的效果如图 5-7 所示。

　　通过第 8 段代码可以看到，绘制函数图形的通用步骤如下：

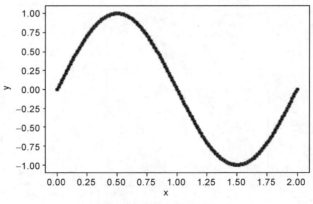

图 5-7　正弦函数曲线

（1）首先，创建两个空列表。

（2）然后，利用循环迭代将 x 和 y 的数值添加到列表中。注意两个表中的数据一定要满足函数的映射关系，否则不能正确绘制函数的图形。

（3）最后，使用绘图函数创建绘图对象。

接下来我们实现一段比较通用的代码，并为式（5-1）绘制函数图形。

$$f(x) = e^{-x} \sin(2\pi x) \tag{5-1}$$

代码如下：

```
In [9]: import matplotlib.pyplot as plt
        from math import pi, sin, exp

        # 修改函数定义,可以绘制不同函数的曲线
        func = lambda x: exp( - x) * sin(2 * pi * x)

        def plot_func(f, start = 0, stop = 100, step = 1, lab = None):
            """
            绘制函数图形

            参数
            ----
            f: 函数
                待绘制的函数
            start: float, 可选项
                自变量的起始值,默认为 0。
            stop: float, 可选项
                自变量的终止值,默认为 100。
            step: float, 可选项
                自变量递增值,默认为 1。
            lab: str, 可选项
                函数说明字符串。

            返回值
            -------
            无。

            """
            l = 'Plot for func ' + lab
```

```
＃生成 x 和 y 的数值列表
x = [ ]
y = [ ]
i = start
while (i < stop):
    x.append(i)
    y.append(f(i))
    i += step


＃绘图
plt.plot(x, y)
plt.xlabel(r'$ x $ ')
plt.ylabel(r'$ y $ ')
if (lab == None):
    plt.title('Plot for simple function')
else:
    plt.title(l)
plt.show()

plot_func(func, 0, 4, 0.01, r'$ \exp^{ - x}\sin(2\pi{x}) $ ')
```

这里自定义的函数 plot_func() 可以绘制任意一元函数的图形。函数的 5 个入参分别是：待绘制函数、自变量起始值、自变量终止值、自变量递增值和图形标题。在绘图时，函数 title() 为绘制的函数图形添加标题。函数 xlabel() 和函数 ylabel() 分别为 X 轴和 Y 轴添加说明标签。代码中与标签相关的几个字符串的形式看起来比较特别，X 轴的标签是 x，Y 轴标签是 y，调用函数 plot_func() 传入的函数说明字符串是 r'$ \exp^{-x}\sin(2\pi{x}) $ '。这些是 LaTeX 格式的字符串，LaTeX 格式是专业级数学的标准排版方法。字符 r 不是 LaTeX 格式的一部分，它是一个 Python 符号，用来标明其后的字符串是一个原始字符串，这样反斜杠\之后的字符将不被 Python 转义。Matplotlib 有一个内置的 LaTeX 表达式解析器和布局引擎，并提供自己的数学字体。以上这些原始字符串将由 Matplotlib 对其进行转义和设置输出字体。

示例代码中，数学函数由 Lambda 表达式定义。也可以修改这个表达式，尝试着绘制别的函数图形。式(5-1)的部分图形如图 5-8 所示。

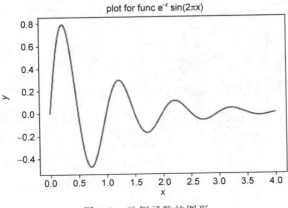

图 5-8 示例函数的图形

5.5 Matplotlib 对象层次结构

Matplotlib 的一个重要概念是它的对象层次结构，"层次结构"意味着在每个绘图之下都有一个类似树的 Matplotlib 对象结构。认识 Matplotlib 的对象层次结构，并使用面向对象的方法，可以更好地控制和自定义绘图。

图 5-9 很好地说明了 Matplotlib 的对象层次结构。该图由 Matplotlib 生成，源代码可以在 Matplotlib 官网搜索关键字 Anatomy of a figure 获得。图 5-9 使用的代码出自 https://matplotlib.org/3.3.2/gallery/showcase/anatomy.html？highlight＝figure％20anatomy。

图形（Figure）对象是最外层容器，该对象可以包含多个子图（Axes）对象。不同的子图占据图形中不同的区域，它们可能会有交集也可能相互分离。每个子图对象内则包含多个较小的对象，如：刻度标记、线条、图例和文本框。为了表述方便，对只含有一个子图的图形，本书会忽略子图对象和图形对象之间的区别，需读者注意。

来自 Pyplot 的绝大多数函数，例如 plot()，要么隐式地引用当前图形和当前子图，要么在不存在的情况下创建它们。当一张图形或者子图被创建后，我们可以使用相应的配置函数修改对象树上每个对象的属性。我们已经使用了函数 title()、xlabel()、ylabel()和 legend()来修改子图内特定对象的属性。如图 5-9 所示，子图内的每条线条也是一个独立的 Line2D 对象。

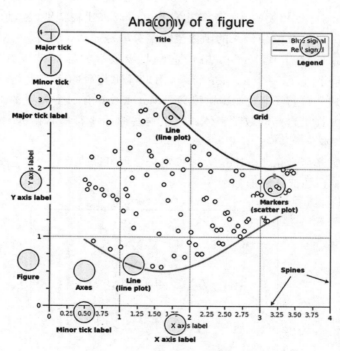

图 5-9　Matplotlib 的对象层次

5.5.1　Line2D 对象

函数 plot()返回的是一个列表,列表的成员为 Line2D 对象。我们可以显式地将列表中的成员赋值给独立的变量,然后使用函数 setp()修改每个变量的默认属性。函数 setp()的第一个入参是被修改的对象,随后是所修改的属性列表。修改后的代码如下:

```
In [10]: import matplotlib.pyplot as plt

         month = list(range(1, 13))
         beijing = [-3, 0, 6, 13, 20, 24, 26, 25, 20, 13, 5, -5]
         shangh = [4, 5, 8, 15, 20, 23, 28, 27, 23, 18, 12, 6]
         guangz = [14, 15, 18, 22, 26, 27, 28, 28, 27, 24, 20, 15]
         bj, sh, gz = plt.plot(month, beijing, month, shangh, month, guangz)
         plt.setp(bj, c = 'k', ls = '-', label = 'Beijing')
         plt.setp(sh, c = 'r', ls = '-.', label = 'Shanghai')
         plt.setp(gz, c = 'b', ls = '--', label = 'Guangzhou')
         plt.legend(loc = 'best')
         plt.title('Average temperature in Beijing, Shanghai & Guangzhou')
         plt.xlabel('Month')
         plt.ylabel('Degrees Celsius')
         plt.show()
```

当然,也可以使用函数 plot()依次创建 Line2D 对象,这样做的好处是可以在创建时指明对象属性,代码如下:

```
In [11]: import matplotlib.pyplot as plt

         month = list(range(1, 13))
         beijing = [-3, 0, 6, 13, 20, 24, 26, 25, 20, 13, 5, -5]
         shangh = [4, 5, 8, 15, 20, 23, 28, 27, 23, 18, 12, 6]
         guangz = [14, 15, 18, 22, 26, 27, 28, 28, 27, 24, 20, 15]
         plt.plot(month, beijing, c = 'k', ls = '-', label = 'Beijing')
         plt.plot(month, shangh, c = 'r', ls = '-.', label = 'Shanghai')
         plt.plot(month, c = 'b', ls = '--', label = 'Guangzhou')
         plt.legend(loc = 'best')
         plt.title('Average temperature in Beijing, Shanghai & Guangzhou')
         plt.xlabel('Month')
         plt.ylabel('Degrees Celsius')
         plt.show()
```

函数 legend()输入参数 loc='best',Python 会自动选择图示框的位置。以上两段代码执行后的效果相同,均如图 5-10 所示。

5.5.2　添加文本

细心的读者可能会发现前文的例子中所使用的文字都是英文,这是因为考虑到可能部分读者的默认字体库不支持中文,所以代码中一直未使用中文字符。Matplotlib 支持非西文文本输出,前提是当前使用的字体库内有希望输出的文字。如果当前字体库中没有需要

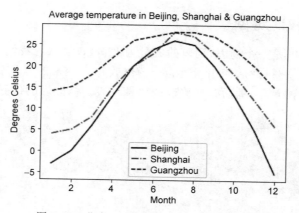

图 5-10　北京、上海和广州月平均温度曲线

输出的字符，则 Matplotlib 会输出一个方块，如图 5-11 所示。

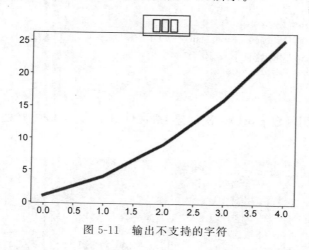

图 5-11　输出不支持的字符

支持中文的常用字体库有"宋体""黑体"和"楷体"，因此在输出中文之前，只需指定需要的字体库。方法之一是修改全局字体库，参见以下代码：

```
In [12]: import matplotlib.pyplot as plt

         plt.rcParams['font.sans - serif'] = ['SimHei'] #将字体替换为黑体
         plt.rcParams['axes.unicode_minus'] = False #解决坐标轴负数的负号显示问题
         plt.plot([0, 1], [1, 2])
         plt.xlabel("x轴")
         plt.ylabel("y轴")
         plt.title("标题")
```

此时，绘制的图形便可支持中文输出，如图 5-12 所示。

也可以为不同的标签设置不同的字体。除去各种标签文本之外，Matplotlib 还可以使用函数 text()在子图中的任意位置添加文本。使用函数 annotate()添加特殊形式的标签，代码如下：

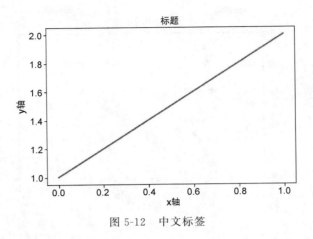

图 5-12　中文标签

```
In [13]: import matplotlib.pyplot as plt

         fig = plt.figure()
         ax = fig.add_subplot(111)
         ax.axis([0, 10, 0, 10]) #设置 x 轴和 y 轴的长度
         ax.set_xlabel("黑体 x 轴", fontproperties = "SimHei", size = 18) #黑体
         ax.set_ylabel("宋体 y 轴", fontproperties = "SimSun", size = 18) #宋体
         ax.set_title("楷体标题", fontproperties = "KaiTi", size = 28) #楷体

         #在(2,6)点添加质能方程
         ax.text(2, 6, r'$ E = mc^2 $', fontsize = 15)
         ax.text(4, 0.05, 'X轴上的彩色文本', verticalalignment = 'bottom',
                 color = 'green', fontsize = 15)

         #在(2,1)处绘制一个点,并为其增加注释
         ax.plot([2], [1], 'o')
         ax.annotate('注释', xy = (2, 1), xytext = (3, 4),
                     arrowprops = dict(facecolor = 'black', shrink = 0.05))
         plt.show()
```

　　函数 text()的前 2 个参数指明文本在子图坐标系中的位置,第 3 个参数是文本字符串。除此以外还可以使用一些关键字参数设定文本的其他属性,例如:字体、大小、颜色等。有时我们需要对图上的一点做特别说明,此时可以使用函数 annotate()。该函数在子图上输出一个带指示线的说明文字。参数 xy 通常是子图上需要说明的点,参数 xytext 是文本所在位置,第 1 个参数是说明文字。参数 arrowprops 是一个 dict 型对象,它用于描述指示线的各种属性。

　　上述代码遵循了面向对象的编码原则,首先创建图形,然后创建子图,接下来创建其他的子对象。建议大家在编程实践中一定要遵循这一原则。

　　以上代码运行效果如图 5-13 所示。

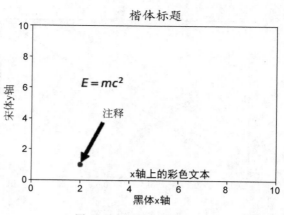

图 5-13　不同字体的标签

5.5.3　多个子图（Axes）

在 Matplotlib 的树状层次结构中，每幅图形对象内可能包含多个子图对象。所有的绘图均是在当前图形的当前子图中完成。如同可以在当前子图内创建多个线条一样，我们也可以在当前图形内创建多个子图。创建多个子图的函数有 subplot()、subplots() 和 subplot2grid()，函数 subplot() 使用起来比较简单，函数 subplots() 和 subplot2grid() 则更加灵活。

1. 函数 subplot()

函数 subplot() 用于在当前图形中添加一个子图。它的入参的形式是（行数，列数，位置）。行数、列数、位置均是一个正整数。函数 subplot() 将图形视为被均匀分割的坐标网格。第一个网格的序号是 1，从左上方开始向右编号，依次递增直至右下角的网格。每个子图占据其中的一些连续网格。参数的具体意义可以参看图 5-14。其中图 5-14(a)是水平分布，图 5-14(b)是垂直分布，图 5-14(c)是 $n \times n$ 的等分阵列（图中 $n=2$）。

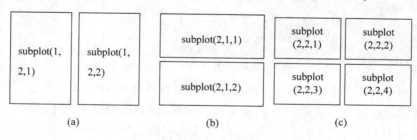

图 5-14　子图分布

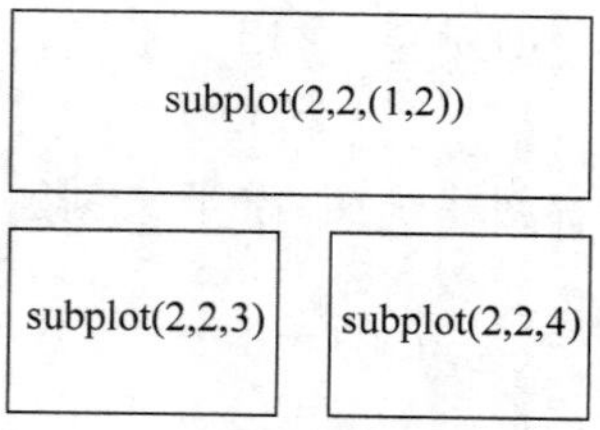

函数 subplot() 的第 3 个入参也可以是一个包含两个正整数的元组。它表示这个子图在图形上包含连续的几个网格，这里连续的网格必须在同一行上。这样将会得到非对称的子图分布。函数参数和效果示意如图 5-15 所示。

我们回到北京、上海和广州三地平均温度的例子。现

图 5-15　非对称的子图分布

在向图形中增加月平均最高温度的柱状图。此时,图形中需要增加一个新的子图对象以供柱状图使用。该对象位于月平均温度曲线的下方,代码如下:

```
In [14]: import matplotlib.pyplot as plt

         month = list(range(1, 13))
         beijing = [-3, 0, 6, 13, 20, 24, 26, 25, 20, 13, 5, -5]
         shangh = [4, 5, 8, 15, 20, 23, 28, 27, 23, 18, 12, 6]
         guangz = [14, 15, 18, 22, 26, 27, 28, 28, 27, 24, 20, 15]

         # 创建 12×8 的图形对象
         plt.figure(figsize = (12, 8))

         # 创建第一个子图
         plt.subplot(211)
         bj, sh, gz = plt.plot(month, beijing, month, shangh, month, guangz)
         plt.setp(bj, color = 'k', label = '北京')
         plt.setp(sh, color = 'r', ls = '-.', label = '上海')
         plt.setp(gz, color = 'b', ls = (0,(1,2,4,8)), label = '广州')
         plt.legend(loc = 'best')
         plt.title('北京、上海和广州的月平均温度')
         plt.xlabel('月')
         plt.ylabel('摄氏度')

         # 创建第二个子图
         plt.subplot(212)
         bj_h = [1, 3, 11, 19, 25, 29, 30, 29, 25, 18, 9, 2]
         sh_h = [7, 8, 11, 18, 23, 27, 31, 30, 26, 22, 16, 10]
         gz_h = [17, 17, 20, 25, 28, 30, 32, 32, 31, 27, 23, 20]
         w = 0.2
         bj_x = list(i - w for i in range(1, 13))
         sh_x = month
         gz_x = list(i + w for i in range(1, 13))

         # 绘制柱状图
         plt.bar(bj_x, bj_h, w, label = '北京')
         plt.bar(sh_x, sh_h, w, hatch = '/', label = '上海')
         plt.bar(gz_x, gz_h, w, hatch = 'O', label = '广州')
         plt.legend(loc = 'best')
         plt.title('北京、上海和广州的月平均最高温度')
         plt.xlabel('月')
         plt.ylabel('摄氏度')
         plt.legend(loc = 'best')

         # 重置 X 轴主刻度
         x_major_locator = plt.MultipleLocator(1)
         ax = plt.gca() # 当前子图为柱状图
         print(ax.xaxis.get_major_locator()())
         ax.xaxis.set_major_locator(x_major_locator)
         plt.tight_layout()
         plt.show()
```

以上代码执行过程有如下几部分:①创建图形;②创建子图;③在子图内创建线条对

象；④修改子图内对象参数。

　　函数 figure()用于创建图形对象，入参 figsize 指明图形大小。函数 subplot()的 3 个入参之间的逗号也可以被省略。函数 bar()用于柱状图的绘制，它的第 1 个参数是刻度列表，指明每条柱状图中心在 X 轴上的位置，它的第 2 个参数是柱高列表，它的第 3 个参数是柱宽，宽度值不宜过大，否则柱状图会重叠。由于本例中绘制的是分组柱状图，我们使用了关键字参数 label 以区别每组中的数据。需特别注意分组柱状图各成员之间的位置关系，否则会出现重叠或间隔。本例中每条柱状图的宽度为 0.2，这样每组 3 个柱的总宽度为 0.6，这个值小于 1，组与组之间在不同刻度之间便不会发生重叠。另外组内成员位置的计算也需注意，否则会产生组内重叠或者间隙过大的情况。本例中绘制的是垂直柱状图，函数 barh()用于绘制水平柱状图。函数 barh()的各输入参数与函数 bar()的意义类似，差别是前 2 个入参对应的坐标轴交换了位置。

　　子图被创建时，其 X、Y 坐标轴上主刻度的间隔采用系统默认值。当有子对象（如前文示例代码中的 Line2D 对象或者柱状图对象）在其内被创建后，Matplotlib 将会依据被创建对象在 X 轴和 Y 轴上的取值范围，设定 X、Y 坐标轴上主刻度的间隔，但是这种自动产生的刻度间隔可能无法满足我们的需求，因此需要在代码中调整。每个二维的子图内会有 X 和 Y 两个轴（Axis）对象，轴类型的成员函数 set_major_locator()可以设置该坐标轴的主刻度（Major Tick）。函数 set_major_locator()的入参是一个 Locator 类型的对象，在代码中由函数 MultipleLocator()产生，函数 MultipleLocator()的入参为期望的 X 轴主刻度间隔。本例中希望 X 轴上的主刻度以 1 为间隔，因此代码中的输入值为 1。函数 set_minor_locator()用于设置从刻度（Minor Tick）间隔。从刻度不同于主刻度，从刻度上没有数值标签。

　　函数 tight_layout()用于调整子图参数，使子图很好地适合于图形。该函数当前仅考虑了锚定到轴的轴标签、刻度标签、轴标题和示例框。在多数情况下，它能够使包含多个子图的绘图以比较满意的效果呈现出来，但在某些情况下，也可能因绘图过于复杂而无法得到满意的输出效果，此时需要更精细地去调整不同对象的位置参数，这里就不展开了。

2. 函数 subplots()

　　也可以使用函数 subplots()创建图形，这个函数的作用是创建一幅图形和一组子图。函数 subplots()经常使用的入参是 nrows 和 ncols，用于指明所创建图形中网格的数量。它们的默认值都是 1，也就是说，如果函数 subplots()在调用时没有传入 nrow 和 ncols，则它创建的图形内仅能有一个子图。

　　现在我们需要在创建的图形中创建竖排的两个子图，因此输入参数中至少需要有 nrows＝2。函数 subplots()返回一个图形对象和一个子图数组（NumPy 数组）。我们可以将子图数组赋值给一个变量，此时该变量的类型是子图数组，也可以将数组中的子图对象分别赋值给一组变量。参看以下示例代码：

```
In [15]: import matplotlib.pyplot as plt

        month = list(range(1, 13))
        beijing = [-3, 0, 6, 13, 20, 24, 26, 25, 20, 13, 5, -5]
        shangh = [4, 5, 8, 15, 20, 23, 28, 27, 23, 18, 12, 6]
```

```
guangz = [14, 15, 18, 22, 26, 27, 28, 28, 27, 24, 20, 15]
bj_h = [1, 3, 11, 19, 25, 29, 30, 29, 25, 18, 9, 2]
sh_h = [7, 8, 11, 18, 23, 27, 31, 30, 26, 22, 16, 10]
gz_h = [17, 17, 20, 25, 28, 30, 32, 32, 31, 27, 23, 20]

#创建图形和子图列表
fig, (ax1, ax2) = plt.subplots(nrows = 2, ncols = 1, figsize = (12, 8))

#获取各子图默认主刻度
print(ax2.xaxis.get_major_locator()())
print(ax2.yaxis.get_major_locator()())

#绘制月平均温度曲线
bj, sh, gz = ax1.plot(month, beijing, month, shangh, month, guangz)
plt.setp(bj, color = 'k', label = '北京')
plt.setp(sh, color = 'r', ls = '-.', label = '上海')
plt.setp(gz, color = 'b', ls = (0,(1,2,4,8)), label = '广州')
ax1.legend(loc = 'best')
ax1.set_title('北京、上海和广州的月平均温度')
ax1.set_xlabel('月')
ax1.set_ylabel('摄氏度')
ax1.set_ylabel('Degrees Celsius')

#绘制月平均最高温度柱状图
w = 0.3
bj_x = list(i - w for i in range(1, 13))
sh_x = month
gz_x = list(i + w for i in range(1, 13))
ax2.bar(bj_x, bj_h, w, label = '北京')
ax2.bar(sh_x, sh_h, w, hatch = '/', label = '上海')
ax2.bar(gz_x, gz_h, w, hatch = 'O', label = '广州')
ax2.set_title('北京、上海和广州的月平均最高温度')
ax2.set_xlabel('月')
ax2.set_ylabel('摄氏度')
ax2.legend(loc = 'best')

#显示当前 X 轴和 Y 轴主刻度
print(ax2.xaxis.get_major_locator()())
print(ax2.yaxis.get_major_locator()())

#重置 X 轴主刻度
x_major_locator = plt.MultipleLocator(1)
ax2.xaxis.set_major_locator(x_major_locator)
x_major_locator = plt.MultipleLocator(0.1)
ax2.xaxis.set_minor_locator(x_major_locator)
plt.tight_layout()
plt.show()
```

SubPlots()的参数 figsize 用于指明绘图的大小。函数 get_major_locator()是 Axis 类

的成员函数,它可以获得当前轴的主刻度对象。通过调试代码 print(ax2. xaxis. get_major_locator()()) 和 print(ax2. yaxis. get_major_locator()()),我们可以查看子图被创建后,各坐标轴上主刻度的默认值。(ax1,ax2)将函数 subplots()返回的子图数组中的每个子图对象分别赋值给两个变量,后续的代码分别对它们进行操作。这种面向对象的方法使得程序结构更加清晰,维护起来也会更加方便。以上两种方法创建并实现的代码运行结果如图 5-16 所示。

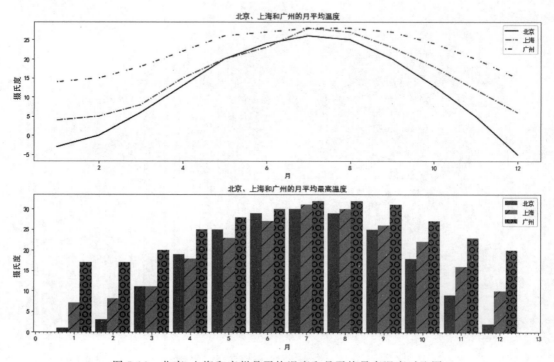

图 5-16　北京、上海和广州月平均温度和月平均最高温度对比图

3. 函数 subplot2grid()

函数 subplot2grid()可以跨越多行和多列,因此可以更加灵活地创建子图,它的函数原型如下:

```
subplot2grid(shape, location, rowspan, colspan)
```

参数 shape 是一个含有两个整数的元组,指明子图占据的栅格阵列大小。参数 location 也是一个含有两个整数的元组,指明子图在栅格阵列中的起始栅格。参数 rowspan 表示子图向下跨越的行数。参数 colspan 表示子图向右跨越的列数。参数 rowspan 和参数 colspan 的默认值都是 1。以下代码对如何使用该函数进行了说明:

```
In [16]: import matplotlib.pyplot as plt

         def annotate_axes(fig):
             """
             本函数修改子图参数并在子图中心位置添加说明文本
```

```
                  """
                  for i, ax in enumerate(fig.axes):
                      ax.set_xticks([])
                      ax.set_yticks([])
                      ax.text(0.5, 0.5, "子图%d" % (i+1),
                              va = "center", ha = "center")


        fig = plt.figure()
        ax1 = plt.subplot2grid((3, 3), (0, 0), colspan = 3)
        ax2 = plt.subplot2grid((3, 3), (1, 0), colspan = 2)
        ax3 = plt.subplot2grid((3, 3), (1, 2), rowspan = 2)
        ax4 = plt.subplot2grid((3, 3), (2, 0))
        ax5 = plt.subplot2grid((3, 3), (2, 1))

        annotate_axes(fig)

        plt.show()
```

自定义函数 annotate_axes()依次修改各子图参数并在其中增添文本。函数 subplot2grid()所创建的子图会被添加到图形对象的子图数组 axes 中。for 循环中 Python 内嵌函数 enumerate()被用来迭代这个数组,变量 i 被用作子图索引,ax 在每次循环中是每个子图的副本。子图(Axes)类的成员函数 set_xticks()和 set_yticks()的入参是一个空列表,因此 X 轴和 Y 轴上的刻度均被清除,这样输出的将是一个矩形框。每个子图在创建时, X 轴和 Y 轴默认的最大刻度为 1,因此函数 text()前 2 个入参 0.5 表示文本将出现在子图的正中心。"子图%d" % (i+1)是格式字符串,详见 2.2.7 节。参数 va 和 ha 用来指定文本的对齐方式,代码中设定文本在水平方向和垂直方向均中心对齐。代码中将创建的图形划分成 3×3 的栅格阵列。第 1 幅子图从第 1 行第 1 个栅格开始,向右横跨 3 列。第 2 幅子图从第 2 行第 1 个栅格开始,向右横跨 2 列。第 3 幅子图从第 2 行第 3 个栅格开始,向下横跨 2 行。第 4 幅子图从第 3 行第 1 个栅格开始,向右横跨 1 列。第 5 幅子图从第 3 行第 2 个栅格开始,向右横跨 1 列。这里需要注意的是,函数 subplot2grid()的第 1 个入参表示子图所在图形的栅格阵列的大小,因此所创建的子图应该相同。

以上代码的执行效果如图 5-17 所示。

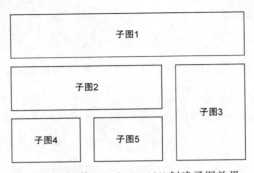

图 5-17　函数 subplot2grid()创建子图效果

5.6 字典(Dictionary)类型

5.5.2 节的示例代码中函数 annotate() 的入参 arrowprops 是一个字典型的对象。通过 type() 可以查看 dict(facecolor＝'black'，shrink＝0.05)的类型，代码如下：

```
In [17]: type(dict(facecolor = 'black', shrink = 0.05))
Out[17]: dict
```

字典是另一种可变容器类型，且可存储任意类型对象。它可以方便地实现关键字查找。假设我们要根据同学的名字来查询其在某次测验中的成绩，如果用 4.2 节介绍过的列表实现，则需要两个列表，示例代码如下：

```
Students = ['Richard','Sam','Tom']
Score = [99, 90, 76]
```

在这种实现方式中，两个列表中的成员的顺序必须严格匹配。根据姓名查找成绩，首先必须在姓名列表中找到该姓名的位置，然后依此序号索引成绩列表。因此，这种方式效率非常低，而且容易出错。

Python 中字典类型因为可以进行关键字查找，所以可以方便利用姓名查找成绩。字典的每个键 key 和值 value 组成一对，它们之间用冒号"："分隔，每个键值对之间用逗号"，"分隔，整个字典包括在花括号"{}"中，格式如下：

```
d = {key1: value1, key2: value2, … }
```

字典索引和列表类似，其区别是索引时使用的是关键字而非索引号，格式如下：

```
d[keyn]
```

现在，我们将学生成绩列表修改如下：

```
In [18]: scores = {'Richard':99, 'Sam':90, 'Tom':76}
         print(scores['Richard'])
99
```

键应该是唯一的，否则，最后出现的键值对将会替换前面的键值对，代码如下：

```
In [19]: scores = {'Richard':99, 'Sam':90, 'Tom':76, 'Sam':60}
         print(scores['Sam'])
60
```

由于关键字'Sam'被多次使用，因此只有最后一组的值被保留下来。

5.7 本章小结

本章介绍了 Matplotlib 的基本使用方法。内容包含：

(1) 如何使用 Matplotlib 绘制曲线图、散点图和柱状图。

(2) 如何增添文本标签。

(3) 如何指定字体库。

(4) 如何编写通用函数绘制数学函数曲线。

(5) Matplotlib 的对象层次，如何使用面向对象的方法绘制图形。

本章是后续章节的基础，关于 Matplotlib 绘图的更多的内容会在后续章节中继续深入介绍。

5.8 练习

练习 1:

在一个大小为 8×4 的图上绘制函数 $f(x) = x^2$ 的曲线，x 在区间 $[-3, 3]$ 取值，颜色是红色，线的粗细为 2（默认为 1）。

练习 2:

在一个大小为 8×4 的图上绘制函数 $f(x) = \sin^2(x-2)e^{-x^2}$ 的曲线，x 在区间 $[0, 2]$ 取值，颜色是黑色，线的粗细为 2（默认为 1）。

练习 3:

假设我们扔出去一个球，它的飞行距离由初速度和抛射的角度决定。假设球从水平地面抛出，绘制该球在不同仰角和初速度下的运动轨迹。

编程提示：

假设球的发射初速度是 u，仰角 θ。仰角采用角度值，速度单位为 km/s，重力加速度 $g = 9.81 \text{ m/s}^2$。

球的上升时间可由式(5-2)算出：

$$t = \frac{u \sin\theta}{g} \tag{5-2}$$

球飞行轨迹上的每个点可由式(5-3)算出：

$$x = t'u\cos\theta, \quad y = u\sin(\theta t')\frac{gt'^2}{2} \tag{5-3}$$

其中 t' 在区间 $[0, 2t]$ 取值。

练习 4:

单峰映射（Logistic Map）可以构建一个数字序列，它的数学形式如式(5-4)所示。

$$x_{n+1} = rx_n(1-x_n) \tag{5-4}$$

其中 x_n 是介于 0 和 1 之间的数，r 是正数。

现在完成以下编程任务：

（1）选定 x_0 和 r，计算数列中前 N 个数值。

（2）取 $x_0 = 0.5$，计算在 $r = 1.5$ 和 $r = 3.5$ 时数列的前 2000 个数。使用最后 100 个数据绘图，对比分析两种情况下图形数据的趋势。

（3）取 $x_0 = 0.5$，r 从 1 开始递增至 4，每次递增值为 0.01。计算 r 取不同值时，数列的前 2000 个数值，并绘制它们。X 轴对应 r，Y 轴对应数列中的值。

第 6 章　类和面向对象编程

在第 5 章中，我们介绍了 Matplotlib 的层次结构，涉及类（Class）和对象（Object）。在此之前，我们已经接触过类，并使用了绑定到对象的多种方法，例如：列表对象的查询、删除和插入。只不过当时并未对相关概念进行详细说明。所有这些方法都被包含在对象所属的类定义之内。我们可以把第 2 章中的基本数据类型也视为类，其实 int、float 等都是 Python 内建的类。每次在程序中创建整型（或浮点型）变量时，我们都会创建一个该类型的对象或实例（Instance）。

大多数现代编程语言支持类或类似的概念。类是关于对象的抽象描述，它定义了该对象的行为方式及它所能够执行的一些功能。面向对象编程（Object-Oriented Programming，OOP）的设计思想是从自然界中来的，因为在自然界中，类和实例的概念是很常见的。面向对象的编程是一种编程范例，它提供了一种结构化程序的方法，以便将属性和行为捆绑到单个对象中。类是一种抽象概念，例如我们可以为所有的学生定义一个 Student 类，该类是学生这个概念的抽象描述，而 Student 类的实例则是一个个具体的学生，例如，李梅和韩磊是两个具体的学生，她（他）们是 Student 类的不同对象。一个对象可以代表一个具有名称、年龄和地址等属性及诸如步行、交谈、呼吸和奔跑等行为的人。它还可以代表具有诸如收件人列表、主题和正文之类属性及诸如添加附件和发送之类行为的电子邮件。

换句话说，面向对象的编程是一种对具体的、现实世界中的事物（例如学生、电子邮件、汽车等）及事物之间的关系（例如公司与员工、学生和教师等）进行建模的方法。OOP 将现实世界的实体建模为软件对象，这些对象具有与之关联的一些数据并且可以执行某些功能。

第 3 章介绍的函数是对某一种方法进行的抽象，而面向对象的抽象程度比函数要高，因为类既包含了数据，又包含操作这些数据的方法。

6.1　代表数学公式的类

我们从一个熟悉的例子开始，求两个物体之间的万有引力。

$$F = \frac{Gm_1m_2}{r^2} \tag{6-1}$$

如果需要评估不同物体间引力和距离的关系，则需要为 m_1 和 m_2 引入不同的值。我们定义一个以 r 为入参的函数，在函数内部计算引力值并将其返回。万有引力常数可以自

行定义一个变量或者使用常数项,最好的方式是从 SciPy 的常量模块中导入。代码很简单,
示例代码如下:

```
In [1]: from scipy.constants import G

        m1 = 0.5
        m2 = 1.5

        def uni_gravity1(r):
            """
            计算两个物体之间的万有引力

            参数
            ____
            r: float
                两个物体之间的距离

            返回值
            ____
            G: float
                两个物体之间的万有引力
            """
            return m1 * m2 * G/r ** 2
```

使用自定义函数 uni_gravity1()可以根据 r 求两个物体之间的万有引力,但是该函数
仅仅能够计算一组固定质量物体之间的引力,如果需要计算不同质量物体的引力,则需要在
每次调用函数 uni_gravity1()前,显式地修改 m_1 和 m_2 的值。

也可以将 m_1 和 m_2 改成局部变量,针对 m_1 和 m_2 不同的值分别定义函数 uni_
gravity1()和 uni_gravity2()。这些函数仅在局部变量的值上存在差别,而执行的功能却是
一样的。这样的修改显然很不经济,特别是 m_1 和 m_2 存在很多组合的情况下。

也可以将 m_1 和 m_2 作为函数入参,代码如下:

```
In [2]: from scipy.constants import G

        def uni_gravity2(r, m1 = 0.5, m2 = 1.5):
        """
        计算两个物体之间的万有引力

        参数
        ____
        r: float
            两个物体之间的距离
        m1: float
            第一个物体的质量
        m2: float
            第二个物体的质量
```

```
        返回值
        ————
        G: float
            两个物体之间的万有引力
        """
            return m1 * m2 * G/r ** 2
```

通过引入额外的 2 个入参，看上去为函数增加了灵活性，可以适应不同 m_1 和 m_2 的组合，但是，这样做最大的缺点是不利于代码后期的维护。如果代码中有多处需要计算万有引力，则这 2 个入参在这些调用的地方必须确保一致性。这无疑增加编码的冗余度，同时也引入了不稳定的因素。试想，如果代码运行一段时间之后，需要修改 m_1 或 m_2，此时必须确保代码中所有调用 uni_gravity2() 的地方都被正确修改。

通过仔细观察式(6-1)，并换个角度来思考该问题。我们会发现：数学公式本身包含了数据和对数据进行的运算，也就是说数据和对数据的操作以公式的形式耦合在一起。而示例中的代码，则将数据和运算过程割裂开了，这正是引发我们目前所面临问题的根本原因。如果代码中能把数据和对数据进行的操作封装在一起，则此问题便能被轻易地解决。

Python 支持这种封装性（Encapsulation）。封装是指将数据及与这个数据相关的一切操作组装到一起，封装在一个实体中。这个实体可以是一个模块，也可以是一个类。类与模块具有某种相似性，它们都是具有自然相关性的变量和函数的集合。不同之处在于，一个模块只能有一个实例，但我们可以创建一个类的多个实例。一个类将数据和与这个数据相关的一切操作打包在一个实体中。在 Python 及很多编程语言中，对数据的操作以函数的形式实现。这些被绑定到类或对象上的数据也被称为属性，而绑定的函数则被称为方法。在本书余下章节中，在涉及类时，方法和函数可能会混用，读者需注意它们指的是同一事物。同一类的不同实例可以包含不同的数据，但是它们的行为方式和所支持的方法相同。

想想一个基本的 Python 类，例如 int，我们可以在程序中创建很多整型变量，显然它们具有不同的值（可以认为值是每个对象特有的属性），但是它们都具有相同的常规行为并拥有为其定义的相同操作集。更复杂的 Python 类（例如列表、图形、子图等）也是如此。不同的对象虽然可能包含不同的数据，但它们却具有相同的方法和支持相同的操作。

有一种简单的方法可能有助于对类的理解，但这种方法不是很严谨，我们可以简单地将类理解为变量和函数的集合，如图 6-1 所示。这张图很好地诠释了类，类就是把变量和函数封装在一起。

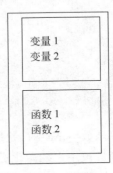

图 6-1　类结构

知道了什么是类，接下来我们就要学习怎么定义类了。类定义的语法格式如下：

```
class ClassName():
    <语句 1>
    <语句 2>
        ……
    <语句 n>
```

　　Python 关键字 class 被用来定义一个类,所有类定义都以关键字 class 开头,其后是类的名称和冒号。这点和用 def 语句来定义一个函数比较相似。同样需要注意的是:与分支选择、循环和函数类似,关键字 class 之后类所包含的所有语句都需要保持相同的缩进。其后第一个不缩进的语句标识着类的结束(注意:该语句不属于类定义)。类用于创建用户定义的数据结构。类定义了被称为方法的函数,这些函数标识该类对象可以执行的行为和动作。

　　现在,我们可以将式(6-1)定义成 UniGravity 类。两个不同物体的质量 m_1 和 m_2 作为类的内部变量,内部函数 value()用于计算这两个物体之间的万有引力。示例代码如下:

```
In [3]: class UniGravity:
        """
        两个物体之间的万有引力

        ......

        属性
        ____
        m1: float
            物体 1 的质量。
        m2: float
            物体 2 的质量。

        Methods
        -------
        value(r)
            两个物体之间在距离为 r 时的万有引力。

        """
        def __init__(self, m1, m2):
            self.m1 = m1
            self.m2 = m2

        def value(self, r):
            return self.m1 * self.m2 * G/r ** 2
```

　　函数__init__()是所有类必须拥有的一种方法,它被称为类的构造函数或初始化方法。该函数被用来初始化类的实例的所有内部变量。每当有类的实例被创建时,该函数即被调用。通常,__init__()通过为对象属性赋值设置对象的初始状态。也就是说,__init__()初始化该类的每个新实例。__init__()可以拥有任意数量的输入参数,但第一个参数必须是一个被称为 self 的变量。创建新的类实例时,该实例会自动被传递到__init__()中的 self 参数,以便可以在该对象上定义新属性。

　　需要注意示例代码中的缩进。__init__()方法的签名缩进了 4 个空格。该方法的主体缩进了 8 个空格。如前文所述,在 Python 中,缩进至关重要。它指明__init__()方法属于 UniGravity 类。

　　在__init__()的主体中,变量 self.m1 和 self.m2 都有前缀 self,意味着这些变量和被创建的对象绑定在一起。这些被绑定的变量也被称为对象属性。在__init__()中创建的属性被称为实例属性。实例属性的值对应于类的特定实例。所有 UniGravity 对象都有 m1 和 m2,但是 m1 和 m2 属性的值将根据 UniGravity 实例而有所不同。

函数 value()即式(6-1)的 Python 代码实现。可看到与__init__()一样,它的第一个入参也是 self。self 代表类的实例,虽然在调用时不必传入相应的参数,但 self 在定义类的方法时是必须的,这也是类的方法与普通函数之间在定义时的区别。在类内访问类属性和使用类的方法时,必须加前缀 self。

注意:类的方法必须有一个额外的第一个参数,习惯上以 self 命名。

类是如何定义某些内容的蓝图的呢? 它实际上不包含任何数据。UniGravity 类规定两个不同物体的质量是定义万有引力公式的必须内容,但它并不包含任何特定物体的质量。类的实例则是根据类构建,包含实际数据的对象。UniGravity 类的实例不再是一个蓝图,它将真实描述两个物体之间万有引力和两者距离之间的关系。

换句话说,可以将类视为表格或问卷,而类的实例是已填写信息的表单。就像许多人可以用自己的独特信息填写相同的表格一样,可以从一个类创建许多实例。

现在,我们可以使用已经定义的类来创建它的实例。从类创建新对象也被称为实例化对象,代码如下:

```
In [4]: g1 = UniGravity(0.1, 3.5)
        type(g1)
Out[4]: __main__.UniGravity
```

我们创建了一个新的变量 g1,它的类型是 UniGtavity。每次为 UniGravity 类创建实例时,类的构造函数 __init__()都会被自动调用。实例代码创建了 $m_1 = 0.1$ kg 和 $m_2 = 3.5$ kg 的实例。我们还可以定义新的对象,代码如下:

```
In [5]: g2 = UniGravity(1.2, 2.4)
```

g2 是不同于 g1 的新实例,它的属性是 $m_1 = 1.2$ kg 和 $m_2 = 2.4$ kg。当然,也可以创建具有相同属性的不同实例,代码如下:

```
In [6]: g3 = UniGravity(0.1, 3.5)
        print(g1)
        print(g3)
        g1 == g3
(<__main__.UniGravity at 0x1e15eb51610>,
<__main__.UniGravity at 0x1e15eb51dc0>)
Out[6]: False
```

可以看到 g1 和 g3 位于不同的内存区域,这是因为它们是不同的实例。

与使用 Python 内建类的方法一样,对于自定义类,我们也可以通过操作符"."调用该类的方法,代码如下:

```
In [7]: print(g1.value(100))
        print(g2.value(100))
        print(g3.value(100))
2.336005e-15
1.9221983999999995e-14
2.336005e-15
```

g1.value(100)和g2.value(100)调用类的同一种方法,其区别是它们分别使用各自绑定的参数self.m1和self.m2进行计算。从输出结果可以看出在同样相距100米时,万有引力值是不同的,而g3虽然是不同的实例,但是由于属性和g1相同,因此value()方法的输出是一样的。

可能不少人会一直对self感到困惑。在之前的函数定义和使用中,除非拥有默认值的入参,否则入参在函数调用时必须有对应的传入值,但在类中,方法__init__()和value()在被定义时均有参数self,但在调用它们时,self却不存在对应值。对这一行为的解释是self代表对象本身,当我们调用绑定到对象的方法时,对象本身会自动作为第一个参数传递。以下两行代码是等价的:

```
gv1 = g1.value(100)
gv1 = UniGravity.value(g1, 100)
```

在这里,我们显式调用属于UniGravity类的value()方法,并将类的实例g1作为第一个参数传递。在方法内部,g1被转换为self,就像将参数传递给普通函数时一样,并且我们可以访问其属性m_1和m_2。当我们以g1.value(100)的形式使用类的方法时,代码的执行效果是一样的。此时,对象g1被自动作为该方法的第一个参数。虽然看起来好像是仅使用了单个参数调用该方法,但实际上传入的参数却有两个。

在Python类中,self变量的使用一直是许多讨论的主题。即使是经验丰富的程序员也会感到困惑,许多人质疑为什么要用这种方式设计语言。该方法有一些明显的优点,例如,它可以非常清楚地区分实例属性(以self为前缀)和方法内部定义的局部变量。在定义类时一定要记住以下两个规则:

(1) self必须是方法定义中的第一个参数,但是在调用该方法时不需要显式地传入。

(2) 如果在方法中访问类的一个属性,则该属性需要加前缀self。

示例代码中常量G是从Scipy.constants中导入的,当然也可以在类中自定义一个变量来记录它,代码如下:

```
In [8]: class UniGravity:
            def __init__(self, m1, m2):
                self.m1 = m1
                self.m2 = m2

            def value(self, r):
                G = 6.67e-11
                return self.m1 * self.m2 * G/r ** 2
```

G 是函数 value() 的局部常量,它不是类的属性,因此不需要加前缀 self,但是如果要自己定义常量,常量被放置的位置最好在初始化方法 __init__() 内,因为这样常量会更加集中,其好处是代码更易于维护,也便于为类扩展更多的方法,因此,建议定义常量时采用下面代码中的方法:

```
In [9]: class UniGravity:
        def __init__(self, m1, m2):
            G = 6.67e-11
            self.m = m1 * m2 * G

        def value(self, r):
            return self.m/r ** 2
```

G 出现在函数 __init__() 之内,它是函数 __init__() 的局部常量,不是类属性。为了在类方法中使用这些量,在函数 __init__() 内,我们定义了新的属性 self.m 以记录 m_1、m_2 和 G 的计算结果。该属性在函数 value() 中被用于计算最终结果。这种写法,使得类具有更好的可维护性和可扩展性。

现在是时候体验一下,自定义类所带来的优势了。我们可以为不同的质量组合创建不同的实例,然后利用相同的方法求它们在不同距离下的引力值,代码如下:

```
In [10]: import matplotlib.pyplot as plt
         g1 = UniGravity(0.1, 3.5)
         g2 = UniGravity(1.2, 2.4)

         r = []
         g1_list = []
         g2_list = []
         for i in range(50, 1000, 50):
             r.append(i)
             g1_list.append(g1.value(i))
             g2_list.append(g2.value(i))
         plt.plot(r, g1_list, c = 'b', ls = '-',
                 label = "m·1 = 0.1, m2 = 3.5")       # 蓝色实线
         plt.plot(r, g2_list, c = 'k', ls = '-.',      # 黑色点画线
                 label = "m1 = 1.2, m2 = 2.4")
         plt.legend(loc = 'best')
         plt.show()
```

代码结构看上去就清晰了很多,g1 和 g2 分别代表两组不同质量组合的计算公式,它们都可以使用相同的方法求值。由于质量作为属性被封装起来,因此针对每个距离值计算引力值时,无须再考虑公式中质量值的差别,以上代码执行结果如图 6-2 所示。

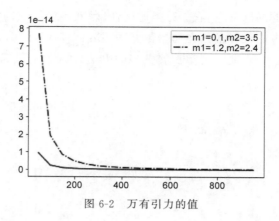

图 6-2　万有引力的值

6.2　类的通用格式

图 6-2 对类的格式进行了形象说明。下面的代码是关于类的更通用的模板：

```
class MyClass:
    #类属性
    class_var1 = 0
    class_var2 = 0

    def __init__(self, p1, p2,...):
        #构造函数,创建类的实例的属性
        self.attr1 = p1
        self.attr2 = p2

        #访问类属性,前缀是类名称
        MyClass.class_var1 += 1
        ...

    def method1(self, arg):
        #需要注意前缀 self
        result = self.attr1 + ...

        #创建新的对象属性
        if desired
            self.attrx = arg...
        return result

    def method2(self):
        #self 必须是第一个入参
        ...
        print(...)
```

在以上代码的起始位置,所定义的是类属性,它们的值将在这个类的所有实例之间共享。需要注意它们和类对象属性之间的差别。类属性可以在类内部或外部被访问,但是访问时的前缀是类名,而非对象名或 self。我们可以在类中定义任意数量的方法(被调用时带或不带参数)。当我们创建类的实例时,这些方法将被绑定到该实例。当需要访问类方法时,需要以对象名为前缀,例如,MyClass 的对象 m 可以通过 m. method2( )访问类的方法method2。构造函数用来初始化对象的类属性,但它不是必须的。也可以在需要时定义属性,例如在方法内部,如示例代码中的 self. attrx＝arg。甚至可以从类外部定义属性,示例代码如下:

```
m = MyClass(p1, p2, …)
m.new_attr = p3
```

Python 允许自由地给一个实例绑定属性。这里的代码第二行为类实例变量 m 创建一个新的属性 new_attr。虽然这样的代码符合 Python 语法规范并且完全有效,但是它不是一种良好的编程习惯,因为它使得同一类的不同实例具有了不同的属性,而这恰恰违背了我们使用类的初衷。

注意:始终为类配备构造函数并主要在构造函数内部定义属性是一个好习惯。

到这里暂时总结一下。

(1)类是创建实例的模板,而实例则是一个个具体的对象,各个实例拥有的数据都互相独立,互不影响。

(2)方法就是与实例绑定的函数,和普通函数不同,方法可以直接访问实例的数据。

(3)通过在实例上调用方法,我们就可以直接操作对象内部的数据,而无须知道方法内部的实现细节。

(4)和静态语言不同,Python 允许对实例变量绑定任何数据。也就是说,同一类型的两个实例,有可能拥有不同名称的属性。

6.3 受保护的类属性

让我们再看一个更经典的关于 Python 类的实例。关于学生信息的类需要封装学生的名称、学号和各科成绩等,并且还需要提供用于存入、提取和输出有关某位学生信息的方法。定义此类的代码如下:

```
In [11]: class Student():
            #类名称
            class_name = 'Student'
            #学生总数
            stu_count = 0

            def __init__ (self, no, name, age, score, grade):
                self.no = no
                self.name = name
                self.age = age
                self.score = score
                self.grade = grade
                Student.stu_count += 1
```

```
        def displayCount(self):
            print("Total students % d" % (Student.stu_count))

        def set_score (self, score):
            self.score = score

        def print_socre(self):
            print("% s: % s" % (self.name, self.score))
```

该类的典型用法如下所示,我们创建两个不同的 Student 实例,并调用类的各种方法来输出信息。

```
In [12]: stu1 = Student(1, 'Richard', 10, 95.5, 5)
         stu2 = Student(2, 'Sam', 13, 86, 7)
         stu1.print_socre()
         stu2.print_socre()
         stu2.displayCount()
Richard: 95.5
Sam: 86
Total students 2
```

如果某一位学生的成绩需要更改,则可以更改学生的属性,代码如下:

```
In [13]: stu1.score = 87
         stu1.print_socre()
Richard: 87
```

在大型软件系统中,以这种方式直接操纵属性通常会导致出错。它被认为是一种不良的编程风格,因为这种操控方式有一个隐含的缺陷,参看如下代码:

```
In [14]: stu1.name = 'Joe'
         stu1.print_socre()
Joe: 87
```

很显然,学生的姓名通常不应该被随意修改。取而代之的是,应始终通过调用方法来更改属性,在这种情况下,应调用 set_score。许多编程语言都有限制从外部访问类属性的机制,这些属性被称为类的私有属性,任何从外部访问它们的尝试都将在编译或运行代码时导致错误。Python 中以双下画线作为名称前缀的属性被视为类的私有属性,私有属性只允许从这个类本身进行访问,无法从外部访问它们。

现在,我们将所有的属性改为私有属性,代码如下:

```
In [15]: class Student():
         # 类名称
         __class_name = 'Student'
         # 学生总数
         __stu_count = 0
```

```
        def __init__ (self, no, name, age, score, grade):
            self.__no = no
            self.__name = name
            self.__age = age
            self.__score = score
            self.__grade = grade
            Student.__stu_count += 1

        def displayCount(self):
            print("Total students % d" % (Student.__stu_count))

        def set_score(self, score):
            self.__score = score

        def get_score(self, score):
            return self.__score

        def print_socre(self):
            print(" % s: % s" % (self.__name, self.__score))

    stu1 = Student(1, 'Richard', 10, 95.5, 5)
    print(stu1.__socre)
--------------------------------------------------------------------------
AttributeError                             Traceback (most recent call last)
< ipython - input - 15 - 86cc2c9a53d2 > in < module >
      22
      23 stu1 = Student(1, 'Richard', 10, 95.5, 5)
---> 24 print(stu1.__socre)

AttributeError: 'Student' object has no attribute '__socre'
```

　　修改之后,外部代码便无法访问对象内部的属性,否则会出现以上示例代码的错误。这样通过访问限制的保护,代码会更加健壮。此后,当需要获取或修改成绩时,必须使用 get_score()和 set_score()这两种方法。

　　虽然直接访问私有属性会引发错误,但是下面的代码却可以正常执行:

```
In [16]: stu1.__score = 97
        print(stu1.__score)
        stu1.print_socre()
97
Richard: 95.5
```

　　以上代码看上去很令人困惑,双下画线前缀不是令属性私有化从而无法从外部访问了吗? 但是仔细检查后,我们又会发现对象属性并未被修改。是什么原因导致了以上代码这种怪异的行为呢? 其原因是,在执行代码时,Python 解释器会对类内部以双下画线开头的私有属性进行名称转换。即类的实例中并无__score 这个属性,因此之前的读访问会出错,而上述代码是一个写的操作,对象中虽然无__score 这个属性,正如 6.2 节所描述的那样,语句 stu1.__score＝97 将会为对象创建一个名为__score 的新的非私有属性,这就是该代码执行不会出错的原因。

那么在类定义中的私有属性,其真实名称是什么呢? Python 解释器对外把__score 变量改成了_Student__score。类对象中并无名为__score 的属性,既然知道了这种特殊的属性命名,我们便可以通过_Student__score 访问定义时名为__score 的变量,代码如下:

```
In [17]: stu2 = Student(2, 'Lily', 11, 99, 7)
         stu2._Student__score
99
```

以上只是对于 Python 语言的技术细节进行的说明,在编码实践中一定要避免使用以上的方式。

需要注意的是,Python 中如果变量名以双下画线开头和结尾,如__XXX__,则表示它们是特殊变量。特殊变量是可以直接从类内部访问的。

有时我们会在代码中看到以一个下画线开头的实例变量名,例如_name,这样的实例变量外部是可以访问的,但按照 Python 约定俗成的命名规定,以这种方式命名的变量被称为"被保护变量"。它的意思是:虽然我可以被访问,但请把我视为私有变量,不要随意从外部访问。

注意:Python 的访问限制其实并不严格,主要靠自觉。

6.4 对象属性和类属性

在 6.3 节中学生类的头部,有以下两行代码:

```
__class_name = 'Student'
__stu_count = 0
```

这两个变量没有 self 前缀,它们不是类实例的属性,而是类的属性。类的属性是类的不同实例之间共享的,任何一个类实例都可以访问它们。类属性直接在类名称的下方定义,并以 4 个空格缩进。必须始终为它们分配一个初始值。创建类的实例时,将自动创建类属性并为其赋予初始值。类属性通常用来定义每个类实例都具有的相同属性,而实例属性则是随不同实例而异的属性。因为是多个对象之间共享的属性,因此当存在改写该属性的情况时,对类属性的访问一定要注意。参看以下示例代码:

```
In [18]: print(stu1._Student__class_name)
         print(stu2._Student__class_name)
         stu1.displayCount()
         stu2.displayCount()
Student
Student
Total students 2
Total students 2
```

不同对象得到相同的__class_name 和__stu_count。

6.5 特殊方法

在上面的示例中,我们为每个类定义了一个构造函数,并以特殊名称__init__()进行标识。Python 解释器能够识别此名称,在每次创建该类的新实例时都会自动调用该方法。构造函数属于被称为"特殊方法"的方法家族,这些方法的名称均由双下画线开始和结尾。将这一类方法称为"特殊方法"可能会误导初学者,因为这些方法本身并不是很特别。特殊之处在于这些方法的名称,这种特殊的命名法可以确保它们会在不同的情况下被自动调用,例如在创建类实例时调用函数__init__()。Python 的类中还有很多其他特殊方法,它们可以使类的对象具有很多非常有用的属性。

6.5.1 __call__()

回到 6.1 节的例子,类 UniGravity 的方法 value(r) 被用于评估式(6-1)的值。在创建该类的实例 g1 之后,我们可以调用该方法的形式是 g1.value(r)。如果类实例能够像常规 Python 函数一样被调用,例如 g1(r),则代码会简洁很多。特殊方法名称__call__()可以使实例像常规 Python 函数一样被调用。在以下代码中,value()方法被改名为__call__():

```
In [19]: class UniGravity:
            def __init__(self, m1, m2):
                self.m1 = m1
                self.m2 = m2

            def __call__(self, r):
                return self.m1 * self.m2 * G/r ** 2

        g1 = UniGravity(1.0, 3.2)
        print(g1(1000))
2.1344000000000002e - 16
```

现在我们可以像其他任何 Python 函数一样调用 UniGravity 类的实例。实例 g1 可以像一个普通 Python 函数一样被调用。结果和使用 value()方法时一样,不过将该方法重命名为__call__()会产生更好的代码形式。

在 3.7 节中,我们实现了一个求二阶导数的函数。现在我们定义一个 Derivative2 类,使得它的实例可以被用来求不同函数的二阶导数。使用解析微分规则创建这样的类很棘手,但我们可以通过使用数值微分来编写 Derivative2 类,并使它可以被应用于多数函数中,代码如下:

```
In [20]: from math import *

        class Derivative2:
            """
            求二阶导数的类
```

```
            """
        def __init__(self, f, h = 1E - 6):
            self.f = f
            self.h = float(h)

        def __call__(self, x):
            f, h = self.f, self.h           #代码简洁一些
            r = (f(x - h) - 2 * f(x) + f(x + h))/float(h * h)
            return r

    def f(x):
        return x ** 2 - 1

    d2f = Derivative2(f)
    d2sin = Derivative2(sin)
    print(d2f(1.5))                         #自定义函数在 1.5 处的二阶导数
    print(d2sin(pi))                        #sin()在 pi 的二阶导数
    print(d2sin(pi/2))                      #sin()在 pi/2 的二阶导数
1.999733711954832
0.0
- 1.000088900582341
```

通过这个例子可以看出,当需要求多个函数的二阶导数时,较之函数的方法,使用类会使代码更加清晰。

6.5.2   __del__()

__del__()被称为析构函数,在销毁对象的时候被调用。现在,我们给 Derivative2 类添加__del__()方法,代码如下:

```
In [21]: class Derivative2:
            """
            求二阶导数的类
            """

            def __init__(self, f, h = 1E - 6):
                pass

            def __del__(self):
                print("Delete an instance of class Derivative2")

        df = Derivative2(f)
        del df
Delete an instance of class Derivative2
```

Python 关键字 del 用于删除对象。在 Python 中,一切都是对象,因此 del 关键字可用于删除变量、列表或列表片段等。在以上代码中,del 删除了 Derivative2 类的实例 df,在删除的过程中,析构函数 __del__()会被调用。

6.5.3 __str__()

函数 print()可用来打印对象,该方法对于 Python 的内置对象类型(例如字符串和列表)非常有效,但是,如果输入的是我们自定义的类实例,则函数 print()的输出可能不会有很多有用的信息,因为 Python 解释器不知道要显示什么信息。我们可以通过在类中定义一个名为__str__()的特殊方法来解决此问题。__str__()方法必须返回一个字符串对象,最好是一个提供有关该对象的有用信息的字符串。__str__()方法除 self 外,不应带有任何参数。对于上面看到的 UniGravity 类,合适的__str__()方法可能如下:

```
def __str_(self):
    return 'm1 * m2 * G / r * r; m1 = %g; m2 = %g' % (self.m1, self.m2)
```

如果现在将类的实例作为调用 print()时的入参,则将打印该实例的函数表达式和 m_1、m_2 的值,示例代码如下:

```
In [22]: class UniGravity:
            def __init__(self, m1, m2):
                self.m1 = m1
                self.m2 = m2

            def __call__(self, r):
                return self.m1 * self.m2 * G/r ** 2

            def __str__(self):
                return 'm1 * m2 * G / r * r; '\
                        'm1 = %g; m2 = %g' % (self.m1, self.m2)
        g = UniGravity(1.2, 35)
        print(g(100))
        print(g)
2.803206e-15
m1 * m2 * G / r * r; m1 = 1.2; m2 = 35
```

6.5.4 __repr__()

名为__repr__()的特殊方法类似于 __str__(),它应返回包含有关对象信息的字符串。其区别在于,__str__()应该提供人类可读的信息,但是 __repr__()字符串将包含重新创建对象自身所需的所有信息。对于对象 a,如果我们调用 repr(a),则 __repr__()方法将被调用,其中 repr()是 Python 的内置函数。repr()的预期功能是使表达式 eval(repr(a)) == a 成立,即 repr(a) 返回的字符串可以被用来创建 a 的一个副本。为了说明其用法,让我们向 UniGravity 类添加一个__repr__()方法:

```
In [23]: class UniGravity:
            def __init__(self, m1, m2):
                self.m1 = m1
```

```
                  self.m2 = m2

           def __call__(self, r):
               return self.m1 * self.m2 * G/r ** 2

           def __str__(self):
               return 'm1 * m2 * G / r * r; ' \
                      'm1 = %g; m2 = %g' % (self.m1, self.m2)

           def __repr__(self):
               return 'UniGravity(%f, %f)' % (self.m1, self.m2)

       g1 = UniGravity(1.2, 35)
       g = repr(g1)
       g2 = eval(g)
       print(g)
       print(g2)
UniGravity(1.2, 35)
m1 * m2 * G / r * r; m1 = 1.2; m2 = 35
```

最后两行确认方法 repr() 运行结果正确,因为 eval(repr(g)) 返回的对象与 g1 相同。函数 eval() 用来执行一个字符串表达式,并返回表达式的值。__repr__() 和 __str__() 都返回带有对象信息的字符串,区别在于 __str__() 返回的内容是供人类读取的信息,而 __repr__() 的输出旨在由 Python 解释器读取。

6.5.5   __abs__()

通过在类中定义 __abs__() 特殊方法,可以指示类实例的内置 abs() 行为。以下代码实现一个向量类 Vector,并实现了 __abs__() 特殊方法:

```
In [24]: class Vector:
           def __init__(self, x_comp, y_comp):
               self.x_comp = x_comp
               self.y_comp = y_comp

           def __abs__(self):
               return (self.x_comp ** 2 + self.y_comp ** 2) ** 0.5

       vector = Vector(3, 4)
       abs(vector)
Out[24]: 5.0
```

通过特殊方法 __abs__() 扩展了内置 abs() 对 Vector 的支持,比调用诸如 vector.get_mag() 之类的方法更直观。

6.5.6 数学运算的特殊方法

到目前为止,我们已经看到了 4 种特殊的方法,即__init__()、__call__()、__str__()和__repr__(),Python 还支持更多的方法。虽然在本书中不会全部介绍它们,但是有些值得简要一提。例如,有用于算术运算的特殊方法,例如__add__()、__sub__()、__mul__()等。在自定义类中定义这些方法将使类的实例能够执行诸如 $z = x + y$ 之类的操作,其中,x、y 和 z 都算是该类的实例。表 6-1 是相关的算术运算及它们将调用的相应特殊方法。

表 6-1 用于运算的特殊方法

目 的	所编写代码	Python 实际调用
加法	x + y	x.__add__(y)
减法	x - y	x.__sub__(y)
乘法	x * y	x.__mul__(y)
除法	x / y	x.__truediv__(y)
向下整除	x//y	x.__floordiv__(y)
取模(取余)	x % y	x.__mod__(y)
向下整除 & 取模	divmod(x, y)	x.__divmod__(y)
乘幂	y ** x	x.__pow__(y)
右操作数加法	y + x	x.__radd__(y)
右操作数减法	y - x	x.__rsub__(y)
右操作数乘法	y * x	x.__rmul__(y)
右操作数除法	y / x	x.__rtruediv__(y)
右操作数向下整除	y //x	x.__rfloordiv__(y)
右操作数取模(取余)	y % x	x.__rmod__(y)
右操作数向下整除 & 取模	divmod(y, x)	x.__rdivmod__(y)
右操作数乘幂	y ** x	x.__rpow__(y)
左位移	x << y	x.__lshift__(y)
右位移	x >> y	x.__rshift__(y)
按位 and	x & y	x.__and__(y)
按位 xor	x ^ y	x.__xor__(y)
按位 or	x | y	x.__or__(y)
原地加法	x += y	x.__iadd__(y)
原地减法	x -= y	x.__isub__(y)
原地乘法	x *= y	x.__imul__(y)
原地除法	x /= y	x.__itruediv__(y)
原地向下整除	x //= y	x.__ifloordiv__(y)
原地取模	x %= y	x.__imod__(y)
原地乘幂	x **= y	x.__ipow__(y)
原地左位移	x <<= y	x.__ilshift__(y)
原地右位移	x >>= y	x.__irshift__(y)
原地按位 and	x &= y	x.__iand__(y)
原地按位 xor	x ^= y	x.__ixor__(y)
原地按位 or	x |= y	x.__ior__(y)

在大多数(但不是全部)情况下,这些方法自然会返回与操作数相同类型的对象。同样,还有一些用于比较对象的特殊方法,这些方法的实现应返回值 True 或 False,以与比较运算符的常规行为一致,如表 6-2 所示。

表 6-2　比较运算

目　　　的	所编写代码	Python 实际调用
相等	x == y	x. __eq__(y)
不相等	x != y	x. __ne__(y)
小于	x < y	x. __lt__(y)
小于或等于	x <= y	x. __le__(y)
大于	x > y	x. __gt__(y)
大于或等于	x >= y	x. __ge__(y)
布尔上下文环境中的真值	if x:	x. __bool__()

这些用于算术或者逻辑运算的特殊方法的实现方式完全取决于实际的应用。关于这些方法特别需要注意的是它们的名称,这样才能确保它们会经由各种运算符被自动调用。例如,当两个对象在诸如 $c = a * b$ 的语句中相乘时,Python 将在实例 a 中查找名为 __mul__()的方法。如果存在这种方法,实例 b 将会作为该方法的参数被传入,而方法 __mul__()将返回我们乘法运算的结果。

6.6　Python 的类和静态方法

前文介绍的都是常规实例方法。Python 的类还支持类方法和静态方法。对它们之间的差异有一个直观的理解,这样编写出的面向对象的 Python 程序才能够更清楚地表达其意图,且更易于长期维护。

让我们从写一个 Python 3 类开始,它包含所有 3 种方法类型的简单示例,代码如下:

```
In [25]: class MyClass:
             def method(self):
                 return 'instance method called', self

             @classmethod
             def classmethod(cls):
                 return 'class method called', cls

             @staticmethod
             def staticmethod():
                 return 'static method called'
```

MyClass 的第 1 种方法名为 method,它是一个常规的实例方法。这是前文介绍过的在大多数情况下使用的基本的、没有修饰的方法类型。如前文所述,该方法的第一个参数是 self,该参数在该方法被调用时指向 MyClass 的一个实例。

通过 self 参数,实例方法可以自由访问该对象的属性和其他方法。由于可以修改对象的状态,这使得实例方法有很大的权力。实例方法不仅可以修改对象状态,还可以通过属性

self. class 访问类本身，这意味着实例方法也可以修改类状态。

第 2 种方法 myclass. classmethod 由函数修饰符@classmethod 标记，它是一个类方法。与实例方法不同，类方法第一个形参是 cls，该形参在该方法被调用时指向类而不是类的对象实例。

因为类方法只能访问这个 cls 参数，而不能修改对象实例状态，然而，类方法仍然可以修改应用于类的所有实例的类状态。

第 3 种方法 MyClass. staticmethod 由函数修饰符@staticmethod 标记，它是静态方法。这种类型的方法既不接收 self 也不接收 cls 参数。当然，它可以自由地接收任意数量的其他参数，因此静态方法既不能修改对象状态也不能修改类状态。静态方法受限于它们可以访问的数据，它们主要为了将自定义的方法限制在某一命名空间内。

接下来让我们看一看在调用这些方法时，它们的实际行为是怎样的。我们首先创建类的一个实例，然后在其上调用 3 种不同的方法。

MyClass 的设置是这样的：每种方法的实现返回一个包含信息的元组，以便我们跟踪正在发生的事情，以及该方法可以访问类或对象的哪些部分。

下面的代码调用一个实例方法：

```
In [26]: obj = MyClass()
         obj.method()
Out[26]: ('instance method called', <__main__.MyClass at 0x1fdd86a88b0>)
```

与前文中的示例一样，实例方法可以通过 self 参数访问对象实例。当实例方法被调用时，Python 用实例对象 obj 替换 self 参数。当然也可以忽略点操作符这种语法糖（object. method()），手动传递实例对象以获得相同的结果，这里就不再重复举例了。

这里留一个问题供大家思考：如果不先创建实例就尝试调用实例方法，会发生什么呢？

接下来的代码是类方法：

```
In [27]: obj.classmethod()
Out[27]: ('class method called', __main__.MyClass)
```

通过结果可以看出，调用 classmethod()访问的不是< MyClass 实例>对象，而是一个不同类型的对象，这个对象代表了类本身。

注意：在 Python 中的一切都是对象，甚至类本身。

当 MyClass. classmethod()被调用时，Python 解释器自动将类作为第一个参数传递给函数。需要注意，将这些参数命名为 self 和 cls 只是一种约定。将它们命名为 the_object 和 _class 也能够得到相同的结果。重要的是它们在方法的参数列表中的位置，它们必须处在参数列表的第 1 位。

接下来的代码是静态方法：

```
In [28]: obj.staticmethod()
Out[28]: 'static method called'
```

当调用静态方法时,Python 解释器通过不传入 self 或 cls 参数来强制访问限制。这使得静态方法既不能访问对象实例属性,也不能访问类属性。它们的工作方式类似于常规函数,但属于类(及每个实例)的命名空间。

现在,让我们来看一看当我们尝试在类本身上调用这些方法时会发生什么:

```
In [29]: MyClass.classmethod()
Out[29]: ('class method called', __main__.MyClass)

In [30]: MyClass.staticmethod()
Out[30]: 'static method called'

In [31]: MyClass.method()
Traceback (most recent call last):

  File "< ipython - input - 31 - 88f17b4fa117 >", line 1, in < module >
    MyClass.method()

TypeError: method()missing 1 required positional argument: 'self'
```

调用 classmethod()和 staticmethod()都没有问题,但在试图调用实例方法 method()时出现 TypeError。

这是意料之中的,因为我们没有创建一个对象实例。当尝试直接在类本身上调用一个实例函数时,由于 Python 解释器没有办法填充 self 参数,因此调用失败。

接下来,我们将通过更实际的示例说明何时使用这些特殊的方法类型,以下代码是一个 Pizza 类:

```
In [32]: class Pizza:
             def __init__(self, ingredients):
                 self.ingredients = ingredients

             def __repr__(self):
             return 'Pizza( % s})' % self.ingredients

In [33]: p = Pizza(['cheese', 'tomatoes'])

In [34]: p
Out[34]: Pizza(['cheese', 'tomatoes']})

In [35]: repr(p)
Out[35]: "Pizza(['cheese', 'tomatoes']})"
```

现实中 Pizza 有许多美味的变化,以下代码定义了多种 Pizza:

```
In [36]: Pizza(['mozzarella', 'tomatoes'])
         Pizza(['mozzarella', 'tomatoes', 'ham', 'mushrooms'])
         Pizza(['mozzarella'] * 4)
```

这些美味的 Pizza 都有自己的名字。我们应该充分利用这一点，为 Pizza 类的用户提供一个更好的界面来创建它们渴望的 Pizza 对象。

一种干净利落的方法是将类方法作为工厂函数，用于创建不同种类的 Pizza，代码如下：

```
In [37]: class Pizza:
             def __init__(self, ingredients):
                 self.ingredients = ingredients

             def __repr__(self):
                 return f'Pizza({self.ingredients!r})'

             @classmethod
             def margherita(cls):
                 return cls(['mozzarella', 'tomatoes'])

             @classmethod
             def prosciutto(cls):
                 return cls(['mozzarella', 'tomatoes', 'ham'])
```

在以上代码中创建了两个类方法：margherita() 和 prosciutto()，分别对应不同的 Pizza 类型。它们是新建的工厂函数，都用到了 cls 参数，而不是直接调用 Pizza 类的构造函数。这么做是为了遵循 Don't Repeat Yourself（DRY）的原则。如果我们决定在某个时候重命名这个类，则将不必修改这两种方法的内容。

以下代码使用这些工厂函数创建新的对象：

```
In [38]: Pizza.margherita(), Pizza.prosciutto()
Out[38]: (Pizza(['mozzarella', 'tomatoes']), Pizza(['mozzarella',
'tomatoes', 'ham']))
```

如上，我们可以使用工厂函数来创建新的 Pizza 对象，并按照我们想要的方式配置它们。它们都在内部使用相同的__init__()构造函数，并简单地提供了一个记住各种元素的快捷方式。

我们可以将类方法视为一种特殊的构造函数。Python 只允许每个类有一个__init__()方法。使用类方法可以根据需要添加尽可能多的替代构造函数。

接下来的代码新增了静态方法：

```
In [39]: import math

         class Pizza:
             def __init__(self, radius, ingredients):
                 self.radius = radius
                 self.ingredients = ingredients

             def __repr__(self):
                 return (f'Pizza({self.radius!r}, '
```

```
                          f'{self.ingredients!r})')

            def area(self):
                return self.circle_area(self.radius)

            @staticmethod
            def circle_area(r):
                return r ** 2 * math.pi
        p = Pizza(4, ['mozzarella', 'tomatoes'])
        p.area()
Out[39]: 50.26548245743669

In [40]: Pizza.circle_area(4)
Out[40]: 50.26548245743669
```

可以看到，Pizza 类的构造函数和 __repr__() 都被修改了，以接收一个额外的半径参数。还增添了 area() 实例方法，用于计算并返回 Pizza 实例的面积。需注意的是代码中没有使用众所周知的圆面积公式，而是将其分解为一个单独的 circle_area() 静态方法。

当然，这是一个有点简单的例子，但它可以帮助解释静态方法提供的一些好处。

正如我们所了解的，静态方法不能访问类或实例状态，因为它们不接收 cls 或 self 参数。这是一个很大的限制——但它也是一个很好的信号，表明一个特定的方法是独立于它周围的所有东西的。

在上面的例子中，很明显 circle_area() 不能以任何方式修改类或类实例。当然，总是可以用全局变量来解决这个问题，但这不是重点。

为什么这个会有用呢？

将一种方法标记为静态不仅仅是为了对此方法进行限制，使得它不能修改类或实例状态。一个重要的用处是，该方法允许我们可以清楚地对类的体系结构进行标注。它是交流开发人员意图的有效方法。有助于开发者在设置的边界内进行新的开发工作。虽然无视这些限制是很容易的，但是在实践中，它们通常有助于避免违背原始设计的意外修改。适当地应用，并且在有意义的时候，以这种方式编写一些方法可以提供维护好处，并减少其他开发人员错误地使用类的可能性。

在编写测试代码时，静态方法也有好处。因为 circle_area() 方法完全独立于类的其余部分，所以测试起来要容易得多。在单元测试中测试方法之前，我们不必担心如何设置一个完整的类实例。我们可以像测试常规函数一样直接测试。同样，这使得将来的维护更加容易。

6.7　如何知道类的内容

有时列出类的内容可能会很有用，特别是对于调试。考虑以下伪类，该类除了定义文档字符串、构造函数和单个属性外再无其他内容：

```
In [41]: class A:
             """
             一个类的例子
             """
             def __init__(self, value):
                 self.v = value
```

如果通过 dir(A) 调用,我们会发现该类实际上包含的内容比我们在代码中添加的要多得多,因为 Python 会在所有类中自动定义某些方法和属性。列出的大多数项目都是特殊方法的默认版本,当它们被调用时,只可以得到错误的信息 NotImplemented,因此这些特殊方法暂时是没有任何用处的。但是,如果我们为这个类创建一个实例 A 之后,则会获得更多有用的信息,代码如下:

```
In [42]: a = A(2)
         dir(a)
Out[42]: ['__class__',
          '__delattr__',
          '__dict__',
          '__dir__',
          '__doc__',
          '__eq__',
          '__format__',
          '__ge__',
          '__getattribute__',
          '__gt__',
          '__hash__',
          '__init__',
          '__init_subclass__',
          '__le__',
          '__lt__',
          '__module__',
          '__ne__',
          '__new__',
          '__reduce__',
          '__reduce_ex__',
          '__repr__',
          '__setattr__',
          '__sizeof__',
          '__str__',
          '__subclasshook__',
          '__weakref__',
          'v']
```

在列表中看到的这些特殊方法使用的都是默认版本,特殊方法的默认版本对于不同的类是相同的,多数方法几乎没有什么实际用处,但是其中一些特殊方法会比较有意义。下面的代码用于检查某些项,代码如下:

```
In [43]: print(a.__doc__)
         print(a.__module__)
         print(a.__dict__)
Out[43]: '\n    一个类的例子\n '
         '__main__'
         {'v': 2}
```

__doc__属性是我们定义的 doc 字符串,而 __module__ 是类所属的模块的名称,在这种情况下,它就是 __main__,因为我们在主程序中定义了它。在所有默认的特殊方法中,最有用的可能是 __dict__,这是一本包含对象所有属性的名称和值的字典。任何对象都将自己的属性保存在 self.__dict__dictionary 中,该字典由 Python 自动创建。如果我们将新属性添加到实例,则会将它们插入__dict__中,代码如下:

```
In [44]: a = A([1,2])
         print(a.__dict__)
         a.myvar = 10
         print(a.__dict__)
{'v': [1, 2]}
{'v': [1, 2], 'myvar': 10}
```

在使用类进行编程时,我们不应该明确使用诸如__dict__之类的内部数据结构,但是如果我们的代码出现问题,则将其打印以检查类属性的值将非常有用。

6.8　类的测试函数

在第 3 章中,我们介绍了测试函数作为一种方法来验证函数的实现是否正确。对类的实现,我们可以使用完全相同的方法来测试。测试函数内部定义了预期输出的参数,然后调用类方法并将结果与预期结果进行比较。测试类时涉及的唯一附加步骤是在测试函数中创建该类的一个或多个实例,然后调用这些实例。考虑 6.5.1 节中的 Derivative2 类,我们如何为这个类定义一个已知输出的测试用例呢? 两个可选的方法是:

(1) 选择一些函数 f 和公差值 h,手动计算$(f(x+h)-f(x))/h$ 的值。

(2) 二次函数的二阶导数是一个与公差 h 无关的值,利用这一特性。

以下代码是使用方法 2 的测试函数:

```
In [45]: def test_Derivative2():
             # 以下是一个二次函数的公式,其二阶导数与h无关
             f = lambda x: a * x ** 2 + b
             a = 3.5; b = 8
             ddfdx = Derivative2(f, h=0.5)
             diff = abs(ddfdx(4.5) - a)
             assert diff < 1E-14, 'bug in class Derivative2, diff = %s' % diff
```

此函数遵循测试函数的标准配方:我们使用已知结果构造一个问题,创建类的一个实例,调用该方法,并将结果与预期结果进行比较。然而,测试函数中的一些细节可能值得一

提。首先,我们使用 lambda 函数来定义 $f(x)$。此处:

```
f = lambda x: a * x ** 2 + b
```

等效于:

```
def f(x):
    return a * x ** 2 + b
```

函数 f 被定义为接收一个参数,并在调用之前使用在函数外部定义的两个局部变量 a 和 b,但是,更详细地查看这段代码可能会引起问题。调用 ddfdx(4.5)意味着调用了 Deriative2.__call__(),但是当这些方法调用我们定义的函数 $f(x)$ 时,它怎么知道 a 和 b 的值呢? 变量是在 test 函数中定义的,因此是局部的,而类是在主程序中定义的。答案是,在另一个函数中定义的函数"记住"或有权访问定义它的函数的所有局部变量。因此,在 test_Deriative2 中定义的所有变量都将成为函数 f 命名空间的一部分,即使从 Deriative2 类中的 __call__()方法被调用,函数 f 也可以访问 test_Deriative2 内定义的变量。这种结构在计算机科学中被称为函数闭包。

6.9　类层次结构和继承

类层次结构是一系列紧密相关的类,它们以层级方式进行组织。一个关键概念是继承,继承是一个类继承另一个类的属性和方法的过程。新形成的类被称为子类,子类派生自的类称为父类。这意味着子类既可以继承父类的属性和方法,也可以覆盖或扩展父类的属性和方法。换句话说,子类继承了父级的所有属性和方法,但也可以指定自己唯一的属性和方法。

一个典型的策略是编写一个通用类作为基类(或父类),然后让特殊情况表示为子类。这种方法通常可以节省大量的输入和代码重复。像往常一样,我们通过一些例子来介绍这个话题。可以这样定义教师类,教师类包含姓名、年龄、性别、薪水、所授课程,代码如下:

```
In [46]: class Teacher:
             """Teacher"""

             def __init__(self, name, age, gender, salary, course):
                 self.name = name
                 self.age = age
                 self.gender = gender
                 self.salary = salary
                 self.course = course

             def __del__(self):
                 print("[ % s] is resigned" % self.__name)

             def tell(self):
                 print('---- % s----' % self.name)
                 for k, v in self.__dict__.items():
```

```
                           print(k, v)
                   print('---- end----- ')
           def teaching(self):
                   print("Teacher [%s] is teaching [%s]" % (self.name,
self.course))
```

该类提供了标准的构造函数和析构函数,这里的析构函数实质上也没做什么有意义的事情。方法 tell()用于显示对象所有属性的值(__dict__ 详见前文)。方法 teaching()用于显示某教师所授课程。

现在,我们定义一个学生类,代码如下:

```
In [47]: class Student:
           """学生"""

           def __init__(self, name, age, gender, course, tuition):

                   self.name = name
                   self.age = age
                   self.gender = gender
                   self.course = course
                   self.tuition = tuition
                   self.credit = 0

           def __del__(self):
                   print("[%s] graduated" % self.name)

           def tell(self):
                   print('---- %s---- ' % self.name)
                   for k, v in self.__dict__.items():
                           print(k, v)
                   print('---- end----- ')

           def get_credit(self, credit):
                   print('student [%s] has just get [%s]' % (self.name, credit))
                   self.credit += credit
```

学生类的属性包括性别、姓名、年龄、所选课程、所缴学费、所得学分。学生类中定义的方法有构造函数和析构函数,方法 tell()用于显示对象所有属性的值,方法 get_credit()用于更新某学生的学分。

仔细观察类,我们会发现类 Teacher 和类 Student 中有很多重复的代码。这是由于教师和学生拥有很多相同的属性,例如:年龄、性别、姓名,而且析构函数和方法 tell()也完全一样。我们可以将共同的属性和方法提取出来,定义成基类,代码如下:

```
In [48]: class SchoolMember:
           """学校成员基类"""
           __member = 0

           def __init__(self, name, age, gender):
```

```
            self.name = name
            self.age = age
            self.gender = gender
            self.__enroll()

        def __del__(self):
            self.__delist()

        def __enroll(self):
            #注册
            SchoolMember.__member += 1

        def __delist(self):
            #注销
            SchoolMember.__member -= 1

        def tell(self):
            print('---- %s ----' % self.name)
            for k, v in self.__dict__.items():
                print(k, v)
            print('---- end -----')
```

基类 SchoolMember 定义了标准的构造函数。基类中的属性__name、__age、__gender 分别对应对象的姓名、年龄和性别，它们是学生和老师都具有的私有属性，只能通过使用类的方法来修改。类属性__member 是私有属性，它用来统计基类对象的数量。基类中新添加了一种方法__enroll()，它将类属性__member 加 1。这种方法的名称以两个下画线起始，它是类的私有方法，不允许从类的外部直接调用。由于每创建一个类的实例，总数就会增加 1，因此__enroll()在构造函数中被调用。类的每个对象被销毁时，类的实例统计值应该减少 1。私有方法__delist()完成这一操作，其被析构函数调用，此时的析构函数就不再仅供占位用了。方法 tell()用来打印对象的所有属性(关于__dict__详见前文)。

现在，学生类和教师类均可以通过学校成员类来创建。让我们先看一看以下代码：

```
class Teacher(SchoolMember):
    pass
```

如果在代码中不想让 Python 解释器做任何事情，则可以使用 Python 关键字 pass。第一眼看上去，很可能会认为 Teacher 类是空的，但需要注意 class Teacher(SchoolMember) 和之前类定义的形式有了一些差别。括号内的 SchoolMember 是 Teacher 的父类，SchoolMember 的所有方法和属性均会被 Teacher 继承。Teacher 类将拥有属性__name、__age、__gender，并拥有方法__init__()、__enroll()、__delist()、tell()和__del__()，因此 Teacher 类并不是毫无用处的空类，它是 SchoolMember 的副本。为了使 Teacher 类能够描述教师，我们还需要添加一些代码。创建子类的一个原则是：避免重复，尽可能多地从基类中复用代码，仅添加子类专用的代码。对比前文的 Teacher 类和刚刚创建的基类 Schoolmember，我们会发现 Teacher 类多出的属性有薪水、所授课程，因此在 Teacher 类的构造函数中需要创建新的属性变量。另外 Teacher 类还需要增加教师专有的方法 teaching()。以下是子 Teacher 类的代码：

```
In [49]: class Teacher(SchoolMember):
             """教师"""
             def __init__(self, name, age, gender, salary, course):
                 super(Teacher, self).__init__(name, age, gender)
                 self.salary = salary
                 self.course = course
                 print('A Teacher[ % s] registered' % (self.name))

             def __del__(self):
                 print('A Teacher[ % s] deregistered' % (self.name))
                 super(Teacher, self).__del__()

             def teaching(self):
                 print('Teacher [ % s] is teaching [ % s]' % (self.name,
    self.course))
```

为了最大限度地提高代码的重用性，我们允许 Teacher 类从 SchoolMember 调用方法，然后添加缺少的部分。子类始终可以使用 Python 内置函数 super() 访问其基类，这是子类从基类调用方法的首选方法。当然，我们也可以直接使用类名，例如 SchoolMember. __ init __ (self，name，age，gender)。通常，有两种方式可以调用父类的方法，代码如下：

```
SuperClassName.method(self, arg1, arg2, … )
super().method(arg1, arg2, ...)
```

注意两种方法之间的区别。当直接使用类名时，我们需要将 self 作为第一个参数，而当使用 super() 时，self 将会被自动作为第一个参数传入。虽然这两种方法是等效的，但是建议在大多数情况下，首选使用 super()。

现在，我们创建 Student 子类。该子类相较基类 SchoolMember 多了属性所选课程、学费和修得学分。Student 类的专用方法是 get_credit()。Student 类的代码如下：

```
In [50]: class Student(SchoolMember):
             """学生"""

             def __init__(self, name, age, gender, course, tuition):
                 super(Student, self).__init__(name, age, gender)
                 self.course = course
                 self.tuition = tuition
                 self.credit = 0
                 print('A Student [ % s] registered' % (self.name))

             def __del__(self):
                 print('A Student [ % s] deregistered' % (self.name))
                 super(Student, self).__del__()
```

```
        def get_credit(self, credit):
            print('student [%s] has just get [%s]' % (self.name, credit))
            self.__credit += credit
```

现在对以上示例进行总结：

（1）Student 类和 Teacher 类仅添加了 SchoolMember 类中不存在的代码，大量相同的代码无须重新编写。

（2）在 Student 类和 Teacher 类的构造函数 __init__()和析构函数 __del__()中，仅需关注特有的属性和操作，共同的操作由基类 SchoolMember 完成。

现在，我们使用子类创建对象。子类的对象不仅可以访问子类的方法和属性，还可以访问基类的方法和属性，代码如下：

```
In [51]: s1 = Student('Richard', 12, 'M', 'Math', 1200)
         s1.tell()
         del s1
         t1 = Teacher('Sam', 36, 'M', 'Math', 12000)
         t1.tell()
         del t1
A Student[Richard] registered
---- Richard ----
name Richard
age 12
gender M
course Math
tuition 1200
credit 0
 ---- end -----
A Student[Richard] deregistered
A Teacher[Sam] registered
 ---- Sam ----
name Sam
age 36
gender M
salary Math
course 12000
 ---- end -----
A Teacher[Sam] deregistered
```

虽然 Student 类和 Teacher 类都没有定义 tell()方法，但是它们都可以使用父类 SchoolMember 中定义的方法。因为作为子类，Student 类和 Teacher 类都继承了父类的 tell()方法。

以上所演示的教师和学生的例子虽然不一定具有实际的意义，但是它很好地说明了继承的真正含义。从实践角度出发，继承的重点是通过复用基类的方法和属性，实现最大限度地减少代码重复。从理论上讲，继承应被视为两类之间的"父-子"关系。

前文子类的 __init__()方法通过函数 super()实现了对父类 __init__()方法的调用。子类通过函数 super()可以访问父类中的所有方法。函数 super()返回父类的临时对象，可以通过该临时对象调用父类的方法。使用函数 super()调用以前构建的方法可以避免在子类中重写父类中的那些方法,并且可以用最少的代码交换出父类。

在下面的示例中,Square 类继承自 Rectangle 类,代码如下:

```
In [52]: class Rectangle:
             """
             矩形(基类)

             ......
             属性
             ____
             length: float
                 长
             width: float
                 宽

             方法
             ____
             area:
                 求面积
             perimeter:
                 求周长
             """
             def __init__(self, length, width):
                 self.length = length
                 self.width = width

             def area(self):
                 return self.length * self.width

             def perimeter(self):
                 return 2 * self.length + 2 * self.width

         class Square(Rectangle):
             """
             正方形(继承自矩形)
             """
             def __init__(self, length):
                 super().__init__(length, length)
```

如上所述,Square 使用 super()调用了 Rectangle 类的__init__(),从而可以在 Square 类中无须重复代码。Rectangle 是父类,Square 是继承自它的子类。

在子类中调用父类方法的目的通常是为了扩展它的功能。在下面的示例中,将创建一个继承自 Square 的 Cube 类,并扩展 area()的功能,以计算 Cube 实例的表面积和体积,代码如下:

```
In [53]: class Cube(Square):
             """
             立方体,继承自正方形

             ...

             方法
             ____
             surface_area:
                 求表面积,是每个面面积的 6 倍
             volume:
                 求体积,一个面的面积乘以边长
             """
             def surface_area(self):
                 face_area = super().area()
                 return face_area * 6

             def volume(self):
                 face_area = super().area()
                 return face_area * self.length

In [54]: cube = Cube(3)
         cube.surface_area(), cube.volume()
Out[54]: (54, 27)
```

在这里,Cube 类实现了两种方法:surface_area()和 volume()。这两种计算都依赖于计算单个面的面积,因此不需要重新实现面积计算,而是使用 super()调用了基类的 area()方法。

还要注意,Cube 类没有定义__init__()。因为 Cube 继承自 Square,而__init__()实际上对 Cube 的处理与它已经对 Square 的处理没有什么不同,因此可以跳过它的定义,此时父类(Square)的__init__()将会被自动调用。

super()返回父类的一个临时委托对象,子类可以直接在它上面调用想要的方法,如 super().area()。

这样,不仅不必重写计算面积的方法,而且允许我们在单一的位置更改 area()方法的内部逻辑。当有很多子类从同一个父类继承时,这尤其方便。

本节中的 super()调用未传入的参数。super()也可以接收两个参数:第一个是子类,第二个是该子类的实例对象。接下来,我们将前文的代码稍做修改,看一看第一个变量具体可以做什么,代码如下:

```
In [55]: class Rectangle:
             def __init__(self, length, width):
                 self.length = length
                 self.width = width

             def area(self):
```

```
                    return self.length * self.width

            def perimeter(self):
                return 2 * self.length + 2 * self.width


    class Square(Rectangle):
        def __init__(self, length):
            # super()第一个入参是 Square
            super(Square, self).__init__(length, length)
```

在新改写的代码中，由于 super() 的第一个入参就是所定义的类型，因此 super(Square, self) 调用等价于无参数的 super() 调用。第一个参数引用子类 Square，而第二个参数引用一个 Square 对象。

以下代码重新定义 Cube 类：

```
In [56]: class Cube(Square):
            def surface_area(self):
                face_area = super(Square, self).area()
                return face_area * 6

            def volume(self):
                face_area = super(Square, self).area()
        return face_area * self.length
```

在这个例子中，Square 被设置为 super() 的子类参数，而不是 Cube。这将导致 super() 开始在实例层次结构中 Square 类的上一层搜索一个匹配方法 area()，在本例中上一层是 Rectangle 类。

在这个特定的示例中，行为没有改变，但设想如果 Square 类实现了一个 area() 函数，则以这种方式调用 super() 可以确保 Cube 不会使用 Square 类的 area() 函数。

注意：对 super() 的无参数调用是推荐的用法，对于大多数用例来讲这已经足够了，需要定期更改搜索层次结构可能预示着更大的设计问题。

除了单继承之外，Python 还支持多重继承，在这种情况下，一个子类可以从多个彼此无继承关系的父类（它们也被称为兄弟类）继承。为了更好地说明多重继承，下面的代码显示如何从三角形和正方形中构建具有正方形底的金字塔：

```
In [57]: class Triangle:
        """
        三角形(基类)
        """
        def __init__(self, base, height):
            self.base = base
            self.height = height
```

```
    def area(self):
        return 0.5 * self.base * self.height

class RightPyramid(Triangle, Square):
    """
    金字塔,继承自三角形和正方形

    ......
    属性
    ————
    base: float
        底边长度
    slant_height:float
        斜高:侧面三角形底边上的高

    方法
    ———
    area():
        金字塔的表面积(包括底部的正方形)
    """
    def __init__(self, base, slant_height):
        self.base = base
        self.slant_height = slant_height

    def area(self):
        base_area = super().area()
        perimeter = super().perimeter()
        return 0.5 * perimeter * self.slant_height + base_area
```

这个例子声明了一个 Triangle 类和一个继承自 Square 和 Triangle 的 RightPyramid 类。

RightPyramid 类中定义了另一个 area()方法,它调用 super()的目的是使它一直到达在 Rectangle 类中定义的 perimeter()和 area()方法,但问题是,这两个父类(Triangle 和 Square)都定义了 area()。以下代码在使用 RightPyramid 类的方法 area()时遇到了错误:

```
In [58]: pyramid = RightPyramid(4, 5)

In [59]: pyramid.area()
AttributeError                          Traceback (most recent call last)
<ipython-input-59-ca61fb199c11> in <module>
----> 1 pyramid.area()

<ipython-input-57-e996cfcd886e> in area(self)
     32
     33     def area(self):
---> 34         base_area = super().area()
     35         perimeter = super().perimeter()
     36         return 0.5 * perimeter * self.slant_height + base_area
```

```
< ipython - input - 57 - e996cfcd886e > in area(self)
    8
    9         def area(self):
---> 10             return 0.5 * self.base * self.height
    11
    12 class RightPyramid(Triangle, Square):

AttributeError: 'RightPyramid' object has no attribute 'height'
```

出错的原因是 super().area()调用的是 Triangle 类中对应的方法,由于 RightPyramid 类中无 height 属性,因此调用失败了。

为了进一步分析,我们需要搞清楚方法解析顺序(Method Resolution Order,MRO)。MRO 告诉 Python 如何搜索继承的方法。每个类都有一个 __mro__ 属性,通过它,我们也可以查看 MRO。从而确定在使用 super()时,Python 将以何种顺序在何处查找我们想要通过 super()调用的方法,代码如下:

```
In [60]: RightPyramid.__mro__
Out[60]:
(__main__.RightPyramid,
 __main__.Triangle,
 __main__.Square,
 __main__.Rectangle,
 object)
```

可以看到搜索的顺序是:方法首先在 Rightpyramid 类中搜索,接着在 Triangle 类中搜索,然后在 Square 类中搜索,最后在 Rectangle 类中搜索。如果在这些类中都没有找到,则在 object 中搜索,因为所有的类都是从它起源的。

这里的问题是 Python 解释器在 Square 类和 Rectangle 类之前搜索 Triangle 类。当在 Triangle 类中找到 area()时,Python 将调用它而不是我们想要的那个。因为 Triangle.area()期望有一个 height 和一个 base 属性,所以 Python 会抛出 AttributeError 异常。

幸运的是,MRO 的构造方式是可以控制的。只要改变 RightPyramid 类的签名,就可以按我们想要的顺序搜索,方法将被正确解析,代码如下:

```
In [61]: class RightPyramid(Square, Triangle):
            def __init__(self, base, slant_height):
                self.base = base
                self.slant_height = slant_height
                super().__init__(self.base)

            def area(self):
                base_area = super().area()
                perimeter = super().perimeter()
                return 0.5 * perimeter * self.slant_height + base_area
```

在以上代码中,Square 类和 Rectangle 类在签名中顺序被调整了,因此,RightPyramid

使用 Square 类中的 __ init __()进行了部分初始化,这就允许 area()在对象上使用 length。

现在可以构建金字塔对象,检查 MRO,并计算表面积,代码如下:

```
In [62]: pyramid = RightPyramid(4, 5)

In [63]: RightPyramid.__mro__
Out[63]:
(__main__.RightPyramid,
 __main__.Square,
 __main__.Rectangle,
 __main__.Triangle,
 object)

In [64]: pyramid.area()
Out[64]: 56.0
```

现在,MRO 就是我们所期望的了,并且可以使用金字塔的 area()和 perimeter()方法。不过这里仍然有一个问题,而且可以说是很严重的一个问题——两个具有不同属性的类具有完全相同的方法(名称和签名都一样)。这将导致方法解析时会出现问题:MRO 列表中遇到的 area()的第一个实例将被调用。

在多重继承时,不同类之间的协同工作是非常必要的。这首先要求确保方法签名是唯一的(无论是方法名还是方法参数),以便在 MRO 中得到正确的解析。在这种情况下,为了避免代码的彻底修改,可以将三角形类的 area()方法重命名为 tri_area()。通过这种方式,area()方法可以继续使用类属性,而不是接收外部参数。以下是修改过的代码:

```
In [65]: class Triangle:
            def __init__(self, base, height):
                self.base = base
                self.height = height
                super().__init__()

            def tri_area(self):
                return 0.5 * self.base * self.height

        class RightPyramid(Square, Triangle):
            def __init__(self, base, slant_height):
                self.base = base
                self.slant_height = slant_height
                super().__init__(self.base)

            def area(self):
                base_area = super().area()
                perimeter = super().perimeter()
                return 0.5 * perimeter * self.slant_height + base_area

            def area_2(self):
                base_area = super().area()
                triangle_area = super().tri_area()
            return triangle_area * 4 + base_area
```

这里的问题是：代码没有像 Square 对象那样有一个委托的三角形对象，所以调用 area_2()将产生一个 AttributeError，因为 base 和 height 没有任何值。示例代码如下：

```
In [66]: pyramid = RightPyramid(4, 5)

In [67]: pyramid.area_2()
Traceback (most recent call last):

  File "< ipython - input - 67 - 5d6fb6522005 >", line 1, in < module >
    pyramid.area_2()

  File "< ipython - input - 65 - af895d151111 >", line 23, in area_2
    triangle_area = super().tri_area()

  File "< ipython - input - 65 - af895d151111 >", line 8, in tri_area
    return 0.5 * self.base * self.height

AttributeError: 'RightPyramid' object has no attribute 'height'
```

需要做两件事来解决这个问题：

（1）用 super()调用的所有方法都需要调用该方法的父类版本。这意味着需要将 super()的 __init__()添加到 Triangle 和 Rectangle 的 __init__()方法中。

（2）重新设计所有的 __init__()调用以获取一个关键字字典。

参阅下面的完整代码：

```
In [68]: class Rectangle:
             def __init__(self, length, width, **kwargs):
                 self.length = length
                 self.width = width
                 super().__init__(**kwargs)

             def area(self):
                 return self.length * self.width

             def perimeter(self):
                 return 2 * self.length + 2 * self.width

         class Square(Rectangle):
             def __init__(self, length, **kwargs):
                 super().__init__(length=length, width=length, **kwargs)

         class Cube(Square):
             def surface_area(self):
                 face_area = super().area()
                 return face_area * 6

             def volume(self):
```

```
            face_area = super().area()
            return face_area * self.length

    class Triangle:
        def __init__(self, base, height, ** kwargs):
            self.base = base
            self.height = height
            super().__init__( ** kwargs)

        def tri_area(self):
            return 0.5 * self.base * self.height

    class RightPyramid(Square, Triangle):
        def __init__(self, base, slant_height, ** kwargs):
            self.base = base
            self.slant_height = slant_height
            kwargs["height"] = slant_height
            kwargs["length"] = base
            super().__init__(base = base, ** kwargs)

        def area(self):
            base_area = super().area()
            perimeter = super().perimeter()
            return 0.5 * perimeter * self.slant_height + base_area

        def area_2(self):
            base_area = super().area()
            triangle_area = super().tri_area()
            return triangle_area * 4 + base_area
```

与之前的代码相比,这段代码中有许多重要的区别:

(1) 引入了可变关键字参数 ** kwargs,如 RightPyramid.__init__()。

(2) 在 RightPyramid.__init__()中初始化该关键字参数列表。父类的__init__()方法可以从中提取出所需的属性值。

表 6-3 是__init__()调用的顺序,显示了拥有该调用的类,以及在调用期间 kwargs 的内容。

表 6-3　多重继承时关键字参数的传递

类	关键字参数	kwargs 内容
RightPyramid	base,slant_height	
Square	length(base)	base,height(slant_height)
Rectangle	length(base),width(base)	Base,height(slant_height)
Triangle	Base,height(slant_height)	

现在,当使用这些更新的类时,将具有以下功能:

```
In [69]: RightPyramid.__mro__
Out[69]:
(__main__.RightPyramid,
 __main__.Square,
 __main__.Rectangle,
 __main__.Triangle,
 object)

In [70]: pyramid = RightPyramid(4, 5)

In [71]: pyramid.area(), pyramid.area_2()
Out[71]: (56.0, 56.0)
```

多重继承可能很有用,但也会导致非常复杂的层次结构和难以阅读的代码。很少有对象能够从多个其他对象中巧妙地继承所有内容。如果设计中出现多重继承和复杂的类层次结构,则值得去思考是否可以通过使用合成而不是继承实现更简洁易懂的代码。

6.10　使用 OOP 方法的实例

6.10.1　螺线

螺线是指一些围着某些定点或轴旋转且不断收缩或扩展的曲线。常见的二维螺线有费马螺线、阿基米德螺线、等角螺线和双曲螺线等。

费马螺线的极坐标方程如式(6-2):

$$r^2 = \theta a^2 \tag{6-2}$$

阿基米德螺线的极坐标方程如式(6-3):

$$r = a\theta + b \quad (a \neq 0) \tag{6-3}$$

等角螺线又名对数螺线、生长螺线,它在自然界很常见,其极坐标方程如式(6-4):

$$r = a e^{b\theta} \tag{6-4}$$

双曲螺线是指极径和极角成反比的动点轨迹。双曲螺线的极坐标方程如式(6-5):

$$r = \frac{a}{\theta} \tag{6-5}$$

现在我们要编写代码来绘制以上曲线。使用 Matplotlib 绘图时,需要先为图上每个点的坐标点创建列表,然后将这些列表作为调用相关绘图函数的参数,因此,我们可以为所有曲线定义一个用于绘图的基类,代码如下:

```
In [72]: import math
         import matplotlib.pyplot as plt

         class Spiral:
             """
             螺线
```

```
        ...
        属性
        ————
        theta: float
            弧度
        radii: float
            极径

        方法
        ————
        draw:
            绘制螺线
        """

        def __init__(self):
            self.theta = []
            self.radii = []

        def draw(self):
            # 创建极坐标
            ax = plt.axes([0.025, 0.025, 0.95, 0.95], polar = True)
            plt.plot(self.theta, self.radii)

            # 将默认的角度转换为弧度
            plt.thetagrids([0, 45, 90, 135, 180, 225, 270, 315],
                        ['0', 'π/4', 'π/2', '3π/4', 'π', '5π/4', '3π/2', '7π/4'])
            plt.show()
```

　　基类 Spiral 中的构造函数创建了两个空列表，分别对应转角和轴长。它们是两个空列表，需要通过相关子类来填充内容。方法 draw() 用来在极坐标上绘制图形。函数 plt.axes() 的 polar 参数的默认值是 False，因此第 5 章中的实例都是平面直角坐标。函数 plt.thetagrids() 可以修改极坐标的转角刻度，Matplotlib 极坐标系刻度默认使用角度制，代码中使用该函数将其改为弧度制。

　　现在我们为阿基米德螺线创建子类，代码如下：

```
In [73]: class Archimedes(Spiral):
        """ 阿基米德螺线 """

        def __init__(self, a, b):
            super(Archimedes, self).__init__()
            self.a = a
            self.b = b
            self.f()

        def f(self):
            """
            使用以下方程求轴长和转角
```

```
        r = aθ + b (a≠0)
        """
        N = 200
        i = 0
        while (i < N):
            t = i * 4 * math.pi / N
            self.theta.append(t)
            self.radii.append(self.a + self.b * t)
            i += 1
```

子类继承了 Spiral 类的方法 draw()，对构造函数进行了扩充。扩充的内容根据阿基米德螺线的公式依次填充转角和轴长的值。以下代码分别实现了对数螺线、双曲螺线和费马螺线：

```
In [74]: class Log(Spiral):
             """ 对数螺线 """

             def __init__(self, a, b):
                 super(Log, self).__init__()
                 self.a = a
                 self.b = b
                 self.f()

             def f(self):
                 """
                 使用以下方程求轴长和转角
                 r = ae^(bθ)
                 """
                 N = 800
                 i = 0
                 while (i < N):
                     t = i * 10 * math.pi / N
                     self.theta.append(t)
                     self.radii.append(self.a * (math.e ** (self.b * t)))
                     i += 1

         class Hyperbolic(Spiral):
             """ 双曲螺线 """

             def __init__(self, a):
                 super(Hyperbolic, self).__init__()
                 self.a = a
                 self.f()

             def f(self):
                 """
                 使用以下方程求轴长和转角
                 r = a/θ
```

```
                        """
                        N = 50
                        i = 1
                        while (i < N):
                            t = i * math.pi / 10
                            self.theta.append(t)
                            self.radii.append(self.a /t)
                            i += 1

class Fermat(Spiral):
    """ 费马螺线 """

    def __init__(self, a):
        super(Fermat, self).__init__()
        self.a = a
        self.f()

    def f(self):
        """
        使用以下方程求轴长和转角
        r = asqrt(θ)
        """
        N = 500
        i = 0

        while (i < N):
            t = i * math.pi / 50
            self.theta.append(t)
            self.radii.append(self.a * math.sqrt(t))
            i += 1
```

与 Archimedes 类相似，Log 类、Hyperbolic 类、Fermat 类继承了 Spiral 类的绘图方法，根据各自的数学特性定义了类的构造函数。以下代码使用这些类定义螺线实例：

```
In [75]: a = Archimedes(10, 5)
         a.draw()
         l = Log(20, 0.1)
         l.draw()
         h = Hyperbolic(1)
         h.draw()
         f = Fermat(10)
         f.draw()
```

代码的执行结果如图 6-3 所示。

6.10.2　比例数

Python 的 number 模块（PEP 3141）定义了关于数的抽象基类的层次结构，包括整数（Integral）、复数（Complex）、实数（Real）和有理数（Rational）。该基类逐渐定义了更多操

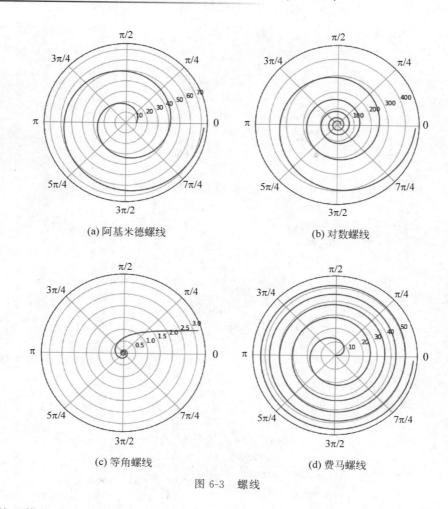

(a) 阿基米德螺线　　　　　　(b) 对数螺线

(c) 等角螺线　　　　　　(d) 费马螺线

图 6-3　螺线

作。虽然此模块中定义的所有类型都无法实例化,但是可以基于这些类型创建新类型的"数"。

　　我们将定义一类"比例数"。这些数包括一个整数值和一个比例因子。这种数可以被应用于币值计算。例如:对于世界上的多数货币,我们可以使用 100 为比例因子,并将所有计算都精确到分。这个类被称为 FixedPoint 类,因为它将实现一种定点小数。比例因子将是一个简单的整数,通常是 10 的幂。以下代码是初始定义:

```
In [76]: import numbers
         import math

         class FixedPoint(numbers.Rational):
             __slots__ = ( "value", "scale", "default_format" )
             def __new__(self, value, scale = 100 ):
                 self = super(FixedPoint, self).__new__(self)
                 if isinstance(value,FixedPoint):
                     self.value = value.value
                     self.scale = value.scale
```

```
            elif isinstance(value, int):
                self.value = value
                self.scale = scale
            elif isinstance(value, float):
                self.value = int(scale * value + .5)
                self.scale = 1
            else:
                raise TypeError
            digits = int(math.log10(scale))
            self.default_format = "{{0:.{digits}f}}".format(digits = digits)
            return self

        def __str__(self):
            return self.__format__( self.default_format )

        def __repr__(self):
            return "%s( %d, scale = %d)" % (self.__class__.__name__,
                                            self.value, self.scale )

        def __format__( self, specification ):
            if specification == "":
                specification = self.default_format
            return specification.format( self.value/self.scale )

        def numerator(self):
            return self.value

        def denominator(self):
            return self.scale
```

FixedPoint 类被定义为 number. Rational 的一个子类。根据前文的描述，它具有两个属性：value 和 scale。这是两个整数值，分别对应值和小数位数，并遵循分数的一般定义。在第 6.3 节介绍类的私有属性时，所用示例代码能够为类的实例添加新属性，这在实际过程中往往是非常危险的。为了防止类的实例被添加任何其他属性，可以使用 __slots__ 属性，__slots__ 属性值其实是一个元组，只有其中指定的元素才可以作为动态添加的属性或者方法的名称，否则会触发 AttributeError 异常。参看以下错误代码：

```
In [77]: class FixedPoint():
            __slots__ = ( "value", "scale", "default_format" )

        def method(self):
            print("Test method")

        f = FixedPoint()
        f.value = 99                    # 动态添加属性
        f.default_format = method       # 动态添加方法
        f.default_format(f)
        f.new_attribute = method        # 不在 slots 元组中，将引发异常
```

```
Test method
Traceback (most recent call last):

  File "< ipython - input - 82 - 5ed75be7db32 >", line 11, in < module >
    f.new_attribute = method          # 不在 slot 元组中, 将引发异常

AttributeError: 'FixedPoint' object has no attribute 'new_attribute'
```

由于 FixedPoint 类的对象不可以被修改, 因此对象的初始化使用的是 __new __() 而不是 __init __()。初始化包括以下几种转换:

(1) 克隆操作。根据一个 FixedPoint 对象来创建新的对象, 此时, 我们通过复制内部属性来创建一个新的 FixedPoint 对象。新对象拥有唯一的 ID, 但它与父本具有相同的散列值, 两者比较的结果是相等的。

(2) 给定整数或有理值(int 或 float 的具体类), 使用这些值设置 value 和 scale 属性。

我们定义了 3 种特殊的方法来生成字符串: __str __()、__repr __() 和 __format __()。其中 __str __() 和 __repr __() 对应于第 6.5 节说明的特殊方法。__format __() 用于数据的格式化输出。函数 str. format() 增强了字符串格式化的功能。其基本语法通过 {} 和 : 来代替以前的 %。函数 __format __() 可接收参数的个数不受限制, 且位置也可以不按顺序排列。语句 self. default_format = "{{0:. {digits} f}}". format(digits = digits) 静态创建 default_format 属性, 该属性是一个字符串, 引号中的 {digits} 将被 format 函数中的参数替换。

由于 FixedPoint 对象是一个有理数, 所以我们需要提供获取分子和分母的方法。

需要注意的是, __new __() 方法中的四舍五入有些粗糙了, 可能会影响运算的精确度。

很显然, Python 基本运算无法被运用到新定义的 FixedPoint 类上。我们需要为其定义基本的算术运算。FixedPoint 类对象加法(减法)的通用形式如式(6-6):

$$A + B = \frac{A_v}{A_s} + \frac{B_v}{B_s} = \frac{A_v B_s + B_v A_s}{A_s B_s} \tag{6-6}$$

但是这么做会产生冗余的精度, 有以下几种情况:

当比例因子相同时: 在这种情况下, 只需将 value 相加。当 FixedPoint 对象和 Python 内建整数相加时, 只需将整数对象按比例因子扩大。

当比例因子不同时: 保留最大的比例因子。

对于乘法, 使用式(6-7)的方式完成, 很显然会存在冗余的精度。

$$A \times B = \frac{A_v}{A_s} \times \frac{B_v}{B_s} \tag{6-7}$$

除法刚好将乘法公式反了过来, 如式(6-8)所示:

$$A \div B = \frac{A_v}{A_s} \times \frac{B_s}{B_v} \tag{6-8}$$

以下是 6.5.5 节前向运算符的重构代码:

```python
    def __add__( self, other ):
        """ 前向加法 """
        if not isinstance(other,FixedPoint):
            new_scale = self.scale
            new_value = self.value + other * self.scale
        else:
            new_scale = max(self.scale, other.scale)
            new_value = (self.value * (new_scale//self.scale)
                        + other.value * (new_scale//other.scale))
        return FixedPoint( int(new_value), scale = new_scale )

    def __sub__( self, other ):
        """ 前向减法 """
        if not isinstance(other,FixedPoint):
            new_scale = self.scale
            new_value = self.value - other * self.scale
        else:
            new_scale = max(self.scale, other.scale)
            new_value = (self.value * (new_scale//self.scale)
                        - other.value * (new_scale//other.scale))
        return FixedPoint( int(new_value), scale = new_scale )

    def __mul__( self, other ):
        """ 前向乘法 """
        if not isinstance(other,FixedPoint):
            new_scale = self.scale
            new_value = self.value * other
        else:
            new_scale = self.scale * other.scale
            new_value = self.value * other.value
        return FixedPoint( int(new_value), scale = new_scale )

    def __truediv__( self, other ):
        """ 前向除法 """
        if not isinstance(other,FixedPoint):
            new_value = int(self.value / other)
        else:
            new_value = int(self.value / (other.value/other.scale))
        return FixedPoint( new_value, scale = self.scale )

    def __floordiv__( self, other ):
        """ 前向地板除法 """
        if not isinstance(other,FixedPoint):
            new_value = int(self.value //other)
        else:
            new_value = int(self.value //(other.value/other.scale))
        return FixedPoint( new_value, scale = self.scale )

    def __mod__( self, other ):
        """ 前向取模 """
```

```
        if not isinstance(other,FixedPoint):
            new_value = (self.value/self.scale) % other
        else:
            new_value = self.value % (other.value/other.scale)
        return FixedPoint( new_value, scale = self.scale )

    def __pow__( self, other ):
        """ 前向幂 """
        if not isinstance(other,FixedPoint):
            new_value = (self.value/self.scale) ** other
        else:
            new_value = (self.value/self.scale) ** (other.value/other.scale)
        return FixedPoint( int(new_value) * self.scale, scale = self.scale )
```

对于简单的加法、减法和乘法，以上提供了可以优化的版本，以消除一些相对较慢的浮点中间结果，但对于方法__mod __()和__pow __()，以上代码未尝试消除浮点除法引入的噪声。另外值得一提的是，以上的除法运算会降低比例因子，然而，这在实际应用中可能是不可取的。外加初始化时有些粗糙的四舍五入，使得本示例距离实际应用还存在一定的距离。

接下来，我们将实现一些一元运算符，代码如下：

```
def __abs__( self ):
    return FixedPoint( abs(self.value), self.scale )

def __float__( self ):
    return self.value/self.scale

def __int__( self ):
    return int(self.value/self.scale)

def __trunc__( self ):
    return FixedPoint( math.trunc(self.value/self.scale), self.scale )

def __ceil__( self ):
    return FixedPoint( math.ceil(self.value/self.scale), self.scale )

def __floor__( self ):
    return FixedPoint( math.floor(self.value/self.scale), self.scale )

def __round__( self, ndigits ):
    return FixedPoint( round(self.value/self.scale, ndigits = 0), self.scale )

def __neg__( self ):
    return FixedPoint( - self.value, self.scale )

def __pos__( self ):
    return self
```

对于 __round__()、__trunc__()、__ceil__() 和 __loor__() 运算符,我们可以将工作委托给 Python 库函数。当然这样的实现其实还有很多可以优化的地方。以上所有这些方法确保我们的 FixedPoint 对象可以进行许多算术运算。

不过,刚刚定义的二元运算方法属于左运算符,它们在使用时有一些限制:

首先,参与运算的对象需要在运算符的左边。

或者,运算符左边参与运算的另一个对象支持这种类型的运算。

反射运算符与前向运算符类似,它们都是建立在一个共同的样板之上。差别是反射运算操作的对象可以出现在二元运算符的右侧。对于像加法和乘法这样的运算,顺序并不重要,但是如果向减法、除法和幂交换运算对象的顺序,则可能会得到完全不同的结果。以下是反射运算符的实现代码:

```python
def __radd__( self, other ):
    if not isinstance(other,FixedPoint):
        new_scale = self.scale
        new_value = other * self.scale + self.value
    else:
        new_scale = max(self.scale, other.scale)
        new_value = (other.value * (new_scale//other.scale)
                    + self.value * (new_scale//self.scale))
    return FixedPoint( int(new_value), scale = new_scale )

def __rsub__( self, other ):
    if not isinstance(other,FixedPoint):
        new_scale = self.scale
        new_value = other * self.scale - self.value
    else:
        new_scale = max(self.scale, other.scale)
        new_value = (other.value * (new_scale//other.scale)
                    - self.value * (new_scale//self.scale))
    return FixedPoint( int(new_value), scale = new_scale )

def __rmul__( self, other ):
    if not isinstance(other,FixedPoint):
        new_scale = self.scale
        new_value = other * self.value
    else:
        new_scale = self.scale * other.scale
        new_value = other.value * self.value
    return FixedPoint( int(new_value), scale = new_scale )

def __rtruediv__( self, other ):
    if not isinstance(other,FixedPoint):
        new_value = self.scale * int(other / (self.value/self.scale))
    else:
        new_value = int((other.value/other.scale) / self.value)
    return FixedPoint( new_value, scale = self.scale )
```

```
        def __rfloordiv__( self, other ):
            if not isinstance(other,FixedPoint):
                new_value = self.scale * int(other //(self.value/self.scale))
            else:
                new_value = int((other.value/other.scale) //self.value)
            return FixedPoint( new_value, scale = self.scale )


        def __rmod__( self, other ):
            if not isinstance(other,FixedPoint):
                new_value = other % (self.value/self.scale)
            else:
                new_value = (other.value/other.scale) % (self.value/self.scale)
            return FixedPoint( new_value, scale = self.scale )


        def __rpow__( self, other ):
            if not isinstance(other,FixedPoint):
                new_value = other ** (self.value/self.scale)
            else:
                new_value = (other.value/other.scale) ** self.value/self.scale
            return FixedPoint( int(new_value) * self.scale, scale = self.scale )
```

以上代码使用了与前向运算符相同的数学方法。多数情况下,正如示例中一样,只需简单切换操作数的顺序,让前向运算和反向运算方法的文本彼此匹配。这样做可以大大简化代码检查的工作。

接下来我们需要重载比较方法。对于浮点数进行相等比较时需要注意:由于浮点数是近似值,因此我们必须避免使用浮点值直接进行相等测试,即绝不能将其写为 $a==b$。比较浮点近似值的一般方法应为检测两个浮点值的差值是否在期望的误差范围之内,即 $abs(a-b)<=eps$。或者,更准确地说,$abs(a-b)/a<=eps$。以下是比较方法的实现代码:

```
    def __eq__( self, other ):
        if isinstance(other, FixedPoint):
            if self.scale == other.scale:
                return self.value == other.value
            else:
                return self.value * other.scale//self.scale == other.value
        else:
            return abs(self.value/self.scale - float(other)) < .5/self.scale


    def __ne__( self, other ):
        return not (self == other)


    def __le__( self, other ):
        return self.value/self.scale <= float(other)


    def __lt__( self, other ):
        return self.value/self.scale < float(other)
```

```
def __ge__( self, other ):
    return self.value/self.scale >= float(other)

def __gt__( self, other ):
    return self.value/self.scale > float(other)
```

以上重载的特殊方法是 FixedPoint 类的核心算术与比较运算。现在,我们可以创建 FixedPoint 类的实例并用它进行基本的算术运算了,代码如下:

```
In [78]: f1 = FixedPoint(12.3,10)
         f2 = FixedPoint(13,10)
         print(f1, f2)
         print(f1 + f2)
      print(repr(f1))
123.0 1.3
124.3
FixedPoint(123, scale = 1)
```

至此,FixedPoint 类并未将 Rational 类所支持的所有运算重载。有兴趣的读者,可以尝试自行完成。

6.11　本章小结

本章介绍了面向对象的设计方法。面向对象的设计方法在解决问题时,首先会将问题分解成一个个独立的对象,然后分析抽象出各个对象所具有的属性和能够执行的方法,最后通过实现这些属性和方法以使问题得到解决。

类是 Python 中实现面向对象的基础,本章首先介绍了如何定义一个类,并使用它来创建对象。接下来介绍了 Python 类所具有的一些特殊方法。最后通过实例讲解了如何通过继承和重载,使得代码层次结构更清晰。

OOP 的设计方法的全部特点和优势,不大可能通过一章内容就能够完全展现。希望读者通过本章能够对 OOP 有初步的了解,并在以后的学习中,尽可能多地使用 OOP 的方法。

6.12　练习

在数学中,假设在一个集合 X 上定义一个等价关系(用～来表示),则 X 中的某个元素 a 的等价类就是在 X 中等价于 a 的所有元素所形成的子集。例如,如果对于等价关系为在整数集做模 7 运算,则 1 与 8(15 与 22,…,以此类推)属于相同的等价类,而 3 与 10 属于相同的等价类。3～10 表示 3 和 10 属于同一等价类中的两个对象。

现在我们使用等价类的概念来定义整数类型。

练习 1:

定义一个 Python 类 Eqint。要求如下:

(1) 它由一个整数序列初始化。

（2）Eqint 类的对象用于保存创建它的整数序列。

（3）Eqint 类拥有 display 方法以字符串的形式返回序列的长度。

（4）Eqint 类拥有 equals 方法以比较两个不同对象是否相等。当两个 Eqint 对象在长度相等时，返回值为 True，否则返回值为 False。

练习 2：

使用空列表定义一个 Eqint 对象 zero，并分别使用具有一个成员的列表、元组和字符串创建 Qint 对象。

（1）zero＝Eqint（[]）。

（2）one_list＝Eqint（[1]）。

（3）one_tuple＝Eqint（(1,)）。

（4）one_string＝Eqint（'1'）。

将 zero 和其他对象比较，结果应该是 False。将 one_xxx 对象进行比较，结果应该是 True。

练习 3：

增加 add 方法，使两个 Eqint 对象的序列可以合并。

练习 4：

我们可以按照以下步骤完成正整数序列的构建：

（1）定义一个空列表 positive_integers。

（2）由该空列表创建 Eqint 对象 zero，并将之追加到 positive_integers。

（3）使用 positive_integers 生成一个 Eqint 对象 next_integer，并将其追加到 positive_integers。

（4）重复第（3）步。

使用以上步骤，生成前 10 个自然数。

第 7 章

NumPy 与矩阵

NumPy(Numerical Python)是 Python 语言的一个扩展程序库,NumPy 为 Python 带来强大的计算能力。NumPy 可能是 Python 科学计算最基本的软件包,它提供的高效接口可用于创建多维数组并与之交互。数组运算是 NumPy 库的基础,基于 NumPy 数组,NumPy 库提供了丰富的支持向量化运算的数学函数。NumPy 库还包含许多有用的模块,使用相关模块中的函数,可以很方便地解决科学计算中的很多问题:排序、选择、傅里叶变换、基本线性代数、基本统计运算和随机模拟等。NumPy 库中性能敏感的部分全部使用 C 语言编写,因此执行速度非常快。NumPy 通常与 SciPy(Scientific Python)和 Matplotlib (绘图库)一起使用,这种组合创建了一个强大的科学计算环境,有助于我们通过 Python 学习数据科学或者机器学习。

本章,我们将学习 NumPy 库的使用。

7.1 NumPy 安装

NumPy 是第三方库,不被包含在 Python 的官方发布版中。如果安装的是本书第 1 章所介绍的 Anaconda 或者 Python(x,y),则无须额外安装;否则,可以按照以下方法安装。

7.1.1 使用 pip 安装

安装 NumPy 最简单的方法就是使用 pip 工具,命令如下:

```
pip3 install -- user numpy scipy matplotlib
```

--user 选项可以设置只安装在当前的用户下,而不是写入系统目录。默认情况下使用国外网站,我们也可以使用国内镜像,例如清华的镜像:

```
pip3 install numpy scipy matplotlib - i
https://pypi.tuna.tsinghua.edu.cn/simple
```

7.1.2 Linux 下安装

Ubuntu & Debian

```
sudo apt - get install python - numpy python - scipy python - matplotlib
```

CentOS/Fedora

```
sudo dnf install numpy scipy python - matplotlib
```

macOS 系统的 Homebrew 不包含 NumPy 或其他一些科学计算包，所以可以使用以下方式来安装：

```
pip3 install numpy scipy matplotlib - i
https://pypi.tuna.tsinghua.edu.cn/simple
```

7.1.3　安装验证

使用以下代码测试是否安装成功：

```
In [1] import numpy as np
       np.eye(4)
array([[1., 0., 0., 0.],
       [0., 1., 0., 0.],
       [0., 0., 1., 0.],
       [0., 0., 0., 1.]])
```

语句 import numpy as np 导入 NumPy 库并以 np 作为它的别名。np.eye(4)生成对角矩阵。

7.2　NumPy 数组对象

向量和矩阵是线性代数中的核心概念。从代数角度看，向量是一个有序的数组，n 维向量中存在 n 个数，有先后次序之分。可写成 $v=(v_0,v_1,\cdots,v_{n-1})$。在 Python 中可以使用 list 对象 v 来表示它，列表成员 $v[i]$ 对应 n 维向量中的 v_i。矩阵是不同向量之间的一种变换（或者映射）。与向量类似，我们可以将一个 $n\times m$ 的矩阵用一个嵌套的 list 对象来表示，该对象内有 n 个列表对象成员，每个成员都是拥有 m 个成员的列表。虽然我们可以使用 Python 内建的 list 类型来描述向量和矩阵，甚至可以编写相应的计算，但这样做并不明智，不仅与适合于数值计算的语言（如 MATLAB 或 FORTRAN），甚至与一些通用语言（如 C 或 C++）相比，这样编写出的代码性能会非常差。

NumPy 库提供了多种快速有效的方法来创建数组和处理其中的数值数据。与 Python 列表相比，NumPy 数组有一些不同：

（1）Python 列表中可以包含不同的数据类型，但 NumPy 数组中的所有元素都应是相同类型的。

（2）NumPy 数组比 Python 列表更快、更紧凑。

（3）NumPy 数组消耗较少的内存，使用起来很方便。

（4）NumPy 提供了一种指定数据类型的机制，这使代码可以进一步优化。

NumPy 库以 ndarray 类来描述数组。除了需要保存的数据之外，ndarray 类还包括了这些属性：形状（shape）、大小（size）、数据类型（dtype）、维度（ndim）和存储空间（nBytes）等。以下代码创建一个 ndarray 类的实例，并查看相关属性：

```
In [2]: a = np.array([1, 2, 3, 4])
        print(a)
        print('类型:', type(a))
        print('维度:', a.ndim)
        print('形状:', a.shape)
        print('元素个数:', a.size)
        print('数据形状:', a.dtype)
        print('占据内存空间:%d 字节' % (a.nBytes))
[1 2 3 4]
类型:<class 'numpy.ndarray'>
维度:1
形状:(4,)
元素个数:4
数据形状:int32
占据内存空间:16 字节
```

7.2.1 创建数组对象

可以使用 array 类从常规 Python 列表或元组中构造一维或多维数组。这个数组是一个 ndarray 对象，该对象的每个元素在内存中占据相同大小的存储区域。每个元素的类型由 data-type 对象决定，data-type 可以是 Python 内建类型、NumPy 扩展的数据类型或自定义的类型。

以下代码将列表创建为一维 NumPy 数组：

```
In [3]: a = np.array([1,2,3])
        print (a)
[1 2 3]
```

numpy.array 类还可以通过嵌套列表构造多维数组。构造二维数组的代码如下：

```
In [4]: a = np.array([[1, 2], [3, 4]])
        print(a)
[[1 2]
 [3 4]]
```

也可以在创建时使用 dtype 参数，显式指定数组成员的类型，创建复数数组的代码如下：

```
In [5]: a = np.array([1, 2, 3], dtype = complex)
        print(a)
[1. + 0.j 2. + 0.j 3. + 0.j]
```

NumPy 的函数 numpy.arange()类似于 Python 的内建函数 range()，它可依据数值范

围创建数组。与函数 range() 类似，函数 numpy.arange() 的调用形式为 numpy.arange(start，stop，step)。start 表示起始值；stop 表示终止值（不被包含在数组中）；step 表示步长（默认值为 1）。使用该函数的例子代码如下：

```
In [6]: x = np.arange(5)
        print(x)
[0 1 2 3 4]
```

在以上代码中，数组 x 的成员是一个等差队列。我们也可以通过函数 numpy.linspace() 创建等差数组。两者之间的差别有点类似于 for 循环和 while 循环。当起始值和步长确定而数组成员的个数并不重要时，使用函数 numpy.arange() 可能会更方便一些。当数组成员个数确定且步长不关键时，往往使用函数 numpy.linspace()。该函数的调用形式通常是 numpy.linspace(start，stop，num)，其中 start 是序列起始值，stop 是序列终止值，num 是序列中的数据个数（默认值为 50）。参看以下代码：

```
In [7]: a, step = np.linspace(0, 19, 20, dtype = 'i', retstep = True)
        print('step is: % d \n' % (step))
        print('Array is:\n', a)
step is: 1.000000

Array is:
 [ 0 1 2 3 4 5 6 7 8 9 10 11 12 13 14 15 16 17 18 19]
```

以上代码在调用 numpy.linspace() 函数时，传入了参数 dtype = 'i'（该参数的默认值是 float），所以函数返回的是整型数组。参数 retstep = True（该参数默认值为 False），则返回一个由数组和步长组成的元组。numpy.linspace() 函数还有一个参数 endpoint，其默认值为 True，表示是否将 stop 包含在序列中。

也可以将向量作为函数 numpy.linspace() 的 start 和 stop 参数，这样可以得到一个高维数组，代码如下：

```
In [8]: output = np.linspace(start = [2, 5, 9], stop = [100, 130, 160], num = 10)
        output
Out[8]:
array([[  2.        ,   5.        ,   9.        ],
       [ 12.88888889,  18.88888889,  25.77777778],
       [ 23.77777778,  32.77777778,  42.55555556],
       [ 34.66666667,  46.66666667,  59.33333333],
       [ 45.55555556,  60.55555556,  76.11111111],
       [ 56.44444444,  74.44444444,  92.88888889],
       [ 67.33333333,  88.33333333, 109.66666667],
       [ 78.22222222, 102.22222222, 126.44444444],
       [ 89.11111111, 116.11111111, 143.22222222],
       [100.        , 130.        , 160.        ]])
```

```
In [9]: output. shape
Out[9]: (10, 3)
```

　　start 和 stop 都是长度相同的列表。每个列表中的第 1 个元素(2 和 100)是第 1 个向量的起始点和停止点,该向量有 10 个样本(由 num 参数确定)。这同样适用于每个列表中的第 2 个元素和第 3 个元素。以上代码输出的是一个二维 NumPy 数组,包含 10 行 3 列。

　　通过将可选参数 axis 设置为 1,可以返回该数组的转置版本,代码如下:

```
In [10]: output = np. linspace(start = [2, 5, 9],
                               stop = [100, 130, 160],
                               num = 10,
                               axis = 1)

         output
Out[10]:
array([[  2.        ,  12.88888889,  23.77777778,  34.66666667,
         45.55555556,  56.44444444,  67.33333333,  78.22222222,
         89.11111111, 100.        ],
       [  5.        ,  18.88888889,  32.77777778,  46.66666667,
         60.55555556,  74.44444444,  88.33333333, 102.22222222,
        116.11111111, 130.        ],
       [  9.        ,  25.77777778,  42.55555556,  59.33333333,
         76.11111111,  92.88888889, 109.66666667, 126.44444444,
        143.22222222, 160.        ]])

In [11]: output. shape
Out[11]: (3, 10)
```

　　函数 numpy. logspace()用于创建一个等比数列,所得数列中包含在对数尺度上间隔均匀的数值。该函数的前两个参数也表示数列的起始点和终止点,以它们求可选基数(基数默认值为 10)的幂便可以得到队列的起始和终止值。与函数 numpy. linspace()类似,函数 numpy. logspace()生成的数列长度默认为 50。参看以下示例代码:

```
In [12]: np. logspace(0, 4, num = 5, dtype = 'i', base = 2)
Out[12]: array([ 1, 2, 4, 8, 16], dtype = int32)
```

　　在以上代码中,基数为 2,数列的起始值为 $2^0=1$,数列的终止值为 $2^4=16$,数列有 5 个元素,因此返回的一维数组是[1　2　4　8　16]。与函数 numpy. linspace()类似,也可以用向量作为 start 和 stop 参数,同样将返回一个高维数组。

　　通常情况下,数组的大小在创建时是已知的,但数组所包含的元素最初可能是未知的。NumPy 提供了几个函数来创建具有初始占位符的数组。函数 numpy. zeros()创建一个由 0 组成的数组;函数 numpy. ones()创建一个由 1 组成的数组;函数 numpy. empty()创建一个空数组,其初始内容是随机的,取决于内存当前的状态。默认情况下,这 3 个函数所创建数组的 dtype 是 float64 类型。函数 numpy. zeros()、numpy. one()和 numpy. empty()必须传入参数以说明数组的形状。数组的维和所包含元素的数量由其形状定义,形状是由 n 个非负整数组成的元组,用于指定每个维的大小。数组元素的类型由单独的数据类型对象

(dtype)指定。参看以下示例代码：

```
In [13]: az = np.zeros((3,4))                    #3×4 浮点型零数组
         ao = np.ones((2,3,4), dtype = np.int16) #2×3×4 int16 型 1 数组
         ae = np.empty((2,3))                    #2×3 浮点型空数组
         print('这是一个 0 数组:\n', az)
         print('\n 这是一个 1 数组:\n', ao)
       print('\n 这是一个空数组:\n', ae)
这是一个 0 数组:
 [[0. 0. 0. 0.]
  [0. 0. 0. 0.]
  [0. 0. 0. 0.]]

这是一个 1 数组:
 [[[1 1 1 1]
   [1 1 1 1]
   [1 1 1 1]]

  [[1 1 1 1]
   [1 1 1 1]
   [1 1 1 1]]]

这是一个空数组:
 [[1.39069238e - 309 1.39069238e - 309 1.39069238e - 309]
  [1.39069238e - 309 1.39069238e - 309 1.39069238e - 309]]
```

在以上代码中，1 数组在创建时指明了数据类型。0 数组和空数组由于未指明数据类型，因此都是浮点型数组。

7.2.2　修改数组形状

多维数组可以使用嵌套链表的方式创建。这种方式在编码时需要静态地划分行列，一方面不方便，另一方面也容易引入错误。我们可以使用 ndarray.reshape()方法，该方法的入参是一个描述数组维度的元组。以下代码是创建一个 2×3 的二维数组：

```
In [14]: np.array([1, 9, -13, 20, 5, -6]).reshape(2, 3)
Out[14]:
[[ 1 9 -13]
 [ 20 5 -6]]
```

利用 ndarray.reshape()方法，可以很方便地生成每行（或每列）等差或者等比矩阵，代码如下：

```
In [15]: m1 = np.arange(12).reshape(3,4)
         print('行等差数组\n', m1)
         m2 = np.arange(12).reshape((3,4), order = 'F')
         print('\n 列等差数组\n', m2)
         m3 = np.logspace(1, 12, num = 12, base = 2, dtype = 'i').reshape(3,4)
```

```
            print('\n 行等比数组\n', m3)
            m4 = np.logspace(1, 12, num = 12, base = 2,
                            dtype = 'i').reshape((3,4), order = 'F')
            print('\n 列等比数组\n', m4)
行等差数组
 [[ 0  1  2  3]
  [ 4  5  6  7]
  [ 8  9 10 11]]

列等差数组
 [[ 0  3  6  9]
  [ 1  4  7 10]
  [ 2  5  8 11]]

行等比数组
 [[   2    4    8   16]
  [  32   64  128  256]
  [ 512 1024 2048 4096]]

列等比数组
 [[   2   16  128 1024]
  [   4   32  256 2048]
  [   8   64  512 4096]]
```

函数 numpy.logspace() 的默认数据类型为 float，代码中的参数 'i' 表示 int 型数据。ndarray.reshape() 方法的 order 参数默认值为 C，此时矩阵以行优先的方式生成。如果希望矩阵以列优先的方式生成，则需要传入参数 order = 'F'。

7.2.3 单位矩阵

单位矩阵是一种特殊的二维数组，单位矩阵除了对角线上的 1 之外，其余元素均为 0。$n \times n$ 的单位矩阵形式如下：

$$I = \begin{bmatrix} 1 & 0 & \cdots & 0 \\ 0 & 1 & \cdots & 0 \\ \vdots & \vdots & \ddots & \vdots \\ 0 & 0 & \cdots & 1 \end{bmatrix}, 其中 i_{ii} = 1, i_{ij} = 0 (i \neq j)$$

使用 numpy.eye() 函数可以生成单位矩阵，如 7.1.3 节所示。严格意义上用来生成单位矩阵的函数是 numpy.identity()。以下代码用于创建 4×4 的单位矩阵：

```
In [16]: np.identity(4, dtype = 'i')
Out[16]:
array([[1, 0, 0, 0],
       [0, 1, 0, 0],
       [0, 0, 1, 0],
       [0, 0, 0, 1]], dtype = int32)
```

7.3 NumPy 数据类型

如第 2 章所述,Python 只定义了有限的数据类型(整型和浮点型)。对于不需要关心数据在计算机中被如何表示的应用,这一特性很方便。然而,科学计算程序通常需要对数据有更多的控制。NumPy 库通过数据类型 dtype 对象扩展了 Python 对数据类型的支持。

本着"一切皆对象"的原则,dtype 被定义为一个类。NumPy 数组中的每个成员都占据相同大小的内存块,dtype 对象描述了应该如何解释这些内存块中的字节。dtype 对象描述了数据的以下特性:

(1) 数据的类型(整型、浮点型、Python 对象等)。

(2) 数据的大小(以整数为单位的字节数)。

(3) 数据的字节顺序(小端或大端)。

(4) 对于结构化数据和子数组,对其内部结构以 1、2、3 项进行说明。

7.3.1 基本数据类型

表 7-1 列举了常用的 NumPy 基本数据类型,多数使用由 C 语言衍生出来的类型名。

表 7-1 NumPy 基本数据类型

名 称	描 述	字 符
bool_bool8	布尔型数据类型(True 或者 False)	'?'
Byte	等效于 C 语言中的 char	'b'
short	等效于 C 语言中的 short	'h'
int_	有符号长整数,等效为 C 语言中的 long	'l'
intc	有符号整数,等效为 C 语言中的 int	'i'
longlong	有符号整数,等效为 C 语言中的 long long	'q'
intp	等效为 C 语言中的指针	'p'
uByte	等效于 C 语言中的 unsigned char	'B'
ushort	等效于 C 语言中的 unsigned short	'H'
uint	有符号长整数,等效为 C 语言中的 unsigned long	'L'
uintc	有符号整数,等效为 C 语言中的 unsigned int	'I'
ulonglong	有符号整数,等效为 C 语言中的 unsigned long long	'Q'
half	半精度浮点数	'e'
single	单精度浮点数	'f'
double	双精度浮点数	'd'
longdouble	扩展精度浮点数类型	'g'
csingle singlecomplex	单精度复数	'F'
cdouble cfloat complex_	双精度复数	'D'
clongdouble clongfloat longcomplex	扩展精度复数	'G'

以上列表中数据类型的一个缺点是数据长度在不同平台上可能不一致。例如,intc 在不同平台上可能会是 16 位、32 位或 64 位。

7.3.2　长度确定的数据类型

在编写跨平台代码时,特别需要明确数据的长度,这种不一致可能会产生意想不到的错误,因此需要使用明确数据长度的数据类型,表 7-2 是 NumPy 库中长度确定的数据类型。

表 7-2　NumPy 固定长度数据类型

名　　称	描　　述	字　　符
int8	有符号字节(−128~127)	'i1'
int16	16 位有符号整数(−32768~32767)	'i2'
int32	32 位整数(−2147483648~2147483647)	'i4'
int64	64 位整数(−9223372036854775808~9223372036854775807)	'i8'
uint8	8 位无符号整数(0~255)	'u1'
uint16	16 位无符号整数(0~65535)	'u2'
uint32	32 位无符号整数(0~4294967295)	'u4'
uint64	64 位无符号整数(0~18446744073709551615)	'u8'
float16	16 位浮点数:1 个符号位,5 个指数位,10 个尾数位	'f2'
float32	32 位浮点数:1 个符号位,8 个指数位,23 个尾数位	'f4'
int8	有符号字节(−128~127)	'i1'
float64	64 位浮点数:1 个符号位,11 个指数位,52 个尾数位	'f8'
float128	128 位浮点数	'f16'
complex64	复数,表示双 32 位浮点数(实数部分和虚数部分)	'c8'
complex128	复数,表示双 64 位浮点数(实数部分和虚数部分)	'c16'

7.3.3　字节序

字节(Byte)是计算机内存储数据的最小单位,一字节是 8 位(bit)。在存储由多字节组成的数据时,需要考虑不同字节之间的顺序,这种字节的排列顺序被称为字节序,又被称为端序。字节的排列方式有两个通用规则。例如,将一个多字节数的低位字节放在较小的地址处,将高位字节放在较大的地址处,称为小端序,反之则称为大端序。

假设数据 0x0A0B0C0D,该数据长度为 4 字节。图 7-1 显示了大端和小端两种存储方式。

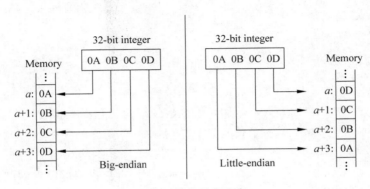

图 7-1　大小端字节序

dtype 对象的 Byteorder 属性表明当前数据类型存储时的字节序。字节序共有 4 种情况，如表 7-3 所示。

表 7-3 字节序字符及描述

字符	描述
=	自然字节，采用本机字节序
<	小端序
>	大端序
|	无字节序。通常长度为一字节的数据类型

字节顺序通过在数据类型字符前加字符<或>来决定。"<"意味着小端序。">"意味着大端序。以下代码用于创建一个 32 位大端整数类型：

```
In [17]: dt = np.dtype('>i4')
         print('类型名称:', dt.name)
         print('字节序:', dt.Byteorder)
         print('数据大小:', dt.itemsize)
         print(dt.type is np.int32)
类型名称: int32
字节序: >
数据大小: 4
True
```

对于长度仅为 1 字节的数据，不存在字节序，Byteorder 属性是'|'，代码如下：

```
In [18]: np.dtype('i1').Byteorder
Out[18]: '|'
```

7.3.4 结构化数据

NumPy 结构化数据类型类似于 C/C++的 structure，代码如下：

```
In [19]: dt = np.dtype([('name', np.unicode_, 16), ('grades', np.float64, (2,))])
         print(dt['name'], dt['grades'])
         x = np.array([('Sarah', (8.0, 7.0)), ('John', (6.0, 7.0))], dtype=dt)
         print(x[0])
         print(x[1])
<U16 ('<f8', (2,))
('Sarah', [8., 7.])
('John', [6., 7.])
```

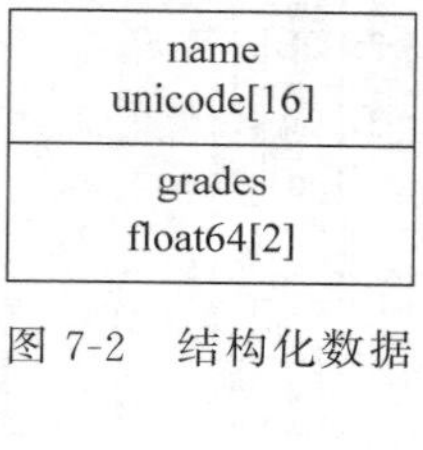

name unicode[16]
grades float64[2]

图 7-2 结构化数据

示例代码创建的结构化数据类型有两部分：第一部分，一个长度为 16 的 Unicode 编码的字符串；第二部分，由两个 64 浮点数组成的字数组。其结构如图 7-2 所示。

通过示例代码的第二行，我们可以看到结构化数据类型中各成员的数据类型。第三行创建了一个数组，数组成员都是 dt 型的数据。

7.4 操作数组

7.4.1 数组切片和索引

与 Python 内建 list 类型类似,ndarray 对象的内容可以通过索引或切片访问和修改。所有索引都是从 0 开始,对于第 i 个索引,有效范围为 $0 \leqslant i < n$,其中 n 是数组的元素个数。负索引被解释为从数组的末尾开始计数(如果 $i < 0$,则表示索引号 $i + n$)。

对于多维数组,不同维度的索引之间可以使用方括号"[ ]"或者逗号","来分隔。以下是数组索引的简单示例代码:

```
In [20]: a = np.array([[1,2,3],[3,4,5],[4,5,6]])
         print(a[1][2])    #二维数组中第 2 行第 3 个元素
         print(a[1, 2])    #二维数组中第 2 行第 3 个元素
         b = a[1]          #数组中第 2 行
         print(a[1])
         print(b[2])       #第 3 个元素
5
5
[3 4 5]
5
```

需要注意的是,数组访问的索引号不能越界,否则程序执行会出现错误。

1. 数组切片

NumPy 将 Python 列表切片的概念扩展到 n 维。Python 列表切片的标准规则适用于基于每维的基本切片(包括使用步骤索引)。

切片的方式有两种:直接使用切片参数和使用 slice 对象。

切片参数通过冒号分隔,形式如:start:stop:step。其中 start 和 stop 均为数组成员的序号。slice 对象使用类似的参数创建,stop 是必需的参数,start 默认为索引号 0,step 默认为 1。

一维数组切片代码如下:

```
In [21]: a = np.arange(10)    #[0 1 2 3 4 5 6 7 8 9]
         b = a[2:7:2]         #切片:从索引 2 开始到索引 7 停止,间隔为 2
         c = a[2:]            #切片:从索引 2 之后的元素
         d = a[-2:10]         #切片:从索引 8 之后的元素
         s = slice(2,7,2)     #创建切片对象
         print(b)             #[2 4 6]
         print(c)             #[2 3 4 5 6 7 8 9]
         print(d)             #[8 9]
         print(a[s])          #[2 4 6]
         d[0] = 0             #切片是对原数组的引用,a[8]将被修改
         print(a)
```

```
[2 4 6]
[2 3 4 5 6 7 8 9]
[8 9]
[2 4 6]
[0 1 2 3 4 5 6 7 0 9]
```

NumPy 切片并未创建新的对象,它只是增加了对原数组的引用。从以上代码中可以看出,对切片的修改会改变原始数组的内容。当从大数组中提取一小部分时必须小心,因为提取的小部分会增加对原始数组的引用,这些引用会导致其内存不会被释放。

当多维数组切片时,各个维度的切片参数之间使用逗号分隔开。以下以一个二维数组为例说明多维的情况:

```
In [22]: a = np.arange(11, 36).reshape(5, 5)
         print('切片: 从索引 1 开始的行\n', a[1:])
         print('\n切片: 从索引 2 开始的行, 其中索引 0 3 的列\n', a[2:,:3:2])
         print('\n切片: 隔 2 行 2 列\n', a[::2,::2])
切片: 从索引 1 开始的行
[[16 17 18 19 20]
 [21 22 23 24 25]
 [26 27 28 29 30]
 [31 32 33 34 35]]

切片: 从索引 2 开始的行, 其中索引 0 3 的列
[[21 23]
 [26 28]
 [31 33]]

切片: 隔 2 行 2 列
[[11 13 15]
 [21 23 25]
 [31 33 35]]
```

在多维数组索引和切片时,还可以使用符号"…"。例如在一个二维数组中的行位置使用此符号,它将返回所有的行。参看以下示例代码:

```
In [23]: a = np.array([[1,2,3],[3,4,5],[4,5,6]])
         print('索引 输出每一行的第 2 列元素:\n', a[...,1])
         print('切片 输出所有行第 2 列之后的所有元素:\n', a[...,1:])

索引 输出每一行的第 2 列元素:
[2 4 5]
切片 输出所有行第 2 列之后的所有元素:
[[2 3]
 [4 5]
 [5 6]]
```

图 7-3 以二维数组为例,说明数组的不同切片方式。更高维度数组的切片与之类似。

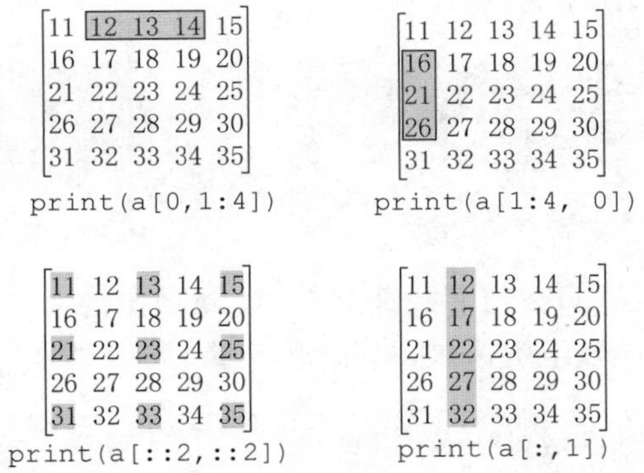

$$\begin{bmatrix} 11 & \boxed{12 \ 13 \ 14} & 15 \\ 16 & 17 & 18 & 19 & 20 \\ 21 & 22 & 23 & 24 & 25 \\ 26 & 27 & 28 & 29 & 30 \\ 31 & 32 & 33 & 34 & 35 \end{bmatrix}$$

print(a[0,1:4])

$$\begin{bmatrix} 11 & 12 & 13 & 14 & 15 \\ 16 & 17 & 18 & 19 & 20 \\ 21 & 22 & 23 & 24 & 25 \\ 26 & 27 & 28 & 29 & 30 \\ 31 & 32 & 33 & 34 & 35 \end{bmatrix}$$

print(a[1:4, 0])

$$\begin{bmatrix} \mathbf{11} & 12 & \mathbf{13} & 14 & \mathbf{15} \\ 16 & 17 & 18 & 19 & 20 \\ \mathbf{21} & 22 & \mathbf{23} & 24 & \mathbf{25} \\ 26 & 27 & 28 & 29 & 30 \\ \mathbf{31} & 32 & \mathbf{33} & 34 & \mathbf{35} \end{bmatrix}$$

print(a[::2,::2])

$$\begin{bmatrix} 11 & 12 & 13 & 14 & 15 \\ 16 & 17 & 18 & 19 & 20 \\ 21 & 22 & 23 & 24 & 25 \\ 26 & 27 & 28 & 29 & 30 \\ 31 & 32 & 33 & 34 & 35 \end{bmatrix}$$

print(a[:,1])

图 7-3　二维数组的不同切片方式

2. 花式索引

花式索引指的是利用整数数组进行索引。花式索引根据索引数组的值作为目标数组的某个轴的索引来取值。

花式索引跟切片不一样,它总是将数据复制到新数组中。

对于使用一维整型数组作为索引,如果目标是一维数组,则索引的结果就是对应位置的元素,索引号可以使用倒序。示例代码如下:

```
In [24]: a = np.arange(0, 100, 10)
         indices = [1, 5, -1] # 索引号为1、5 和最后一个元素
         b = a[indices]
         print(a) # [ 0 10 20 30 40 50 60 70 80 90]
         print(b) # [10 50 90]
[ 0 10 20 30 40 50 60 70 80 90]
[10 50 90]
```

如果目标是二维数组,则索引号就是对应数组的行。示例代码如下:

```
In [25]: x = np.arange(32).reshape((8,4))
         print(x[[4,2,-3,7]]) # 索引号为 4、2、-3、7 的行
[[16 17 18 19]
 [ 8 9 10 11]
 [20 21 22 23]
 [28 29 30 31]]
```

索引也可以是多维数组,此时多维数组的维度不能大于被索引数组。

先看一个二维数组的例子,代码如下:

```
In [26]: x = np.arange(32).reshape((8,4))
         print(x[[1,5,7,2],[0,3,1,2]])
[ 4 23 29 10]
```

以上代码索引的结果是 $x[1][0]$、$x[5][3]$、$x[7][1]$、$x[2][2]$。索引数组的第 1 行表示行序号,第 2 行表示相应的列序号。

再看一个三维数组的例子，代码如下：

```
In [27]: x = np.arange(32).reshape((2,4,4))
         print(x[[1,1],[0,1]])
[[16 17 18 19]
 [20 21 22 23]]
```

索引结果等效于 $x[1][0]$、$x[1][1]$ 是第 2 个二维数组的第 2 行和第 3 行。

有时，我们希望从二维数组中选取一个矩形区域。可以这样实现，参看代码：

```
In [28]: x = np.arange(32).reshape((8,4))
         a = x[[1,5,7,2]][:,[0,3,1,2]]
         a
Out[28]:
array([[ 4,  7,  5,  6],
       [20, 23, 21, 22],
       [28, 31, 29, 30],
       [ 8, 11,  9, 10]]).
```

以上代码先选取第 1、5、2、7 行，每一行再按第 0 个、第 3 个、第 1 个、第 2 个排序。也可以将其推广到更高维度，以下是对三维数组进行花式索引的代码：

```
In [29]: x = np.arange(64).reshape((4,4,4))
         print(x[[1,3]][:,[0,1]][:,:,[0,2]])
[[[16 18]
  [20 22]]

 [[48 50]
  [52 54]]]
```

随着维度的增加，这种写法会显得很烦琐，函数 numpy.ix_() 可以使代码变得简洁。以上代码改写后如下：

```
In [30]: print(x[np.ix_([1,3],[0,1],[0,2])])
[[[16 18]
  [20 22]]

 [[48 50]
  [52 54]]]
```

函数 numpy.ix_() 根据多个序列构造一个开放的网格。在做索引时，我们可以认为函数 numpy.ix_() 在求所有一维序列的笛卡儿乘积。

3. 布尔索引

布尔索引允许我们根据指定条件检索数组中的元素。索引所使用的布尔型列表（或数组）需要与被索引的数组有相同的长度。参看以下代码：

```
In [31]: a = np.arange(0, 100, 10)
         idx = [True, False, True, False, True, False, True, False, True, False]
         c = a[idx]          #从索引0开始,包括0在内,选择所有偶数索引
         c
Out[31]: array([ 0, 20, 40, 60, 80])
```

idx 也可以使用如下方法产生:

```
In [32]: a = np.arange(0, 100, 10)
         idx = a % 20 == 0  #产生bool数组,长度为10
         idx
Out[32]:
array([ True, False, True, False, True, False, True, False, True,
       False])
```

以下代码将原数组中 True 对应的元素置为 0:

```
In [33]: a[idx] = 0
         a
Out[33]: array([ 0, 10, 0, 30, 0, 50, 0, 70, 0, 90])
```

布尔索引在某些应用下会非常有用,以下代码用于在数组中找出大于 5 的元素:

```
In [34]: x = np.array([0, 1, 2, 3, 4, 5, 6, 7, 8, 9, 10, 11]).reshape(3,4)
         print('我们的数组是:\n', x)
         print('大于 5 的元素是:\n', x[x > 5])
我们的数组是:
[[ 0 1 2 3]
 [ 4 5 6 7]
 [ 8 9 10 11]]
大于 5 的元素是:
[ 6 7 8 9 10 11]
```

参看以下绘制正弦曲线的代码:

```
In [35]: import matplotlib.pyplot as plt

         #绘制 0 ~ 2π 的正弦曲线
         a = np.linspace(0, 2 * np.pi, 50)
         b = np.sin(a)
         plt.plot(a,b)

         #标识出正弦曲线在 0 ~ 2π 大于 0 的采样点
         mask = b >= 0
         plt.plot(a[mask], b[mask], 'bo') #蓝色点

         #标识出正弦曲线在 0 ~ π/2 大于 0 的采样点
```

```
mask = (b >= 0) & (a <= np.pi / 2)
plt.plot(a[mask], b[mask], 'go') ＃绿色点
plt.show()
```

以上代码所绘制的正弦曲线如图 7-4 所示(彩图请扫描二维码)。

彩图

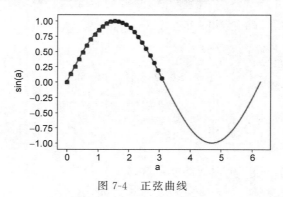

图 7-4　正弦曲线

示例代码在 0～2π 绘制正弦曲线,其中值大于 0 的采样点用蓝色点标注,0～π/2 大于 0 的采样点用绿色点标注,所用的采用点均使用布尔索引找到。

7.4.2　迭代数组

对于一维数组,我们可以在循环中利用索引号遍历所有的数组元素,而对于多维数组,我们可以使用多级循环。NumPy 迭代器对象 numpy.nditer 提供了一种灵活遍历一个一维或者多维数组的方式。

1. 基本迭代

以下代码是对一个 2×3 的二维数组的迭代访问。由于使用了迭代器对象,只需一个循环就可以遍历数组内的全部元素。

```
In [36]: a = np.arange(6).reshape(2,3)
         print('迭代输出元素:')
         for x in np.nditer(a):
             print(x, end = ", ")
迭代输出元素:
0, 1, 2, 3, 4, 5,
```

这里需要注意,为了提升迭代的效率,数组迭代依据的是数组元素在内存中存放的顺序,因此当我们对一个数组 a 的转置属性 a.T 进行迭代时,将得到相同的结果。参看以下代码:

```
In [37]: a = np.arange(6).reshape(2,3)
         print('对 a 进行迭代的结果:')
         for x in np.nditer(a):
             print(x, end = ", ")
         print('\n')
```

```
        print('对 a.T进行迭代的结果:')
        for x in np.nditer(a.T):
            print(x, end = ", ")
对 a进行迭代的结果:
0, 1, 2, 3, 4, 5,

对 a.T进行迭代的结果:
0, 1, 2, 3, 4, 5,
```

2. 控制迭代顺序

如果我们希望数组迭代严格按照"行优先"或"列优先"的原则进行,则可使用 order 参数进行迭代。order 参数的默认值是'K',表示按照数组元素在内存中顺序迭代。如希望"行优先",则可以用 order＝'C'覆盖。如希望"列优先",则可以用 order＝'F'覆盖。

以下代码演示了 3 种迭代的方式:

(1) 按"行优先"的方式创建数组转置副本,使用默认方式迭代这个副本。需要注意的是,这里假设数组元素在内存中的存放默认就是"行优先"。

(2) 以"列优先"的方式迭代原始数组。

(3) 以"行优先"的方式迭代数组的转置。

```
In [38]: a = np.arange(0,60,5).reshape(3,4)

         #"行优先"创建转置副本,并进行迭代
         for x in np.nditer(a.T.copy(order = 'C')):
             print (x, end = ", ")
         print('\n')
         #强制列优先迭代 a
         for x in np.nditer(a, order = 'F'):
             print (x, end = ", ")

         print('\n')
         #强制行优先迭代 a 的转置
         for x in np.nditer(a.T, order = 'C'):
             print(x, end = ", ")
0, 20, 40, 5, 25, 45, 10, 30, 50, 15, 35, 55,

0, 20, 40, 5, 25, 45, 10, 30, 50, 15, 35, 55,

0, 20, 40, 5, 25, 45, 10, 30, 50, 15, 35, 55,
```

3. 修改数组元素

默认情况下,nditer 将数组视为只读对象。如果想在迭代过程中修改数组元素,则必须在创建 nditer 对象时使用参数 op＝['readwrite'] 或 op＝['writeonly']。此时,nditer 为数组创建一个缓冲区,迭代过程中所有的修改均被记录在这个 buffer 中。在迭代结束后,需要告知 nditer 将修改写回。方法有以下两种。

（1）使用 with 语句。Python 的 with 语句形式如下：

```
with expression as target:
    code body.
```

expression 表达式必须是上下文管理器对象，在这里就是 nditer 对象。with 首先获取其应用上下文，在所有代码执行结束时，该对象的 close 函数会被自动执行。

（2）显示调用迭代器 close 方法。

以下代码将原始数组中的每个元素乘 2。

```
In [39]: a = np.arange(6).reshape(2,3)
         print('初始数组\n', a)
         with np.nditer(a, op_flags = ['readwrite']) as it:
             for x in it:
                 x[...] = 2 * x
         print('修改后的数组\n', a)
初始数组
 [[0 1 2]
 [3 4 5]]
修改后的数组
 [[ 0 2 4]
 [ 6 8 10]]
```

4. 使用外部循环

在此之前的所有例子中，每次迭代的结果是数组中的单个元素。每次迭代时，nditer 可以返回数据块，数据块的迭代访问由使用者编码实现，因此这种迭代方式被称为"外部循环"。

在创建 nditer 对象时使用 external_loop 标志，便可使迭代进入"外部循环"模式。"外部循环"也支持"行优先"和"列优先"。在不同迭代顺序下，每次迭代会得到不同长度的数据块。参看以下代码：

```
In [40]: for x in np.nditer(a, flags = ['external_loop']):
             print(x, end = ' ')
         print('\n')
         for x in np.nditer(a, flags = ['external_loop'], order = 'F'):
             print(x, end = ' ')
         print('\n')
         for x in np.nditer(a, flags = ['external_loop'], order = 'C'):
             print(x, end = ' ')
[ 0 2 4 6 8 10]

[0 6] [2 8] [ 4 10]

[ 0 2 4 6 8 10]
```

从以上代码运行结果中可以看出，如果迭代顺序和数组元素在内存中存储的顺序一致，则迭代的结果最长。

5. 利用索引号迭代

在有些应用中,我们需要明确的索引号来迭代数组。此时可以使用 numpy.ndindex 对象,对该对象的迭代可以依次得到一个 n 维数组所有成员的索引。以下代码将一个大小为 $3 \times 2 \times 1$ 的索引列出来:

```
In [41]: a = np.arange(11, 38, 3).reshape(3, 3)
         for idx in np.ndindex(a.shape):
             print(idx, a[idx])
(0, 0) 11
(0, 1) 14
(0, 2) 17
(1, 0) 20
(1, 1) 23
(1, 2) 26
(2, 0) 29
(2, 1) 32
(2, 2) 35
```

6. 条件迭代

函数 numpy.where() 迭代数组中的每个元素,并根据输入的布尔表达式的结果,修改原数组中每个元素赋的值。示例代码如下:

```
In [42]: a = np.arange(10)

         #将不小于 5 的元素乘 10
         np.where(a < 5, a, 10 * a)
Out[42]: array([ 0, 1, 2, 3, 4, 50, 60, 70, 80, 90])
```

表达式 $a < 5$ 中的"$<$"运算符已经被 NumPy 重载(详见 7.4.3 节基本运算),参与运算的两个对象是长度为 10 的一维数组,表达式的结果是具有相同形状的布尔型数组(本例中,前 5 个元素是 True,后 5 个元素是 False)。函数 numpy.where() 根据表达式结果中每个元素的值,将原数组中的元素替换成 a 或 $10 \times a$。True 对应的元素被 a 替换(实际上保留了原值),False 对应的元素被 $a \times 10$ 替换(原值乘以 10)。

7.4.3 基本运算

NumPy 数组可以使用四则运算符 $+$、$-$、$/$、$*$ 来完成算术运算操作,也可以进行比较运算。NumPy 重载了表 7-4 中的操作符,使它们能对数组进行逐元素运算。

表 7-4 NumPy 数组基本四则运算符

运算符号	功　能
$+$、$+=$	逐个元素加
$-$、$-=$	逐个元素减
$*$、$*=$	逐个元素乘

运算符号	功　能
/、/＝	逐个元素除
%、%＝	逐个元素取模
**	逐个元素乘方
<、<＝	逐个元素检测小于、小于或等于
>、>＝	逐个元素检测大于、大于或等于
＝＝	逐个元素检测等于

例如 $(a,b,c)+(d,e,f)$ 的结果就是 $(a+d,b+e,c+f)$。示例代码如下：

```
In [43]: a = np.arange(16).reshape((4, 4))

        b = np.array([10, 62, 1, 14, 2, 56, 79, 2, 1, 45,
                4, 92, 35, 6, 53, 24]).reshape((4,4))

        print('a + b\n', a + b)
        print('a - b \n',a - b)
        print('a * b\n', a * b)
        print('a / b\n', a / b)
        print('a^2\n', a ** 2)
        print('a < b\n', a < b)
        print('a > b\n', a > b)
a + b
[[10  63   3   17]
 [ 6  61  85    9]
 [ 9  54  14  103]
 [ 47  19  67   39]]
a - b
[[-10  -61    1  -11]
 [   2  -51  -73    5]
 [   7  -36    6  -81]
 [ -23    7  -39   -9]]
a * b
[[  0    62    2    42]
 [  8   280  474    14]
 [  8   405   40  1012]
 [420    78  742   360]]
a / b
[[0.         0.01612903 2.         0.21428571]
 [2.         0.08928571 0.07594937 3.5       ]
 [8.         0.2        2.5        0.11956522]
 [0.34285714 2.16666667 0.26415094 0.625     ]]
a^2
[[  0    1    4    9]
 [ 16   25   36   49]
 [ 64   81  100  121]]
```

```
[144  169  196  225]]
a < b
[[ True   True   False   True]
[False   True   True   False]
[False   True   False   True]
[ True   False  True   True]]
a > b
[[False  False  True   False]
[ True   False  False  True]
[ True   False  True   False]
[False   True   False  False]]
```

7.4.4　位操作

表 7-5 是 NumPy 重载的 Python 位运算符及与之相应的函数，它们也可以对数组进行逐元素的操作。

表 7-5　NumPy 数组位运算符

运算符号：函数	功　　能
&：numpy.bitwise_and()	两数组各元素按位与
|：numpy.bitwise_or()	两数组各元素按位或
^：numpy.bitwise_xor()	两数组各元素按位异或
~：numpy.bitwise_not()	数组各元素按位取反

以下示例代码将数组中能被 3 或 7 整除的元素列出来：

```
In [44]: a = np.arange(20).reshape([4,5])
        print("a = \n", a)
        b = (a % 3 == 0) | (a % 7 == 0)
        print('检测结果:')
        print(b)
        print("a 中将能被 3 整除或者 7 整除的数字保留:")
        print(a[b])  # 布尔索引
a =
[[ 0   1   2   3   4]
[ 5   6   7   8   9]
[10  11  12  13  14]
[15  16  17  18  19]]
检测结果:
[[ True   False  False  True   False]
 [False   True   True   False  True]
 [False   False  True   False  True]
 [ True   False  False  True   False]]
a 中将能被 3 整除或者 7 整除的数字保留:
[ 0   3   6   7   9   12  14  15  18]
```

7.4.5 布尔运算

Python 中的 and、or、not 等关键字无法被重载,因此 NumPy 提供了表 7-6 中的函数,它们能对数组进行逐元素运算。

表 7-6 布尔运算

函　　数	功　　能
Numpy.logical_and()	将两个数组按元素进行与运算
Numpy.logical_not()	将数组按元素进行非运算
Numpy.logical_or()	将两个数组按元素进行或运算
Numpy.logical_xor()	将两个数组按元素进行异或运算

以下是两个数组进行布尔运算的示例代码:

```
In [45]: a = np.arange(5)
         b = np.arange(4, -1, -1)
         print('a == b:', a == b)
         print('not(a > b:', np.logical_not(a > b))
         print('(a == b) or (a > b):', np.logical_or(a == b, a > b))
         print('(a == b) and (a > b):', np.logical_and(a == b, a > b))
a == b: [False False True False False]
not(a > b: [ True True True False False]
(a == b) or (a > b): [False False True True True]
(a == b) and (a > b): [False False False False False]
```

7.4.6 NumPy 广播(Broadcast)

NumPy 所重载的 Python 运算符和实现的特殊函数,能够接收 NumPy 数组作为运算数和入参。这样绝大部分基础数学函数和运算符支持 NumPy 数组了。不过二元操作要求两个数组必须具有相同的形状。

广播是 NumPy 对不同形状的数组进行数值计算的方式。

对数组的算术运算通常在相应的元素上进行。如果两个数组 a 和 b 形状相同,则 $a+b$ 就是 a 与 b 对应位相加。这要求 a 和 b 不仅维数相同,且各维度的长度也相同。参看以下代码:

```
In [46]: a = np.array([1,2,3,4])
         b = np.array([10,20,30,40])
         a + b
Out[46]: array([11, 22, 33, 44])
```

当运算中的 2 个数组形状不同时,NumPy 将自动触发广播机制。示例代码如下:

```
In [47]: a = np.array([[ 0, 0, 0], [10,10,10], [20,20,20], [30,30,30]])
         b = np.array([1,2,3])
         a + b
```

```
Out[47]:
array([[ 1, 2, 3],
       [11, 12, 13],
       [21, 22, 23],
       [31, 32, 33]])
```

图 7-5 展示了数组 *b* 如何通过广播与数组 *a* 兼容。

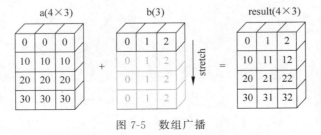

图 7-5 数组广播

数组广播是非常高效的一个特性，如果不使用广播，则代码往往会比较烦琐。参看往一个数组中添加一个向量的代码：

```
In [48]: x = np.array([[1,2,3], [4,5,6], [7,8,9], [10, 11, 12]])
         v = np.array([1, 0, 1])
         y = np.empty_like(x)  #创建与 x 大小相同的空数组

         #用显式循环将向量 v 加到矩阵 x 的每一行
         for i in range(4):
             y[i] = x[i] + v
         print(y)
[[ 2 2 4]
 [ 5 5 7]
 [ 8 8 10]
 [11 11 13]]
```

这段代码虽然实现了我们所期望的操作，但由于使用了显式循环，当矩阵非常大时，计算可能会很慢。我们可以由 *v* 生成一个与 *x* 具有相同形状的新数组 vv，vv 中每一行即是向量 *v*，然后执行 *x* ＋vv。代码如下：

```
In [49]: x = np.array([[1,2,3], [4,5,6], [7,8,9], [10, 11, 12]])
         v = np.array([1, 0, 1])
         vv = np.tile(v, (4, 1))  #将 v 堆叠 4 次，生成 4×3 的数组
         x + vv
Out[49]:
array([[ 2, 2, 4],
       [ 5, 5, 7],
       [ 8, 8, 10],
       [11, 11, 13]])
```

以上代码中使用了函数 numpy.tile()，该函数将以向量 *v* 为元素生成一个 4×1 的数

组。由于 v 是大小为（3,）的一维数组，最终结果是一个 $4×3$ 的数组。

其实代码中不需要生成扩展数组 vv，NumPy 广播允许我们在不实际创建 v 的多个副本的情况下执行此计算，代码如下：

```
In [50]: x = np.array([[1,2,3], [4,5,6], [7,8,9], [10, 11, 12]])
         v = np.array([1, 0, 1])
         x + v
Out[50]:
array([[ 2, 2, 4],
       [ 5, 5, 7],
       [ 8, 8, 10],
       [11, 11, 13]])
```

虽然 x 的形状（4,3）不同于 v 的形状（3,），但由于广播的关系。$x+v$ 的工作方式就好像 v 实际上具有形状（4,3），其中每一行都是 v 的副本，并且求和是按元素执行的。

7.4.7 数组排序

函数 numpy.sort()可以用于数组或数组指定的轴排序。它提供了多种排序的方法：快速排序（quicksort）、归并排序（mergesort）和堆排序（heapsort）。默认的排序算法是快速排序。

函数 numpy.sort()只是对原数组进行排序，它并未改变原数组中元素的排列顺序。如果想修改数组的排序，则最简洁高效的办法是使用数组对象的 sort 方法。以下示例首先使用函数 numpy.random.randint()生成拥有 10 个成员的一维随机数组，每个成员是小于 20 的整数，然后对这个一维数组进行排序：

```
In [51]: x = np.random.randint(20, size = 10)
         print("排序前 X = ", x)
         a = np.sort(x)
         print("排序后 X = ", x)
         print("排序后 a = ", a)
         x.sort()
         print("修改数据源排序后 X = ", x)

排序前 X = [ 6  6  8  2  10  7  6  14  8  5]
排序后 X = [ 6  6  8  2  10  7  6  14  8  5]
排序后 a = [ 2  5  6  6  6  7  8  8  10  14]
修改数据源排序后 X = [ 2  5  6  6  6  7  8  8  10  14]
```

函数 numpy.argsort()同样可以对数组进行排序，不同的是它返回排序后数据的索引。示例代码如下：

```
In [52]: x = np.random.randint(20, size = 10)
         print("排序前 X = ", x)
         print("排序后 X = ", np.sort(x))
         print('排序后的索引 idx = ', np.argsort(x))
```

```
排序前 X = [ 8  15  3  10  6  10  4  19  11  8]
排序后 X = [ 3  4  6  8  8  10  10  11  15  19]
排序后的索引 idx = [ 2  6  4  0  9  3  5  8  1  7]
```

函数 numpy. partition() 选择前 k 个最小值,并将它们排在数组前列。示例代码如下:

```
In [53]: x = np. random. randint(100, size = 10)
         print("排序前 x = ", x)

         a = np. partition(x, 4)
         print("分隔后 x = ", a)
排序前 x = [75  50  87  72  23  46  83  5  76  19]
分隔后 x = [ 5  19  23  46  50  72  75  87  76  83]
```

也可以指定轴进行分隔,以下是按行分隔的示例代码:

```
In [54]: x = np. random. randint(100, size = (4,5))
         print("排序前 x = \n", x)

         a = np. partition(x, 3, axis = 1)
         print("沿着行分隔后的数据是 \n", a)
排序前 x =
[[86  30  41  68  10]
 [10  31  88  43  20]
 [15  73  75  89  12]
 [92  36  73  79  25]]
沿着行分隔后的数据是
[[30  10  41  68  86]
 [10  20  31  43  88]
 [12  15  73  75  89]
 [36  25  73  79  92]]
```

7.4.8 统计运算

当面对大量数据时,我们经常需要可用于计算数据的一些统计方面的信息,表 7-7 列举了可用于统计运算的 NumPy 函数。此类函数将数组作为一个整体输入,以标量返回,该标量是关于数组或数组某一个轴的某一类统计值。这些函数默认为对数组整体进行统计运算,如果指定了轴编号,则针对指定轴进行统计。

表 7-7 统计函数

函　　数	功　　能
numpy. sum()	返回给定轴上数组元素的和
numpy. nansum()	返回给定轴上数组元素的和,将 NaN 视为 0
numpy. prod()	返回给定轴上数组元素的乘积
numpy. nanprod()	返回给定轴上数组元素的乘积,将 NaN 视为 1
numpy. cumprod()	返回给定轴上元素的累积积

函　　数	功　　能
numpy. cumsum()	返回沿给定轴的元素的累积和
numpy. min()	返回沿给定轴的元素的最小值
numpy. max()	返回沿给定轴的元素的最大值
numpy. argmin()	返回沿给定轴的最小元素的索引
numpy. argmax()	返回沿给定轴的最大元素的索引
numpy. median()	返回给定轴上数组元素的中位值
numpy. any()	如果给定轴上至少有一个元素为真,则返回值为 true
numpy. all()	如果给定轴上所有一个元素为真,则返回值为 true

以下代码是基于一个一维数组的示例:

```
In [55]: a = np.arange(1, 10)      #[1, 2, 3, 4, 5, 6, 7, 8, 9]
         print(a.sum())            #45
         print(a.prod())           #362880
         print(a.min())            #1
         print(a.argmin())         #0
         print(a.argmax())         #9
         print(a.max())            #9
         print(a.cumsum())         #[1 3 6 10 15 21 28 36 45]
         print(a.cumprod())        #[1 2 6 24 120 720 5040 40320 362880]
45
362880
1
0
8
9
[ 1 3 6 10 15 21 28 36 45]
[    1    2    6    24   120   720   5040   40320   362880]
```

以下代码是针对一个 4×4 的数组,分别在行列上演示统计函数:

```
In [56]: a = np.random.randint(100, size = (4,5))
         print("a = \n", a)

         #求每一行的最大值
         b = a.max(axis = 1)
         print("a 每一行的最大值是: ", b)

         #求每一列的和
         c = a.sum(axis = 0)
         print("a 每一列的和是:", c)

         #每一列的积
         c = a.prod(axis = 0)
         print("a 每一列的积是:", c)
```

```
#每一列累加
c = a.cumsum(axis = 0)
print("a 每一列累加和是:\n", c)
a =
[[15 50 97 92 16]
 [31 48 87 47 58]
 [55 8 39 86 85]
 [37 54 96 95 55]]
a 每一行的最大值是: [97 87 86 96]
a 每一列的和是: [138 160 319 320 214]
a 每一行的积是: [ 946275 1036800 31595616 35327080 4338400]
a 每一列累加和是:
[[ 15 50 97 92 16]
 [ 46 98 184 139 74]
 [101 106 223 225 159]
 [138 160 319 320 214]]
```

7.5　用 NumPy 处理代数问题

7.5.1　向量化计算

向量化计算是一种特殊的并行计算方式,相比于一般程序中显式地使用循环语句,将数据向量化可以使代码更加简洁、更易于维护。使用数组的目的就是能够使用向量化计算来对数据进行处理,7.4.3 节和 7.4.4 节已经介绍了基本运算和位运算的向量化。7.4.5 节则通过扩展特殊函数实现布尔运算的向量化。除此以外,NumPy 库中还重载了大量的数学运算函数,总结如表 7-8 所示。部分函数已经在前文中被使用过了,而且在后续的例子中还会被使用。

表 7-8　向量化函数

函　　数	描　　述
numpy.cos()、 numpy.sin()、 numpy.tan()	三角函数
numpy.arccos()、 numpy.arcsin()、 numpy.arctan()	反三角函数
numpy.cosh()、 numpy.sinh()、 numpy.tanh()	双曲三角函数
numpy.arccosh()、 numpy.arcsinh()、 numpy.arctanh()	反双曲三角函数
numpy.sqrt()	算术平方根
numpy.exp()	指数函数

函　　数	描　　述
numpy. log()、 numpy. log2()、 numpy. log10()	对数函数
numpy. around()、 numpy. floor()、 numpy. ceil()	取整函数

由于这些函数和 Math 库中的函数重名，因此在使用 NumPy 库和 Math 库时，都不要将库中所有成员一次性导入。建议最好仅仅导入库，连别名都不要使用。例如：import numpy, math。毕竟 Spyder 中的 code 编辑器拥有代码自动补齐功能（很多支持 Python 的编辑器也有类似补齐的功能），多出的字符并不会为代码输入带来额外的工作负担。这样做不仅可以避免名称冲突，而且在后续的代码中可以很清晰地看出函数或类的出处。

为了使我们自定义的函数也支持向量化运算，在函数内部尽量使用向量化函数。当需要进行数学运算时，必须使用 NumPy 库中重载的相关数学函数。

现在考虑为单位阶跃函数绘制函数曲线：

$$H(x) = \begin{cases} 0, & x < 0 \\ 1, & x \geqslant 0 \end{cases} \tag{7-1}$$

通常情况下我们会定义以下函数 H(x)：

```
In [57]: def H(x):
             return (0 if x < 0 else 1)
```

虽然比较运算符被 NumPy 库重载之后，支持向量化运算，但是由于 if 语句在判断时仅接收布尔值，因而 $H(x)$ 仅能接收标量入参，不是一个向量化的函数。在绘图之前，必须使用一个循环语句依次计算各点的数值。现在我们考虑实现一个向量化的版本 $H_v(x)$，代码如下：

```
In [58]: def Hv(x):
             return np.where(x < 0, 0, 1)
```

函数 numpy. where() 通过一条语句实现我们的功能。第 1 个入参正是阶跃函数的判别条件。第 2 个入参是表达式成立时赋给原数组相应元素的值。第 3 个入参是表达式不成立时赋给原数组相应元素的值。

接下来，我们使用刚刚的函数绘制阶跃函数的函数曲线，代码如下：

```
In [59]: import matplotlib.pyplot as plt

         x = np.linspace( -10, 10, 9)
         plt.plot(x, Hv(x), drawstyle = 'steps - post')
         plt.show()
```

代码执行结果如图 7-6(b)所示。如果不使用 drawstyle＝'steps-post' 参数，或者使用 drawstyle＝'default'，则会得到如图 7-6(a)所示的结果。

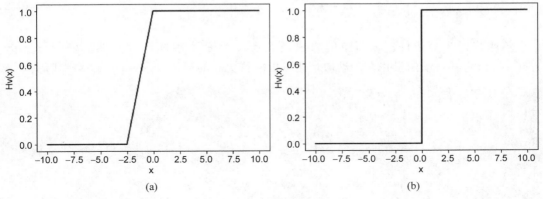

(a)   (b)

图 7-6   阶跃函数曲线

当然在 drawstyle 参数使用默认值时，我们也可以通过获取更多的采样点来逼近真实曲线。绘制函数图形时，采样点的多少有时非常关键，它会直接影响最终的绘图效果。图 7-7 是分别使用 10 个采样点和 100 个采样点所绘制的 $\sin(x)$ 的曲线。图 7-7(a)很难让人想到正弦函数。

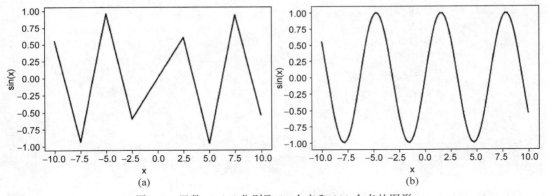

(a)   (b)

图 7-7   函数 $\sin(x)$ 分别取 10 个点和 100 个点的图形

有些情况下可能无法将某一个标量函数手动向量化，此时可以使用函数 numpy.vectorize()。numpy.vectorize()将返回一个向量化函数，这个向量化函数将 numpy 数组或某种对象的嵌套序列作为输入，并返回单个 NumPy 数组或 NumPy 数组的元组。

以下代码使用 numpy.vectorize()将 $H(x)$ 向量化：

```
In [60]: x = np.linspace( - 10, 10, 9)
         hv = np.vectorize(H)
         print(hv(x))
[0 0 0 0 1 1 1 1 1]
```

使用 numpy.vectorize()将某一函数自动向量化虽然很方便，但是它的运行效率往往不如手动向量化。应尽可能地手动对函数进行向量化。

我们再看一个向量化的例子，函数 $f(x)$ 是一个分段函数：

$$f(x) = \begin{cases} x+2, & x \leqslant -1 \\ x^2, & -1 < x < 2 \\ 2x, & x \geqslant 2 \end{cases} \tag{7-2}$$

该函数有 3 个条件。最简单的办法是实现一个标量版的 $F(x)$，然后使用 numpy. vectorize()将其自动向量化。手动向量化可以取得更高的运行效率，以下是示例代码：

```
In [61]: def Fv1(x):
             condition1 = x <= -1
             condition2 = np.logical_and(x > -1, x < 2)
             condition3 = x >= 2

             r = np.where(condition1, x + 2, 0.0)
             r = np.where(condition2, x ** 2, r)
             r = np.where(condition3, 2 * x, r)
         return r
```

以上代码中布尔运算使用的是函数 numpy. logical_and()，这是向量化的版本。
我们还可以使用布尔索引，以下是示例代码：

```
In [62]: def Fv2(x):
             condition1 = x <= -1
             condition2 = np.logical_and(x > -1, x < 2)
             condition3 = x >= 2

             r = np.zeros(len(x))
             r[condition1] = x[condition1] + 2
             r[condition2] = x[condition2] ** 2
             r[condition3] = 2 * x[condition3]
             return r
```

在物理中，一个波可以用下面的函数(7-3)表示：

$$W(x,t) = A\sin\left(\frac{2\pi}{\lambda}(x - vt)\right) \tag{7-3}$$

一个波遵循一个正弦函数，它由以下五项定义：

（1）x：位置。

（2）t：时间。

（3）A：波的振幅。

（4）λ：波长。

（5）v：波的速度。

首先，我们为波定义一个类，代码如下：

```
In [63]: class Wave():
             def __init__(self, amp, wl, v):
                 self.__amp = amp
                 self.__wl = wl
                 self.__v = v

             def get_wave(self, x, t = 0):
                 wave = self.__amp * np.sin((2 * np.pi/self.__wl)
                                             * (x - self.__v * t))

                 return wave

             @staticmethod
             def plot_wave(x, ax, wave):
                 ax.plot(x, wave)
```

接下来,创建一个波幅为 2、波长为 5、波速为 2 的实例,然后在区间[−10,10]绘制这个波在 time＝0 时刻的波形图,如图 7-8 所示,代码如下:

```
In [64]: x = np.linspace(-10, 10, 100)
         w1 = Wave(2, 5, 2)
         fig = plt.figure()
         w1.plot_wave(x, plt.gca(), w1.get_wave(x, 0))
         plt.show()
```

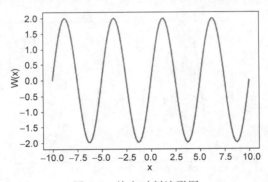

图 7-8 给定时刻波形图

现在准备好叠加两个波了,然后把它们加起来,绘制的波形图如图 7-9 所示,代码如下:

```
In [65]: sampling = 100
         x_range = -10, 10

         amplitudes = [1.7, 0.8]
         wavelengths = [4, 7.5]
         velocities = [2, 1.5]

         x = np.linspace(x_range[0], x_range[1], sampling)

         w1 = Wave(amplitudes[0], wavelengths[0], velocities[0])
```

```
w2 = Wave(amplitudes[1], wavelengths[1], velocities[1])

fig = plt.figure()
w1.plot_wave(x, plt.gca(), w1.get_wave(x, 0))
w2.plot_wave(x, plt.gca(), w2.get_wave(x, 0))
plt.show()
```

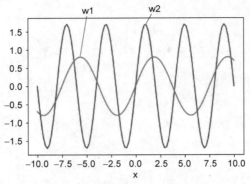

图 7-9　两个振幅和波长不同的波

接下来，将两个波叠加起来，叠加后的波形图如图 7-10 所示，代码如下：

```
In [66]: Wave.plot_wave(x, plt.gca(), w2.get_wave(x, 0) + w1.get_wave(x, 0))
```

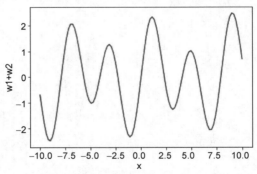

图 7-10　将两个振幅不同的波叠加起来

图 7-10 显示了波叠加在一起时的情况。接下来通过绘制不同时间 t 的叠加波设置这些波的运动，代码如下：

```
In [67]: % matplotlib auto

w1 = Wave(amplitudes[0], wavelengths[0], velocities[0])
w2 = Wave(amplitudes[1], wavelengths[1], velocities[1])

for time in np.arange(0, 40, 0.2):
    plt.clf() # Clear last figure
    Wave.plot_wave(x, plt.gca(),
            w2.get_wave(x, time) + w1.get_wave(x, time))
```

```
plt.ylim( - 3, 3)  # Fix the limits on the y - axis
plt.pause(0.1)  # Insert short pause to create animation
```

接下来,我们将编写一个程序模拟一个物体围绕固定轴做匀速转动。如果以固定点为源点,则物体转动的轨迹满足方程(7-4):

$$x^2 + y^2 = R^2 \tag{7-4}$$

因此,如果该物体的 x 位置已经设定,相应的 y 位置为

$$y = \pm\sqrt{R^2 - x^2}$$

下面的代码使用函数 numpy.linspace()生成一系列 x 坐标,然后绘制图。

```
In [68]: sampling = 50
         R = 50
         x_ = R * np.linspace( - 1, 1, sampling)
         y_ = np.sqrt(R ** 2 - x_ ** 2)
```

现在,我们有了物体运行轨迹的一半($y \geqslant 0$ 的部分)。接下来生成下半部分的数据,并与上半部分的数据合并,代码如下:

```
In [69]: x_return = x_[len(x_) - 2:0: - 1]
         y_return = - np.sqrt(R ** 2 - x_return ** 2)

         x_ = np.concatenate((x_, x_return))
         y_ = np.concatenate((y_, y_return))
```

x_的值现在是从 −50 到 0,然后又从 0 回到 −50。y_前半部分为正值,后半部分为负值。x_和 y_的散点图将给出物体运动的轨道,如图 7-11 所示,代码如下:

```
In [70]: plt.scatter(x_, y_)
         plt.axis("square")
         plt.show()
```

散点图显示了物体在轨道上的位置,在轨道的顶部和底部点靠得更近,但在左右两边则是分散的。如果想在轨道圆周上获得均匀分布的点,则需要创建一个非线性的 x 值数组。当一个点沿着圆形轨道匀速运动时,它在 X 轴上的投影呈正弦运动,所以可以通过改变 x 使它与 $\cos(x)$ 呈线性关系来修正这个问题,如图 7-12 所示,代码如下:

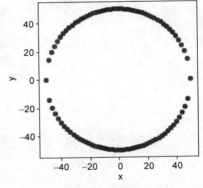

图 7-11 物体圆周运动轨迹

```
In [71]: x_ = R * np.cos(np.linspace( - np.pi, 0, sampling))
         x_return = x_[len(x_) - 2: 0: - 1]

         y_ = np.sqrt(R ** 2 - x_ ** 2)
         y_return = - np.sqrt(R ** 2 - x_return ** 2)
```

```
    x_ = np.concatenate((x_, x_return))
    y_ = np.concatenate((y_, y_return))

plt.scatter(x_, y_)
plt.axis("square")
plt.show()
```

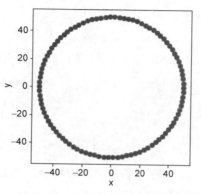

图 7-12   均匀分布的估计图

接下来使用生成的均匀分布坐标，绘制一个动图，代码如下：

```
In [72]: import matplotlib.animation
         %matplotlib auto
         sampling = 250

         #...

         fig, ax = plt.subplots()
         ax.set_aspect("equal")
         ax.set_axis_off()

         images = []
         for x_coord, y_coord in zip(x_, y_):
             img = ax.scatter(x_coord, y_coord, s = 250, c = "r")
             img2 = ax.scatter(0, 0, s = 1000, c = "y")
             images.append([img, img2])

         animation = matplotlib.animation.ArtistAnimation(fig,
                                                          images,
                                                          interval = 2.5,
                                                          blit = True
                                                          )
         plt.show()
```

7.5.2   向量和矩阵

我们可以将矩阵和向量视为特殊 NumPy 数组。一维数组是行向量，而二维数组为矩阵，只有 1 列的二维数组为列向量。NumPy 提供专门的函数和方法，可以用于进行向量和矩阵运算。

1．加减法

对 a 和 b 两个不同的向量，$a=(a_1,a_2,a_3,\cdots,a_n)$、$b=(b_1,b_2,b_3,\cdots,b_n)$，$a+b=(a_1+b_1,a_2+b_2,a_3+b_3,\cdots,a_n+b_n)$。

行列数相等的矩阵可以加减，具体算法如式(7-5)所示。

$$A=\begin{bmatrix} a_{11} & a_{12} & \cdots & a_{1n} \\ a_{21} & a_{22} & \cdots & a_{2n} \\ \vdots & \vdots & \ddots & \vdots \\ a_{m1} & a_{m2} & \cdots & a_{mn} \end{bmatrix} \quad B=\begin{bmatrix} b_{11} & b_{12} & \cdots & b_{1n} \\ b_{21} & b_{22} & \cdots & b_{2n} \\ \vdots & \vdots & \ddots & \vdots \\ b_{m1} & b_{m2} & \cdots & b_{mn} \end{bmatrix}$$

$$A+B=\begin{bmatrix} a_{11}+b_{11} & a_{12}+b_{12} & \cdots & a_{1n}+b_{1n} \\ a_{21}+b_{21} & a_{22}+b_{22} & \cdots & a_{2n}+b_{2n} \\ \vdots & \vdots & \ddots & \vdots \\ a_{m1}+b_{m1} & a_{m2}+b_{m2} & \cdots & a_{mn}+b_{mn} \end{bmatrix} \tag{7-5}$$

很显然，只需使用7.4.3节介绍过的普通数组加减运算符，便可以实现向量和矩阵的加减，示例代码如下：

```
In [73]: a = np.array([1, 2])
         b = np.array([3, 4])
         a + b        #求两向量和
Out[73]: array([4, 6])

In [74]: m1 = np.array([[1, 2], [3, 4]])
         m2 = np.array([[5, 6], [7, 8]])
         m1 + m2      #求两矩阵和

Out[74]:
array([[ 6, 8],
       [10, 12]])

In [75]: m1 - m2      #求两矩阵差
Out[75]:
array([[-4, -4],
       [-4, -4]])
```

2．标量乘/除法

向量/矩阵的标量乘是用标量与向量/矩阵相乘，除法是用标量去除矩阵或向量。根据7.4.6节的内容，NumPy首先会对参与运算的标量进行广播，产生相同大小的数组，然后使用该数组进行逐元素运算。以下代码实现向量/矩阵的标量乘法：

```
In [76]: 4 * a
Out[76]: array([4, 8])
```

```
In [77]: 4 * m1
Out[77]:
array([[ 4, 8],
       [12, 16]])
```

3. 向量内积

对两个等长向量执行点乘运算，就是对这两个向量对应位一一相乘之后求和的操作。如对于向量 $a=(a_1,a_2,a_3,\cdots,a_n)$ 和向量 $b=(b_1,b_2,b_3,\cdots,b_n)$，$n$ 阶向量点乘定义如式(7-6)所示。

$$a \cdot b = a_1b_1 + a_2b_2 + a_3b_3 + \cdots + a_nb_n \tag{7-6}$$

ndarray 的方法 ndarrpy.dot()或者 NumPy 库的函数 numpy.dot()都可用于向量点乘。示例代码如下：

```
In [78]: a.dot(b)
Out[78]: 11

In [79]: b.dot(a)
Out[79]: 11

In [80]: np.dot(a, b)
Out[80]: 11
```

4. 向量的外积

两个向量的外积，又被称为叉乘、叉积或向量积，其运算结果是一个向量而不是一个标量。假设 u、v 是三维空间的向量，u 和 v 的叉乘如式(7-7)所示。

$$u \times v = \begin{vmatrix} i & j & k \\ u_1 & u_2 & u_3 \\ v_1 & v_2 & v_3 \end{vmatrix} = i\begin{vmatrix} u_2 & u_3 \\ v_2 & v_3 \end{vmatrix} - j\begin{vmatrix} u_1 & u_3 \\ v_1 & v_3 \end{vmatrix} + k\begin{vmatrix} u_1 & u_2 \\ v_1 & v_2 \end{vmatrix}$$

$$= (u_2v_3 - u_3v_2, u_3v_1 - u_1v_3, u_1v_2 - u_2v_1) \tag{7-7}$$

函数 numpy.cross()用来计算两个向量的外积，参看示例代码：

```
In [81]: u = np.array([1, 2, 4])
         v = np.array([-1, 3, -4])
         print(np.cross(u, v))
         print(np.cross(v, u))
[-20  0  5]
[20  0  -5]
```

很显然，叉乘不支持乘法交换律。

5. 向量模

向量模也被称为向量在 n 维空间的长度。数学上的表示如式(7-8)所示。

$$\|a\| = \sqrt{a_1^2 + a_2^2 + \cdots + a_n^2} \tag{7-8}$$

我们可以编写一段简单代码计算向量 $a=(2,3,5)$ 的模，代码如下：

```
In [82]: a = np.array([2, 3, 5])
         print(np.sqrt(a.dot(a)))
6.164414002968976
```

6. 向量夹角

两个向量 u,v 之间的夹角由式(7-9)计算:

$$\cos(\theta) = \frac{u \cdot v}{\parallel u \parallel \cdot \parallel v \parallel} \tag{7-9}$$

以下代码求向量 $u=(1,2,3)$、$v=(1,1,1)$ 之间的夹角:

```
In [83]: u = np.array([1, 2, 3])
         v = np.array([1, 1, 1])
         ctheata = u.dot(v)/ np.sqrt(v.dot(v) * u.dot(u))
         np.arccos(ctheata) * 180 / np.pi
Out[83]: 22.207654298596495
```

7. 矩阵乘法

大小为 $m \times r$ 的矩阵 A 可以和大小为 $r \times n$ 的矩阵 B 相乘,结果是一个 $m \times n$ 的矩阵 C。其中

$$c_{ij} = a_{i1}b_{1j} + a_{i2}b_{2j} + \cdots + a_{ir}b_{rj} \tag{7-10}$$

c_{ij} 就是矩阵 A 的第 i 个行向量和矩阵 B 的第 j 个列向量的点乘。可以使用函数 numpy. dot()或者数组对象的 ndarray.dot()方法,代码如下:

```
In [84]: m1 = np.array([1, 9, -13, 20, 5, -6]).reshape(2, 3)
         m2 = np.arange(12).reshape((3,4))
         m1.dot(m2)
Out[84]:
array([[-68, -71, -74, -77],
       [-28, -9, 10, 29]])

In [85]: np.dot(m1, m2)
Out[85]:
array([[-68, -71, -74, -77],
       [-28, -9, 10, 29]])

In [86]: np.dot(m2, m1)
--------------------------------------------------------------------
ValueError                          Traceback (most recent call last)
<ipython-input-86-07e1c52db8bf> in <module>
----> 1 np.dot(m2, m1)

<__array_function__ internals> in dot(*args, **kwargs)

ValueError: shapes (3,4) and (2,3) not aligned: 4 (dim 1) != 2 (dim 0)
```

矩阵乘法不支持交换律,如果搞错了两个矩阵的位置,则程序执行时会引发错误。

这里需要注意函数 numpy. multiply()与算术运算符 * 不是数学意义上的矩阵乘法,它们是将大小相等的两个矩阵或形状相同的两个数组中位置对应的元素相乘。矩阵乘法以@为运算符,示例代码如下:

```
In [87]: m1 = np.array([1, 9, -13, 20, 5, -6]).reshape(2, 3)
         m2 = np.arange(12).reshape((3,4))
         m1 @ m2
Out[87]:
array([[-68, -71, -74, -77],
       [-28, -9, 10, 29]])
```

8. 转置矩阵

对于一个 $m \times n$ 的矩阵 $\boldsymbol{A}$,它的转置矩阵为 $n \times m$ 的矩阵 $\boldsymbol{A}^{\mathrm{T}}$。

$$\boldsymbol{A} = \begin{bmatrix} a_{11} & a_{12} & \cdots & a_{1n} \\ a_{21} & a_{22} & \cdots & a_{2n} \\ \vdots & \vdots & \ddots & \vdots \\ a_{m1} & a_{m2} & \cdots & a_{mn} \end{bmatrix} \quad \boldsymbol{A}^{\mathrm{T}} = \begin{bmatrix} a_{11} & a_{21} & \cdots & a_{m1} \\ a_{12} & a_{22} & \cdots & a_{m2} \\ \vdots & \vdots & \ddots & \vdots \\ a_{1n} & a_{2n} & \cdots & a_{mn} \end{bmatrix}$$

我们可以使用数组属性 T 获取矩阵的转置矩阵。也可以使用函数 numpy. transpose()或者 ndarray. transpose()方法来生成转置矩阵,参看以下代码:

```
In [88]: m1 = np.array([[1, 3],[2, 4]])
         m2 = m1.transpose()
         m3 = m1.T.copy(order = 'C')
         m4 = np.transpose(m1)
         print(m1)
         print(m2)
         print(m3)
         print(m4)
[[1 3]
 [2 4]]
[[1 2]
 [3 4]]
[[1 2]
 [3 4]]
[[1 2]
 [3 4]]
```

9. 共轭转置矩阵

函数 numpy. conjugate()(缩写形式为 numpy. conj)或者方法 ndarray. conjugate()用于返回数组每个元素的共轭复数。配合转置矩阵的方法,即可生成共轭转置矩阵,代码如下:

```
In [89]: m = np.array([[1, 2], [3, 4]])
         m = m - 1j * m
         print('原矩阵\n', m)
```

```
         mt = np.conjugate(np.transpose(m))
         print('共轭转置\n', mt)
         m @ mt
原矩阵
[[1. -1.j 2. -2.j]
 [3. -3.j 4. -4.j]]
共轭转置
[[1. +1.j 3. +3.j]
 [2. +2.j 4. +4.j]]
Out[89]:
array([[10. +0.j, 22. +0.j],
       [22. +0.j, 50. +0.j]])
```

10. 范数

函数 numpy. linalg. norm()用于求矩阵的范数,参数 ord 用于指定范数的秩。对于向量,2 范数即为向量的模。向量求模可以使用如下代码实现:

```
In [90]: b = np.array([3, 4])
         np.linalg.norm(b, ord = 2)
Out[90]: 5.0
```

11. 矩阵特征值

设 A 是 n 阶方阵,如果存在数 m 和非零 n 维列向量 x,使得 $Ax = mx$ 成立,则称 m 是 A 的一个特征值(characteristic value)或本征值(eigenvalue)。非零 n 维列向量 x 称为矩阵 A 的属于(对应于)特征值 m 的特征向量或本征向量,简称 A 的特征向量或 A 的本征向量。

函数 numpy. linalg. eig()可用于求 n 阶方阵的特征值和特征向量。示例代码如下:

```
In [91]: A = np.array([[3, -1], [-1, 3]])
         w, v = np.linalg.eig(A)
         print("特征值:", w)
         print("特征向量:", v)
特征值: [4. 2.]
特征向量: [[ 0.70710678 0.70710678]
 [ -0.70710678 0.70710678]]
```

需要注意的是:如本例所示,有时矩阵特征向量的值不止一个。对应的特征向量也会不止一个。

12. 矩阵的秩

在 $m×n$ 矩阵 A 中任取 k 行 k 列($k≤m,k≤n$,按照从上到下、从左到右的顺序),所得到的 k 阶行列式,称为 A 的 k 阶子式。矩阵 A 的秩就是 A 中不为 0 的子式的最高阶数,记作 $R(A)$。

函数 numpy. linalg. matrix_rank()用来计算矩阵的秩,示例代码如下:

```
In [92]: A = np.random.randint(1, 10, (4, 4))
         print(A)
```

```
        #matrix_rank 表示求矩阵的秩
        print(np.linalg.matrix_rank(A)) #4
        #将最后一行全部改成 0
        A[-1] = 0
        print(np.linalg.matrix_rank(A)) #3
[[4 3 9 2]
 [8 3 5 4]
 [6 6 8 7]
 [7 6 9 8]]
4
3
```

代码中使用函数 numpy.random.randint()随机生成了一个 4×4 矩阵 A。A 是一个方阵,如果其行列式不等于 0,则它的子式最高阶就是 4,也就是矩阵 A 本身,所以此时它的秩是 4,然后我们将最后一行变成了 0,显然 A 本身对应的行列式的值变成了 0,因此不存在不为 0 的 4 阶子式,而且 4 阶子式只有一个,就是 A 本身对应的行列式。既然 4 阶没有,那么就选取 3 阶,显然 3 阶是成立的。

13. 逆矩阵

一个函数的逆矩阵与其相乘的结果是单位矩阵。NumPy 线性代数模块中的函数 numpy.linalg.inv()可以被用来求一个矩阵的逆矩阵,代码如下:

```
In [93]: m = np.array([[1, 2], [3, 4]])
         np.linalg.inv(m)
Out[93]:
array([[-2., 1. ],
       [ 1.5, -0.5]])
```

函数 numpy.linalg.inv()用来求 n 阶方阵的逆矩阵。对于普通矩阵,可以使用 numpy.linalg.pinv()求它的逆矩阵,示例代码如下:

```
In [94]: A = np.random.randint(1, 10, (3, 2))

         #求逆矩阵使用 inv,如果不是方阵,则使用 pinv
         B = np.linalg.pinv(A)
         print(B)
         print((A @ B).round())
[[ 5.00000000e-01  -1.66666667e-01  -4.16333634e-17]
 [-5.71428571e-01   2.85714286e-01   1.42857143e-01]]
[[ 1. -0. 0.]
 [-0. 0. 0.]
 [ 0. 0. 1.]]
```

14. 行列式

行列式记作 $\det(A)$ 或 $|A|$,是一个在方块矩阵上得到的标量。对于简单的 2 阶或 3 阶矩阵,行列式的表达式相对简单。

2 阶行列式计算方法如下:

$$\begin{vmatrix} a & b \\ c & d \end{vmatrix} = ad - bc \tag{7-11}$$

n 阶行列式都可以通过化简成 2 阶行列式的方式求值,但是随着阶数增加,计算量将变得异常巨大。

NumPy 库中的 linalg 模块提供了可用于行列式计算的函数 numpy. linalg. det()。参看以下 8 阶行列式的计算代码:

```
In [95]: a = np.random.randint(1, 10, (8, 8))
         print(a)
         print(np.linalg.det(a).round())
[[7 5 7 4 7 4 8 4]
 [5 8 9 9 9 6 8 8]
 [8 1 1 2 7 7 2 4]
 [8 3 8 5 9 6 4 6]
 [3 2 4 4 6 9 1 5]
 [9 7 2 1 6 6 3 1]
 [5 9 4 5 7 4 3 8]
 [9 4 6 8 2 5 8 5]]
1283580.0
```

由于 NumPy 内部计算时使用的是浮点数,前文已经提过,严格意义上讲浮点数是一种近似,因此最终的结果会出现一点点误差,所以在输出最终结果前,应先使用 round 方法对结果进行四舍五入。

我们再通过一个 2 阶行列式的例子,看一看 NumPy 中由浮点数而引入的计算误差,代码如下:

```
In [96]: a = np.array([[5, 3], [2, 6]])
         print(a)
         print(np.linalg.det(a))
[[5 3]
 [2 6]]
23.999999999999993
```

理论上 $5 \times 6 - 3 \times 2 = 24$,而程序执行的结果与之有所偏差。后续会有章节专门介绍如何避免浮点数所引入的误差,以便提升计算精确度。

行列式的性质在数学上都有严格的证明。如果直观地体验它们,会帮助我们加深对它们的记忆。接下来,我们通过一些简单的代码验证行列式的一些性质。

(1) 行列式和它的转置行列式是相等的。参看以下代码:

```
In [97]: determinant = np.random.randint(1, 10, (5, 5))
         print(np.linalg.det(determinant).round(),
               np.linalg.det(determinant.T).round())
6676.0 6676.0
```

(2) 如果将行列式的某两行或者某两列交换位置,则行列式会变号。参看以下代码:

```
In [98]: determinant = np.random.randint(1, 10, (5, 5))
         determinant_1 = determinant.copy()

         #将第1行和第4行交换位置
         determinant_1[[0, 3]] = determinant_1[[3, 0]]
         print(np.linalg.det(determinant).round(),
               np.linalg.det(determinant_1).round())
-7176.0 7176.0
```

（3）如果行列式有两行或者两列完全相同,则此行列式的值为 0。参看以下代码:

```
In [99]: a = np.random.randint(1, 10, (5, 5))
         a[2] = a[0] #让第3行和第1行相同
         print(np.linalg.det(a).round()) #0.0
0.0
```

（4）若行列式的某一行或者某一列是另外两个数组对应列和行的元素之和,则该行列式等于两个行列式之和。参看如下代码:

```
In [100]: a = np.random.randint(1, 10, (4, 4))
          b = a.copy()
          c = a.copy()
          b[3] = b[3] + 1
          c[3] = b[3] + a[3]
          print(a)
          print(b)
          print(c)

          print(np.linalg.det(a).round() + np.linalg.det(b).round())
          print(np.linalg.det(c).round())
[[8 7 1 8]
 [9 2 7 8]
 [7 6 5 4]
 [6 9 1 1]]
[[ 8 7 1 8]
 [ 9 2 7 8]
 [ 7 6 5 4]
 [ 7 10 2 2]]
[[ 8 7 1 8]
 [ 9 2 7 8]
 [ 7 6 5 4]
 [13 19 3 3]]
864.0
864.0
```

（5）将行列式的某一行或者某一列乘上一个常数 k,然后加到另外的一行或者一列,行列式的值不变,代码如下:

```
In [101]: print(np.linalg.det(a).round())
          a[2] = a[1]+a[2]
          print(np.linalg.det(a).round())
500.0
500.0
```

（6）无论是上三角行列式还是下三角行列式，它们的值都等于主对角线上所有元素的乘积，代码如下：

```
In [102]: a = np.random.randint(1, 10, (5, 5))
          a = a - np.tril(a, -1)
          print(a)

          #行列式的值
          print(np.linalg.det(a).round())

          #求对角线元素乘积
          np.prod(np.diagonal(a))
[[3 7 9 2 3]
 [0 9 6 8 3]
 [0 0 6 4 4]
 [0 0 0 8 1]
 [0 0 0 0 3]]
3888.0
Out [102]: 3888
```

函数 numpy.tril() 用于获取数组的上三角或下三角，函数 numpy.diagonal() 用于获取数组对角线上的元素。

表 7-9 列出了 NumPy 库中常用的与数组运算相关的函数。表 7-10 列出本节所用到的 linalg 模块中的函数。

表 7-9　NumPy 数组运算相关函数

函　　数	描　　述
numpy.dot()	求两个数组的点积，即元素对应相乘
numpy.cross()	求两个数组叉乘
numpy.inner()	求两个数组的内积
numpy.outer()	求两个数组的外积
numpy.vdot()	求两个向量的点积
numpy.matmul()	求两个数组的矩阵积
numpy.kron()	求两个数组的张量积
numpy.tensordot()	沿两个数组指定轴求点积
numpy.conjugate()	按数组元求复共轭

表 7-10 linalg 常用库函数

函　　数	描　　述
numpy. linalg. matrix_power()	矩阵幂运算
numpy. linalg. det()	求方阵行列式的值
numpy. linalg. matrix_rank()	求矩阵的秩
numpy. linalg. eig()	求矩阵特征值和右特征向量
numpy. linalg. norm()	求矩阵或向量范数
numpy. linalg. inv()/pinv()	计算矩阵的(乘法)逆/伪逆
numpy. linalg. lstsq()	返回线性矩阵方程的最小二乘解

7.5.3　用 NumPy 求解线性方程组

对于线性方程组:

$$\begin{cases} a_{11}x_1 + a_{12}x_2 + \cdots + a_{1n}x_n = b_1 \\ a_{21}x_1 + a_{22}x_x + \cdots + a_{2n}x_n = b_2 \\ \qquad\qquad \vdots \\ a_{m1}x_1 + a_{m2}x_2 + \cdots + a_{mn}x_n = b_m \end{cases} \tag{7-12}$$

未知数的所有系数构成的 $m \times n$ 矩阵 A:

$$A = \begin{bmatrix} a_{11} & a_{12} & \cdots & a_{1n} \\ a_{21} & a_{22} & \cdots & a_{2n} \\ \vdots & \vdots & \ddots & \vdots \\ a_{m1} & a_{m2} & \cdots & a_{mm} \end{bmatrix} \tag{7-13}$$

所有的未知数构成一个列向量 x:

$$x = \begin{bmatrix} x_1 \\ x_2 \\ \vdots \\ x_n \end{bmatrix} \tag{7-14}$$

方程组中所有常数项也构成一个列向量 b:

$$b = \begin{bmatrix} b_1 \\ b_2 \\ \vdots \\ b_m \end{bmatrix} \tag{7-15}$$

此时原方程可以写成矩阵和向量相乘的模式:

$$Ax = b \tag{7-16}$$

如果 $m < n$,则线性方程组有多组解。如果 $m = n$,且 A 是一个满秩方阵,则方程组有唯一解。有的线性方程组虽然有唯一解,但是系数或常数项上的微小变化将会引起解的巨大差异,这种线性方程组被称为病态线性方程组。

例如方程组

$$\begin{cases} 2x + y = 3 \\ 2x + 1.001y = 0 \end{cases} \tag{7-17}$$

的解为 $x = 1501.5, y = -3000$。如果方程组的系数发生很细微的变化：

$$\begin{cases} 2x + y = 3 \\ 2x + 1.002y = 0 \end{cases} \tag{7-18}$$

则解变成了 $x = 751.5, y = -1500$。可以发现系数 0.1% 的变化引发解上 100% 的变化。

病态方程组系数矩阵的行列式往往具有很小的值，例如以上方程组的系数行列式的值为 0.002。

病态方程组的数值解是不可信的。因为求解过程中不可避免的舍入误差等价于在系数矩阵中引入微小的变化。这反过来又在解决方案中引入了较大的误差，误差的大小取决于病态的严重程度。在可疑情况下，应计算系数矩阵的行列式，以便估计病态程度。

1. 高斯消元法

利用矩阵解线性方程组的算法有很多种，首先让我们看一看高斯消元法。高斯消元法的核心思想是将由系数和常数项组成的增广矩阵经行变换转换成以下形式：

$$[\boldsymbol{A} \mid \boldsymbol{b}] = \begin{bmatrix} A_{11} & A_{12} & A_{13} & \cdots & A_{1n} & b_1 \\ 0 & A_{22} & A_{23} & \cdots & A_{2n} & b_2 \\ 0 & 0 & A_{33} & \cdots & A_{3n} & b_3 \\ \vdots & \vdots & \vdots & \ddots & \vdots & \vdots \\ 0 & 0 & 0 & \cdots & A_{nn} & b_n \end{bmatrix} \tag{7-19}$$

此时通过最后一个方程 $A_{nn}x_n = b_n$，可以求得

$$x_n = \frac{b_n}{A_{nn}} \tag{7-20}$$

现在从 x_n 开始进行反向替换，可得

$$x_k = \left(b_k - \sum_{j=k+1}^{n} A_{kj}x_j \right) \frac{1}{A_{kk}}, \quad k = n-1, n-2, \cdots, 1 \tag{7-21}$$

以下代码即为以上算法的 Python 实现：

```
In [103]: def gauss_elimin(a, b):
          '''
          高斯消元法解线性方程组

          参数
          ___
          a: float NumPy array
              系数参数矩阵
          b: float NumPy array
              常数项矩阵

          返回值
          _____
          b: float NumPy array
```

```
            解矩阵
            '''
            n = len(b)

            '''
            高斯消元
            λ = A[i,k] / A[k,k]
            A[i,j] ← A[i,j] − λA[k,j], j = k, k + 1, …, n
            b[i] ← b[i] − λb[k]
            '''
            for k in range(0, n−1):
                for i in range(k + 1, n):
                    if a[i,k] != 0.0:
                        lam = a[i,k]/a[k,k]
                        a[i,k:n] = a[i,k:n] − lam * a[k,k:n]
                        b[i] = b[i] − lam * b[k]
            '''
            反向替换
            A[k,k]x[k] + A[k,k + 1]x[k + 1] + ⋯ + A[k,n]x[n] = b[k]
            '''
            for k in range(n − 1, − 1, − 1):
                b[k] = (b[k] − np.dot(a[k,k + 1:n],b[k + 1:n]))/a[k,k]
            return b

        a = np.array([[4, −2, 1],
                      [−2, 4, −2],
                      [1, −2, 4]], dtype = float)
        b = np.array([11, −16, 17], dtype = float)
        c = gauss_elimin(a, b)
        c
Out[103]: array([ 1., −2., 3.])
```

由于 NumPy 对于向量运算的支持，因此常数项可以包含不止一组数据，这样可以同时求两组具有相同系数的不同方程组的解，以下代码中：

$$\boldsymbol{A} = \begin{bmatrix} 6 & -4 & 1 \\ -4 & 6 & -4 \\ 1 & -4 & 6 \end{bmatrix} \quad \boldsymbol{B} = \begin{bmatrix} -14 & 22 \\ 36 & -18 \\ 6 & 7 \end{bmatrix}$$

```
In [104]: a = np.array([[6, −4, 1],
                        [−4, 6, −4],
                        [1, −4, 6]], dtype = float)
          b = np.array([[−14, 22],
                        [36, −18],
                        [6, 7]], dtype = float)
          gauss_elimin(a, b)
Out[104]:
array([[ 1.00000000e + 01, 3.00000000e + 00],
       [ 2.20000000e + 01, −1.00000000e + 00],
       [ 1.40000000e + 01, −1.77635684e − 16]])
```

2. LU 消元法

系数方阵 A 可以表示为下三角矩阵 L 和上三角矩阵 U 的乘积：$A = LU$。方阵 A 可能的 LU 分解不是唯一的（对于规定的 A、L 和 U 的组合是无限的），除非在 L 或 U 上施加了某些约束。

Doolittle 分解中的约束为 $L_{ii} = 1, i = 1, 2, \cdots, n$。$3 \times 3$ 的矩阵 A 可以分解成如下形式：

$$L = \begin{bmatrix} 1 & 0 & 0 \\ L_{21} & 1 & 0 \\ L_{31} & L_{32} & 1 \end{bmatrix} \quad U = \begin{bmatrix} U_{11} & U_{12} & U_{13} \\ 0 & U_{22} & U_{23} \\ 0 & 0 & U_{33} \end{bmatrix} \tag{7-22}$$

由于 $A = LU$，所以 A 可以写成以下形式：

$$A = \begin{bmatrix} U_{11} & U_{12} & U_{13} \\ U_{11}L_{21} & U_{11}L_{21} + U_{22} & U_{11}L_{21} + U_{23} \\ U_{11}L_{31} & U_{11}L_{31} + U_{22}L_{32} & U_{11}L_{31} + U_{22}L_{32} + U_{33} \end{bmatrix} \tag{7-23}$$

式(7-23)可经由以下 Doolittle 变换转换成上三角矩阵 U。

$\text{row2} \leftarrow \text{row2} - L_{21} \times \text{row1}$（消除 A_{21}）

$\text{row3} \leftarrow \text{row3} - L_{31} \times \text{row1}$（消除 A_{31}）

$\text{row3} \leftarrow \text{row3} - L_{32} \times \text{row2}$（消除 A_{32}）

Doolittle 分解具有以下两个特点：

(1) 上三角矩阵 U 由高斯消元法产生。

(2) 下三角矩阵 L 的非对角线元素为高斯消除过程中 A 矩阵中同一位置元素相对于主元素的倍数。

通常的做法是在做高斯消元时，将主元素的倍数存储在原系数矩阵的下三角部分（用 L_{ij} 替换掉 A_{ij}）。系数矩阵的最终形式将是 L 和 U 的混合：

$$[L \backslash U] = \begin{bmatrix} U_{11} & U_{12} & U_{13} \\ L_{21} & U_{22} & U_{23} \\ L_{31} & L_{32} & U_{33} \end{bmatrix} \tag{7-24}$$

因此 Doolittle 分解的算法与高斯消元相同，除了每个乘数 λ 存储在 A 的下三角部分中，代码如下：

```
In [105]: def LUdecomp(a):
          '''
          Doolittle 变换
          将系数矩阵 A 转换成[L\\U]的形式
          (1) 上三角矩阵 U 由高斯消元法产生。
          (2) 下三角矩阵 L 的非对角线元素为高斯消元过
              程中 A 矩阵中同一位置元素相对于主元素的倍数。

          参数
          ___
          a: float NumPy array
              系数参数矩阵
```

```
            返回值
            _____
            a: float NumPy array
                L 和 U 的混合矩阵[L\\U]
            '''
            n = len(a)

            for k in range(0, n-1):
                for i in range(k+1, n):
                    if a[i,k] != 0.0:
                        lam = a[i,k]/a[k,k]
                        a[i,k+1:n] = a[i,k+1:n] - lam * a[k,k+1:n]
                        a[i,k] = lam
            return a

        def LUsolve(a, b):
            '''
            LU 分解法解线性方程

            参数
            ___
            a: float NumPy array
                经 Doolittle 变换过后的系数矩阵
            b: float NumPy array
                常系数矩阵

            返回值
            _____
            b: float NumPy array
                线性方程的解
            '''
            n = len(a)
            for k in range(1,n):
                b[k] = b[k] - np.dot(a[k,0:k],b[0:k])
            b[n-1] = b[n-1]/a[n-1,n-1]
            for k in range(n-2, -1, -1):
                b[k] = (b[k] - np.dot(a[k,k+1:n],b[k+1:n]))/a[k,k]
            return b

        a = np.array([[6, -4, 1],
                      [-4, 6, -4],
                      [1, -4, 6]], dtype = float)
        b = np.array([[-14, 22],
                      [36, -18],
                      [6, 7]], dtype = float)
        a = LUdecomp(a)
        LUsolve(a,b)
Out[105]:
array([[10., 3.],
       [22., -1.],
       [14., 0.]])
```

3. 对称带状系数矩阵

实际工程中遇到的系数矩阵常常是稀疏填充,这意味着矩阵的大多数元素为 0。如果所有非零项都围绕前导对角线聚类,则称该矩阵为带状矩阵。

$$A = \begin{bmatrix} X & X & 0 & 0 & 0 & 0 \\ X & X & X & 0 & 0 \\ 0 & X & X & X & 0 \\ 0 & 0 & X & X & X \\ 0 & 0 & 0 & X & X \end{bmatrix} \tag{7-25}$$

其中 X 表示构成填充区域的非零元素(其中某些元素可能为零)。位于频带外的所有元素均为零。该带状矩阵的带宽为 3,因为每行(或列)中最多有 3 个非零元素。这样的矩阵称为三对角线矩阵。对于一个 $n \times n$ 的三对角线矩阵:

$$A = \begin{bmatrix} d_1 & e_1 & 0 & \cdots & 0 \\ c_1 & d_2 & e_2 & \cdots & 0 \\ 0 & c_2 & d_3 & \cdots & 0 \\ \vdots & \vdots & \vdots & \ddots & \vdots \\ 0 & 0 & \cdots & c_{n-1} & d_n \end{bmatrix} \tag{7-26}$$

正如符号所暗示的,我们可以将 A 的非零元素存储在向量中:

$$c = \begin{bmatrix} c_1 \\ c_2 \\ \vdots \\ c_{n-1} \end{bmatrix} \quad d = \begin{bmatrix} d_1 \\ d_2 \\ \vdots \\ d_{n-1} \\ d_n \end{bmatrix} \quad e = \begin{bmatrix} e_1 \\ e_2 \\ \vdots \\ e_{n-1} \end{bmatrix} \tag{7-27}$$

这样可以节省大量存储空间。例如,包含 10 000 个元素的 100×100 三对角线矩阵只需存储在 $99 + 100 + 99 = 298$ 个位置中,这样压缩比约为 33:1。

不仅存储空间得到压缩,LU 消元法的实现也能被简化,代码如下:

```
In [106]: def LUdecomp3(c, d, e):
              '''
              针对 3 对角线矩阵的 Doolittle 变换

              参数
              ___
              c: float NumPy vector
                  下对角线元素组成的向量
              d: float NumPy vector
                  对角线元素组成的向量
              e: float NumPy vector
                  上对角线元素组成的向量

              返回值
              _____
              c: float NumPy vector
                  Doolittle 变换后的下对角线元素
```

```
        d: float NumPy vector
            Doolittle 变换后的对角线元素
        e: float NumPy vector
            Doolittle 变换后的上对角线元素
    '''
    n = len(d)
    for k in range(1,n):
        lam = c[k-1]/d[k-1]
        d[k] = d[k] - lam * e[k-1]
        c[k-1] = lam
    return c,d,e

def LUsolve3(c, d, e, b):
    '''
    LU 消元法解线性方程

    参数
    ———
    c: float NumPy vector
        Doolittle 变换后的下对角线元素
    d: float NumPy vector
        Doolittle 变换后的对角线元素
    e: float NumPy vector
        Doolittle 变换后的上对角线元素
    b: float NumPy array
        常系数矩阵

    返回值
    ——————
    b: float NumPy array
        线性方程的解
    '''

    n = len(d)
    for k in range(1,n):
        b[k] = b[k] - c[k-1] * b[k-1]
    b[n-1] = b[n-1]/d[n-1]
    for k in range(n-2, -1, -1):
        b[k] = (b[k] - e[k] * b[k+1])/d[k]
    return b
```

现在用以上定义的函数解方程组 $AX = b$：

$$
A = \begin{bmatrix} 2 & -1 & 0 & 0 & 0 \\ -1 & 2 & -1 & 0 & 0 \\ 0 & -1 & 2 & -1 & 0 \\ 0 & 0 & -1 & 2 & -1 \\ 0 & 0 & 0 & -1 & 2 \end{bmatrix} \quad b = \begin{bmatrix} 5 \\ -5 \\ 4 \\ -4 \\ 5 \end{bmatrix} \tag{7-28}
$$

代码如下：

```
In [107]: d = np.ones((5)) * 2.0
          c = np.ones((4)) * (-1.0)
          b = np.array([5.0, -5.0, 4.0, -4.0, 5.0])
          e = c.copy()
          c, d, e = LUdecomp3(c, d, e)
          LUsolve3(c, d, e, b)
Out[107]: array([ 2., -1., 1., -1., 2.])
```

4. 行变换

有时,方程式在求解算法中的显示顺序对结果有深远影响。例如,考虑以下方程组:

$$\begin{cases} 2x_1 - x_2 = 1 \\ -x_1 + 2x_2 - x_3 = 0 \\ -x_2 + x_3 = 0 \end{cases} \tag{7-29}$$

该方程组的增广矩阵为

$$[\boldsymbol{A} \mid \boldsymbol{b}] = \begin{bmatrix} 2 & -1 & 0 & \big| & 1 \\ -1 & 2 & -1 & \big| & 0 \\ 0 & -1 & 1 & \big| & 0 \end{bmatrix} \tag{7-30}$$

方程组(7-29)中方程的顺序是"正确的",我们可以通过高斯或LU消元法获得正确的解 $x_1 = x_2 = x_3 = 1$。现在假设我们交换第1个和第3个方程,所以增广矩阵变成

$$[\boldsymbol{A} \mid \boldsymbol{b}] = \begin{bmatrix} 0 & -1 & 1 & \big| & 0 \\ -1 & 2 & -1 & \big| & 0 \\ 2 & -1 & 0 & \big| & 1 \end{bmatrix} \tag{7-31}$$

因为我们没有改变方程组(只是顺序改变了),所以解仍然是 $x_1 = x_2 = x_3 = 1$。然而由于存在零主元素(元素 A_{11}),高斯消元法会立即失败。这个例子表明,有时在消元阶段对方程重新排序是必不可少的。即左使主元素不为零,但在与其他行中的枢轴元素相比非常小时,也需要重新排序,如以下等式所示:

$$[\boldsymbol{A} \mid \boldsymbol{b}] = \begin{bmatrix} \varepsilon & -1 & 1 & \big| & 0 \\ -1 & 2 & -1 & \big| & 0 \\ 2 & -1 & 0 & \big| & 1 \end{bmatrix} \tag{7-32}$$

该增广矩阵中第一行的第一个元素虽然不为0,但是一个非常小的数。经第一次消元后,增广矩阵变为

$$[\boldsymbol{A} \mid \boldsymbol{b}] = \begin{bmatrix} \varepsilon & -1 & 1 & \bigg| & 0 \\ 0 & 2 - \dfrac{1}{\varepsilon} & -1 + \dfrac{1}{\varepsilon} & \bigg| & 0 \\ 0 & -1 + \dfrac{2}{\varepsilon} & -\dfrac{2}{\varepsilon} & \bigg| & 1 \end{bmatrix} \tag{7-33}$$

由于 ε 的值非常小,因此在计算过程中,$2 - 1/\varepsilon$ 会近似为 $-1/\varepsilon$,$-1 + 1/\varepsilon$ 则近似为 $1/\varepsilon$,而 $-1 + 2/\varepsilon$ 近似为 $2/\varepsilon$。最终增广矩阵近似为

$$[A' \mid b'] = \begin{bmatrix} \varepsilon & -1 & 1 & \bigm| & 0 \\ 0 & -\dfrac{1}{\varepsilon} & \dfrac{1}{\varepsilon} & \bigm| & 0 \\ 0 & \dfrac{2}{\varepsilon} & -\dfrac{2}{\varepsilon} & \bigm| & 1 \end{bmatrix} \tag{7-34}$$

很显然矩阵 A' 的行列式为 0,求解过程会失败。这个例子说明了一个极端情况,即 ε 的值非常小,所以舍入误差会导致解完全失效。如果我们使 ε 稍微大一些,虽然这样解就不会再"爆炸"了,但是舍入误差可能仍然大得足以使解变得不可靠,因此,为解决这个问题,需要对矩阵的行进行转换。

首先需要了解什么是元素的相对尺寸。假设 s_i 为矩阵第 i 行最大的元素,则该行的每个元素的绝对值与之相除都会产生一个比率:

$$r_{ij} = \frac{\mid A_{ij} \mid}{s_i} \tag{7-35}$$

r_{ij} 即为该元素的相对尺寸。每行中最大的相对尺寸为 1,即最大的元素。

带转换的消元算法是:假设消元进行到第 k 行,先不以 A_{kk} 为枢轴元素。需要将其与同一列的后续元素做比较,选出最大相对尺寸的元素,并将该元素所在的行(假设第 p 行)和第 k 行进行交换。

首先,我们需要实现 3 个辅助性的函数,用于进行错误处理和行列交换,代码如下:

```
In [108]: import sys
         def err(string):
             '''错误处理
             输出错误信息,停止当前程序执行

             参数
             ____
             string: string
                 错误信息

             返回值
             _____
                 无
             '''
             print(string)
             input('Press return to exit')
             sys.exit()

         def swap_rows(v, i, j):
             '''
             交换矩阵中的两行

             本函数可以扩展到多维,i、j 分别
             为 n 维数组第 1 个维度上的两个索引
```

```
            参数
            ___
            v: NumPy array
                矩阵
            i: int
                待交换行号
            j: int
                待交换列号

            返回值
            _____
                无

            '''
            if len(v.shape) == 1:
                v[i],v[j] = v[j],v[i]
            else:
                v[[i,j],:] = v[[j,i],:]

def swap_cols(v,i,j):
    '''
    交换矩阵中的两列

    本函数可以扩展到多维,i、j分别
    为n维数组第1个维度上的两个索引

    参数
    ___
    v: NumPy array
        矩阵
    i: int
        待交换行号
    j: int
        待交换列号

    返回值
    _____
        无

    '''
    v[:,[i,j]] = v[:,[j,i]]
```

以下代码是增加了枢轴元素选取的高斯消元法:

```
In [109]: def gauss_pivot(a, b, tol = 1.0e - 12):
          '''
```

```
        增加了枢轴元素选取的高斯消元法
        解线性方程组

        参数
        ＿＿＿
        a: float NumPy array
            系数参数矩阵
        b: float NumPy array
            常数项矩阵
        tol: float
            用来判断矩阵是否存在奇异值

        返回值
        ＿＿＿＿＿＿
        b: float NumPy array
            解矩阵
        '''
        n = len(b)

        ＃缩放比
        s = np.zeros(n)
        for i in range(n):
            s[i] = max(np.abs(a[i,:]))

        for k in range(0,n－1):
            ＃判断是否需要行交换
            p = np.argmax(np.abs(a[k:n,k])/s[k:n]) + k
            if abs(a[p,k]) < tol: err('矩阵是奇异的')

            if p != k:
                swap_rows(b,k,p)
                swap_rows(s,k,p)
                swap_rows(a,k,p)

            ＃消元
            for i in range(k+1,n):
                if a[i,k] != 0.0:
                    lam = a[i,k]/a[k,k]
                    a[i,k+1:n] = a[i,k+1:n] － lam * a[k,k+1:n]
                    b[i] = b[i] － lam * b[k]

        if abs(a[n－1,n－1]) < tol: err('矩阵是奇异的')

        ＃后向替换
        b[n－1] = b[n－1]/a[n－1,n－1]
        for k in range(n－2, －1, －1):
            b[k] = (b[k] － np.dot(a[k,k+1:n],b[k+1:n]))/a[k,k]

    return (b)
```

现在用以上代码解方程组 $Ax = b$，其中，

$$A = \begin{bmatrix} 2 & -2 & 6 \\ -2 & 4 & 3 \\ -1 & 8 & 4 \end{bmatrix} \quad b = \begin{bmatrix} 16 \\ 0 \\ 1 \end{bmatrix} \tag{7-36}$$

```
In [110]: a = np.array([[2, -2, 6],
                        [-2, 4, 3],
                        [-1, 8, 4]], dtype = float)
          b = np.array([16, 0, 1], dtype = float)
          gauss_pivot(a, b)
Out[110]: array([ 1.6122449, -0.63265306, 1.91836735])
```

接下来的代码为 LU 消元法增加了枢轴元素选取：

```
In [111]: def LUdecomp(a, tol = 1.0e-9):
              '''
              增加了枢轴元素选取的 Doolittle 变换
              将系数矩阵 A 转换成[L\U]的形式
              (1) 上三角矩阵 U 由高斯消元法产生。
              (2) 下三角矩阵 L 的非对角线元素为高斯消元过程中
                  A 矩阵中同一位置元素相对于主元素的倍数。

              参数
              ---
              a: float NumPy array
                  系数参数矩阵
              tol: float
                  用来判断矩阵是否存在奇异值

              返回值
              ------
              a: float NumPy array
                  L 和 U 的混合矩阵[L\U]
              seq: int array
                  原矩阵中每一行在新矩阵中的排列
              '''
              n = len(a)
              seq = np.array(range(n))

              # 缩放系数
              s = np.zeros((n))
              for i in range(n):
                  s[i] = max(abs(a[i,:]))

              for k in range(0, n-1):
                  # 判断是否需要行变换
                  p = np.argmax(np.abs(a[k:n, k])/s[k:n]) + k
                  if abs(a[p, k]) < tol: error.err('奇异矩阵')
                  if p != k:
```

```python
                    swap_rows(s,k,p)
                    swap_rows(a,k,p)
                    swap_rows(seq,k,p)

            # 消元
            for i in range(k + 1,n):
                if a[i,k] != 0.0:
                    lam = a[i,k]/a[k,k]
                    a[i,k + 1:n] = a[i,k + 1:n] - lam * a[k,k + 1:n]
                    a[i,k] = lam
    return a, seq

def LUsolve(a, b, seq):
    '''
    LU 分解法解线性方程

    参数
    ---
    a: float NumPy array
        经 Doolittle 变换过后的系数矩阵
    b: float NumPy array
        常系数向量
    seq: int array
        原始系数矩阵每一行新的排列

    返回值
    ------
    b: float NumPy array
        线性方程的解
    '''
    n = len(a)

    # 重新排列常系数向量
    x = b.copy()
    for i in range(n):
        x[i] = b[seq[i]]

    # 求解
    for k in range(1,n):
        x[k] = x[k] - np.dot(a[k,0:k],x[0:k])
    x[n - 1] = x[n - 1]/a[n - 1,n - 1]
    for k in range(n - 2, - 1, - 1):
        x[k] = (x[k] - np.dot(a[k,k + 1:n],x[k + 1:n]))/a[k,k]
    return x
```

现在使用新的函数解同样的方程,代码如下:

```python
In [112]: a = np.array([[2, - 2, 6],
                        [ - 2, 4, 3],
```

```
                     [ - 1, 8, 4]], dtype = float)
          b = np.array([16, 0, 1], dtype = float)
          a, s = LUdecomp(a)
          LUsolve(a, b, s)
Out[112]: array([ 1.6122449, - 0.63265306, 1.91836735])
```

5. 利用逆矩阵

方程组的解可以通过在方程组两边同时乘以矩阵 A 的逆矩阵 A^{-1} 得到,即

$$A^{-1}Ax = A^{-1}b$$
$$Ix = x = A^{-1}b \tag{7-37}$$

现在我们解一个具体的线性方程组:

$$\begin{cases} 2x + y - 2z = -3 \\ 3x + z = 5 \\ x + y - z = -2 \end{cases} \tag{7-38}$$

参看以下代码:

```
In [113]: A = np.array([[2,1, - 2],[3,0,1],[1,1, - 1]])    # 系数矩阵
          b = np.transpose(np.array([[ - 3,5, - 2]]))      # 常量是列向量
          a = np.linalg.inv(A)                             # 求 A 的逆矩阵
          a.dot(b)                                         # 此处注意:a 左乘 b
Out[113]:
array([[ 1.],
       [ - 1.],
       [ 2.]])
```

这里需要注意系数矩阵的逆矩阵和常数向量相乘的位置顺序。

6. linalg.solve 函数

前面的例子主要是为了说明线性方程矩阵解法的数学原理,在实际应用中可以使用 linalg 模块的函数 numpy.linalg.solve() 来解线性方程组。该函数用来求解线性矩阵方程或线性标量方程组。对于满秩的线性矩阵方程 $Ax = b$,该函数能够求出"确定"解 x。以下代码使用该函数求式(7-38)的解:

```
In [114]: np.linalg.solve(A, b)
Out[114]:
array([[ 1.],
       [ - 1.],
       [ 2.]])
```

在使用函数 numpy.linalg.solve() 时,不要求常数向量一定是列向量,参看以下解方程组的代码:

$$\begin{cases} 3x + y = 9 \\ x - y = 1 \end{cases} \tag{7-39}$$

```
In [115]: a = np.array([[3, 1], [1, -1]])
          b = np.array([9, -1])
          np.linalg.solve(a, b)
Out[115]: array([2., 3.])
```

可以用函数 numpy.allclose() 验证刚刚的解是否正确，代码如下：

```
In [116]: r = np.linalg.solve(a, b)
          np.allclose(np.dot(a, r), b)
Out[116]: True
```

函数 numpy.allclose() 并非进行精确比较。它只是比较两个数组的差异是否在一个指定的范围之内。如果两个数组的差异在指定范围之内（默认的相对公差值 1e−5，绝对公差 1e−8），则该函数的返回值为 true，否则返回值为 false。

7. 方阵的逆和线性方程组的解

n 阶方阵 A 的逆 X 满足以下方程式：

$$AX = I \tag{7-40}$$

其中 I 是 n 阶单位矩阵。上式可以被拆成 n 组 n 阶线性方程组，X 则是由 n 个方程组的解组成的 n 阶方阵，因此求 X 就变成了求解 n 阶线性方程组，代码如下：

```
In [117]: def mat_inv(a):
              '''
              求矩阵 a 的逆

              参数
              ____
              a: NumPy array
                  n 阶矩阵

              返回值
              _____
              inv:
                  矩阵 a 的逆
              '''
              n = len(a[0])
              inv = np.identity(n)
              a, seq = LUdecomp(a)
              for i in range(n):
                  inv[:, i] = LUsolve(a, inv[:,i], seq)
              return inv
```

现使用以上函数求矩阵 A 的逆，矩阵 A 为

$$A = \begin{bmatrix} 0.6 & -0.4 & 1.0 \\ -0.3 & 0.2 & 0.5 \\ 0.6 & -1.0 & 0.5 \end{bmatrix} \tag{7-41}$$

代码如下：

```
In [118]: a = np.array([[ 0.6, -0.4, 1.0],\
                        [-0.3, 0.2, 0.5],\
                        [ 0.6, -1.0, 0.5]])
          orig = a.copy()          # Save original [a]
          inv = mat_inv(a)         # Invert [a] (original [a] is destroyed)
          print("\ninv = \n",inv)
          print("\nCheck: a * inv = \n", np.dot(orig, inv))
inv =
[[ 1.66666667   -2.22222222   -1.11111111]
 [ 1.25         -0.83333333   -1.66666667]
 [ 0.5           1.            0.        ]]

Check: a * inv =
[[ 1.00000000e+00   -4.44089210e-16   -1.11022302e-16]
 [ 0.00000000e+00   1.00000000e+00    5.55111512e-17]
 [ 0.00000000e+00   -3.33066907e-16   1.00000000e+00]]
```

8. 迭代法求近似解

之前介绍的方法是直接求解。这些方法的共同特征是它们使用有限数量的运算来求解。如果计算机具有无限的精度(没有舍入错误),则解决方案将是准确的。本节介绍的迭代法是一种间接求解的方法。迭代法从对 x 的初始猜测开始,然后通过不断迭代来改善解,直到两次迭代间解的更改可以忽略不计。因为所需的迭代次数可能很大,所以间接方法通常比直接方法慢。但是,迭代方法具有以下两个优点,这些优点使它们对于某些问题具有吸引力:

(1) 迭代法可以只存储矩阵中的非零元素。对于非带状的大型稀疏矩阵,这样可以节省大量的存储空间。

(2) 迭代过程是自校正的,这意味着一个迭代循环中的舍入误差(甚至算术错误)在随后的循环中被修正。

迭代方法的一个严重缺点是它们并不总是收敛于解。只有在系数矩阵对角占优势的情况下,才能保证收敛。x 的最初猜测在确定是否会发生收敛中不起作用。初始猜测仅影响收敛所需的迭代次数。

迭代算法有很多种,下面简要介绍高斯-塞德尔(Gauss-Seidel)方法。

线性方程组 $\boldsymbol{AX} = \boldsymbol{b}$ 的解用标量表示为

$$x_i = \frac{1}{A_{ii}}\left(b_i - \sum_{\substack{j=1 \\ j \neq i}}^{n} A_{ii}x_j\right), \quad i = 1, 2, \cdots, n \tag{7-42}$$

如果原方程组的解向量 x 不容易被猜出,可以使用一个随机向量。接下来使用式(7-42)重新计算向量 $\boldsymbol{x}$ 中的每个元素。重复该过程,直到连续迭代周期之间的 $\boldsymbol{x}$ 变化足够小。

以下是代码实现:

```
In [119]: def gauss_seidel(a, b, x0, iters = 1000):
              '''
              Gauss_Seidel 迭代
```

```
        参数
        ----
        a: float Matrix
            系数矩阵
        b: float vector
            常数向量
        x0:float vector
            解的初始值
        iters: int
            迭代次数,默认为 1000 次

        返回值
        ------
        x:float vector
            解向量
        '''

        m, n = a.shape
        x = x0
        if m != n:
            raise ValueError("输入必须是方阵!")

        for k in range(iters):
            # 进行迭代
            x_i_old = x.copy()
            for i in range(n):
                sum_new = (a[i, : i] * x[: i]).sum()
                sum_old = (a[i, i + 1:] * x[i + 1:]).sum()
                x[i] = 1 / a[i, i] * (b[i] - sum_new - sum_old)

            # 计算偏差值
            tol = np.sqrt(np.dot(x - x_i_old, x - x_i_old))
            if tol / n < 1e - 8:
                break
            print("迭代 {0}: x = {1}, tol = {2}".format(k, x, tol))

        return x
```

接下来,我们使用以上定义的函数,解方程 $AX = b$。

$$A = \begin{bmatrix} 10 & -1 & 2 & 0 \\ -1 & 11 & -1 & 3 \\ 2 & -1 & 10 & -1 \\ 0 & 3 & -1 & 8 \end{bmatrix} \quad b = \begin{bmatrix} 6 \\ 25 \\ -11 \\ 15 \end{bmatrix} \tag{7-43}$$

```
In [120]: ITERATION_LIMIT = 1000
          A = np.array([[10., -1., 2., 0.],
                        [-1., 11., -1., 3.],
```

```
                        [2., - 1., 10., - 1.],
                        [0., 3., - 1., 8.]])

        b = np.array([6., 25., - 11., 15.])

        x = np.zeros_like(b)

        x = gauss_seidel(A, b, x0 = x, iters = ITERATION_LIMIT)

        print("方程组的解: {0}".format(x))
        error = np.dot(A, x) - b
        print("误差: {0}".format(error))
迭代 0: x = [ 0.6 2.32727273 - 0.98727273 0.87886364], tol = 2.742864757228523
迭代 1: x = [ 1.03018182 2.03693802 - 1.0144562 0.98434122], tol = 0.5302971831879818
迭代 2: x = [ 1.00658504 2.00355502 - 1.00252738 0.99835095], tol = 0.044830810568892446
迭代 3: x = [ 1.00086098 2.00029825 - 1.00030728 0.99984975], tol = 0.0071096206935639637
迭代 4: x = [ 1.00009128 2.00002134 - 1.00003115 0.9999881 ], tol = 0.0008743589512860802
迭代 5: x = [ 1.00000836 2.00000117 - 1.00000275 0.99999922], tol = 9.062087893700401e - 05
迭代 6: x = [ 1.00000067 2.00000002 - 1.00000021 0.99999996], tol = 8.219392164848766e - 06
迭代 7: x = [ 1.00000004 1.99999999 - 1.00000001 1. ], tol = 6.539341071620232e - 07
迭代 8: x = [ 1. 2. - 1. 1.], tol = 4.423370190603661e - 08
方程组的解: [ 1. 2. - 1. 1.]
误差: [ 5.57651703e - 11 - 1.38831524e - 09 2.94534175e - 10 0.00000000e + 00]
```

7.5.4　插值和拟合

在工程计算或者实验观察中经常涉及离散数据集。插值和拟合都使用一条曲线来描述这些数据。插值和曲线拟合之间的区别是：在插值中，数据点被隐含地假设为准确且不同。相反，曲线拟合时假设数据中包含噪声数据。

1. 牛顿插值

牛顿插值法中使用的多项式具有以下形式：

$$P_n(x) = a_0 + (x - x_0)a_1 + (x - x_0)(x - x_1)a_2 + \cdots + (x - x_0)(x - x_1)\cdots(x - x_{n-1})a_n$$

该多项式可以由以下递推过程生成：

$$P_0(x) = a_n$$
$$P_k(x) = a_{n-k} + (x - x_{n-k})P_{k-1}(x) \quad k = 1, 2, \cdots, n \tag{7-44}$$

由于多项式经过所有的数据点：

$$y_i = P_n(x_i) \quad i = 0, 1, \cdots, n$$

因此可得方程组：

$$\begin{cases} y_0 = a_0 \\ y_1 = a_0 + (x_1 - x_0)a_1 \\ y_2 = a_0 + (x_2 - x_0)a_1 + (x_2 - x_0)(x_2 - x_1)a_2 \\ \vdots \\ y_n = a_0 + (x_n - x_0)a_1 + \cdots + (x_n - x_0)(x_n - x_1)\cdots(x_n - x_{n-1})a_n \end{cases} \tag{7-45}$$

根据已知点的数据，求出以上线性方程组的解，即得到插值的结果，代码如下：

```
In [121]: def eval_newtonpoly(a, xs, x):
              '''
              评估牛顿多项式在某一点的值

              参数
              ----
              a: vector
                  牛顿多项式的系数向量
              xs: vector
                  已知数据集中的 x 值
              x: float
                  x 值

              返回值
              ------
              p: float
                  牛顿多项式的值 p(x)
              '''
              n = len(xs) - 1  # Degree of polynomial
              p = a[n]
              for k in range(1, n + 1):
                  p = a[n - k] + (x - xs[n - k]) * p
              return p

          def newton_coeffts(xs, ys):
              '''
              根据数据集,递推牛顿多项式的系数

              参数
              ----
              xs: float vector
                  数据集中的 x 值
              ys: float vector
                  数据集中的 y 值

              返回值
              ------
              a: float vector
                  牛顿多项式的系数向量
              '''
              m = len(xs)
              a = ys.copy()
              for k in range(1, m):
                  a[k:m] = (a[k:m] - a[k - 1])/(xs[k:m] - xs[k - 1])
              return a
```

接下来对表 7-11 中的数据集进行牛顿插值。

表 7-11　待插值数据（一）

x	-2	1	4	-1	3	-4
y	-1	2	59	4	24	-53

代码如下：

```
In [122]: xs = np.array([-2, 1, 4, -1, 3, -4], dtype = float)
          ys = np.array([-1, 2, 59, 4, 24, -53], dtype = float)
          a = newton_coeffts(xs, ys)

          x = np.arange(-4, 4.1, 0.1)
          y = eval_newtonpoly(a, xs, x)
          plt.plot(x, y, c = 'k')
          plt.scatter(xs, ys)
          plt.show()
```

代码执行结果如图 7-13 所示。

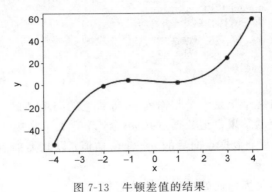

图 7-13　牛顿差值的结果

2. 内维尔插值

牛顿插值法包括两个步骤：首先计算多项式的系数，然后使用生成的多项式求值。如果仅需要插值，而不关心插值多项式的形式，则可以使用 Neville 算法。

记 $P_k[x_i, x_{i+1}, \cdots, x_{i+k}]$ 为经过 $k+1$ 个数据点 $(x_i, y_i), (x_{i+1}, y_{i+1}), \cdots, (x_{i+k}, y_{i+k})$ 的 k 阶插值多项式。如果只有一个点，则 $P_0[x_i] = y_i$。基于两个数据点的插值多项式为

$$P_1[x_i, x_{i+1}] = \frac{(x - x_{i+1})P_0[x_i] + (x_i - x)P_0[x_{i+1}]}{x_i - x_{i+1}} \tag{7-46}$$

通过递推可得，k 阶插值多项式可以写成如下形式：

$$P_k[x_i, x_{i+1}, \cdots, x_{i+k}] = \frac{(x - x_{i+k})P_{k-1}[x_i, x_{i+1}, \cdots, x_{i+k-1}] + (x_i - x)P_{k-1}[x_{i+1}, x_{i+2}, \cdots, x_{i+k}]}{x_i - x_{i+k}}$$

$$\tag{7-47}$$

给定 x 的值，计算其插值的代码如下：

```
In [123]: def neville(xs, ys, x):
              '''
              内维尔插值

              参数
              ____
              xs: float vector
                  数据点集中的 x 值
              ys: float vector
                  数据点集中的 y 值
              x: float
                  插值点的 x 值

              返回值
              _____
              y: float
                  插值点的 y 值
              '''
              m = len(xData)
              y = ys.copy()
              for k in range(1,m):
                  y[0:m-k] = ((x - xs[k:m]) * y[0:m-k] + \
                             (xs[0:m-k] - x) * y[1:m-k+1])/ \
                             (xs[0:m-k] - xs[k:m])
              return y[0]
```

以上代码插值的最终结果是一个与输入 ys 等长度的向量,向量中的每个元素表示原数据集中对应点向后插值的结果。记数据点共 m 个,$y[0]$ 表示从第 1 个数据点向后的 m 阶插值;$y[1]$ 则表示从第 2 个数据点向后的 $m-1$ 阶插值;以此类推,$y[-1]$ 则表示在最后 1 个数据点的 0 阶插值。

以下代码使用内维尔插值法处理相同的数据集:

```
In [124]: x = np.arange( - 4, 4.1, 0.1)
          y = np.zeros_like(x)

          for i in range(len(y)):
              y[i] = neville(xs, ys, x[i])

          plt.plot(x, y, c = 'k')
          plt.scatter(xs, ys)
          plt.show()
```

3. 拉格朗日插值

拉格朗日插值法使用以下多项式:

$$P_n(x) = \sum_{i=0}^{n} y_i l_i(x) \tag{7-48}$$

其中 $l_i(x)$ 被称为基函数:

$$l_i(x) = \frac{x-x_0}{x_i-x_0} \cdot \frac{x-x_1}{x_i-x_1} \cdot \cdots \cdot \frac{x-x_{i-1}}{x_i-x_{i-1}} \cdot \frac{x-x_{i+1}}{x_i-x_{i+1}} \cdot \cdots \cdot \frac{x-x_n}{x_i-x_n} = \prod_{\substack{j=0 \\ j \neq i}}^{n} \frac{x-x_i}{x_i-x_j}$$

$$(7\text{-}49)$$

给定 x 的值，计算拉格朗日插值的代码如下：

```
In [125]: def lagrange(x, xs, ys):
              '''
              计算拉格朗日插值

              参数
              ____
              x: float
                  插值点
              xs: float vector
                  数据集的 x 值
              ys: float vector
                  数据集的 y 值

              返回值
              _____
              y: float
                  插值
              '''
              y = 0
              n = len(xs)
              for i in range(n):
                  t = 1
                  for j in range(n):
                      if i!= j:
                          t = t * (x - xs[j])/(xs[i] - xs[j])
                  y = y + t * ys[i]
              return y
```

以下代码使用拉格朗日插值法处理相同的数据集：

```
In [126]: x = np.arange(-4, 4.1, 0.01)

          y = lagrange(x, xs, ys)
          plt.plot(x, y, c = 'k')
          plt.scatter(xs, ys)
          plt.show()
```

4. 有理函数插值

一些数据最好通过有理函数而不是多项式进行插值。有理函数 $R(x)$ 是两个多项式的商：

$$R(x) = \frac{P_m(x)}{Q_n(x)} = \frac{a_1 x^m + a_2 x^{m-1} + \cdots + a_m x + a_{m+1}}{b_1 x^n + b_2 x^{n-1} + \cdots + b_n x + b_{n+1}} \qquad (7\text{-}50)$$

一个使用有理函数进行插值的算法类似于内维尔插值法，每一阶的插值均可由前一级插值递推得到，递推公式如下：

$$R[x_i,x_{i+1},\cdots,x_{i+k}]=R[x_{i+1},x_{i+2},\cdots,x_{i+k}]+\frac{R[x_{i+1},x_{i+2},\cdots,x_{i+k}]-R[x_i,x_{i+1},\cdots,x_{i+k-1}]}{S}$$

(7-51)

其中，

$$S=\frac{x-x_i}{x-x_{i+k}}\left(1-\frac{R[x_{i+1},x_{i+2},\cdots,x_{i+k}]-R[x_i,x_{i+1},\cdots,x_{i+k-1}]}{R[x_{i+1},x_{i+2},\cdots,x_{i+k}]-R[x_{i+1},x_{i+2},\cdots,x_{i+k-1}]}\right)-1 \quad (7-52)$$

代码如下：

```
In [127]: def rational(xs, ys,x):
              '''
              有理函数插值

              参数
              ----
              xs: float vector
                  数据集的 x 值
              ys: float vector
                  数据集的 y 值
              x: float
                  插值点的 x 值

              返回值
              ------
              y: float
                  插值点的 y 值
              '''
              m = len(xs)
              r = ys.copy()
              rOld = np.zeros(m)

              for k in range(m - 1):
                  for i in range(m - k - 1):
                      if abs(x - xs[i + k + 1]) < 1.0e - 9:
                          return ys[i + k + 1]
                      else:
                          c1 = r[i + 1] - r[i]
                          c2 = r[i + 1] - rOld[i + 1]
                          c3 = (x - xs[i])/(x - xs[i + k + 1])
                          r[i] = r[i + 1] + c1/(c3 * (1.0 - c1/c2) - 1.0)
                          rOld[i + 1] = r[i + 1]
              return r[0]
```

现在以相同的数据对比有理函数插值和内维尔插值，如图 7-14 所示，代码如下：

```
In [128]: xs = np.array([0.1,0.2,0.5,0.6,0.8,1.2,1.5])
          ys = np.array([ - 1.5342, - 1.0811, - 0.4445, - 0.3085, - 0.0868,0.2281,0.3824])
```

```
x = np.arange(0, 1.65, 0.01)
yn = np.zeros_like(x)
yr = np.zeros_like(x)
for i in range(len(yn)):
    yn[i] = neville(xs, ys, x[i])
    yr[i] = rational(xs, ys, x[i])
plt.plot(xs, ys, 'o')
plt.plot(x, yr, c = 'k')
plt.plot(x, yn, ls = '--', c = 'k')
plt.legend(('Data', 'Rational', 'Neville'),loc = 0)
plt.show()
```

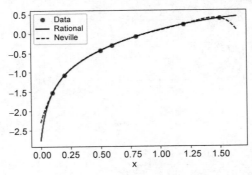

图 7-14　内维尔插值和有理插值对比

从结果可看出,在这种情况下,有理函数插值是光滑的,因此优于多项式(内维尔)插值。

5. 三次样条插值

如果有多个数据点,则三次样条插值将是效果最好的插值算法。因为它比多项式插值具有更小的振荡性。三次样条插值的定义如下:

如图 7-15 所示,函数 $f(x) \in [x_0, x_n]$,且在每个小区间 $[x_i, x_{i+1}]$ 上是三次多项式,其中 $x_0 < x_1 < \cdots < x_n$ 是给定节点,则称 $f(x)$ 是节点 $x_0, x_1, \cdots, x_n$ 上的三次样条函数。

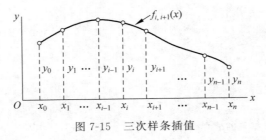

图 7-15　三次样条插值

首先假设函数 $f(x)$ 在区间内处处连续可微:

$$f''_{i-1,i}(x_i) = f''_{i,i+1}(x_i) = k_i \tag{7-53}$$

在区间的端点处 $k_0 = k_n = 0$,其余的 k 值未定,三次样条插值的第一步便是求剩余的 k 值。

可以对 $f''_{i,i+1}(x)$ 使用拉格朗日两点插值:

$$f''_{i,i+1}(x) = k_i l_i(x) + k_{i+1} l_{i+1}(x) \tag{7-54}$$

其中，

$$l_i(x) = \frac{x - x_{i+1}}{x_i - x_{i+1}}, \quad l_{i+1}(x) = \frac{x - x_i}{x_{i+1} - x_i} \tag{7-55}$$

代入式(7-54)并做二次积分可得

$$f_{i,i+1}(x) = \frac{k_i(x - x_{i+1})^3 - k_{i+1}(x - x_i)^3}{6(x_i - x_{i+1})} + A(x - x_{i+1}) - B(x - x_i) \tag{7-56}$$

其中 A 和 B 为积分常数，由于 $f_{i,i+1}(x_i) = y_i$，因此可得

$$A = \frac{y_i}{x_i - x_{i+1}} - \frac{k_i}{6}(x_i - x_{i+1}) \tag{7-57}$$

类似地，由 $f_{i,i+1}(x_{i+1}) = y_{i+1}$，因此可得：

$$B = \frac{y_{i+1}}{x_i - x_{i+1}} - \frac{k_{i+1}}{6}(x_i - x_{i+1}) \tag{7-58}$$

将 A、B 代入式(7-56)最终可得

$$\begin{aligned}
f_{i,i+1}(x) = &\frac{k_i}{6}\left[\frac{(x - x_{i+1})^3}{x_i - x_{i+1}} - (x - x_{i+1})(x_i - x_{i+1})\right] - \\
&\frac{k_{i+1}}{6}\left[\frac{(x - x_i)^3}{x_i - x_{i+1}} - (x - x_i)(x_i - x_{i+1})\right] + \\
&\frac{y_i(x - x_{i+1}) - y_{i+1}(x - x_i)}{x_i - x_{i+1}}
\end{aligned} \tag{7-59}$$

由于函数的连续可导，因此在区间内的每个数据点 $f'_{i-1,i}(x_i) = f'_{i,i+1}(x_i)$ 经由代数变换，可以得到：

$$\begin{aligned}
&k_{i-1}(x_{i-1} - x_i) + 2k_i(x_{i-1} - x_{i+1}) + k_{i+1}(x_i - x_{i+1}) \\
&= 6\left(\frac{y_{i-1} - y_i}{x_{i-1} - x_i} - \frac{y_i - y_{i+1}}{x_i - x_{i+1}}\right), \quad i = 1, 2, \cdots, n-1
\end{aligned} \tag{7-60}$$

以上方程组成的系数矩阵是一个三对角线系数矩阵，因此可以使用 7.5.3 节中的函数 LUdecomp3 来求解，代码如下：

```
In [129]: def curvatures(xs, ys):
          '''
          求三次样条函数在每个数据点上的二阶导数

          参数
          ____
          xs: float vector
              数据集的 x 值
          ysL float vector
              数据集的 y 值

          返回值
          k: float vector
              三次样条函数在每个数据点上的二阶导数

          _____
          '''
```

```python
    n = len(xs) - 1
    c = np.zeros(n)
    d = np.ones(n + 1)
    e = np.zeros(n)
    k = np.zeros(n + 1)

    # 构建系数项和常数项
    c[0:n - 1] = xs[0:n - 1] - xs[1:n]
    d[1:n] = 2.0 * (xs[0:n - 1] - xs[2:n + 1])
    e[1:n] = xs[1:n] - xs[2:n + 1]
    k[1:n] = 6.0 * (ys[0:n - 1] - ys[1:n]) \
             /(xs[0:n - 1] - xs[1:n]) \
             - 6.0 * (ys[1:n] - ys[2:n + 1]) \
             /(xs[1:n] - xs[2:n + 1])

    # 解线性方程组
    LUdecomp3(c, d, e)
    LUsolve3(c, d, e, k)
    return k

def eval_spline(xs, ys, k, x):
    '''
    三次样条插值

    参数
    ----
    xs: float vector
        数据集的 x 值
    ys: float vector
        数据集的 y 值
    k: float vector
        三次样条函数在每个数据点上的二阶导数
    x: float
        插值点的 x 值

    返回值
    ------
    y: float
        插值点的 y 值
    '''
    def find_segment(xs, x):
        '''
        查找插值点的区间
        '''
        iLeft = 0
        iRight = len(xs) - 1

        while 1:
            if (iRight - iLeft) <= 1:
                return iLeft
```

```
                              i = (iLeft + iRight) //2
                              if x < xs[i]:
                                  iRight = i
                              else:
                                  iLeft = i

                      i = find_segment(xs, x)
                      h = xs[i] - xs[i + 1]
                      y = ((x - xs[i + 1]) ** 3/h - (x - xs[i + 1]) * h) * k[i]/6.0 \
                          - ((x - xs[i]) ** 3/h - (x - xs[i]) * h) * k[i + 1]/6.0 \
                          + (ys[i] * (x - xs[i + 1]) \
                          - ys[i + 1] * (x - xs[i]))/h
                      return y
```

接下来的代码是对表 7-12 中的数据进行插值：

表 7-12　待插值数据(二)

x	1	2	3	4	5
y	0	1	0	1	0

```
In [130]: xs = np.array([1., 2, 3, 4, 5], dtype = float)
          ys = np.array([0, 1, 0, 1, 0], dtype = float)
          k = curvatures(xs, ys)
          x = np.arange(1, 5., 0.01)
          y = np.zeros_like(x)
          for i in range(len(y)):
              y[i] = eval_spline(xs, ys, k, x[i])
          plt.plot(x, y, c = 'k')
          plt.scatter(xs, ys)
          plt.show()
```

6. 最小二乘法

如果数据是从实验中获得的，它们通常包含了由测量误差引起的大量随机噪声。曲线拟合的任务是找到一条能"平均"拟合数据点的光滑曲线。这条曲线应具有简单的形式(例如，低阶多项式)，以免重现噪声。

假设 $f(x) = f(x; a_0, a_1, \cdots, a_m)$ 是针对 $n+1$ 个数据点 $(x_i, y_i), i = 0, 1, \cdots, n$ 的最佳拟合函数。其中 $a_0, a_1, \cdots, a_m (m < n)$ 是方程 $f(x)$ 的系数。通常情况下，方程 $f(x)$ 的形式已经由试验的方法或过程确定，问题是需要确定这些系数的最佳值。最小二乘法 (Least Squares Method)，又称最小平方法，是一种数学优化建模方法。它通过最小化误差的平方和寻找这些参数的最佳匹配值。

$$S(a_0, a_1, \cdots, a_m) = \sum_{i=0}^{n} [y_i - f(x_i)]^2 \tag{7-61}$$

其中的 $y_i - f(x_i)$ 被称为残差，表示数据点与拟合函数在 x_i 处的差异。因此，要最小化的函数 S 是残差平方的和。S 的最小值由偏微分方程组决定：

$$\frac{\partial S}{\partial a_k} = 0, \quad k = 0, 1, \cdots, m \tag{7-62}$$

以上方程组(7-62)通常 a_k 是非线性的,可能难以求解,因此通常将拟合函数选择为函数 $f_k(x)$ 的线性组合:

$$f(x) = a_0 f_0(x) + a_1 f_1(x) + \cdots + a_m f_m(x) \tag{7-63}$$

如果拟合函数是多项式,则 $f_0(x) = 1, f_1(x) = x, f_2(x) = x^2, \cdots, f_m(x) = x^m$。

因此由式(7-63)可得线性方程组:

$$\sum_{j=0}^{m} \left[\sum_{i=0}^{n} f_i(x_i) f_k(x_i) \right] a_j = \sum_{i=0}^{n} f_k(x_i) y_i, \quad k = 0, 1, \cdots, m \tag{7-64}$$

如果将方程组(7-64)转换成矩阵 $\boldsymbol{Aa} = \boldsymbol{b}$ 的形式,则

$$A_{kj} = \sum_{i=0}^{n} f_i(x_i) f_k(x_i) \quad b_k = \sum_{i=0}^{n} f_k(x_i) y_i \tag{7-65}$$

式(7-65)也被称为最小二乘拟合的正态方程,可以使用 7.5.3 节的方法求解,代码如下:

```
In [131]: def poly_fit(xs, ys, m):
              '''
              使用最小二乘法进行多项式拟合

              首先生成矩阵方程 Aa = b 的系数矩阵 A
              和常数向量 b,然后使用带枢轴交换
              的高斯方法解线性方程组。

              参数
              ____
              xs: float vector
                  数据集中的 x 值
              ys: float vector
                  数据集中的 y 值
              m: int
                  多项式的最高阶数

              返回值
              _____
              a: float vector
                  多项式系数
              '''
              a = np.zeros((m + 1, m + 1))
              b = np.zeros(m + 1)
              s = np.zeros(2 * m + 1)

              # 生成系数矩阵和常数向量
              for i in range(len(xs)):
                  temp = ys[i]
                  for j in range(m + 1):
```

```
                    b[j] = b[j] + temp
                    temp = temp * xs[i]
            temp = 1.0
            for j in range(2 * m + 1):
                s[j] = s[j] + temp
                temp = temp * xs[i]
        for i in range(m + 1):
            for j in range(m + 1):
                a[i, j] = s[i + j]

        return gauss_pivot(a, b)  # 求解线性方程组
```

以上使用了 7.5.3 节定义的函数 gauss_pivot() 求解系数，也可以使用 linalg 模块的函数求解，这部分留给读者完成。

拟合系数求出之后，可以利用它来绘制拟合曲线，代码如下：

```
In [132]: def plot_poly(xs, ys, c):
            '''
            根据系数绘制拟合曲线

            参数
            ____
            xs: float vector
                数据集中的 x 值
            ys: float vector
                数据集中的 y 值
            c: float vector
                拟合函数的系数

            返回值
            _____
                无
            '''
            m = len(c)
            x1 = min(xs)
            x2 = max(xs)
            dx = (x2 - x1)/20.0
            x = np.arange(x1, x2 + dx/10.0, dx)
            y = np.zeros((len(x))) * 1.0
            for i in range(m):
                y = y + c[i] * x ** i
            plt.plot(xs, ys, 'o', label = 'Original data')
            plt.plot(x, y, 'k - ', label = 'Fitted line')
            plt.grid(True)
            plt.legend()
            plt.show()
```

表 7-13 待插值数据（三）

x	0.0	1.0	2.0	2.5	3.0
y	2.9	3.7	4.1	4.4	5.0

现在我们使用以上函数，分别绘制表 7-13 中数据的 1 阶、2 阶、3 阶拟合曲线，如图 7-16 所示，代码如下：

```
In [133]: xs = np.array([0.,1.,2.,2.5,3.])
          c1 = poly_fit(xs, ys, 1)
          c2 = poly_fit(xs, ys, 2)
          c3 = poly_fit(xs, ys, 3)
          plot_poly(xs, ys, c1)
          plot_poly(xs, ys, c2)
          plot_poly(xs, ys, c3)
```

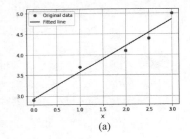 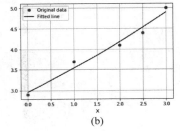 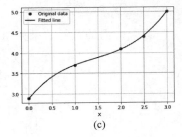

(a)   (b)   (c)

图 7-16 同一组数据的 1、2、3 阶插值结果

当 $m=1$ 时，用于拟合的函数 $f(x)$ 是线性函数，拟合又被称为线性回归。对于线性回归也可以使用函数 np.linalg.lstsq() 来求解。以下是上述问题的代码实现：

```
In [134]: A = np.vstack([xs, np.ones(len(xs))]).T
          a1, a0 = np.linalg.lstsq(A, ys, rcond=None)[0]
          plt.grid(True)
          plt.plot(xs, ys, 'o', label='Original data')
          plt.plot(xs, a1 * xs + a0, 'k', label='Fitted line')
          plt.legend()
          plt.show()
```

函数 np.linalg.lstsq() 返回的是一个元组。第 1 个返回值是问题的解，第 2 个返回值是 $S(a_0, a_1)$ 的值，第 3 个返回值是系数矩阵的秩，第 4 个返回值是该矩阵的奇异值。

接下来再看一个例子。随机选定 10 艘战舰，战舰数据如表 7-14 所示，分析它们的长度与宽度，并寻找长度与宽度之间的关系。和刚刚的例子一样，问题最终需要使用 np.linalg.lstsq() 求解。在实际应用中，长和宽往往成对出现，因此，需要对原始数组进行切片。代码中，我们还会将拟合曲线和各组数据的散点绘制在一张图上，代码如下：

```
In [135]: A = np.array([[21.6, 208],
                        [15.5, 152],
```

```
                                 [31.0, 227],
                                 [13.0, 137],
                                 [32.4, 238],
                                 [19.0, 178],
                                 [10.4, 104],
                                 [19.0, 191],
                                 [11.8, 130]])
b = A[..., 0].copy()
B = A.T.copy()
A[..., 0:1:] = 1
x, residuals, rank, s = np.linalg.lstsq(A, b, rcond = None)
d = A[..., 1::]
c = np.array([[d.min() * x[1] + x[0], d.max() * x[1] + x[0]],
             [d.min(), d.max()]])
plt.scatter( * B, marker = '+')
plt.plot( * c)
plt.xlabel("Width")
plt.ylabel("Length")
plt.show()
```

以上代码的执行结果如图 7-17 所示。

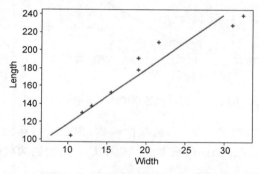

图 7-17　战舰长和宽关系拟合曲线

表 7-14　战舰长和宽数据

编　　号	长度（m）	宽度（m）
i	t_i	y_i
1	208	21.6
2	152	15.5
3	113	10.4
4	227	31.0
5	137	13.0
6	238	32.4
7	178	19.0
8	104	10.4
9	191	19.0
10	130	11.8

7.6 本章小结

NumPy 库包含了大量与数组相关的类和函数。NumPy 库是 Python 进行科学计算的基础库。本章首先介绍了如何获取 NumPy 库。接着介绍了 NumPy 数组对象和 NumPy 数据类型。NumPy 对象是实现向量化计算的基础，NumPy 数据类型丰富了 Python 所支持的数据类型。本章的重点是介绍 NumPy 数组所支持的各种运算，以及如何索引和迭代 NumPy 数组中的元素。最后简要介绍了 NumPy 数组在解决线性代数问题上的应用。在后续章节中，我们还会在很多示例中遇到 NumPy 数组并使用 NumPy 库中函数进行向量化计算。

7.7 练习

练习1：

平面图形的形心是它的几何中心。在直角坐标系中，顶点分别为(x_1,y_1)、(x_2,y_2)和(x_3,y_3)的三角形的中心点坐标为

$$\left(\frac{x_1+x_2+x_3}{3},\frac{y_1+y_2+y_3}{3}\right) \tag{7-66}$$

函数 numpy.mean() 或者数组的 mean 方法可以求数组的平均值，也可以在指定轴求平均值，利用它可以方便求出三角形的形心，编写代码求出由$(1,1)$、$(3,1)$、$(2,3)$确定的三角形的形心，并将其绘制出来。

练习2：

对于一个由 n 个顶点(x_i,y_i)确定的各边不相交的多边形，多边形各顶点依逆时针（或顺时针）方向标记，依次记为(x_0,y_0)、(x_1,y_1)、$\cdots$、(x_n,y_n)，其中(x_n,y_n)与(x_0,y_0)是同一个顶点。多边形面积可由公式(7-67)（又称为"鞋带公式"，实质上是在求以相邻点坐标组成的行列式的值）求得，其中心点 C 的坐标可由式(7-68)计算：

$$A=\frac{1}{2}\left|\sum_{i=0}^{n-1}(x_iy_{i+1}-x_{i+1}y_i)\right| \tag{7-67}$$

$$\begin{cases} C_x=\dfrac{1}{6A}\displaystyle\sum_{i=0}^{n-1}(x_i+x_{i+1})(x_iy_{i+1}-x_{i+1}y_i) \\ C_y=\dfrac{1}{6A}\displaystyle\sum_{i=0}^{n-1}(y_i+y_{i+1})(x_iy_{i+1}-x_{i+1}y_i) \end{cases} \tag{7-68}$$

假设有一个多边形如图 7-18 所示，其顶点坐标分别是$(3,4)$、$(5,6)$、$(9,5)$、$(12,8)$、$(5,11)$。编程求其面积及形心。

练习3：

有一种对称矩阵和 7.5.3 节介绍的 3 对角线矩阵比较类似，它是 $A=[f\backslash e\backslash d\backslash e\backslash f]$ 的形式，即有 5 条对角线。模仿 7.5.3 节的 LUdecomp3() 和 LUsolve3()，编写 LUdecomp5() 将 A 拆解成$[L\backslash U]$的形式，编写 LUsolve5()解线性方程组 $Ax=b$。

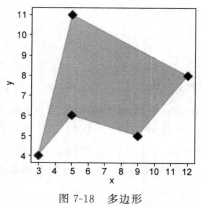

图7-18 多边形

练习4：

有一种被称为松弛法的技术可以加速7.5.3节介绍的Gauss-Seidel迭代的收敛速度。该方法每次迭代的结果是上一次迭代值与利用式(7-42)产生的值的加权平均，可写成下式

$$x_i = \frac{\omega}{A_{ii}}\left(b_i - \sum_{\substack{j=1 \\ j \ne i}}^{n} A_{ii}x_j\right) + (1-\omega)x_i, \quad i = 1,2,\cdots,n$$

(7-69)

ω 被称为松弛因子（Relaxation Factor），式(7-42)可以被视为式(7-69)当 $\omega=1$ 时的特例。当 $0<\omega<1$ 时，称为低松弛法（Under-Relaxation Method）。选择适当的松弛因子能使不收敛的 Gauss-Seidel 迭代法变成收敛的迭代方法，当 $1<\omega<2$ 时，称为超松弛法（Over-Relaxation Method），选择适当的松弛因子能使收敛的 Gauss-Seidel 迭代法获得加速收敛的效果。

没有现成的方法可以预先确定 ω 的最佳值，但是可以在运行时对其进行估算。方法如下：

$$\omega = \frac{2}{1 + \sqrt{1 - \left(\frac{\Delta x^{k+p}}{\Delta x^k}\right)^{\frac{1}{p}}}}$$

(7-70)

其中 $\Delta x^k = |x^{k-1} - x^k|$ 表示 x 在第 k 次迭代中（未经松弛）值的变化。p 是正整数。

带松弛因子的 Gauss-Seidel 迭代法可以按以下步骤完成：

（1）最初的 k 次迭代令 $\omega=1$，即采用式(7-42)。

（2）记录下 Δx^k。

（3）再做 p 次迭代。

（4）记录下 Δx^{k+p}。

（5）利用式(7-70)计算 ω 的最佳值。

（6）利用 ω 的最佳值完成剩余的迭代。

依据以上步骤，完成代码。

练习5：

根据图7-19，编写程序求 $R=5\Omega$、10Ω、20Ω 时 i_1、i_2 和 i_3 的值。提示：利用基尔霍夫定律。

练习6：

利用线性回归找到适合表7-15中数据的线。

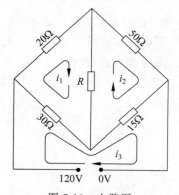

图7-19 电路图

表7-15 待插值数据（四）

x	−1.0	−0.5	0	0.5	1.0
y	−1.00	−0.55	0.00	0.45	1.00

第 8 章

SymPy 与符号计算

符号计算也被称为代数计算,符号计算可以被视为科学计算的一个分支,科学计算的另一个分支是数值计算。符号计算与数值计算之间有很大不同。数值计算是基于浮点数的数值近似计算,而符号计算则强调使用变量的表达式进行精确计算。在符号计算中,数学对象是精确表示的,而不是近似表示的,未计算的数学表达式会以符号形式保留。以下代码演示两者的区别:

```
In [1]: import math, sympy
        print(math.pi)
        print(sympy.pi)
        print(math.sin(math.pi))
        print(sympy.sin(sympy.pi))
3.141592653589793
pi
1.2246467991473532e-16
0
```

在数值计算中,无论是 π 还是 $\sin(\pi)$,都由一个浮点数表示。特别是通过对比 $\sin(\pi)$ 的数值和符号计算结果可以发现:数值计算的结果无法精确地表示为 $\sin(\pi)=0$,只能用一个很小的浮点数(1.22×10^{-16})表示,而符号计算结果则得出 $\sin(\pi)=0$。

明确了数值计算和符号计算之间的区别后,让我们再来认识什么是计算机代数系统。

计算机代数系统(Computer Algebra System,CAS)是进行符号计算的软件系统。在计算机代数系统中运算的对象是数学表达式,通常表达式有以下几类:

(1) 多元多项式。

(2) 标准函数(三角函数、指数函数等)。

(3) 特殊函数(Gamma 函数、Γ 函数、Bessel 函数等)。

(4) 多种函数组成的复合函数。

(5) 表达式的导数、积分、和与积等。

(6) 级数。

(7) 矩阵。

以下列出了几种典型的符号计算:

(1) 表达式化简。

(2) 表达式求值。

（3）表达式的变形。

（4）一元或多元微分。

（5）因式分解。

（6）求解线性或非线性方程。

（7）求解微分方程或差分方程。

（8）求极限。

（9）求函数的定积分、不定积分。

（10）泰勒展开、洛朗展开等。

（11）无穷级数展开。

（12）级数求和。

（13）矩阵运算。

（14）数学公式的 LaTeX 显示。

此外符号计算软件也具有描绘二维、三维函数图像的功能。

SymPy 是完全由 Python 写成的一个数学符号计算（Symbolic Computation）库。虽然它不是一个独立的软件系统，但是它能够满足以上对于 CAS 的要求。本章我们将一起学习如何使用 SymPy。

8.1　安装和升级 SymPy

如同在本书第 1 章中所介绍的，安装 SymPy 的最简单和推荐的方法是安装 Anaconda。如果安装了 Anaconda 或者 Miniconda，则可以使用如下命令安装 SymPy：

```
conda install sympy
```

以下命令将 SymPy 升级到最新版：

```
conda update sympy
```

1.0 之前的 SymPy 版本包含了 mpmath，但是现在它作为一个外部依赖项独立于 SymPy。如果 SymPy 是随 Anaconda 安装的，则它已经包含了 mpmath。可使用以下命令确保 mpmath 已安装。

```
conda install mpmath
```

另外一种安装 SymPy 和 mpmath 的方式是使用 pip，命令如下：

```
sudo pip install sympy
sudo pip install mpmath
```

8.2　配置 SymPy

使用 SymPy 之前，首先需要导入 SymPy 库，同时建议配置打印环境。示例代码如下：

```
In [2]: import sympy
        sympy.init_printing()
```

建议如示例一样使用标准的导入方法。函数 sympy.init_printing() 查看我们的系统以找到显示输出的最清晰方法。虽然对 sympy.init_printing() 的调用不是必须的,但是这样做将有助于我们理解运算的结果。

8.3 定义符号

SymPy 中的符号可用来表示:数、表达式和函数。如同其他的对象一样,符号也是一种对象,在使用之前,必须被创建。

8.3.1 变量符号

数学运算中经常使用变量,例如 x、y、z 等。在 SymPy 中,它们都是 Symbol 类的实例,这些对象将是符号运算中的变量。以下代码创建 x 和 a 两个符号对象:

```
In [3]: x = sympy.Symbol('x')
        a = sympy.Symbol('x')
        print(a)
        print(x)
        type(a)
x
x
Out[3]: sympy.core.symbol.Symbol
```

我们首先将 SymPy 库导入,然后使用参数 'x' 创建了两个 Symbol 对象。需要注意参数 'x' 是以字符串的形式传入。x 和 a 虽然是两个不同的对象,但是它们所代表的实际符号却是一样的。对于任何 Symbol 对象,其 name 属性都是一个字符串,该字符串表示它所代表的实际符号。以下代码用于查看 Symbol 对象 a 和 x 的 name 属性:

```
In [4]: print(a.name)
        print(x.name)
x
x
```

如果需要同时定义很多符号,则可以使用函数 sympy.symbols(),示例代码同时创建了 'x'、'y' 和 'z' 3 个符号对象:

```
In [5]: x, y,z = sympy.symbols('x, y, z')

In [6]: x
Out[6]: x

In [7]: y
```

```
Out[7]: y

In [8]: type(z)
Out[8]: sympy.core.symbol.Symbol
```

代码中我们想要创建的 3 个符号作为函数 sympy. symbols()的参数,它们被用带逗号的字符串来表示。

我们也可以从 sympy. abc 模块导入符号。sympy. abc 模块将所有拉丁字母和希腊字母导出为符号,因此我们可以方便地使用它们,示例代码如下:

```
In [9]: from sympy.abc import a, x
        print(type(a))
        print(x.name)
<class 'sympy.core.symbol.Symbol'>
x
```

希腊字母符号可以由字母名创建,代码如下:

```
In [10]: a, b = sympy.symbols("alpha, beta")
         sympy.sin(a) + sympy.sin(b)
Out[10]: sin(α) + sin(β)
```

数学公式中的符号一般都有特别的约定,例如 m、n 通常是整数,而 z 经常用来表示复数。在用 sympy. symbols()或 sympy. Symbol()创建 Symbol 对象时,可以通过关键字参数指定所创建符号的类型。一旦类型被指定,符号对象所能参与的计算就有了相应的限制。例如,下面创建了两个整数符号 m 和 n 及一个正数符号 x:

```
In [11]: m, n = sympy.symbols("m, n", integer = True)
         x = sympy.Symbol("x", positive = True)
```

8.3.2 数值符号

SymPy 中定义了一些用于描述特殊常量的对象,如表 8-1 所示。我们可以导入并使用它们。

表 8-1 SymPy 中的常量对象

对　　象	描　　述
Zero	数 0
One	数 1
Half	有理数 1/2
NaN	不是一个数
Infinity ∞	正无穷

对　象	描　述
NegativeInfinity $-\infty$	负无穷
Exp1	e
ImaginaryUnit	虚数单位
PI	圆周率
EulerGamma	欧拉-马斯切罗尼常数
GoldenRatio	黄金分割率
TribonacciConstant	三波那契常数

　　这些对象都属于单实例类,它们被记录在SymPy的注册表S中,可以通过导入S来使用它们。

　　单实例化具有两个优点:节省内存和允许快速比较。它节省了内存,因为无论单个对象在内存中的表达式中出现多少次,它们都指向内存中的同一单个实例。快速比较是因为可以使用is语句检查对象是否为某一个实例。is语句通过内存地址比较对象,因此速度会非常快,示例代码如下:

```
In [12]: from sympy import S, Integer
         a = Integer(0)
         a is S.Zero
Out[12]: True
```

　　以上代码中Integer(0)并没有创建新的实例,而是复用了已经创建的实例Zero。可以通type()函数来检查 a 的类型,代码如下:

```
In [13]: type(a)
Out[13]: sympy.core.numbers.Zero

In [14]: type(S.Zero)
Out[14]: sympy.core.numbers.Zero
```

　　我们可以把int型常量0和 a 进行比较,由于它们是相等的,因此比较结果是True,但它们不是相同的对象,参看示例代码:

```
In [15]: 0 == a
Out[15]: True

In [16]: 0 is a
Out[16]: False
```

8.3.3　函数对象

　　Function类是Expr的子类,它使定义带参数调用的数学函数更加容易。这包括诸如 $\cos(x)$ 和 $\log(x)$ 之类的命名函数,以及诸如 $f(x)$ 之类的未定义函数。

以下代码创建了 Function 类的不同实例：

```
In [17]: x = sympy.Symbol('x')
         f = sympy.Function('f')
         g = sympy.Function('g')(x)
         f
Out[17]: f

In [18]: g
Out[18]: g(x)

In [19]: type(f)
Out[19]: sympy.core.function.UndefinedFunction
```

SymPy 函数 sympy.symbols() 也可以用来创建 Function 对象，毕竟 Function 的实例
也是对象。此时，需要将关键字参数 cls 设置为 Function，代码如下：

```
In [20]: f = sympy.symbols('f', cls = sympy.Function)
         type(f)
Out[20]: sympy.core.function.UndefinedFunction
```

Function 的子类应定义一个类方法 eval()，该方法将返回函数在使用时的规范形式（通
常是某个其他类的实例，例如 Number）或 None。对于给定参数而言，该函数不应自动
求值。

许多 SymPy 函数在表达式树下执行各种计算。这些类通过定义相应的 _eval_ * 方法
实现此类函数的某一具体行为。例如，一个对象可以通过定义 _eval_derivative(self, x) 方
法向 diff 函数指示如何求取自身的导数，该方法又可以在其 args 上调用 diff。最常见的
eval * 方法与假设有关：_eval_is_assumption 用于推论对类的实例的假设。

在以下示例中，Function 用作数学函数类 my_func 的基类。my_func(0) 的值为 1 且
在正无穷处 my_func 的值为 0。还假设当 x 为实数时，my_func(x)确实为实数。当有未定
义的方法被使用时，则返回函数表达式本身，示例代码如下：

```
In [21]: class my_func(sympy.Function):
             @classmethod
             def eval(cls, x):
                 if x.is_Number:
                     if x is sympy.S.Zero:
                         return sympy.S.One
                     elif x is sympy.S.Infinity:
                         return sympy.S.Zero

             def _eval_is_real(self):
                 return self.args[0].is_real
```

```
        my_func(0) + sympy.sin(0)
Out[21]: 1

In [22]: my_func(sympy.oo)
Out[22]: 0

In [23]: my_func(sympy.I).is_real
Out[23]: False

In [24]: my_func(3.54).n() #我们并未实现n方法
Out[24]: my_func(3.54)
```

为了使类 my_func 变得有用,还需要实现其他几种方法。有关更完整的示例,可参阅一些已经实现的函数的源代码。

1. 数学函数

SymPy 库为符号计算实现基础函数模块,这些函数都是 Function 类的子类。其中包含了大量的数学函数,例如虚数函数、三角函数、双曲函数、取整与截尾函数等,如表 8-2～表 8-5 所示。

表 8-2　虚数函数

函　　数	描　　述
sympy.re	返回表达式的实部
sympy.im	返回表达式的虚部
sympy.sign	返回表达式的复数符号: 1 代表正实数表达式 0 代表表达式等于 0 −1 代表负实数表达式 I 代表虚部为正 −I 代表虚部为负
sympy.Abs	返回表达式的绝对值
sympy.arg	返回表达式的辐角

表 8-3　三角函数

函　　数	描　　述
sympy.sin()、sympy.asin()	正弦和反正弦函数
sympy.cos()、sympy.acos()	余弦和反余弦函数
sympy.tan()、sympy.atan()	正切和反正切函数
sympy.cot()、sympy.acot()	余切和反余切函数
sympy.sec()、sympy.asec()	正割和反正割函数
sympy.csc()、sympy.acsc()	余割和反余割函数

表 8-4 双曲函数

函　　数	描　　述
sympy. sin()、sympy. asin()	双曲正弦和反双曲正弦函数
sympy. cos()、sympy. acos()	双曲余弦和反双曲余弦函数
sympy. tanh()、sympy. atanh()	双曲正切和反双曲正切函数
sympy. coth()、sympy. acoth()	双曲余切和反双曲余切函数
sympy. sech()、sympy. asech()	双曲正割和反双曲正割函数
sympy. csch()、sympy. acsch()	双曲余割和反双曲余割函数

表 8-5 取整与截尾函数

函　　数	描　　述
sympy. ceiling()()	向上取整,返回的最小整数值不小于其参数。这个实现通过分别取实部和虚部的上限将上限推广到复数
sympy. floor()	向下取整
sympy. RoundFunction()	四舍五入函数的基类
sympy. frac()	表达式小数部分
sympy. exp()	指数函数
sympy. log()	对数函数
sympy. sqrt()	表达式的主值平方根
sympy. root()	表达式的第 k 个 n 次方根
sympy. cbrt()	表达式的主值立方根

以上这些函数和 math、NumPy、SciPy 等数值库中的数学函数使用了同样的名称,但是它们的入参和返回都是符号表达式,以下是一些示例代码:

```
In [25]: sympy.sin(x) + sympy.cos(x)
Out[25]: sin(x) + cos(x)

In [26]: sympy.sin(x)/sympy.cos(x)
Out[26]: sin(x)/cos(x)

In [27]: sympy.sqrt(x)
Out[27]: sqrt(x)

In [28]: sympy.exp(x)
Out[28]: exp(x)
```

在使用 SymPy 进行符号运算之前,如果没有按照 8.2 节所述调用函数 sympy. init_printing(),则以 ASCII 码的形式输出。由于调用 sympy. init_printing()时,参数 pretty_print 的默认值是 True,所以符号将不再采用 ASCII 码的形式,看起来会更加直观。本章之后代码均在 pretty 模式下输出,示例代码如下:

```
In [29]: sympy.init_printing()
         sympy.exp(5)
Out[29]: e⁵
```

$$\text{Out}[29]: e^5$$

```
In [30]: sympy.sin(x)/sympy.cos(x)
```

$$\text{Out}[30]: \frac{\sin(x)}{\cos(x)}$$

```
In [31]: sympy.sin(x)**2 + sympy.cos(x)**2
```

$$\text{Out}[31]: \sin^2(x) + \cos^2(x)$$

2．lambda 函数表达式

我们可以对 SymPy 的表达式对象进行数值求值。首先定义一个符号表达式，代码如下：

```
In [32]: x, y = sympy.symbols('x y')
         expr = 3 * x**2 + sympy.exp(y/x) + sympy.log(x**2 + y**2 + 1)
         expr
```

$$\text{Out}[32]: 3x^2 + e^{\frac{y}{x}} + \log(x^2 + y^2 + 1)$$

如果想对刚刚创建的表达式对象进行数值运算，则需要使用 subs() 和 evalf() 方法，代码如下：

```
In [33]: expr.subs({x: 17, y: 42}).evalf()
Out[33]: 886.456947668443
```

以上方法虽然能够得到数值结果，但是运算的效率比较低。IPython 的 magic 命令 timeit 可以测算 Python 语句的执行时间，以下代码测试 SymPy 符号式代入数值时的运行效率：

```
In [34]: %timeit expr.subs({x: 17, y: 42}).evalf()
227 μs ± 834 ns per loop (mean ± std. dev. of 7 runs, 1000 loops each)
```

接下来，我们使用 Python 数学库中的数值函数进行相同的计算，并测试使用数值函数时的运行效率，代码如下：

```
In [35]: import math
         f = lambda x, y: 3 * x**2 + math.exp(y/x) + math.log(x**2 + y**2 + 1)
         f(17, 42)
Out[35]: 886.456947668443
```

```
In [36]: %timeit f(17, 42)
1.4 μs ± 3.73 ns per loop (mean ± std. dev. of 7 runs, 1000000 loops each)
```

虽然两次运算的结果都是一致的，但是效率明显有差异。虽然单次运算慢 100 多微秒不算什么，但在多次循环后，累加效应会使性能急剧恶化，因此，对符号化表达式使用代入的方式进行数值计算不是一种很好的选择。

SymPy 的 sympy.lambdify() 函数可以将 SymPy 符号表达式转换为 Python lambda 函数，从而可以快速进行数值计算。以下代码使用函数 sympy.lambdify() 将之前的符号表达式转化成 lambda 表达式：

```
In [37]: h = sympy.lambdify([x, y], expr, modules = ['math'])
         h
Out[37]: < function _lambdifygenerated(x, y)>
```

接下来，我们验证转化后的函数 h()，代码如下：

```
In [38]: h(17, 42)
Out[38]: 886.456947668443

In [39]: % timeit h(17, 42)
1.39 μs ± 39.6 ns per loop (mean ± std. dev. of 7 runs, 1000000 loops each)
```

运算结果和之前代码的运算结果是一致的，但性能有了很大提升。需要注意以上代码中的关键字参数 modules＝['math']，这个参数告诉函数 sympy.lambdify() 使用 math 库中的函数替换符号表达式中相应的数学函数。如果不指定模块，则默认情况下 SymPy 将使用 NumPy 中的数学函数。因为 NumPy 函数支持向量化运算，这样得到的 lambda 函数也能够支持向量化运算。以下代码使用 NumPy 库中的数学函数，将符号表达式 lambda 化：

```
In [40]: import numpy as np
         xarr = np.linspace(17, 18, 5)
         h = sympy.lambdify([x, y], expr)
         out = h(xarr, 42)
         out.shape
Out[40]: (5,)

In [41]: yarr = np.linspace(42, 43, 7).reshape((1, 7))
         out2 = h(xarr.reshape((5, 1)), yarr)
         out2.shape
Out[41]: (5, 7)
```

以上代码中的函数 h() 支持向量化运算。

8.4 符号运算

8.4.1 数的运算

SymPy 使用自己的 Number 类来处理整数、有理数和浮点数，而不是 Python 默认的 int 和 float 类型，因为 SymPy 的 Number 类允许更多的控制。

表8-6 SymPy 数的类型

类 型	描 述
Float	任意精度的浮点数
Rational	任意大小的有理数(p/q)
Integer	任意大小的整数

第8.3.2节介绍过的数值对象,分别是以上3种类型的子类对象。使用以上对象的运算本质上不是数值运算,运算的对象是数字符号。

Float 对象被创建时,默认精度为15位数字。当评估涉及浮点的表达式时,结果将被表示为15位精度,但是所有数字(取决于计算所涉及的数字)可能并不都是有效的。也可在创建对象时,指明所创建对象的精度。Python 字符串、浮点数和整数都可以被用来创建 Float 对象。示例代码如下:

```
In [42]: sympy.Float(100)
Out[42]: 100.000000000000

In [43]: sympy.Float(100.000)
Out[43]: 100.000000000000

In [44]: sympy.Float('100.000')
Out[44]: 100.000000000000

In [45]: sympy.Float(100, 5)
Out[45]: 100.00

In [46]: sympy.Float('123' * 3)
Out[46]: 123123123.000000
```

Rational 对象可以由两个整数组成的元组、浮点数或者数值字符串创建,代码如下:

```
In [47]: sympy.Rational(1, 2)        ♯元组
Out[47]: 1/2

In [48]: sympy.Rational(.5)          ♯浮点数
Out[48]: 1/2

In [49]: sympy.Rational(str(.5))     ♯数值字符串
Out[49]: 1/2

In [50]: sympy.Rational("0.5")
Out[50]: 1/2

In [51]: sympy.Rational("1e-3")
Out[51]: 1/1000
```

有理数的分子和分母部分分别由属性.p 和.q 访问,代码如下:

```
In [52]: r = sympy.Rational(3, 4)
         print(r)
         print(r.p, r.q)
3/4
3 4
```

Rational 对象之间可以进行基本的算术运算，我们可以使用 evalf() 方法对 Rational 对象求值。以下是示例代码：

```
In [53]: r1 = sympy.Rational(1, 10)
         r2 = sympy.Rational(1, 10)
         r3 = sympy.Rational(1, 10)
         print((r1 + r2) * r3 / 3)
         print(r1.evalf())
0.100000000000000
```

由于数据是以二进制的形式存放在内存中，因此当使用含有浮点数的数值表达式创建 Float 对象时会出现误差。参看以下代码：

```
In [54]: sympy.Rational(1/10)
Out[54]: 3602879701896397/36028797018963968
```

Integer 对象也可以由整数、浮点数或字符串创建。浮点数中的小数部分将被舍弃，代码如下：

```
In [55]: sympy.Integer(2)
Out[55]: 2

In [56]: sympy.Integer(2.8)
Out[56]: 2

In [57]: sympy.Integer(- 2.8)
Out[57]: - 2

In [58]: sympy.Integer("9" * 9)
Out[58]: 999999999
```

8.4.2　表达式展开

使用函数 sympy.expand()，我们可以扩展代数表达式，该函数尝试消除幂和乘法。示例代码如下：

```
In [59]: from sympy.abc import x
         expr = (x + 1) ** 2
         sympy.pprint(expr)
         sympy.expand(expr)
```

$(x + 1)^2$

Out[59]: $x^2 + 2x + 1$

以下代码消除了幂运算:

```
In [60]: x, y = sympy.symbols('x, y')
         expr = x * (x + y)
         expr
Out[60]: x(x + y)

In [61]: sympy.expand(expr)
Out[61]: x² + xy
```

函数 sympy.expand() 有一些关键字参数,表 8-7 中列出了默认值为 True 的参数。

表 8-7　函数 expand() 的关键字参数(一)

参　　数	说　　明
power_base	把底数分解。这只会在假设允许的情况下默认发生,或者在使用关键字 force=True 时
power_exp	把指数中的加法展成底数的乘积
mul	应用乘法分配律
log	提取参数的幂作为系数并将对数乘积拆分为对数和
multinormial	指数展开

如果将表 8-7 中的参数改为 False,则当表达式展开时,相应的操作就会被跳过。以下代码将不会进行乘法分配:

```
In [62]: x, y, z = sympy.symbols("x,y,z", positive = True)
         sympy.expand(x * sympy.log(y * z), mul = False)
Out[62]: x(log(y) + log(z))
```

根据 log 函数自变量的取值范围要求,代码中在定义符号 x、y、z 时,指明了它们都是正数。否则,sympy.expand() 不会对表达式 $\log(y * z)$ 进行展开。

表 8-8 是函数 sympy.expand() 一些默认值为 False 的关键字参数。

表 8-8　函数 expand() 的关键字参数(二)

参　　数	说　　明
complex	如果值为 True,则进行复数展开
func	如果值为 True,则对特殊函数进行展开
trig	如果值为 True,则对三角函数进行展开

如果仅仅想使以上参数中的一个为 True,一种比较简单的方法是使用函数 sympy. expand_argx(),argx 代表表 8-7 函数 expand() 的关键字参数(一)和表 8-8 函数 expand() 的关键字参数(二)中的任意参数名。函数 sympy.expand_argx() 通过将相应的标志参数设置为 True 来对函数 sympy.expand() 进行包装。以下代码使用函数 sympy.expand_trig() 展开三角函数表达式:

```
In [63]: sympy.expand_trig(sympy.sin(2 * x + y))
Out[63]: (2cos²(x) − 1) sin(y) + 2sin(x)cos(x)cos(y)
```

8.4.3　表达式化简

我们还可以将表达式转化为更简单的形式。函数 sympy.simplify()可以对表达式进行化简操作。以下代码用于化简一个除法表达式：

```
In [64]: sympy.simplify((x + x * y) / x)
Out[64]: y + 1
```

以下代码进行三角函数化简：

```
In [65]: expr = sympy.sin(x) / sympy.cos(x)
         sympy.simplify(expr)
Out[65]: tan(x)
```

在数学中，对同一个表达式，根据其使用目的可以有多种化简方案。SymPy 提供了多种表达式变换函数。

函数 sympy.radsimp()对表达式的分母进行有理化，结果中的分母部分不含无理数，代码如下：

```
In [66]: sympy.radsimp(1 / (sympy.sqrt(5) + 2 * sympy.sqrt(2)))
```
$$\text{Out}[66]: \frac{-\sqrt{5} + 2\sqrt{2}}{3}$$

以下代码对带符号的表达式进行化简：

```
In [67]: sympy.ratsimp(x / (x + y) + y / (x − y))
```
$$\text{Out}[67]: \frac{2y^2}{x^2 − y^2} + 1$$

函数 sympy.fraction()返回包含表达式的分子与分母的元组，用它可以获得 sympy.ratsimp()分母有理化之后的分子和分母，代码如下：

```
In [68]: sympy.fraction(sympy.ratsimp(1 / x + 1 / y))
Out[68]: (x + y, xy)
```

函数 sympy.cancel()对分式表达式的分子与分母进行约分运算，代码如下：

```
In [69]: sympy.cancel((x ** 2 − 1) / (1 + x))
Out[69]: x − 1
```

函数 sympy.apart()对表达式进行部分分式分解。以下代码将一个有理函数变为数个分子及分母次数较小的有理函数。

```
In [70]: sympy.apart(1/(x ** 3 + x ** 2 + x + 1))
```
$$\text{Out[70]}: -\frac{x-1}{2\left(x^2+1\right)}+\frac{1}{2\left(x+1\right)}$$

函数 sympy.trigsimp()化简表达式中的三角函数,通过 method 参数可以选择化简算法,代码如下:

```
In [71]: sympy.trigsimp(sympy.sin(x) ** 2 + 2 * sympy.sin(x) * sympy.cos(x) +
                         sympy.cos(x) ** 2)
```
$$\text{Out[71]}: \sin(2x)+1$$

函数 sympy.powersimp()通过组合相似的基和指数的幂来化简表达式。关键字参数 combine 可以使 sympy.powsimp()仅合并基数或仅合并指数。默认情况下,combine = "all",两者都执行。combine = "base" 只会合并基数,combine = "exp" 仅合并幂,代码如下:

```
In [72]: sympy.powsimp(x ** y * x ** z * y ** z, combine = "exp")
```
$$\text{Out[72]}: x^{y+z}y^{z}$$

```
In [73]: sympy.powsimp(x ** y * x ** z * y ** z, combine = "base", force = True)
```
$$\text{Out[73]}: x^{y}(xy)z$$

8.4.4 表达式求值

符号表达式对象的 subs()方法能够将代数符号用确定值替换,进而可以求出表达式的值。

以下代码求表达式 $ab-4a+b+ab+4a+3(a+b)$ 在 $a=3$、$b=2$ 时的值。

```
In [74]: from sympy.abc import a, b
         expr = b * a - 4 * a + b + a * b + 4 * a + (a + b) * 3
         expr.subs([(a, 3), (b, 2)])
Out[74]: 29
```

对于 8.3.2 节介绍的数值对象,我们也可以用 evalf()方法求它们的数值,示例代码分别求圆周率 π 和黄金分割率 Φ 的值:

```
In [75]: print(sympy.pi.evalf(30), sympy.GoldenRatio.evalf(5))
3.14159265358979323846264338328 1.6180
```

8.4.5 表达式连加

SymPy 中的 Sum 类表示有限或无限个表达式连加级数。构造函数的第一个参数是通项,第二个参数是元组(i, start, end),i 取 start 和 end 之间所有的整数值。按照数学惯例,求和时包括 end。

以下是示例代码：

```
In [76]: from sympy.abc import i, k, m, n, x
         sympy.Sum(k, (k, 1, m))
Out[76]:
```
$$\sum_{k=1}^{m} k$$

```
In [77]: from sympy import ∞
         sympy.Sum(1/n, (i, 1, ∞))
Out[77]:
```
$$\sum_{i=1}^{\infty} \frac{1}{n}$$

```
In [78]: sympy.Sum(1/(2*n - 1)**2, (i, 1, ∞))
Out[78]:
```
$$\sum_{i=1}^{\infty} \frac{1}{(2n-1)^2}$$

当 start 和 end 都有明确的值时，可以使用 doit() 方法求级数的值，代码如下：

```
In [79]: sympy.Sum(k, (k, 1, 100)).doit()
Out[79]: 5050
```

函数 sympy.summation() 用于求连加的最终结果，代码如下：

```
In [80]: sympy.summation(k, (k, 1, m))
Out[80]:
```
$$\frac{m^2}{2} + \frac{m}{2}$$

8.4.6 表达式连乘

SymPy 的 Product 类表示有限或无限个表达式连乘。与连加类似，构造函数的第一个参数是通项，第二个参数是元组(i, start, end)，i 取 start 和 end 之间所有的整数值。按照数学惯例，求积时包括 end。

以下是示例代码：

```
In [81]: sympy.Product(k, (k, 1, m))
Out[81]:
```
$$\prod_{k=1}^{m} k$$

以上表达式就是 m 的阶乘。同样，当 start 和 end 都有明确的值时，可以使用 doit() 方法求级数的值，代码如下：

```
In [82]: p = sympy.Product(k, (k, 1, 10))
         p.doit()
Out[82]: 3628800
```

8.4.7　因式分解

在数学中,因式分解(factorization 或 factoring)一般被理解为把一个多项式分解为两个或多个因式(因式亦为多项式)的过程。分解之后,原多项式会转换成一些较原式简单的多项式的积。

SymPy 中函数 sympy.factor()可以用来分解多项式。先看一个简单的例子:

```
In [83]: from sympy.abc import x, y, z
         sympy.factor(x ** 2 + 2 * x + 1)
Out[83]: (x + 1)²
```

以下是两个稍微复杂一点的例子:

```
In [84]: sympy.factor(x ** 3 + y ** 3 + z ** 3 - 3 * x * y * z)
Out[84]: (x + y + z)(x² - xy - xz + y² - yz + z²)

In [85]: sympy.factor(a * b * (x ** 2 - y ** 2) + x * y * (a ** 2 - b ** 2))
Out[85]: (ax - by)(ay + bx)
```

8.4.8　逻辑运算

SymPy 支持布尔表达式的构造和运算。SymPy 符号可以用作命题变量,然后用真值或假值代替。许多用于布尔运算的函数已经在 sympy.logic 模块中实现了。

布尔变量可以声明为 SymPy 符号对象。SymPy 将逻辑的与、或、非运算符进行了重载,使其可以作用于 SymPy 符号对象。SymPy 中还集成了其他逻辑功能,包括:"异或"和"蕴含",它们分别由运算符'^'和'>>'表示。逻辑表达式可以使用相关运算符或直接使用表 8-9 逻辑表达式构造函数所列的相关构造函数来创建。

表 8-9　逻辑表达式构造函数

函数(符号)	描　　述
And(&)	与
Or(|)	或
Not(~)	非
Xor(^)	异或
Implies(>>)	蕴含
Nand	与非
Nor	或非

示例代码如下:

```
In [86]: x, y, z = sympy.symbols('x,y, z')
         e = (x & y) | z
         e
Out[86]: z ∨ (x ∧ y)
```

任何布尔表达式都可以转换为合取范式、析取范式或否定范式。SymPy 还提供了相关函数用于检查布尔表达式是否符合上述任何形式，代码如下：

```
In [87]: sympy.to_cnf((x & y) | z)
Out[87]: (x ∨ z) ∧ (y ∨ z)

In [88]: sympy.to_dnf(x & (y | z))
Out[88]: (x ∧ y) ∨ (x ∧ z)

In [89]: from sympy.logic.boolalg import is_cnf
         is_cnf((x | y) & z)
Out[89]: True

In [90]: from sympy.logic.boolalg import is_dnf
         is_dnf((x & y) | z)
Out[90]: True
```

SymPy 的 sympy.logic 模块不仅可以简化布尔表达式，还可以检查两个逻辑表达式的等效性。在相等的情况下，可以使用函数 sympy.bool_map() 来显示两个表达式之间有哪些变量相互对应，代码如下：

```
In [91]: #化简布尔表达式
         a, b, c = sympy.symbols('a b c')
         e = a & (~a | ~b) & (a | c)
         sympy.simplify(e)
Out[91]: a ∧ ¬ b

In [92]: #布尔表达式等效检测
         e1 = a & (b | c)
         e2 = (x & y) | (x & z)
         sympy.bool_map(e1, e2)
Out[92]: (a ∧ (b ∨ c), {a:x, b:y, c:z})
```

SymPy 的 sympy.logic 模块还支持对给定布尔表达式的可满足性（SAT）检查。如果表达式的值能够为真，则函数 sympy.satisfiable() 以字典的形式返回一个满足它的变量列表。示例代码如下：

```
In [93]: sympy.satisfiable(a & (~a | b) & (~b | c) & ~c) #该表达式不可能为真
Out[93]: False

In [94]: sympy.satisfiable(a & (~a | b) & (~b | c) & c)
Out[94]: {a: True, b: True, c: True}
```

8.5 微积分

微积分学是研究极限、微分学、积分学和无穷级数等的一个数学分支。正如几何学是研究形状的学问、代数学是研究代数运算和解方程的学问一样,微积分学是一门研究变化的学问。

微积分学在科学和工程领域有广泛的应用,用来解决那些仅依靠代数学和几何学不能有效解决的问题。微积分学在代数学和几何学的基础上建立起来,主要包括微分学、积分学。微分是对函数的局部变化率的一种线性描述,包括求导数的运算。微分学是一套关于变化率的理论。它使函数、速度、加速度和斜率等均可用一套通用的符号进行演绎。积分是微积分学与数学分析里的一个核心概念,包括求积分的运算。积分学为定义和计算长度、面积、体积等提供一套通用的方法。微积分基本定理指出,微分和不定积分互为逆运算,这也是两种理论被统一成微积分学的原因。

8.5.1 极限

极限是现代数学的基础概念之一。极限可以用来描述当一个序列的指标越来越大时,数列中元素的性质的变化趋势,也可以用来描述函数的自变量接近某一个值时,函数值的变化趋势。

我们可以通过 Limit 对象来生成函数的极限表达式对象。以下示例代码生成倒数函数在 0 点的极限:

```
In [95]: sympy.Limit(1/x, x, 0, dir = " + - ")
Out[95]: lim  1
         x→0 x
```

构造 Limit 对象时有 3 个参数是必须的:第 1 个参数是函数表达式;第 2 个参数代表极限中变量的符号;第 3 个参数是变量趋近的点。关键字参数 dir = " + - " 表示极限是左右两侧同时逼近,' - '表示左逼近,' + '表示右逼近,默认为右逼近。

极限对象的 doit() 方法可以用来求极限的值,示例代码如下:

```
In [96]: l = sympy.Limit(1/x, x, 0)
         l.doit()
Out[96]: ∞
```

我们也可以使用函数 sympy.limit() 直接求函数极限,示例代码如下:

```
In [97]: sympy.limit(1/x, x, 0, dir = ' + ')
Out[97]: ∞
```

```
In [98]: sympy.limit(1/x, x, 0, dir = ' - ')
Out[98]: - ∞
```

由于倒数函数在 $x = 0$ 处的左右极限不相等,即其在 $x = 0$ 处的极限不存在,因此当

dir＝"＋－"时,求极限值将导致程序 ValueError,示例代码如下:

```
In [99]: sympy.limit(1/x, x, 0, dir = '+-')
----------------------------------------------------------------
ValueError                              Traceback (most recent call last)
< ipython - input - 99 - a5c045e6ab5e > in < module >
----> 1 sympy.limit(1/x, x, 0, dir = '+-')
…  …
--> 256                           raise ValueError("The limit does not exist since "
    257                               "left hand limit = % s and right hand limit = % s"
258                                   % (l, r))
```

8.5.2　级数展开

函数的级数展开在数学中有着很重要的意义。级数是研究函数的重要工具,一个函数通过级数展开,转化成一个 n 阶多项式。通过这种方法,我们便可以得到对已知函数的有效表示方法,进而可以对函数进行数值近似计算。同时,通过级数展开式还能提取函数的特征。

在 SymPy 中,sympy.series()函数或 SymPy 表达式对象的 series()方法都可以用于进行函数的展开。以下是将函数 $f(x)＝\sin(x)$ 展开的示例代码:

```
In [100]: f = sympy.sin(x)
          sympy.series(f, x)
Out[100]:
```

$$x - \frac{x^3}{6} + \frac{x^5}{120} + O(x^6)$$

函数 sympy.series()的第 1 个入参是待展开的函数表达式;第 2 个参数是要展开的函数表达式中的变量,该参数可选,对于本例仅有一个变量的函数可省略。函数 sympy.series()默认在 $x＝0$ 这一点上进行级数展开,默认的展开阶数是 6。我们也可以指定不同的展开点和阶数,代码如下:

```
In [101]: f.series(x0 = 1, n = 4)
Out[101]:
```

$$\sin(1) + (x-1)\cos(1) - \frac{(x-1)^2\sin(1)}{2} - \frac{(x-1)^3\cos(1)}{6} + O((x-1)^4; x\to 1)$$

关键字参数 $x_0＝1$,指定展开点为 1。关键字参数 $n＝4$ 指定展开的阶数为 4。

级数展开也是有方向性的,可以从右侧逼近展开点,也可以从左侧逼近展开点。默认的逼近方向是自右侧逼近,可通过关键字参数 dir＝'－'将逼近参数改为自左侧逼近。参看以下示例代码:

```
In [102]: f.series(x0 = 1, n = 4, dir = '-')
Out[102]:
```

$$\sin(1) - (1-x)\cos(1) - \frac{(1-x)^2\sin(1)}{2} + \frac{(1-x)^3\cos(1)}{6} + O((x-1)^4; x\to 1)$$

在进行展开时,展开点 x_0 也可以使用符号来表示,示例如下:

```
In [103]: x0 = sympy.Symbol('x0')
          f = sympy.sin(x)
          f.series(x0 = x0, n = 4)
Out[103]:
```

$$\sin(x_0) + (x - x_0)\cos(x_0) - \frac{(x - x_0)^2 \sin(x_0)}{2} - \frac{(x - x_0)^3 \cos(x_0)}{6} + O((x - x_0)^4; x \rightarrow x_0)$$

8.5.3 微分

在数学中,微分是对函数局部变化的一种描述。微分可以近似地描述当函数自变量的取值进行足够小的改变时,函数的值是怎样改变的。

$$f'(x) = \frac{f(x + h) - f(x)}{h} \tag{8-1}$$

当函数 $f(x)$ 的自变量 x 有一个微小的改变 h 时,该函数的变化可以分解为 2 部分:

(1)线性部分。在一维情况下,它正比于 h。对于更一般的情况,可将这部分视为作用在 h 上的线性映射。

(2)比 h 的高阶无穷小。这部分除以 h 后,在 h 趋近 0 时的极限是 0。

第 2 部分在当 h 趋向 0 时,极限是 0,可以被忽略不计,因此函数的微分通常仅包含第 1 部分,记作 $f'(x)h$ 或 $\mathrm{d}f_x(h)$。

可以使用 sympy.diff() 函数求函数表达式的微分表达式,例如 sympy.diff(f(x), x, x, x) 和 sympy.diff(f(x), x, 3) 都是求函数 $f(x)$ 的三阶导数。

以下代码是求函数 $f(x) = \sin x \cdot \mathrm{e}^x$ 的一阶和二阶微分:

```
In [104]: x,y = sympy.symbols('x, y')
          f = sympy.sin(x) * sympy.exp(x)
          diff_f = sympy.diff(f, x)        #一阶微分
          diff_f2 = sympy.diff(f, x, 2)    #二阶微分
          sympy.pprint(diff_f)
          sympy.pprint(diff_f2)
out[104]: eˣsin(x) + eˣcos(x)
2·eˣ·cos(x)
```

式(8-1)被称为两点公式,因为它使用两个函数值计算导数值。数值微分的精度随使用点数的增多而提高。SymPy 提供的 sympy.as_finite_diff() 函数可以生成 n 点求导公式。示例代码如下:

```
In [105]: x = sympy.symbols('x', real = True)
          h = sympy.symbols('h', positive = True)
          f = sympy.symbols('f', cls = sympy.Function)
```

以上定义的 3 个符号:f 是函数对象;由于函数 f 是实数域的函数,因此符号 x 被注明是实数符号;增量 h 是正数。下面使用函数对象的 diff() 方法对函数求导:

```
In [106]: f_diff = f(x).diff(x, 1)      #一阶导数
          f_diff
```

$$Out[106]: \frac{d}{dx}f(x)$$

微分的结果是一个导数对象,可以使用此导数对象的 as_finite_difference()方法将导数转换成 n 点公式。下面的代码将其转换成 3 点公式:

```
In [107]: expr_diff = f_diff.as_finite_difference([x, x−h, x−2*h, x−3*h]) #4点微分式
          expr_diff
```

$$Out[107]: \frac{11f(x)}{6h} - \frac{f(-3h+x)}{3h} + \frac{3f(-2h+x)}{2h} - \frac{3f(-h+x)}{h}$$

当方程涉及未知函数及其导数时,方程被称为微分方程。当导数的未知量仅含有一个变量时,则这种微分方程被称为常微分方程(Ordinary Differential Equation)。SymPy 的函数 sympy.dsolve()可以对常微分方程进行符号求解。它的第一个参数是带未知函数的表达式,第二个参数是需要进行求解的未知函数。例如下面的程序对微分方程 $f'(x) + 9f(x) = 0$ 进行求解,所得到的结果是一个自然指数函数,它有一个待定系数 C_1:

```
In [108]: f = sympy.Function('f')
          sympy.dsolve(sympy.Derivative(f(x), x) + 9*f(x), f(x))
Out[108]: f(x) = C_1 e^{-9x}
```

现在考虑自由落体运动,假设运动的距离是 $y(t)$,t 为物体下落的时间。$y(t)$ 的二阶导数 $y''(t) = -g$,g 是重力常数。首先我们定义含有未知函数的表达式 $y(t)$,然后利用 sympy.dsolve()解它的二阶常微分方程 $y''(t) + g = 0$,代码如下:

```
In [109]: t, g = sympy.symbols('t, g')
          y = sympy.Function('y')
          y_diff2 = sympy.Derivative(y(t), t, 2) + g
          y = sympy.dsolve(y_diff2, y(t))
          y
```

$$Out[109]: y(t) = C_1 + C_2 t - \frac{gt^2}{2}$$

得出的符号解中两个常量 C_1 和 C_2 分别代表初始高度和初始速度。

8.5.4 积分

积分是微分的逆运算,即从导数推算出原函数,又分为定积分与不定积分。

不定积分是导数的逆运算,即反导数。当 f 是 F 的导数时,F 是 f 的不定积分。

定积分是函数 f 在区间 $[a,b]$ 上积分和的极限。可理解为在坐标平面上,由曲线 $(x, f(x))(x \in [a,b])$,直线 $x=a$、$x=b$ 及 x 轴围成的曲边梯形的面积值。

函数 sympy.integrate()可同时应用于定积分和不定积分。

如果入参仅有一个表达式,则函数 sympy.integrate()执行的是不定积分。以下代码求

函数 $f(x) = x^2 + 3$ 的不定积分：

```
In [110]: sympy.integrate(x ** 2 + 3)
```
$$\text{Out[110]:} \quad \frac{x^3}{3} + 3x$$

如果是一个表达式未定义的函数，则函数 sympy.integrate() 返回不定积分的通用描述，代码如下：

```
In [111]: sympy.integrate(sympy.Function('f')(x))
```
$$\text{Out[111]:} \quad \int f(x)\,\mathrm{d}x$$

sympy.Function('f')(x) 创建的是未定义的函数对象，即函数表达式并未定义，因此积分结果是不定积分的通用形式。

如果表达式中有多个变量，则需要传入积分变量。以下代码对于同一个二元函数，分别针对 x 和 y 求不定积分：

```
In [112]: x, y = sympy.symbols('x, y')
          f = x * y + 2 * x
          sympy.integrate(f, x)
Out[112]:
```
$$x^2 \left(\frac{y}{2} + 1 \right)$$

```
In [113]: f = x * y + 2 * x
          sympy.integrate(f, y)
Out[113]:
```
$$\frac{xy^2}{2} + 2xy$$

当将积分变量和积分区间组成元组传入时，函数 sympy.integrate() 执行的是定积分。示例代码如下：

```
In [114]: sympy.integrate(sympy.Function('f')(x), (x, a, b))
Out[114]:
```
$$\int_a^b f(x)\,\mathrm{d}x$$

接下来，我们计算球的体积。

首先，需要知道如何利用积分计算圆的面积。假设原点为圆心的圆半径为 r，则圆上任意一点的坐标函数为 $y(x) = \sqrt{r^2 - x^2}$。根据定积分的定义，直接对函数 $y(x)$ 在 $[-r、r]$ 区间上求定积分即可得到半圆面积。下面的代码用来求圆的面积：定义半径 r 时需要将 positive 参数设置为 True，表示圆的半径为正数：

```
In [115]: r = sympy.symbols('r', positive = True)      # 半径是正数
          c_area = 2 * sympy.integrate(sympy.sqrt(r ** 2 - x ** 2), (x, -r, r))
          c_area
Out[115]: πr²
```

接着通过对圆面积公式求定积分,便可以得到球体体积,但切面半径会随 x 坐标一起变化,对应的切面面积也会发生变化,因此 c_area 中的变量 r 需要被 x 的表达式替代,代码如下:

```
In [116]: c_area = c_area.subs(r, sympy.sqrt(r ** 2 - x ** 2))
          c_area
Out[116]: π(r² - x²)
```

最后,我们便可以通过在区间 $[-r, r]$ 对以上表达式求定积分而得到球的体积,代码如下:

```
In [117]: sympy.integrate(c_area, (x, -r, r))
Out[117]: 4πr³/3
```

最终的结果是体积表达式。

8.5.5 路径积分

形如 $\int_C f(x, y)\,ds$ 的积分,被称为曲线积分或路径积分。其中 C 是坐标平面上的曲线。

SymPy 的函数 sympy.line_integrate() 可用来计算路径积分。此函数的第 1 个入参是用 SymPy 符号表达式描述的被积函数;第 2 个入参是 sympy.Curve 对象;第 3 个入参是积分变量列表。

以下代码计算函数 $f(x, y) = x^2 y$,从坐标原点 $(0, 0)$ 到点 $(1, 1)$ 的积分。首先,我们需要创建一个 Curve 实例来表示点 $(0, 0)$ 到点 $(1, 1)$ 之间的路径,代码如下:

```
t, x, y = sympy.symbols('t, x, y')
C = sympy.Curve([t, t], (t, 0, 1))
```

构造 Curve 对象时,第一个入参是曲线上每一点的平面坐标;第二个入参是个三元组,分别表示坐标参数、参数的上下边界值。

完整的积分代码如下:

```
In [118]: C = sympy.Curve([t, t], (t, 0, 1))
          F = x ** 2 * y
          sympy.line_integrate(F, C, [x, y])
Out[118]: √2/4
```

接下来,我们来完成函数 $f(x)=\dfrac{1}{e^{ix}}$ 在单位圆上的路径积分,代码如下:

```
In [119]: from sympy import S
          C = sympy.Curve([sympy.cos(t), sympy.sin(t)], (t, 0, 2 * sympy.pi))
          F = 1/sympy.exp( - S.ImaginaryUnit * x)
          sympy.simplify(sympy.line_integrate(F, C, [x, y]))
Out[119]: ∫₀²π e^{icos(t)} dt
```

代码中导入注册表 S 是为了使用虚数单位,注意虚数单位自身带有符号,因此代码中添加符号以将其抵消。本例中的积分,函数 sympy.line_integrate() 无法给出数值解,结果以解析的形式返回。代码中调用函数 sympy.simplify() 对其进一步化简。

8.5.6　积分变换

常见的积分变换有拉普拉斯变换和傅里叶变换。拉普拉斯变换可将一个有实数参数 $t(t \geqslant 0)$ 的函数转换为一个参数为复数 s 的函数。拉氏变换则是将一个函数表示为许多矩的叠加。拉氏变换常用来求解微分方程及积分方程。

函数 sympy.laplace_transform() 用于拉普拉斯变换,该函数的第 1 个入参是需要进行变换的 SymPy 表达式,第 2 个参数是待变换表达式中的变量名,第 3 个参数是变换变量的符号。以下代码对表达式 $1/x^2$ 进行拉氏变换:

```
In [120]: x, s = sympy.symbols('x, s')
          f = 1/x ** 2
          sympy.laplace_transform(f, x, s)
Out[120]: ℒₓ[ 1/x² ](s)
```

我们可以看到,函数返回的是一个元组。包含拉氏变换后的函数和变换收敛的条件。如果仅关心结果,则可以传入关键字参数 noconds=True。示例代码如下:

```
In [121]: t = sympy.symbols('t')
          s = sympy.Symbol('s')
          a = sympy.Symbol('a', real = True, positive = True)
          sympy.laplace_transform(sympy.exp( - a * t) * t, t, s, noconds = True)
Out[121]: 1/(a + s)²
```

函数 sympy.inverse_laplace_transform() 执行拉普拉斯逆变换,该函数和拉普拉斯变换函数的入参数量一样,差别在变量符号和变量的顺序。变量符号为该函数的第 2 个入参,变量是第 3 个入参。以下是一段求拉普拉斯逆变换的代码:

```
In [122]: sympy.inverse_laplace_transform(1, s, t, noconds = True)
Out[122]: δ(t)
```

傅里叶变换能将满足一定条件的某个函数表示成三角函数或者它们的积分的线性组合。它被用在函数时域与频域的变换。傅里叶变换和傅里叶逆变换对应的函数是 sympy. fourier_transform() 和 sympy.inverse_fourier_transform()。它们的使用方法与拉普拉斯变换类似,示例代码如下:

```
In [123]: w = sympy.Symbol('omega')
          F = sympy.fourier_transform(sympy.exp( - x ** 2), x, w)
          F
Out[123]: √π e^{-π²ω²}

In [124]: sympy.inverse_fourier_transform(F, w, t)
Out[124]: e^{-t²}
```

8.6 线性代数

8.6.1 矩阵

SymPy 中也有一个 Matrix 类,可以使用它来创建向量和矩阵,其中的元素可以是数字、符号和表达式。与 NumPy 数组类似,创建 SymPy 矩阵时也需要使用列表,示例代码如下:

```
In [125]: sympy.Matrix([[1, 0],
                        [0, 1]])
Out[125]:
⎡1  0⎤
⎣0  1⎦
```

由于是符号运算,因此矩阵也可以包含符号元素:

```
In [126]: x, y = sympy.symbols('x, y')
          A = sympy.Matrix([[1, x], [y, 1]])
          A
Out[126]:
⎡1  x⎤
⎣y  1⎦
```

与 NumPy 数组不同,SymPy 矩阵类在构造实例时,将输入列表中第一级的每个元素视为矩阵的行,因此当参数是一阶链表时,创建的是列向量,代码如下:

```
In [127]: sympy.Matrix([1, 2, 3])
Out[127]:
```
$$\begin{bmatrix} 1 \\ 2 \\ 3 \end{bmatrix}$$

如果需要行向量,则需要将列表嵌套为二阶,代码如下:

```
In [128]: sympy.Matrix([[1, 2, 3]])
Out[128]: [1   2   3]
```

SymPy 矩阵也具有 shape 属性,以下是检查矩阵大小的代码:

```
In [129]: A = sympy.Matrix([[1, x], [y, 1]])
          A.shape
Out[129]: (2, 2)
```

SymPy 矩阵支持与 NumPy 数组类似的索引和切片。示例代码如下:

```
In [130]: A.row(0)
Out[130]: [1   x]
```

```
In [131]: A.col(-1)
Out[131]:
```
$$\begin{bmatrix} x \\ 1 \end{bmatrix}$$

SymPy 矩阵是可以被修改的对象。我们可以删除指定的行或列,代码如下:

```
In [132]: A.col_del(0)
          A
Out[132]:
```
$$\begin{bmatrix} x \\ 1 \end{bmatrix}$$

```
In [133]: A.row_del(1)
          A
Out[133]: [x]
```

我们也可以插入列或行,但是插入操作和删除操作不同,它不会立即对矩阵进行修改,需要通过赋值语句完成,示例代码如下:

```
In [134]: A.row_insert(0, sympy.Matrix([[4]]))
Out[134]:
```
$$\begin{bmatrix} 4 \\ x \end{bmatrix}$$

```
In [135]: A
Out[135]: [x]
```

```
In [136]: A = A.row_insert(3, sympy.Matrix([4, 5]))
          A
Out[136]:
⎡x⎤
⎢4⎥
⎣5⎦
```

　　row_insert()方法的第一个入参是插入的索引,如果小于 0 则在所有行的前面插入,如果大于矩阵当前最后一个索引,则在所有行的后面插入。第二个入参是待插入的矩阵,此矩阵需要和原矩阵有相同的列数,否则函数执行会出错。

　　列插入的方法是 col_insert(),该方法的入参有类似的性质,参看以下示例代码:

```
In [137]: A = A.col_insert(1, sympy.Matrix([[2, 3], [4, 5], [6, 7]]))
          A
Out[137]:
⎡x  2  3⎤
⎢4  4  5⎥
⎣5  6  7⎦
```

　　SymPy 矩阵支持基本的加减和标量乘除。相同大小的矩阵之间可以进行加减运算,代码如下:

```
In [138]: M = sympy.Matrix([[1, 3], [-2, 4]])
          N = sympy.Matrix([[0, 4], [5, 6]])
          M + N
Out[138]:
⎡1  7 ⎤
⎣3  10⎦

In [139]: M - N
Out[139]:
⎡ 1  -1⎤
⎣-7  -2⎦

In [140]: 3 * M
Out[140]:
⎡ 3   9 ⎤
⎣-6  12⎦

In [141]: M / 2
Out[141]:
⎡ 1   3 ⎤
⎢ ─   ─ ⎥
⎢ 2   2 ⎥
⎢       ⎥
⎣-1   2 ⎦
```

　　与 NumPy 数组不同,sympy. Matrix 中 * 和 ** 运算符都是矩阵运算,示例代码如下:

```
In [142]: M * N
Out[142]:
```

$$\begin{bmatrix} 15 & 22 \\ 20 & 16 \end{bmatrix}$$

```
In [143]: N ** 2
Out[143]:
```

$$\begin{bmatrix} 20 & 24 \\ 30 & 56 \end{bmatrix}$$

当幂指数是 -1 时,运算结果为原矩阵的逆,代码如下:

```
In [144]: M ** -1
Out[144]:
```

$$\begin{bmatrix} \dfrac{2}{5} & -\dfrac{3}{10} \\ \dfrac{1}{5} & \dfrac{1}{10} \end{bmatrix}$$

与 NumPy 数组相似,转置矩阵同样通过 T 属性获取,代码如下:

```
In [145]: N.T
Out[145]:
```

$$\begin{bmatrix} 0 & 5 \\ 4 & 6 \end{bmatrix}$$

方阵行列式通过 det()方法获取,代码如下:

```
In [146]: A = sympy.Matrix([[1, 0, 1], [2, -1, 3], [4, 3, 2]])
          A.det()
Out[146]: -1
```

矩阵可以使用 rref()方法化简为行阶梯式, 代码如下:

```
In [147]: A = sympy.Matrix([[1, 0, 1, 3], [2, 3, 4, 7], [-1, -3, -3, -4]])
          A.rref()
Out[147]:
```

$$\left(\begin{bmatrix} 1 & 0 & 1 & 3 \\ 0 & 1 & \dfrac{2}{3} & \dfrac{1}{3} \\ 0 & 0 & 0 & 0 \end{bmatrix}, (0,1) \right)$$

rref 返回两个元素的元组。第一个是精简行梯形形式,第二个是主元索引元组。

要求矩阵的特征值,可以使用 eigenvals()方法。eigenvals()返回一个特征值字典,代码如下:

```
In [148]: A = sympy.Matrix([[3, -2, 4, -2], [5, 3, -3, -2],
                             [5, -2, 2, -2], [5, -2, -3, 3]])
          A.eigenvals()
Out[148]: {-2: 1, 3: 1, 5: 2}
```

这意味着 A 有特征值-2、3 和 5，特征值-2 和 3 有代数多重性 1，特征值 5 有代数多重性 2。

要求矩阵的特征向量，可使用 eigenvects() 方法。eigenvects() 方法返回一个元组列表，形式为(eigenvalue:代数重数,[特征向量])。

```
In [149]: A.eigenvects()
Out[149]:
```

$$\left[\left(-2, 1, \left[\begin{matrix} 0 \\ 1 \\ 1 \\ 1 \end{matrix} \right] \right), \left(3, 1, \left[\begin{matrix} 1 \\ 1 \\ 1 \\ 1 \end{matrix} \right] \right), \left(5, 2, \left[\begin{matrix} 1 \\ 1 \\ 1 \\ 0 \end{matrix} \right], \left[\begin{matrix} 0 \\ -1 \\ 0 \\ 1 \end{matrix} \right] \right) \right]$$

这告诉我们，例如，特征值 5 有几何多重性 2，因为它有两个特征向量。因为代数和几何的多重性对于所有的特征值是相同的，所以 M 是可对角化的。

要对角化矩阵，可使用函数 sympy.diagonalize()。对角化返回一个元组(P,D)，其中 D 是对角线矩阵，$M = PDP^{-1}$，代码如下：

```
In [150]: P, D = A.diagonalize()
          P
Out[150]:
```

$$\left[\begin{matrix} 0 & 1 & 1 & 0 \\ 1 & 1 & 1 & -1 \\ 1 & 1 & 1 & 0 \\ 1 & 1 & 0 & 1 \end{matrix} \right]$$

```
In [151]: D
Out[151]:
```

$$\left[\begin{matrix} -2 & 0 & 0 & 0 \\ 0 & 3 & 0 & 0 \\ 0 & 0 & 5 & 0 \\ 0 & 0 & 0 & 5 \end{matrix} \right]$$

```
In [152]: P * D * P ** -1 == A
Out[152]: True
```

对于一个方阵 A，它的 LU 分解是将它分解成一个下三角矩阵 L 与上三角矩阵 U 的乘积，也就是 $A = LU$。矩阵对象的方法 LUdecompositon() 可以对矩阵对象进行 LU 分解，代码如下：

```
In [153]: a = sympy.Matrix([[4, 3], [6, 3]])
          L, U, _ = a.LUdecomposition()
          L
```

$$\text{Out}[153]: \begin{bmatrix} 1 & 0 \\ \dfrac{3}{2} & 1 \end{bmatrix}$$

```
In [154]: U
```

$$\text{Out}[154]: \begin{bmatrix} 4 & 3 \\ 0 & -\dfrac{3}{2} \end{bmatrix}$$

方阵 A 的 QR 分解是将它分为 Q 正交矩阵和上三角矩阵 R，$A = QR$。函数矩阵对象的方法 QRdecompositon() 对矩阵对象进行 QR 分解，代码如下：

```
In [155]: A = sympy.Matrix([[12, -51, 4], [6, 167, -68], [-4, 24, -41]])
          Q, R = A.QRdecompositoň()
          Q
```

$$\text{Out}[155]: \begin{bmatrix} \dfrac{6}{7} & -\dfrac{69}{175} & -\dfrac{58}{175} \\ \dfrac{3}{7} & \dfrac{158}{175} & \dfrac{6}{175} \\ -\dfrac{2}{7} & \dfrac{6}{35} & -\dfrac{33}{35} \end{bmatrix}$$

```
In [156]: R
```

$$\text{Out}[156]: \begin{bmatrix} 14 & 21 & -14 \\ 0 & 175 & -70 \\ 0 & 0 & 35 \end{bmatrix}$$

8.6.2　方程

SymPy 函数 sympy.solve() 可以符号化求解多种方程。对于有解析解的方程，SymPy 将给出解析解。如果给定方程没有解析解，则 SymPy 将给出数值解。

1. 线性方程

函数 sympy.solve() 的输入是一个值为 0 的待解表达式。示例代码求解方程(8-2)。

$$3x + 4 = 0 \tag{8-2}$$

```
In [157]: x = sympy.Symbol('x')
          sympy.solve(3 * x + 4)
Out[157]: [-4/3]
```

得到的解是 $x = -4/3$。

求解方程组时，我们需要将参数由一个表达式换成表达式列表。待解符号也相应变成符号列表。示例代码求解方程组(8-3)。

$$\begin{cases} 3x + 4y + 5z = 4 \\ 5x + 6y + 3z = 2 \\ 7x + 8y + 9z = 3 \end{cases} \tag{8-3}$$

```
In [158]: x, y, z = sympy.symbols('x, y, z')
          eq1 = 3 * x + 4 * y + 5 * z + 4
          eq2 = 5 * x + 6 * y + 3 * z + 2
          eq3 = 7 * x + 8 * y + 9 * z + 3
          sympy.solve([eq1, eq2, eq3], [x, y, z])
Out[158]: {x: 37/8, y: - 4, z: - 3/8}
```

对于线性方程组，我们可以使用矩阵解法。以下以式（8-4）为例简要说明。

$$\begin{cases} x + py = b_1 \\ qx + y = b_2 \end{cases} \tag{8-4}$$

SymPy 矩阵对象的 solve()方法默认使用"高斯-乔丹"消除法来解矩阵方程，代码如下：

```
In [159]: p, q = sympy.symbols('p, q')
          M = sympy.Matrix([[1, p], [q, 1]])
          b = sympy.Matrix(sympy.symbols('b_1, b_2'))
          M.solve(b)
```
$$Out[159]: \begin{bmatrix} \dfrac{-b_1 + b_2 p}{pq - 1} \\ \dfrac{b_1 q - b_2}{pq - 1} \end{bmatrix}$$

我们也可以使用 LU 分解来求解。使用 LU 分解求解的代码如下：

```
In [160]: M.LUsolve(b)
```
$$Out[160]: \begin{bmatrix} b_1 - \dfrac{p(-b_1 q + b_2)}{-pq + 1} \\ \dfrac{-b_1 q + b_2}{-pq + 1} \end{bmatrix}$$

LU 分解求得的解形式上虽然较"高斯-乔丹"法复杂，但它们是相等的。我们可以使用函数 sympy. simplify()对其进行简化，或者直接比较它们。

SymPy 矩阵对象还支持不同的矩阵分解解法，在此就不一一列举了。有兴趣的读者可以查阅官方使用手册。

我们还可以使用系数矩阵来求解线性方程组，下面的代码求解方程组（8-3）。

```
In [161]: #增广矩阵
          eq = sympy.Matrix(([3, 4, 5, 4], [5, 6, 3, 2], [7, 8, 9, 3]))
          result = sympy.linsolve(eq, [x, y, z])
          print(result)
FiniteSet(( - 37/8, 4, 3/8))

In [162]: #系数矩阵和常数向量
          A = sympy.Matrix([[3, 4, 5], [5, 6, 3], [7, 8, 9]]) #系数
          b = sympy.Matrix(3,1,[4,2,3])
          eq = A, b
```

```
        result = sympy.linsolve(eq, x, y, z)
        print(result)
FiniteSet((-37/8, 4, 3/8))
```

2. 非线性方程

在工程和科学中,很多方程是非线性的。通常,如果表达式中存在指数大于 1 的变量,则此表达式是非线性的。

对于非线性单变量方程 $f(x)=0$,虽然没有一种通用的解法,但是函数 sympy.solve() 能够求解很多可解析的单变量非线性方程。以下是示例代码:

```
In [163]: eq1 = 3 * x + 2 * y - 11
          eq2 = x ** 2 - 4 * x * y + 4 * y ** 2 + x - 2 * y - 2
          sympy.solve([eq1, eq2], [x, y])
Out[163]: [(914, 18),(3,1)]
```

解一元二次方程 $x^2-4x+3=0$,示例代码如下:

```
In [164]: sympy.solve(x ** 2 - 4 * x + 3)
Out[164]: [1, 3]
```

此二次方程得到两个解 $x=1$ 和 $x=3$。

如果表达式中的变量多于一个,则需要使用第二个参数指明待求解的变量。示例代码如下:

```
In [165]: from sympy.abc import a, b, c
          sympy.solve(a * x ** 2 + b * x + c, x)
Out[165]:
```

$$\left[\frac{-b+\sqrt{-4ac+b^2}}{2a}, -\frac{b+\sqrt{-4ac+b^2}}{2a} \right]$$

当遇到无代数解或者 SymPy 无法解该方程的情况时,SymPy 会返回一个形式解。如果连形式解也找不到,则 SymPy 返回错误信息,代码如下:

```
In [166]: sympy.solve(x ** 3 + 3 * x ** 3 + 1)
Out[166]:
```

$$\left[-\frac{\sqrt[3]{2}}{2}, \frac{\sqrt[3]{2}}{4} - \frac{\sqrt[3]{2}\sqrt{3}\,i}{4}, \frac{\sqrt[3]{2}}{4} + \frac{\sqrt[3]{2}\sqrt{3}\,i}{4} \right]$$

```
In [167]: sympy.solve(sympy.sin(x) + x)
-----------------------------------------------------------------------
NotImplementedError                          Traceback (most recent call last)
< ipython - input - 167 - 2100dbb27e14 > in < module >
----> 1 sympy.solve(sympy.sin(x) + x)
… …
NotImplementedError: multiple generators [x, sin(x)]
No algorithms are implemented to solve equation x + sin(x)
```

对于这类不存在解析解的方程,只能够使用数值分析的方法来求解。

3. 求解常微分(ODE)方程

我们现在可以使用 sympy.dsolve()函数来得到 ODE 的解。语法与前文中使用的 sympy.solve()函数非常相似。

以下代码求解常微分方程:

$$f(x) - 2\frac{\mathrm{d}}{\mathrm{d}x}f(x) + \frac{\mathrm{d}^2}{\mathrm{d}x^2}f(x) = \sin(x) \tag{8-5}$$

```
In [168]: #初始化
          x = sympy.symbols('x')
          f = sympy.Function('f')

          #微分方程
          expr1 = sympy.Eq(f(x).diff(x, x) - 2 * f(x).diff(x) + f(x), sympy.sin(x))

          #求解微分方程
          result = sympy.dsolve(expr1, f(x))
          result
Out[168]:
```

$$f(x) = (C_1 + C_2 x)e^x + \frac{\cos(x)}{2}$$

函数 sympy.dsolve()所得解中通常包含常数项。本例由于求解的是二阶微分方程,因此解中有两个常数项。在初始条件已知的情况下,可以求出这些常数项的值。假设现在有两个初始条件:

(1) $x=0$ 时,$f(0)=F_0$。

(2) $x=1$ 时,$f(1)=F_1$。

可以创建一个字典实例来表示它们,代码如下:

```
In [169]: F0, F1 = sympy.symbols('F_0, F_1')
          init_con = {f(0):F0, f(1):F1}
          init_con
Out[169]:
{f(0):F_0, f(1):F_1}
```

接下来将初始条件代入便可得到两个线性方程,代码如下:

```
In [170]: eq1 = result.subs(x, 0).subs(init_con)
          eq1
Out[170]:
```

$$F_0 = C_1 + \frac{1}{2}$$

```
In [171]: eq2 = result.subs(x, 1).subs(init_con)
          eq2
```

Out[171]:

$$F_1 = e(C_1 + C_2) + \frac{\cos(1)}{2}$$

在方程式 eq1 和 eq2 中，$f(x)$ 的常数项 C_1 和 C_2 是未知量，可使用函数 sympy.solve() 求解，代码如下：

In [172]: sympy.solve([eq1,eq2])
Out[172]:

$$\left\{ C_1 : F_0 - \frac{1}{2}, C_2 : \frac{-eF_0 + F_1 - \frac{\cos(1)}{2} + \frac{e}{2}}{e} \right\}$$

将以上解代入常微分方程的解中，即可得常微分方程的最终解，代码如下：

In [173]: result.subs(sympy.solve([eq1,eq2]))
Out[173]:

$$f(x) = \left(F_0 + \frac{x\left(-eF_0 + F_1 - \frac{\cos(1)}{2} + \frac{e}{2}\right)}{e} - \frac{1}{2} \right) e^x + \frac{\cos(x)}{2}$$

8.7 绘图

SymPy 库提供了和 Matplotlib 库的接口，使用相关函数可以将函数的符号表达式绘制成函数曲线。

以下代码绘制线性函数 $f(x)=2x$ 的曲线：

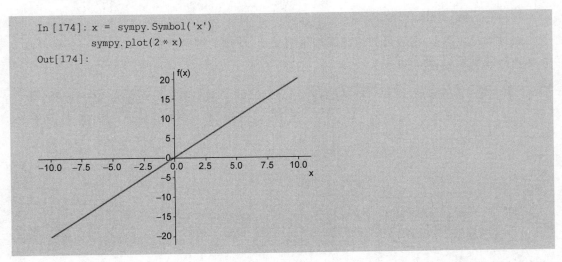

In [174]: x = sympy.Symbol('x')
          sympy.plot(2 * x)
Out[174]:

当函数 sympy.plot() 的入参是多个函数表达式时，同一坐标平面上将会显示多条函数曲线。以下代码同时绘制函数 $f(x)=2x^2+1$ 和 $f(x)=10x$ 的图形：

```
In [175]: sympy.plot((2 * x * x + 1),(10 * x))
Out[175]:
```

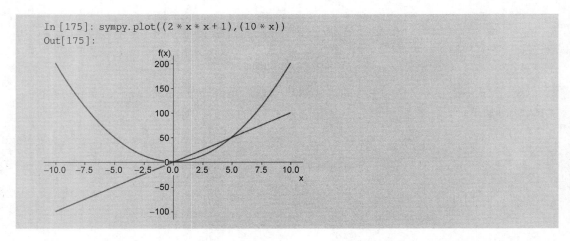

可以在函数 sympy. plot() 的入参中添加一个三元组来定制坐标区间。元组的第一个成员表示函数变量，后两个成员表示坐标区间。现在我们将之前的例子改为在区间[0，10]绘图，代码如下：

```
In [176]: sympy.plot((2 * x * x + 1),(10 * x),(x,0,10))
Out[176]:
```

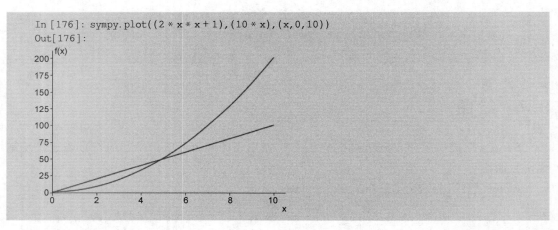

通过关键字参数 title 可为绘图添加说明文字，使用关键字参数 xlabel 和 ylable 可修改坐标轴对应标签，代码如下：

```
In [177]: sympy.plot((2 * x * x + 1),(10 * x),(x,0,10),
                      title = u'Demo', xlabel = 'x', ylabel = 'y')
Out[177]:
```

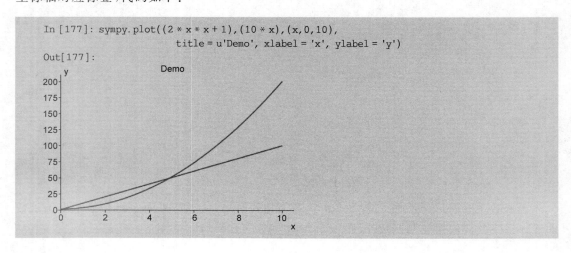

以下代码在区间$[-3,3]$和$[-2,2]$绘制函数$f(x,y)=x\mathrm{e}^{-x^2-y^2}$的三维图形。

```
In [178]: x, y = sympy.symbols('x, y')
          sympy.plotting.plot3d(x * sympy.exp(- x ** 2 - y ** 2), (x, - 3, 3), (y, - 2, 2))
Out[178]:
```

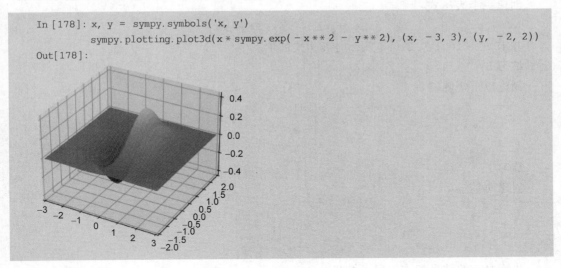

8.8 本章小结

SymPy 是一个由 Python 语言编写的符号计算库。符号计算是很重要的一种计算方式，它对于理论和算法研究都有着重要的意义。在符号计算领域，SymPy 不仅支持常见的微积分、线性代数、几何运算，还支持集合论、微分方程、数论等诸多数学方向。本章简要地介绍了如何利用 SymPy 进行符号计算，仅仅涉及 SymPy 库中最为基本的一些内容。关于 SymPy 库中更多的细节，读者可以参阅 SymPy 官方帮助文档。

8.9 练习

练习 1：

为以下表达式编写代码：

$$\frac{1}{\sqrt{2\pi\sigma^2}}\mathrm{e}^{-\frac{(x-\mu)^2}{2\sigma^2}} \tag{8-6}$$

练习 2：

输出 π 的前 100 位。

练习 3：

编写代码输出以下表达式：

$$\frac{\partial^2 u}{\partial t^2}=c^2\,\frac{\partial^2 u}{\partial x^2} \tag{8-7}$$

练习 4：

编写代码输出以下偏微分表达式：

$$\frac{\partial^7}{\partial x\partial y^2\partial z^4}\mathrm{e}^{xyz}=x^3y^2(x^3y^3z^3+14x^2y^2z^2+52xyz+48)\mathrm{e}^{xyz} \tag{8-8}$$

练习 5：

创建一个表达式：

$$f = x\mathrm{e}^{-x} + x(1-x) \tag{8-9}$$

并求 $x = 0$、0.1、0.2、0.4、0.8 时表达式的值。

练习 6：

创建以下矩阵：

$$\begin{bmatrix} 1 & 0 & 1 \\ -1 & 2 & 3 \\ 1 & 2 & 3 \end{bmatrix} \tag{8-10}$$

练习 7：

创建向量：

$$\begin{bmatrix} x \\ y \\ z \end{bmatrix} \tag{8-11}$$

和练习 6 的结果相乘得以下结果：

$$\begin{bmatrix} x + z \\ -x + 2y + 3z \\ x + 2y + 3z \end{bmatrix} \tag{8-12}$$

练习 8：

求解以下方程组：

$$\begin{cases} z = x^2 - y^2 \\ z^2 = x^2 + y^2 + 4 \\ z = x + y \end{cases} \tag{8-13}$$

练习 9：

求解以下 ODE：

$$f''(x) = -f(x) \tag{8-14}$$

第 9 章

统 计 分 析

在大数据和人工智能时代,数据科学和机器学习已在许多科学技术领域中变得至关重要。处理数据的必要方面是能够直观地描述、汇总和表示数据。有许多用于处理数据分析和统计编程的专业语言,如 R 语言。Python 虽不是一门数据处理和分析的专业性语言,但是由于越来越多的专业第三方库的开发,使得它在数据分析和处理领域被广泛采用。本章将介绍如何使用 Python 来收集、处理、分析和解释数据。

Python 用于数据分析时,依赖的库包括:Python 自带的 statistics 库、NumPy、SciPy 和 Pandas。

Python 自带的 statistics 库是用于描述统计信息的内置 Python 库。对于小型数据集,或者一时无法依赖导入其他库时,可以使用它。

NumPy 是用于数值计算的第三方库,已针对一维和多维数组进行了优化。它的主要类型是被称为 ndarray 的数组类型。该库包含许多用于统计分析的例程。

SciPy 是基于 NumPy 的用于科学计算的第三方库。与 NumPy 相比,它提供了其他功能,包括用于统计分析的 scipy.stats。

Pandas 是基于 NumPy 的用于数值计算的第三方库。它擅长处理带有 Series 对象的带标签的一维数据和带有 DataFrame 对象的二维数据。在许多情况下,可以使用 Series 和 DataFrame 对象代替 NumPy 数组。

Matplotlib 是用于数据可视化的第三方库。通常与 NumPy、SciPy 和 Pandas 结合使用对数据进行图形化处理。

本章将从最基础的概念(例如:平均值、中位值、众数、方差等)开始讲解,接着介绍 Python 及 NumPy 库中与数据统计相关的函数的使用方法。统计数据通常以文件的形式存放,存放统计数据时,CSV 格式被广泛采用,本章还会介绍如何访问 CSV 文件,最后将介绍如何根据统计文件中的数据绘制统计图。

9.1 安装 Pandas 和 SciPy

与 NumPy 和 Matplotlib 一样,Pandas 和 SciPy 也被包含在 Anaconda 的发行包中。在安装了 Anaconda 之后,无须单独安装这两个第三方库。

如果未安装 Anaconda,则可以使用 pip 进行独立安装,只是可能出现依赖缺失的问题,因此,在需要使用这两个库时,建议使用 Anaconda 或类似的发布环境。这样可以避免不同版本库之间兼容性的问题。

注意：独立安装 Pandas 可能会遇到不同版本的库之间不兼容的问题。

9.2 基本概念

描述性统计信息是关于数据的描述和汇总。它使用以下 2 种主要方法：

（1）定量方法以数字方式描述和汇总数据。

（2）视觉方法通过图表、曲线图、直方图和其他图形来描述数据。

描述性统计信息可以被应用于一个或多个数据集或变量。描述和总结单个变量，就是在进行单变量分析。当搜索一对变量之间的统计关系时，就是在进行双变量分析。同样，多变量分析一次涉及多个变量。

描述性统计包含以下度量类型：

（1）集中趋势用于描述有关数据中心的信息。有用的度量包括：均值、中位数和众数。

（2）可变性用于描述与数据分布有关的信息。有用的度量包括：方差和标准差。

（3）相关性用于描述数据集中一对变量之间的关系。有用的度量包括：协方差和相关系数。

本章将介绍如何使用 Python 了解和计算这些度量。

在统计学中，总体是所感兴趣的所有元素或项目的集合。它们的数量通常很大，这使得不适合使用它们来收集和分析数据。这就是为什么统计学家通常试图通过选择和检查一个有代表性的子集来得出一些关于总体的结论。总体的这个子集被称为样本。理想情况下，样本应在令人满意的程度上保持总体的基本统计特征。这样，就可以使用样本来收集关于总体的结论。

离群值是指与样本或总体中大多数数据有显著差异的数据点。有很多可能导致离群值的原因，以下是一些导致出现离群值的原因：

（1）数据自然变化。

（2）观察系统行为的变化。

（3）数据收集错误。

数据收集错误是离群值的一个特别突出的原因。例如，测量仪器或程序的局限性可能意味着无法获得正确的数据。其他错误可能由错误计算、数据污染、人为错误等引起。离群值并没有精确的数学定义。必须依靠经验、有关感兴趣的主题的知识和常识来确定数据点是否为离群值及如何处理它。

在进行统计数据的分析之前，通常需要导入库，代码如下：

```
In [1]: import math
        import statistics
        import numpy
        import scipy.stats
        import pandas
```

这些是进行 Python 统计数据处理所需的库。稍后，我们还将导入 matplotlib. pyplot 以进行数据可视化处理。

让我们创建一些用来进行处理的数据。示例代码从包含一些任意数据的 Python 列表开始：

```
In [2]: x = [8.0, 1, 2.5, 4, 28.0]
        x_with_nan = [8.0, 1, 2.5, math.nan, 4, 28.0]

In [3]: x
Out[3]: [8.0, 1, 2.5, 4, 28.0]

In [4]: x_with_nan
Out[4]: [8.0, 1, 2.5, nan, 4, 28.0]
```

现在我们有了列表 x_with_nan 和列表 x。它们几乎是相同的，不同的是 x_with_nan 包含一个 nan 值。当 Python 统计程序遇到非数值（nan）时，理解它们的行为是很重要的。在数据科学中，数值被丢失是很常见的，这种情况下通常会用 nan 替换丢失的数值。

在 Python 中，可以使用以下任意一种方法获得 nan 值：

（1）float('nan')。

（2）math. nan。

（3）numpy. nan。

示例代码如下：

```
In [5]: math.isnan(numpy.nan), numpy.isnan(math.nan)
Out[5]: (True, True)

In [6]: math.isnan(x_with_nan[3]), numpy.isnan(x_with_nan[3])
Out[6]: (True, True)
```

可以看到这些功能都是等效的，但是，需要记住，比较两个 nan 值是否相等会返回值 False。换句话说，表达式 math. nan == math. nan 的值是 False！

现在，创建与 x 和 x_with_nan 对应的 numpy. ndarray 和 pandas. Series 对象：

```
In [7]: y, y_with_nan = numpy.array(x), numpy.array(x_with_nan)
        z, z_with_nan = pandas.Series(x), pandas.Series(x_with_nan)
        y, y_with_nan, z, z_with_nan
Out[7]:
(array([ 8., 1., 2.5, 4., 28. ]),
array([ 8., 1., 2.5, nan, 4., 28. ]),
0    8.0
1    1.0
2    2.5
3    4.0
4    28.0
dtype: float64,
```

```
0    8.0
1    1.0
2    2.5
3    NaN
4    4.0
5    28.0
dtype: float64)
```

现在有两个 NumPy 数组（y_with_nan 和 y）和两个 pandas. Series 对象（z_with_nan 和 z），所有这些对象都是一维序列。

9.2.1 平均值

平均值（Mean）是对一组数据常用和直观的总结。计算平均值的方法很简单：将所有数据之和除以数据的数量。数据集 X 的平均值在数学上表示为 $\sum\limits_{i=1}^{n} x_i / n$，其中 $i = 1$，$2, \cdots, n$。以下代码定义了一个简单的求平均值的函数：

```
In [8]: def Mean(s):
        """
        计算一组数据的平均值

        入参
        -----
        s: float
            一组数据

        返回值
        ------
        m: float
            平均值
        """
        m = float(sum(s)) / len(s)
        return m
```

使用以上函数可以求出数列 X 的平均值，代码如下：

```
In [9]: print("x的平均值是: %g" % (Mean(x)))
x的平均值是: 8.7
```

尽管代码很简洁，但是也可以应用内置的 Python 统计功能，代码如下：

```
In [10]: statistics.mean(x)
Out[10]: 8.7
```

```
In [11]: statistics.fmean(x)
Out[11]: 8.7
```

以上从 Python 内置的 statistics 库中调用了 statistics. mean() 和 statistics. fmean() 函数，并得到了与使用纯 Python 相同的结果。statistics. fmean() 函数在 Python 3.8 中被引入，作为比 statistics. mean() 更快的替代方法。它总是返回一个浮点数，但是，如果数据中有 nan 值，则 statistics. mean() 和 statistics. fmean() 将返回 nan 作为输出，代码如下：

```
In [12]: statistics.mean(x_with_nan)
Out[12]: nan

In [13]: statistics.fmean(x_with_nan)
Out[13]: nan
```

这个结果与 sum() 的行为一致，因为 sum(x_with_nan) 也返回 nan。如果使用 NumPy，则可以通过 numpy. mean() 得到均值，代码如下：

```
In [14]: numpy.mean(y), y.mean()
Out[14]: (8.7, 8.7)
```

NumPy 中的 numpy. mean() 函数、. mean() 方法和 statistics. mean() 返回相同的结果。如果数据中有 nan 值，则情况也是如此，代码如下：

```
In [15]: numpy.mean(y_with_nan), y_with_nan.mean()
Out[15]: (nan, nan)
```

通常我们并不需要获得 nan 值，此时可以使用 numpy. nanmean()，代码如下：

```
In [16]: numpy.nanmean(y_with_nan)
Out[16]: 8.7
```

numpy. nanmean() 忽略了所有 nan 值。如果要将其应用于没有 nan 值的数据集，则它将返回与 numpy. mean() 相同的值。

NumPy 库最大的特点是它支持向量化运算，而 Python statistics 库仅支持标量计算。NumPy 中的统计函数不仅可以针对数组全体元素进行统计运算，还可以针对特定的轴进行统计运算。

函数 numpy. mean() 拥有一个关键字参数 axis，numpy. mean() 根据它的值求指定轴上元素的平均值。如果前面的例子中未指定轴索引，则返回数组中所有元素的数值的平均值。

以下示例指定了轴索引，代码如下：

```
In [17]: a = numpy.array([[8.0, 1, 2.5, 4, 28.0], [0.1, 0.2, 0.3, 0.25, 0.15]])

In [18]: print('数组每行的均值:')
         print(numpy.mean(a, axis = 1))

         print('数组每列的均值:')
         print((numpy.mean(a, axis = 0)))
数组每行的均值:
```

```
[8.7 0.2]
数组每列的均值:
[ 4.05  0.6  1.4  2.125  14.075]
```

pandas. Series 对象也有 mean()方法,以下是 pandas. Series 对象求均值的示例代码:

```
In [19]: z_with_nan.mean()
Out[19]: 8.7
```

从结果可以看出 nan 被忽略了,这是由可选参数 skipna 的默认值(True)造成的。可以通过更改此参数来修改 mean()方法的行为。

9.2.2　加权平均值

加权平均值也称为加权算术平均值,它是更广义的算术平均值,使我们能够定义每个数据点对结果的相对贡献。我们可以为数据集 X 的每个数据点定义一个权重w_i,其中 $i=1$,$2,\cdots,n,n$ 是数据集的项数,然后将每个数据点与相应的权重相乘,对所有乘积求和,最后将获得的总和除以权重之和:$\dfrac{\sum\limits_{i=1}^{n} w_i x_i}{\sum\limits_{i=1}^{n} w_i}$ 。算术平均值可以被视为权重均相等的加权平均值。

注意:所有权重均为非负值,$w_i \geqslant 0$,且总和等于 1,$\sum\limits_{i=1}^{n} w_i = 1$。

当数据集中的项以给定相对频率出现时,该数据集的平均值等于加权平均值。例如,假设有一个集合,其中 20% 的元素等于 2,50% 的元素等于 4,剩下的 30% 的元素等于 8。可以计算这样一个集合的均值,代码如下:

```
In [20]: 0.2 * 2 + 0.5 * 4 + 0.3 * 8
Out[20]: 4.8
```

这里,频率和权重都被考虑进去了。使用这种方法,不需要知道项目的总数。在纯 Python 中,可以通过将 sum()与 range()或 zip()结合实现加权平均值,示例代码如下:

```
In [21]: x = [8.0, 1, 2.5, 4, 28.0]
         w = [0.1, 0.2, 0.3, 0.25, 0.15]

         def WMean(s, w):
             """
             计算一组数据的加权平均值

             入参
             _____
             s: float
```

```
                一组数据
        w: float
                数据的权重

        返回值
        _____
        wm: float
                加权平均值
        """
        wm = sum(w[i] * s[i] for i in range(len(x))) / sum(w)
        return wm

        WMean(x, w)
Out[21]: 6.95
```

以下是使用 zip() 的实现代码：

```
In [22]: def WMean(s, w):
         """
         计算一组数据的加权平均值
         使用 zip() 实现

         入参
         ____
         s: float
                 一组数据
         w: float
                 数据的权重

         返回值
         _____
         wm: float
                 加权平均值
         """
         wm = sum(x_ * w_ for (x_, w_) in zip(x, w)) / sum(w)
         return wm

         WMean(x, w)
Out[22]: 6.95
```

同样，这是一个干净优雅的实现，不需要导入任何库，但是，如果有大型数据集，则 NumPy 可能提供更好的解决方案。可以使用 numpy.average() 来获得 NumPy 数组或 Pandas 系列的加权平均值，代码如下：

```
In [23]: y, z, w = numpy.array(x), pandas.Series(x), numpy.array(w)
         wmean = numpy.average(y, weights = w)
         wmean
Out[23]: 6.95

In [24]: wmean = numpy.average(z, weights = w)
         wmean
Out[24]: 6.95
```

结果与纯 Python 实现的情况相同。在普通列表和元组上也可以使用以上方法。另一种解决方案是利用 NumPy 数组对向量化运算支持,将乘积 w * y 与 numpy. sum()或. sum() 结合使用,代码如下:

```
In [25]: w = numpy.array([0.1, 0.2, 0.3, 0.0, 0.2, 0.1])
         (w * y_with_nan).sum()/ w.sum()
Out[25]: nan

In [26]: numpy.average(y_with_nan, weights = w), numpy.average(z_with_nan, weights = w)
Out[26]: (nan, nan)
```

在本例中,numpy. average()返回 nan,这与 numpy. mean()一致。

对于多维数组当需要指定轴时,权重值的个数需要和轴上元素个数一致。示例代码如下:

```
In [27]: a = numpy.arange(6).reshape(3,2)
         wts = numpy.array([3,5])
         numpy.average(a, axis = 1, weights = wts)    ♯每行加权平均
Out[27]: array([0.625, 2.625, 4.625])
```

9.2.3 调和平均值

调和平均值是数据集中所有项的倒数平均值的倒数:$n\left/\sum\limits_{i=1}^{n}\dfrac{1}{x_i}\right.$,其中 $i = 1,2,\cdots,n$(n 是数据集中的数据项数)。

调和平均值的纯 Python 代码的一种实现如下:

```
In [28]: def HMean(s):
             """
             计算一组数据的调和平均值

             入参
             ──────
             s: float
                 一组数据

             返回值
             ──────
             hm: float
                 调和平均值
             """
             hmean = len(x) / sum(1 / item for item in x)
             return hmean
         HMean(x)
Out[28]: 2.7613412228796843
```

以下代码使用 statistics. harmonic_mean()计算此调和平均值:

```
In [29]: hmean = statistics.harmonic_mean(x)
         hmean
Out[29]: 2.7613412228796843
```

上面的示例显示了 statistics. harmonic_mean()的一种应用。如果数据集中具有 nan 值，则它将返回 nan。如果至少有一个 0，则它将返回 0。如果数据集中包含负数，则将返回 statistics. StatisticsError。示例代码如下：

```
In [30]: statistics.harmonic_mean(x_with_nan)
Out[30]: nan

In [31]: statistics.harmonic_mean([1, 0, 2])
Out[31]: 0

In [32]: statistics.harmonic_mean([1, 2, -2])
Traceback (most recent call last):

  File "< ipython - input - 32 - 48e67b8a6e37 >", line 1, in < module >
    statistics.harmonic_mean([1, 2, -2])
……
StatisticsError: harmonic mean does not support negative values
```

计算调和平均值的第 3 种方法是使用 scipy. stats. hmean()，代码如下：

```
In [33]: y, scipy.stats.hmean(y)
Out[33]: (array([ 8., 1., 2.5, 4., 28. ]), 2.7613412228796843)

In [34]: z, scipy.stats.hmean(z)
Out[34]:
(0     8.0
 1     1.0
 2     2.5
 3     4.0
 4     28.0
 dtype: float64,
 2.7613412228796843)
```

同样，这是一个非常简单的应用，但是，如果数据集包含 nan、0、负数或任何非正数的值，则结果也将得到一个 ValueError。

9.2.4　几何平均值

几何平均值是数据集 X 中所有 n 个元素 x_i 的乘积的 n 次方根 $\sqrt[n]{\prod_{i=1}^{n} x_i}$，其中 $i = 1, 2, \cdots, n$。

以下用纯 Python 代码实现几何平均值：

```
In [35]: def GMean(s):
             """
```

```
            计算一组数据的几何平均值

            入参
            _____
            s: float
                一组数据

            返回值
            _____
            hm: float
                几何平均值
            """
            gmean = 1
            for item in x:
                gmean * = item

            gmean ** = 1 / len(x)
            return gmean

        GMean(x)
Out[35]: 4.677885674856041
```

在这种情况下,几何平均值的值与同一数据集 X 的算术平均值(8.7)和调和平均值(2.76)的值明显不同。

Python 3.8 引入了函数 statistics.geometric_mean(),该函数将所有值转换为浮点数并返回其几何平均值,代码如下:

```
In [36]: statistics.geometric_mean(x), statistics.geometric_mean(x_with_nan)
Out[36]: 4.67788567485604, nan
```

实际上,这与函数 statistics.mean()、statistics.fmean() 和 statistics.harmonic_mean() 的行为是一致的。如果数据中有一个零或负数,则函数 statistics.geometric_mean() 将会抛出异常 statistics.StatisticsError。

还可以通过函数 scipy.stat.gmean() 得到几何平均值,示例代码如下:

```
In [37]: scipy.stats.gmean(y)
Out[37]: 4.67788567485604
```

```
In [38]: scipy.stats.gmean(z)
Out[38]: 4.67788567485604
```

结果与纯 Python 代码实现相同。

如果数据集中有 nan 值,则 scipy.stats.gmean() 将返回 nan。如果数据集中至少有一个 0,则将返回 0.0 并给出警告。如果数据集中至少有一个负数,则会得到 nan 和警告。

调和平均值、几何平均值、算术平均值之间有以下关系:

$$\frac{n}{\frac{1}{x_1}+\frac{1}{x_2}+\cdots+\frac{1}{x_n}} \leqslant \sqrt[n]{x_1 x_2 \cdots x_n} \leqslant \frac{x_1+x_2+\cdots+x_n}{n} \tag{9-1}$$

以下代码分别使用 statistics 模块的相应函数求数列 x 的 3 种平均值：

```
In [39]: print('x的算术平均值是:%0.3f' % (statistics.mean(x)))
         print('x的几何平均值是:%0.3f' % (statistics.geometric_mean(x)))
         print('x的调和平均值是:%0.3f' % (statistics.harmonic_mean(x)))
x的算术平均值是:8.700
x的几何平均值是:4.678
x的调和平均值是:2.761
```

了解这 3 种平均值，特别是算术平均值和调和平均值之间的关系，对于日常经济生活也具有重要意义。假设有某种商品，其市场价格会随时间波动。某公司需要定期采购，采购方法有两种：定量和定额。定量采购是每次购买相同数量，这样多次采购后的平均单位成本是每次采购时单价的算术平均，而定额采购是每次购买相同金额的商品，这样多次采购后的平均单位成本是每次采购时单价的调和平均值。如果知道了两种平均值的差异，自然知道如何选择采购方案了。

9.2.5　中位值

中位值（Median）又称中值，它将数值集合分割为数量相等的上下两部分。对有限集，将所有数从小到大或从大到小排列，个数为奇数取中间的数，个数为偶数取中间两个数的平均值。

例如，如果有数据 2、4、1、8 和 9，则中位值为 4，它位于排序后的数据集{1、2、4、8、9}的中间。如果数据点是 2、4、1 和 8，则中位值是 3，这是排序序列中两个中间元素（2 和 4）的平均值。数据集{1、2.5、4、8、28}的中位值为 4。如果从数据集中删除异常值 28，则中位数成为 2.5 和 4 的算术平均值，即 3.25。

平均值和中位值的行为之间的主要差异与数据集的异常值或极端值有关。均值受到异常值的严重影响，但中位值受异常值影响比较小或根本不取决于异常值。考虑数据集（1、2.5、4、8、28），它的平均值是 8.7，中位值是 4。如果异常值 28 发生变化，假设变成了 17，此时均值将减小，而中位值仍然是 4。如果异常值 28 增大，则均值也会增大，但是中位值仍然不变。

下面是中位值的许多可能的纯 Python 代码实现之一：

```
In [40]: def Median(s):
             """
             计算一组数据的中位值

             入参
             ------
             s: float
                 一组数据

             返回值
             ------
             median: float
                 中位值
             """
             n = len(s)
             s.sort()
```

```
            if n % 2 == 0:        #偶数个数据
                m1 = n//2 - 1     #整数除法
                m2 = m1 + 1
                median = (s[m1] + s[m2])/2
            else:                 #奇数个数据
                m = (n - 1)//2
                median = s[m]

            return median
        Median(x)
Out[40]: 4
```

以上代码中需要注意的是求索引时的除法表达式 $m=(n-1)//2$。由于索引必须是 int 型变量，因此使用整除运算符//。

此实现的两个最重要的步骤如下：

（1）排序数据集的元素。

（2）在排序的数据集中找到中间元素。

我们也可以使用函数 statistics. median()获得数据集的中位值，代码如下：

```
In [41]: statistics.median(x), statistics.median(x[:-1])
Out[41]: (4, 3.25)
```

排序后的 x 为$[1,2.5,4,8.0,28.0]$，因此中间的元素为 4。$x[:-1]$排序的结果是 $[1,2.5,4,8.0]$，没有 x 的最后一项 28.0。现在，有两个中间元素，分别为 2.5 和 4。它们的平均值为 3.25。

函数 statistics. median_low() 和 statistics. median_high() 是另外两个与 Python Statistics 库中的中位值有关的函数，它们总是从数据集中返回一个元素：

（1）如果元素数为奇数，则只有一个中间值，它们等同于函数 statistics. mean()。

（2）如果元素数为偶数，则有两个中间值。函数 statistics. median_low()将返回较小的那个值，而函数 statistics. median_high()返回较大的那个值。

可通过以下代码比较它们的差异：

```
In [42]: statistics.median_low(x[:-1])
Out[42]: 2.5

In [43]: statistics.median_high(x[:-1])
Out[43]: 4
```

x[:-1]排序的结果是$[1,2.5,4,8.0]$，中间的两个元素是 2.5(低)和 4(高)。

不同于 Statistics 库的其他函数，当数据集中有 nan 时，statistics. median()、statistics. median_low()和 statistics. median_high()并不返回 nan。参看以下代码：

```
In [44]: statistics.median(x_with_nan)
Out[44]: 6.0

In [45]: statistics.median_low(x_with_nan)
```

```
Out[45]: 4

In [46]: statistics.median_high(x_with_nan)
Out[46]: 8.0
```

注意：当心这种行为，因为结果可能不是想要的结果。

以下代码通过函数 numpy.median()求中位值：

```
In [47]: numpy.median(y), numpy.median(y[:-1])
Out[47]: (4.0, 3.25)
```

我们可以看到函数 numpy.median()的结果与函数 statistics.median()的结果相同。

然而，如果数据集中含有 nan 时，函数 numpy.median()将引发 RunTimeWarning 并返回 nan，而函数 numpy.nanmedian()则会忽略数据集中所有的 nan。示例代码如下：

```
In [48]: numpy.nanmedian(y_with_nan)
Out[48]: 4.0

In [49]: numpy.nanmedian(y_with_nan[:-1])
Out[49]: 3.25
```

将函数 statistics.median()和 numpy.median()应用于数据集 x 和 y 可获得相同的结果。

函数 numpy.median()可以沿指定轴计算元素数值的中间值，以上示例未指定轴索引，所以返回数组所有元素的中位值。以下代码指定了轴索引：

```
In [50]: #数组每行的中位值
          numpy.median(a, axis = 1)
Out[50]: array([0.5, 2.5, 4.5])

In [51]: #数组每列的中位值
          numpy.median(a, axis = 0)
Out[51]: array([2., 3.])
```

Pandas Series 对象具有.median()方法，默认情况下会忽略 nan 值，示例代码如下：

```
In [52]: z.median()
Out[52]: 4.0

In [53]: z_with_nan.median()
Out[53]: 4.0
```

Pandas 对象中的方法.median()的行为与.mean()一致。以下代码使用可选参数 skipna 更改此行为：

```
In [54]: z_with_nan.median(skipna = False)
Out[54]: nan
```

9.2.6 众数

众数(Mode)指一组数据中出现次数最多的数据值。例如{2,3,2,8,12}中,出现最多的是2,因此众数是2。众数可能是一个数,也可能是多个数。众数能够反映数据分布的集中程度。

以下代码是获取众数的 Python 实现:

```
In [55]: u = [2, 3, 2, 8, 12]
         def Mode(s):

             """
             求一组数据的众数

             入参
             _____
             s: float
                 一组数据

             返回值
             _____
             mode: float
                 第一个出现的众数
             """
             hist = {}
             for x in s:
                 hist[x] = hist.get(x, 0) + 1

             #将字典按 value 排序
             h = sorted(hist.items(), key = lambda items:items[1],
                     reverse = True)
             max = h[0][0]
             mode = []
             for n in h:
                 if max > n[1]:
                     break
                 mode.append(n[0])

             return mode

         Mode(u)
Out[55]: [2]
```

在 Python 中,计算频率的有效方法是使用字典。字典中的关键字为数据组中出现的数,其值是该数出现的次数。函数 Mode() 中的循环语句对每个数出现的频率进行统计。由于众数可能不止一个,因此代码先将统计结果按照频率重新排序。对于字典对象,函数 sorted() 返回二元组列表,然后提取列表前面的数据。

函数 Mode() 还有一个比较简洁的实现方式。使用 Python 内建 collections 模块中的 Counter 对象。Counter 类是字典类的子类,用于计数可哈希的对象。以下是使用 Counter

对象的版本,这一版的代码省去了用于生成字典的循环和字典排序:

```
In [56]: import collections

         def Mode2(s):
             """
             求一组数据的众数

             入参
             ------
             s: float
                 一组数

             返回值
             ------
             mode: float
                 众数数列
             """
             h = collections.Counter(s).most_common()
             max = h[0][1]
             mode = []
             for n in h:
                 if max > n[1]:
                     break
                 mode.append(n[0])

             return mode

         Mode2(u)
Out[56]: [2]
```

以下代码使用函数 statistics.mode()和 statistics.multimode()获取众数:

```
In [57]: statistics.mode(u)
Out[57]: 2

In [58]: mode_ = statistics.multimode(u)
         mode_
Out[58]: [2]
```

函数 statistics.mode()返回单个值,而函数 statistics.multimode()返回包含所有结果的列表。在 Python 3.8 之前的版本中,如果输入的数据集有多个众数,则函数 statistics.mode()会引发 StatisticsError。以下代码用于示例两者的区别:

```
In [59]: v = [12, 15, 12, 15, 21, 15, 12]
         statistics.mode(v)
Out[59]: 12

In [60]: statistics.multimode(v)
Out[60]: [12, 15]
```

以上情况应该特别注意,在这两个函数之间进行选择时要特别小心。

函数 statistics.mode() 和 statistics.multimode() 将 nan 值作为常规值处理,并可以返回 nan 作为众数,代码如下:

```
In [61]: statistics.mode([2, math.nan, 2])
Out[61]: 2

In [62]: statistics.mode([2, math.nan, 0, math.nan, 5])
Out[62]: nan
```

在上面的第 1 个示例中,2 出现了两次,所以是众数。在第 2 个示例中,nan 是众数,因为它出现了两次,而其他值仅出现了一次。

函数 scipy.stats.mode() 也可以用来求众数,代码如下:

```
In [63]: u, v = numpy.array(u), numpy.array(v)
         mode_ = scipy.stats.mode(u)
         mode_
Out[63]: ModeResult(mode = array([2]), count = array([2]))

In [64]: mode_ = scipy.stats.mode(v)
         mode_
Out[64]: ModeResult(mode = array([12]), count = array([3]))
```

此函数返回由众数及其出现次数构成的对象。如果数据集中有多个众数,则仅返回最小的那个。

可以使用点操作符进一步获取以上 NumPy 数组中的众数及其出现的次数,代码如下:

```
In [65]: mode_.mode
Out[65]: array([12])

In [66]: mode_.count
Out[66]: array([3])
```

此代码使用 .mode 返回数组 v 中的最小众数 12,并使用 .count 返回它出现的次数 3。scipy.stats.mode() 还可以灵活处理 nan 值,它允许使用可选参数 nan_policy 定义所需的行为,此参数可以采用值 'propagate'、'raise'(an error)或 'omit'。

Pandas Series 对象具有 .mode() 方法,该方法可以很好地处理多个众数,并且默认情况下会忽略 nan 值,示例代码如下:

```
In [67]: u, v, w = pandas.Series(u), pandas.Series(v), pandas.Series([2, 2, math.nan])
         u.mode()
Out[67]:
0    2
dtype: int32

In [68]: v.mode()
Out[68]:
0    12
1    15
```

```
dtype: int32

In [69]: w.mode()
Out[69]:
0    2.0
dtype: float64
```

如上所见,.mode()返回一个包含所有众数的新的 pd. Series。如果希望.mode()将 nan 值考虑在内,则只需传递可选参数 dropna=False。

以上是关于数据集中趋势的信息。对数据集中趋势的度量还不足以全面地描述数据。我们还需要量化数据点分布的可变性度量。数据的可变性指标如下:

（1）方差。

（2）标准差。

（3）偏度。

（4）百分位数。

（5）范围。

9.2.7 方差

样本方差量化了数据的离散程度。它以数值方式显示数据点与平均值的距离。数据集 X 中 n 个元素的样本方差在数学上表示为 $s^2 = \sum_{i=1}^{n} (x_i - \text{mean}(x))^2 / (n-1)$,其中 $i=1$, $2, \cdots, n$。$\text{mean}(x)$ 为 X 的样本均值。为什么将和除以 $n-1$ 而不是 n,可参阅贝塞尔的校正。

现在假设有两组数据$\{-2.5, -1.5, 0.5, 1, 3\}$和$\{-5, -2.5, 0.5, 1.5, 6\}$。虽然它们明显差异比较大,但是它们的平均值和中位值都相等。平均值和中位数都不能描述这种差异,这就是为什么需要测量可变性的原因。

使用纯 Python 计算样本方差的代码如下:

```
In [70]: def Var(s, m = None):
         """
         求一组数据的方差

         入参
         -----
         s: float list
             一组数据
         m: flost,默认 None
             数据的均值

         返回值
         -----
         v: float
             方差
         """
```

```
                       if m is None:
                           m = Mean(s)              #求平均值

                       #计算每个数据与平均值的差的平方
                       v = sum((item - m) ** 2 for item in x) / (len(x) - 1)
                       return v

                       Var(x)
         Out[70]: 123.19999999999999
```

代码中计算平均值时调用了之前定义的平均值函数 Mean()。这种方法已经可以满足要求,并且可以很好地计算出样本方差,但是,更简短、更优雅的解决方案是调用现有函数 statistics. variance(),代码如下:

```
In [71]: statistics.variance(x)
Out[71]: 123.2
```

如果显式地将平均值作为函数 statistics. variance()的第二个参数,则可以避免计算平均值,代码如下:

```
In [72]: statistics.variance(x, mean_)
Out[72]: 123.2
```

由于代码的数据中含有 nan,所以 statistics. variance()将返回 nan,代码如下:

```
In [73]: statistics.variance(x_with_nan)
Out[73]: nan
```

此行为与 Python 的 statistics 库中函数 statistics. mean()和大多数其他函数一致。

NumPy 也提供了计算样本方差的函数 numpa. var()和对应的方法 .var(),示例代码如下:

```
In [74]: var_ = numpy.var(y, ddof = 1)
         var_
Out[74]: 123.19999999999999

In [75]: var_ = y.var(ddof = 1)
         var_
Out[75]: 123.19999999999999
```

指定参数 ddof=1 非常重要,该参数将自由度设置为 1。这个参数使得在计算样本方差时,分母中使用 $n-1$ 而不是 n。

如果数据中含有 nan,则函数 numpy. var()和对应的方法 .var()都返回 nan,代码如下:

```
In [76]: numpy.var(y_with_nan, ddof = 1), y_with_nan.var(ddof = 1)
Out[76]: (nan, nan)
```

函数 numpy.var() 和对应的方法.var() 的这种行为方式与函数 numpy.mean() 和 numpy.average() 一致。函数 numpy.nanvar() 可以跳过数据集中的 nan,代码如下:

```
In [77]: numpy.nanvar(y_with_nan, ddof = 1)
Out[77]: 123.19999999999999
```

函数 numpy.nanvar() 忽略 nan 值,同样,它也需要指定 ddof=1。

pd.Series 对象具有.var() 方法,默认情况下会跳过 nan 值,代码如下:

```
In [78]: z.var(ddof = 1), z_with_nan.var(ddof = 1)
Out[78]: (123.19999999999999, 123.19999999999999)
```

pd.Series 对象的.var() 方法也有参数 ddof,但是它的默认值是 1,所以可以忽略它。如果需要处理与 nan 值相关的不同行为,则可以使用可选参数 skipna。

总体方差的算法和样本方差类似,只不过,需要将分母的 $n-1$ 换成 n:

$$s^2 = \frac{\sum_{i=1}^{n}(x_i - \text{mean}(x))^2}{n} \tag{9-2}$$

在这种情况下,n 是总体的数量。

总体方差相似于样本方差,但存在以下差异:

(1) 在纯 Python 实现中将 $n-1$ 替换为 n。

(2) 使用 statistics.pvariance() 代替 statistics.variance()。

(3) 如果使用 NumPy 或 Pandas,则需指定参数 ddof=0。在 NumPy 中,可以省略 ddof,因为它的默认值是 0。

注意:在计算方差时,应该始终注意是使用样本还是使用总体。

9.2.8 标准差

标准差(Standard Deviation)是方差的算术平方根,在统计中被用作统计分布程度的测量依据。根据其定义,代码实现只需求方差函数返回值的平方根,代码如下:

```
In [79]: std_ = var_ ** 0.5
         std_
Out[79]: 11.099549540409285
```

以下是纯 Python 实现的求标准差的函数:

```
In [80]: def Deviation(s, v = None):
             """
             求一组数据的标准差

             入参
```

```
                _____
                s: float list
                    一组数据
                v: flost,默认 None
                    数据的方差

                返回值
                _____
                d: float
                    标准差
                """
                if v is None:
                    v = Var(s)  #求方差

                import math
                d = math.sqrt(v)
                return d

        print("x 的标准差是：% f" % (Deviation(x)))
x 的标准差是:11.099549540409285
```

当然也可以使用函数 statistics. stdev()求标准差,代码如下:

```
In [81]: std_ = statistics.stdev(x)
         std_
Out[81]: 11.099549540409287
```

与函数 statistics. variance()相似,如果传入第 2 个参数平均值,函数 statistics. stdev()将不计算平均值。

NumPy 也有计算标准差的函数,可以使用函数 numpy. std()和相应的方法. std()来计算标准差。如果数据集中有 nan 值,则它们将返回 nan。如果要忽略 nan 值,则应该使用 numpy. nanstd()。在 NumPy 中使用 std()、. std()和 nanstd()就像使用 var()、. var()和 nanvar()一样,示例代码如下:

```
In [82]: numpy.std(y, ddof = 1), y.std(ddof = 1)
Out[82]: (11.099549540409285, 11.099549540409285)

In [83]: numpy.std(y_with_nan, ddof = 1), y_with_nan.std(ddof = 1)
Out[83]: (nan, nan)

In [84]: numpy.nanstd(y_with_nan, ddof = 1)                    # NumPy 数组
Out[84]: 11.099549540409285
```

注意：别忘了把自由度设置为 1。

NumPy 中的函数 numpy. var()和 numpy. std()分别沿指定轴求总体方差和标准差。

在以上的示例代码中,由于没有指定轴索引,所以返回数组的总体方差和标准差。以下代码指定了轴索引:

```
In [85]: a = numpy.arange(100).reshape(5, 20)
         print("数组的方差是:% 3f" % (numpy.var(a)))
         print("数组的标准差是:% 3f" % (numpy.std(a)))
         print("数组每行的方差是:")
         print(numpy.var(a, axis = 1))
         print("数组每行的标准差是:")
         print(numpy.std(a, axis = 1))
out[85]:
数组的方差是:833.250000
数组的标准差是:28.866070
数组每行的方差是:
[33.25 33.25 33.25 33.25 33.25]
数组每行的标准差是:
[5.766 5.766 5.766 5.766 5.766]
```

Pandas.Series 对象也有.std()方法,该方法默认跳过 nan,代码如下:

```
In [86]: z.std(ddof = 1), z_with_nan.std(ddof = 1)
Out[86]: (11.099549540409285, 11.099549540409285)
```

函数 pandas.std()和对象方法.std()的参数 ddof 默认值为 1,因此可以省略此参数。同样,如果希望以不同的方式处理 nan 值,则应使用参数 skipna。

总体标准差针对的是整个总体,它是总体方差的正平方根。可以像计算样本标准差一样计算,不同点如下:

(1) 在纯 Python 实现中找到总体方差的平方根。

(2) 使用 statistics.pstdev()代替 statistics.stdev()。

(3) 如果使用 NumPy 或 Pandas,则应指定参数 ddof = 0。在 NumPy 中,可以省略 ddof,因为它的默认值是 0。

可以看到,在 Python、NumPy 和 Pandas 中求标准差与求方差的方法几乎相同。相关函数和方法虽然功能不同,但是具有相同参数。

9.2.9 偏度

样本偏度用于测量数据样本的不对称性。关于偏度有不同的数学定义,一种计算样本偏度的常用表达式如下:

$$\frac{n^2}{(n-1)(n-2)} \frac{\sum_{i=1}^{n}(x_i - \mathrm{mean}(x))^3}{ns^3} \tag{9-3}$$

简化的表达式如下:

$$\frac{\sum_{i=1}^{n}(x_i - \mathrm{mean}(x))^3 n}{(n-1)(n-2)s^3} \tag{9-4}$$

其中 $i=1,2,\cdots,n$，$\mathrm{mean}(x)$是样本平均值。这样定义的偏度称为调整后的 Fisher-Pearson 标准化矩系数。

图 9-1 展示了两个不对称集，第一组用圆点表示，第二组用叉号表示。通常，负偏度值表明有一个占主导地位的尾巴在左边，正如第一个数据集所示。正偏度值对应于较长的尾巴在右边，正如第二个数据集所示。如果偏态接近 0 和 ±0.5，则数据集被认为是完全对称的。

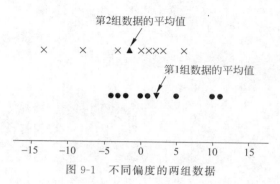

图 9-1　不同偏度的两组数据

一旦计算了数据集的大小 n、样本均值 mean 和标准差 std，就可以用纯 Python 得到样本偏度，代码如下：

```
In [87]: def Skew(s, mean = None, std = None):
    """
    计算一组数据的偏度

    入参
    ──────
    s: float
        一组数据
    mean: float
        数据的均值
    std: float
        数据的标准差

    返回值
    ──────
    skew: float
        数据的偏度
    """
    if (mean == None):
        m = Mean(s)
    else:
        m = mean
    n = len(s)
    if (std == None):
        s = (sum((item - m) ** 2 for item in s) / (n - 1)) ** 0.5
    else:
        s = std
```

```
        skew = (sum((item - m) ** 3 for item in x)
                * n / ((n - 1) * (n - 2) * s ** 3))
        return skew

    x = [8.0, 1, 2.5, 4, 28.0]
    Skew(x)
Out[87]: 1.9470432273905929
```

所得偏度是正的，所以数据集 x 有一个右侧的尾部。

也可以使用 scipy. stats. skew() 计算样本偏度，代码如下：

```
In [88]: y, y_with_nan = numpy.array(x), numpy.array(x_with_nan)
         scipy.stats.skew(y, bias = False), scipy.stats.skew(y_with_nan, bias = False)
Out[88]: (1.9470432273905927, nan)
```

得到的结果与纯 Python 实现的结果相同。参数偏差被设置为 False 以允许对统计偏差进行更正。可选参数 nan_policy 可以接收的值有 'propagate'、'raise'和'omit'。scipy. stats. skew()根据该参数决定如何处理 nan 值。

Pandas Series 对象具有. skew()方法，该方法返回数据集的偏度。以下代码使用该方法求数据集的偏度：

```
In [89]: z, z_with_nan = pandas.Series(x), pandas.Series(x_with_nan)
         z.skew(), z_with_nan.skew()
Out[89]: (1.9470432273905924, 1.9470432273905924)
```

像其他方法一样，. skew()默认情况下忽略 nan 值，这是因为可选参数 skipna 的默认值为 True。

9.2.10　百分位数

百分位数指数据集中百分位 p 对应的数值，数据集中 $p\%$ 的元素小于或等于这个值，而$(100-p)\%$ 的元素大于或等于该值。中位值和四分位数是两种特殊的百分位数。每个数据集有 3 个四分位数，它们是将数据集分为 4 部分的百分比：

（1）第 1 个四分位数是样本的第 25 百分位数。它从数据集的其余部分中划分出大约 25% 的最小条目。

（2）第 2 个四分位数是样本的第 50 百分位或中位数。大约 25% 的条目在第 1 个和第 2 个四分位数之间，另外 25% 在第 2 个和第 3 个四分位数之间。

（3）第 3 个四分位数是样本的第 75 百分位数。它将大约 25% 的最大条目从数据集的其余部分中分离出来。每个部分的项目数量大致相同。

以下是纯 Python 的实现代码（引自 http://code. activestate. com/recipes/511478/）：

```
In [90]: import math

         def Percentile(s, percent):
```

```
        """
        求数据集中的百分位数

        入参
        ─────
        s: float
            一组数据
        percent: float
            百分位,0.0~1.0 之间的数值
        key: float
            数据的标准差

        返回值
        ─────
        p: float
            百分位数
        """
        if not s:
            return None
        k = (len(s) - 1) * percent
        f = math.floor(k)
        c = math.ceil(k)

        #整数索引,直接返回数据集中的值
        if f == c:
            return key(s[int(k)])

        #非整数索引,将相邻两个数加权平均
        d0 = s[int(f)] * (c - k)
        d1 = s[int(c)] * (k - f)
        return d0 + d1

    x = [-5.0, -1.1, 0.1, 2.0, 8.0, 12.8, 21.0, 25.8, 41.0]
    Percentile(x, 0.05)
Out[90]: -3.44
```

以下代码使用函数 statistics.quantiles()找出数据集中相应的百分位数:

```
In [91]: x = [-5.0, -1.1, 0.1, 2.0, 8.0, 12.8, 21.0, 25.8, 41.0]
         statistics.quantiles(x, n = 2)
Out[91]: [8.0]

In [92]: statistics.quantiles(x, n = 4, method = 'inclusive')
Out[92]: [0.1, 8.0, 21.0]
```

在这个例子中,8.0 是 x 的中位数,而 0.1 和 21.0 分别是样本的第 25 和第 75 百分位数。参数 n 定义等概率百分位数的个数,参数 method 决定如何计算它们。

注意:quantiles()是 Python 3.8 引入的新函数。

可以使用 numpy.percentile()来确定数据集中的任何样本百分位数。例如,以下代码

是找第 5 和第 95 百分位数的方法:

```
In [93]: y = numpy.array(x)
         numpy.percentile(y, 5), numpy.percentile(y, 95)
Out[93]: (-3.44, 34.919999999999995)
```

numpy.percentile()有多个参数。数据集必须作为第一个参数,百分比值作为第二个参数。数据集可以是 NumPy 数组、列表、元组或类似数据结构的形式。百分比可以是一个 0 到 100 之间的数,就像上面的例子一样,但它也可以是一个数值序列。以下代码用于求 3 个 4 分位数:

```
In [94]: numpy.percentile(y, [25, 50, 75])
Out[94]: array([ 0.1, 8., 21. ])
```

这段代码一次性计算了第 25、50 和 75 百分位数。如果 percentile 值是一个序列,则 percentile()将返回一个 NumPy 数组,其中包含结果。

使用函数 numpy.nanpercentile()可以忽略数据集中的 nan,代码如下:

```
In [95]: y_with_nan = numpy.insert(y, 2, numpy.nan)
         y_with_nan
Out[95]: array([-5., -1.1, nan, 0.1, 2., 8., 12.8, 21., 25.8, 41. ])

In [96]: numpy.nanpercentile(y_with_nan, [25, 50, 75])
Out[96]: array([ 0.1, 8., 21. ])
```

NumPy 还在函数 numpy.quantile()和 numpy.nanquantile()中提供了非常相似的功能。使用它们需要提供分位数值作为 0~1 的数字,而不是百分数,示例代码如下:

```
In [97]: numpy.quantile(y, 0.05), numpy.quantile(y, 0.95)
Out[97]: (-3.44, 34.919999999999995)

In [98]: numpy.quantile(y, [0.25, 0.5, 0.75])
Out[98]: array([ 0.1, 8., 21. ])

In [99]: numpy.nanquantile(y_with_nan, [0.25, 0.5, 0.75])
Out[99]: array([ 0.1, 8., 21. ])
```

结果与前面的示例相同,但是这里的参数介于 0 和 1 之间。换句话说,这里传入的是 0.05 和 0.95,而不是 5 和 95。

函数 numpy.percentile()的关键字参数 axis 是轴索引,示例代码如下:

```
In [100]: a = numpy.array([[30,40,70],[80,20,10],[50,90,60]])

          print('数组是:')
          print(a)
```

```
        print('数组第 50 个百分数:')
        print(numpy.percentile(a,50))

        print('数组每行第 50 个百分数:')
        print(numpy.percentile(a,50, axis = 1))

        print('数组每列第 50 个百分数:')
        print(numpy.percentile(a,50, axis = 0))
out[100]:
数组是:
[[30 40 70]
 [80 20 10]
 [50 90 60]]
数组第 50 个百分数:
50.0
数组每行第 50 个百分数:
[40. 20. 60.]
数组每列第 50 个百分数:
[50. 40. 60.]
```

pd. Series 对象具有方法. quantile()，可以用来求百分位数，代码如下：

```
In [101]: z, z_with_nan = pandas.Series(y), pandas.Series(y_with_nan)
          z.quantile(0.05), z.quantile(0.95)
Out[101]: ( - 3.44, 34.919999999999995)

In [102]: z.quantile([0.25, 0.5, 0.75]), z_with_nan.quantile([0.25, 0.5, 0.75])
Out[102]:
(0.25    0.1
 0.50    8.0
 0.75    21.0
 dtype: float64,
 0.25    0.1
 0.50    8.0
 0.75    21.0
 dtype: float64)
```

方法. quantile()以分位值作为参数，这个值可以是 0～1 的一个数值，也可以是一个数值序列。在第一种情况下，. quantile()返回一个标量；在第二种情况下，它返回一个包含结果的新序列。

9.2.11 范围

范围是数据集中最小值与最大值的差。根据定义，可以用以下方法求数据集的范围：

（1）来自 Python 标准库的 max()和 min()。

（2）来自 NumPy 的函数 numpy. amax()和 numpy. amin()。

（3）来自 NumPy 的忽略 nan 值的函数 numpy. nanmax()和 numpy. nanmin()。

（4）来自 NumPy 的对象方法. max()和. min()。

（5）来自 Pandas Series 对象的方法. max（）和. min（），这两种方法在默认情况下忽略 nan 值。

下面是纯 Python 求数据范围的代码：

```
In [103]: def Range(s):
              """
              计算一组数据的范围

              入参

              ------
              s: float
                  一组数据

              返回值

              ------
              range: float
                  数据的范围
              """
              return max(s) - min(s)
          x, Range(x)
Out[103]: ([-5.0, -1.1, 0.1, 2.0, 8.0, 12.8, 21.0, 25.8, 41.0], 46.0)
```

函数 numpy. ptp（）可以用于求数据集的范围，代码如下：

```
In [104]: numpy.ptp(y), numpy.ptp(z)
Out[104]: (46.0, 46.0)

In [105]: numpy.ptp(y_with_nan), numpy.ptp(z_with_nan)
Out[105]: (nan, nan)
```

从结果可以看到：如果数据中含有 nan，则函数将返回 nan。

四分位数范围是第 1 个和第 3 个四分位数之间的差。一旦计算了四分位数，就可以取它们的差，代码如下：

```
In [106]: quartiles = numpy.quantile(y, [0.25, 0.75])
          quartiles[1] - quartiles[0]
Out[106]: 20.9

In [107]: quartiles = z.quantile([0.25, 0.75])
          quartiles[0.75] - quartiles[0.25]
Out[107]: 20.9
```

注意：访问 Pandas Series 对象时使用的是标签 0.75 和 0.25。

同样，函数 numpy. ptp（）也可以接收第二个参数，并沿着指定轴返回数据值的范围（最大值和最小值的差值），代码如下：

```
In [108]: print('数组的数值范围:')
          print(numpy.ptp(a))

          print('数组每一行的数值范围:')
          print(numpy.ptp(a, axis = 1))

          print('数组每一列的数值范围:')
          print(numpy.ptp(a, axis = 0))
out[108]:
数组的数值范围:
7
数组每一行的数值范围:
[4  5  7]
数组每一列的数值范围:
[6  3  6]
```

9.3 描述性统计

SciPy 和 Pandas 提供了有用的函数,可以通过单个函数或方法快速调用并获得描述性统计数据。我们可以像以下代码一样使用 scipy. stats. describe():

```
In [109]: result = scipy.stats.describe(y, ddof = 1, bias = False)
          result
Out[109]: DescribeResult(nobs = 9, minmax = ( − 5.0, 41.0),
mean = 11.622222222222222, variance = 228.75194444444446,
skewness = 0.9249043136685094, kurtosis = 0.14770623629658886)
```

数据集作为该函数的第一个参数。参数可以是 NumPy 数组、列表、元组或类似的数据结构。可以忽略 ddof=1,因为它是默认值,并且只在计算方差时起作用。bias=False 用来强制纠正统计偏差的偏斜度和峰度。可选参数 nan_policy 可以接收值 'propagate'(默认)、'raise'(错误)或 'omit'。这个参数用来控制存在 nan 值时发生的操作。

函数 scipy. stats. describe()返回包含以下描述性统计信息的对象。

(1) nobs:数据集中的观测值或元素数;

(2) minmax:有数据集的最小值和最大值的元组;

(3) mean:数据集的均值;

(4) variance:数据集的方差;

(5) skewness:数据集的偏度;

(6) kurtosis:数据集的峰度。

可以使用点操作符访问特定值,代码如下:

```
In [110]: result.nobs
Out[110]: 9

In [111]: result.minmax[0], result.minmax[1]
Out[111]: ( − 5.0, 41.0)
```

```
In [112]: result.mean, result.variance
Out[112]: (11.622222222222222, 228.75194444444446)

In [113]: result.skewness, result.kurtosis
Out[113]: (0.9249043136685094, 0.14770623629658886)
```

使用 SciPy，只需调用一个函数就可以对数据集进行描述性统计。

Pandas 的 Series 对象有类似的方法，代码如下：

```
In [114]: result = z.describe()
          result
Out[114]:
count     9.000000
mean     11.622222
std      15.124548
min      -5.000000
25%       0.100000
50%       8.000000
75%      21.000000
max      41.000000
dtype: float64
```

它返回一个包含以下内容的新 Series 对象。

（1）count：数据集中的元素数量；

（2）mean：数据集的均值；

（3）std：数据集的标准差；

（4）min and max：数据集的最小值和最大值；

（5）25%，50% and 75%：数据集的四分位数。

如果希望生成的 Series 对象包含其他百分位数，则应指定可选参数 percentiles 的值。

结果中的每个项目可以使用其标签访问，代码如下：

```
In [115]: result['mean'], result['std']
Out[115]: (11.622222222222222, 15.12454774346805)

In [116]: result['min'], result['max']
Out[116]: (-5.0, 41.0)

In [117]: result['25%'], result['50%'], result['75%']
Out[117]: (0.1, 8.0, 21.0)
```

这样仅使用 Pandas Series 对象的 describe() 方法便可获得该对象的多种描述性统计信息。

9.4 数据相关性

数据集中两个变量对应元素之间的关系是数据的重要特性之一。假设有两个数据集 X、Y，它们拥有同等数量的元素。现在令 x_1 对应 y_1，令 x_2 对应于 y_2，以此类推。可以认

为有 n 对相应的元素：(x_1,y_1)、(x_2,y_2),$\cdots$,(x_n,y_n)。

我们将看到以下数据对之间的相关性度量：

（1）正相关关系，y 值随 x 值的增大而增大，反之亦然。

（2）存在负相关，y 值随 x 值的增大而减小，反之亦然。

（3）如果没有这种明显的关系，则存在微弱的或不存在相关性。

注意：在处理一对变量之间的相关性时，有一件重要的事情应该牢记在心，那就是相关性不是因果关系的度量或指标。

测量数据集之间相关性的两个统计量是协方差和相关系数。以下代码定义了一些数据用于使用这些度量，代码中创建了两个 Python 列表，并使用它们获得相应的 NumPy 数组和 Pandas Series 对象：

```
In [118]: x = list(range( -10, 11))
          y = [0, 2, 2, 2, 2, 3, 3, 6, 7, 4, 7, 6, 6, 9, 4, 5, 5, 10, 11, 12, 14]
          x_, y_ = numpy.array(x), numpy.array(y)
          x__, y__ = pandas.Series(x_), pandas.Series(y_)
```

9.4.1 协方差

样本协方差是一种度量，用于量化一对数据之间关系的强度和方向：

（1）如果相关为正，则协方差也为正。关系越强，协方差的值越大。

（2）如果相关为负，则协方差也为负。较强的关系对应于协方差的较小值（或较大的绝对值）。

（3）如果相关性较弱，则协方差接近 0。

两组数据之间的协方差的数学定义是：

$$s_{XY} = \frac{\sum_{i=1}^{n}(x_i - \text{mean}(x))(y_i - \text{mean}(y))}{n-1} \tag{9-5}$$

其中 $i=1,2,\cdots,n$，$\text{mean}(x)$ 是 X 的样本均值，而 $\text{mean}(y)$ 是 Y 的样本均值。因此，两个相同变量的协方差实际上就是方差。

以下是计算协方差的纯 Python 代码：

```
In [119]: def Cov(x, y):
              """
              计算两组数据的协方差

              入参
              _____
              x: 可迭代对象
                  第一组数据
              y: 可迭代对象
                  第二组数据
```

```
                返回值
                _____
                cov_xy: float
                    两组数据的协方差
                """

                n = len(x)
                mean_x, mean_y = sum(x) / n, sum(y) / n
                cov_xy = (sum((x[k] - mean_x) *
                                (y[k] - mean_y) for k in range(n))/ (n - 1))
                return cov_xy


            Cov(x, y)
Out[119]: 19.95
```

使用纯 Python 代码实现,必须求出 x 和 y 的均值,然后应用协方差的数学公式。

NumPy 中函数 numpy.cov()返回协方差矩阵,代码如下:

```
In [120]: cov_matrix = numpy.cov(x_, y_)
          cov_matrix
Out[120]:
array([[38.5        , 19.95       ],
       [19.95       , 13.91428571]])
```

注意,函数 numpy.cov()有可选参数 bias,默认值为 False,ddof 默认值为 None。它们的默认值适合于得到样本协方差矩阵。协方差矩阵左上方的元素是 x 和 x 的协方差,或者 x 的方差,类似地,右下方的元素是 y 和 y 的协方差,或者 y 的方差。以下是验证代码:

```
In [121]: x_.var(ddof = 1), y_.var(ddof = 1)
Out[121]: (38.5, 13.914285714285711)
```

从结果可见,x 和 y 的方差分别等于 cov_matrix $[0, 0]$ 和 cov_matrix $[1, 1]$。

协方差矩阵的其他两个元素相等,表示 x 和 y 之间的实际协方差,它们与纯 Python 的协方差值相同。

Pandas Series 对象具有.cov()方法,以下代码用来计算协方差:

```
In [122]: x__.cov(y__), y__.cov(x__)
Out[122]: (19.95, 19.95)
```

9.4.2　相关系数

相关系数是另一种衡量数据之间相关性的方法。可以把它看成标准化协方差。以下是关于它的一些重要事实:

(1) $r > 0$ 表示正相关。

(2) $r < 0$ 表示负相关。

（3）$r=1$ 是 r 的最大可能值。它对应于变量之间完美的正线性关系。

（4）$r=-1$ 是 r 的最小可能值。它对应于变量之间的完全负线性关系。

（5）$r \approx 0$，意味着变量之间的相关性是微弱的。

相关系数的数学公式为：

$$r = \frac{s_{XY}}{s_X s_Y} \tag{9-6}$$

其中 s_X 和 s_Y 分别是 X 和 Y 的标准偏差。如果数据集 X 和 Y 的均值（mean_x 和 mean_y）和标准差（std_x 和 std_y）及它们的协方差 cov_xy 已知，则可以使用纯 Python 代码计算相关系数，代码如下：

```
In [123]: def Corrcoef(x, y):
              """
              计算两组数据的相关系数

              入参
              ------
              x: 可迭代对象
                  第一组数据
              y: 可迭代对象
                  第二组数据

              返回值
              ------
              r: float
                  两组数据的相关系数
              """

              n = len(x)
              mean_x, mean_y = sum(x) / n, sum(y) / n

              var_x = sum((item - mean_x) ** 2 for item in x) / (n - 1)
              var_y = sum((item - mean_y) ** 2 for item in y) / (n - 1)
              std_x, std_y = var_x ** 0.5, var_y ** 0.5
              cov_xy = (sum((x[k] - mean_x) *
                            (y[k] - mean_y) for k in range(n)) / (n - 1))
              r = cov_xy / (std_x * std_y)
              return r
          Corrcoef(x, y)
Out[123]: 0.861950005631606
```

SciPy 的函数 scipy.stats.pearsonr() 可以计算相关系数和检验 p 值，代码如下：

```
In [124]: r, p = scipy.stats.pearsonr(x_, y_)
          r, p
Out[124]: (0.8619500056316061, 5.122760847201135e-07)
```

函数 scipy.stats.pearsonr() 返回一个包含两个数值的元组。第一个元素是 Pearson 相关系数,第二个元素是检验 p 值。

与协方差矩阵的情况类似,可以调用函数 numpy. corrcoef(),以 x_和 y_为参数,得到相关系数矩阵,代码如下:

```
In [125]: corr_matrix = numpy.corrcoef(x_, y_)
          corr_matrix
Out[125]:
array([[1.        , 0.86195001],
       [0.86195001, 1.        ]])
```

左上角的元素是 x_和 x_之间的相关系数,右下角的元素是 y_和 y_之间的相关系数,它们的值等于 1.0。其他两个元素相等,表示 x_和 y_之间的实际相关系数。

也可以使用函数 scipy. stats. linregress()得到相关系数,代码如下:

```
In [126]: scipy.stats.linregress(x_, y_)
Out[126]: LinregressResult(slope = 0.5181818181818181,
intercept = 5.714285714285714, rvalue = 0.8619500056316057,
pvalue = 5.122760847201238e - 07, stderr = 0.06992387660074986)
```

函数 scipy. stats. linregress()对数据集 x_和 y_进行线性回归,并返回结果。结果中 slope 和 intercept 分别对应线性回归方程的斜率和截距。rvalue 是数据集 x_和 y_相关系数。要从 scipy. stats. linregress()的结果中访问特定值,包括相关系数,可以使用点符号,代码如下:

```
In [127]: result = scipy.stats.linregress(x_, y_)
          r = result.rvalue
          r
Out[127]: 0.8619500056316057
```

Pandas 的 Series 对象具有.corr()方法,此方法用来计算相关系数,代码如下:

```
In [128]: x__.corr(y__), y__.corr(x__)
Out[128]: (0.861950005631606, 0.861950005631606)
```

9.5 从文件读取数据

9.5.1 处理 CSV 文件

在本章的示例程序中,计算所使用的数据以硬编码的形式写入代码中。这种做法在实际应用中是不可行的。毕竟对于大型数据集,如果要求用户每次使用该程序时必须手动修改代码并且输入一长串数据,则非常不方便。把数据存放在文件中,程序从文件中读取数据,是通用的解决办法。CSV(Comma Separate Values)文件格式被用来作为不同程序之间数据交互的格式。CSV 文件以纯文本形式存储表格数据(数字和文本),由任意数目的记录组成,记录间以某种换行符分隔。每条记录由字段组成,字段间的分隔符通常是逗号或制表符。CSV 文件可以由很多文本编辑器打开,如：Microsoft Excel、OpenOffice Calc、LibreOffice Calc 等。

Python 内置了 CSV 模块。本节将简单介绍 CSV 模块中最常用的一些函数。

以下代码用于打开文件 population.cvs,并读取文件的每行：

```
In [129]: import csv

         with open('population.csv','r') as myFile:
             for line in myFile.readlines():
                 print(line)
数据库:年度数据

时间:最近 10 年

指标,2019 年,2018 年,2017 年,2016 年,2015 年,2014 年,2013 年,2012 年,2011 年,2010 年

年底总人口(万
人),140005.00,139538.00,139008.00,138271.00,137462.00,136782.00,136072.00,135404.00,
134735.00,134091.00

男性人口(万
人),71527.00,71351.00,71137.00,70815.00,70414.00,70079.00,69728.00,69395.00,69068.00,
68748.46

女性人口(万
人),68478.00,68187.00,67871.00,67456.00,67048.00,66703.00,66344.00,66009.00,65667.00,
65342.54

城镇人口(万
人),84843.00,83136.74,81347.48,79298.42,77116.18,74915.50,73111.49,71181.88,69078.63,
66978.45

乡村人口(万
人),55162.00,56401.26,57660.52,58972.58,60345.82,61866.50,62960.51,64222.12,65656.37,
67112.55

数据来源:国家统计局
```

文件 population.cvs 是 2010—2019 年中华人民共和国人口统计,数据来源：https://data.stats.gov.cn。

Python 内建函数 open()用于打开文件并返回 stream 对象。该函数第一个入参是文件名,由于文件保存在代码运行的当前目录,因此文件名没有带目录前缀。参数'r'表示以只读模式打开文件。stream 对象的 readlines()方法返回的是迭代器,它每次迭代的结果是目标文件中的一行。从输出结果可以看出,文件 population.cvs 总共有 9 行,第 3 行是"年份",第 4~8 行是相关的统计数据。其他行中是一些标题数据。

也可以使用 CSV 模块的函数 csv. reader()从已经打开的 CSV 文件中读取数据。函数的第一个入参是文件对象或列表,文件编码默认采用 EXCEL 风格(以逗号','分隔),如果是其他风格,则需要使用关键字参数 dialect 说明。函数 csv. reader()返回的也是一个迭代器,每次迭代的结果是目标文件的每一行。

函数 csv. reader()和 readlines()方法之间的区别是:函数 csv. reader()返回的是字符串列表迭代器,CSV 文件中由分隔符分开的每个字段都被视为单独的字符串,这些字符串组成字符串列表。readlines()方法返回的是字符串迭代器,每一行的所有字符(包括分隔字符)组成一个单一的字符串,因此在实际应用中,使用函数 csv. reader()时无须再编写代码将各数据分隔开。

以下代码定义的函数 load_data()可用于打开一个 CSV 文件,并从中提取文本形式的原始数据和统计数据。

```
In [130]: def load_data(file_name):
    """
    load_data(file_name)
    打开数据文件,将其中数据提取出来。

    入参
    _____
    file_name: string
    数据文件名

    返回值
    _____
    raw_data: string list
    文本形式的原始数据

    stats:float array
    统计数据

    x: int list
    年份列表
    """
    raw_data = []
    with open(file_name, 'r') as csv_file:
        lines = csv.reader(csv_file)
        for line in lines:
            raw_data.append(line)

    #将年份提取出来
    import re
    dat_re = re.compile(r'\d + \.?\d * ')
    x = [int(dat_re.search(i).group())
            for i in raw_data[2] if dat_re.search(i)]

    #由于数据按年份倒序存放,因此需要颠倒顺序
    stats = numpy.genfromtxt(file_name, delimiter = ',',
                            skip_header = 3, skip_footer = 1)[..., -1:0: -1]
    return (raw_data, stats, x[ -1:: -1])
```

　　函数 load_data()返回三元组。其中的 raw_data 是一个嵌套列表,列表的每个元素是一个字符串列表对应原文件的每一行。stats 是 NumPy 数组,以 float 型保存着统计数据。x 是年份列表。代码中需要提取数字,因此使用正则表达式。re 模块提供 Perl 风格的正则表达式模式,它使 Python 语言拥有全部的正则表达式功能。NumPy 函数 numpy.genfromtxt()可以从指定的文本文件中导入数据,将其转换为 NumPy 数组。关键字参数 delimiter＝','说明每一行的数据以逗号分隔。由于国家统计局的数据格式不规整,每一行并不是相等的,前两行和最后一行只有一个字段,如果使用函数 numpy.genfromtxt()导入全部数据,则会返回异常。第 3 行虽然和数据等长,但它不是数据行,因此这些行的内容在导入时需要被忽略。关键字参数 skip_header＝3 说明需跳过文件的前 3 行,skip_footer＝1 说明需要忽略文件最后一行。

　　对于获取的原始数据,如果直接使用函数 print()输出,则输出格式不够美观。PrettyTable 是用于生成简单 ASCII 表的 Python 库。我们可以使用该库控制表格的许多方面,例如列填充的宽度、文本的对齐方式和表格边框。多数的 Python 发布版并未包含 PrettyTable 库,因此首次使用之前需要使用 pip 进行安装。安装命令是 python -m pip install -U prettytable。

　　使用 PrettyTable 库输出时,首先需要创建 PrettyTable 对象,接着向其添加内容。通常首先添加表格的栏位 field_names,这是 PrettyTable 对象的属性之一。添加栏位之后,即可使用 add_row()方法添加表格的每一行了。需要注意的是,表格每行内容需要和栏位等长,否则在添加内容时会出错。添加完所有数据,即可使用 print()输出表格。以下是示例代码:

```
In [131]: def print_data(raw_data):
          """

          print_data(raw_data)
          格式化输出统计数据。

          入参
          -----
          raw_data: string list
              原始数据

          返回值
          ------
              无
          """
          f_name = True
          tb = pt.PrettyTable()
          for line in raw_data:
              if (len(line) > 1):
                  if (f_name == True):
                      tb.field_names = line      ＃第一行是栏位名称
                      f_name = False
                  else:
                      tb.add_row(line)           ＃统计数据
```

```
            else:
                print(line[0])              #非统计数据
        print(tb)
```

由于输入的文件内容不规整,因此需要忽略前两行和最后一行。

接下来,我们定义用来绘制统计曲线的函数 plot_date()。这个函数根据第 5 章的内容实现。绘图时,X 轴表示年份,Y 轴表示人口数,代码如下:

```
In [132]: def plot_date(stats, x):
          """
          plot_date(stats, x)
          根据统计数据绘制折线图。

          入参
          -----
          stats: array
              统计数据

          x: int list
              年份列表

          返回值
          ------
              无
          """
          plt.rcParams['font.sans - serif'] = ['SimHei']
          plt.xlabel("年份")
          plt.ylabel("人口(万人)")

          x_major_locator = plt.MultipleLocator(1)
          ax = plt.gca()
          ax.xaxis.set_major_locator(x_major_locator)

          for i in range(numpy.shape(stats)[0]):
              plt.plot(x, stats[i], marker = '.', label = field_names[i])
          plt.legend(loc = 'upper left')
          plt.show()
```

接下来的代码使用以上定义函数来处理 2010—2019 年的全国人口统计数据:

```
In [133]: qd, q, X = load_data('population.csv')
          print_data(qd)
          plot_date(q, X)
数据库:年度数据
时间:2010—2019 年
数据来源:国家统计局
```

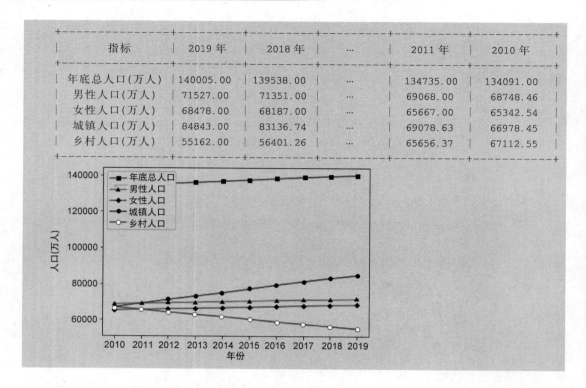

指标	2019 年	2018 年	...	2011 年	2010 年
年底总人口(万人)	140005.00	139538.00	...	134735.00	134091.00
男性人口(万人)	71527.00	71351.00	...	69068.00	68748.46
女性人口(万人)	68478.00	68187.00	...	65667.00	65342.54
城镇人口(万人)	84843.00	83136.74	...	69078.63	66978.45
乡村人口(万人)	55162.00	56401.26	...	65656.37	67112.55

9.5.2　对象化处理数据

虽然 9.5.1 节对数据的处理比较简单,但是如果针对每种统计数据都编写一套类似的代码,显然是不经济的。统计数据通常以通用的格式保存,以国家统计局的数据为例,它的第 1 行表示数据类型:月度、季度还是年度。第 2 行注明时间跨度。第 3 行是数据栏位。随后是各项统计数据。最后一行注明数据来源。对于所有类型的数据,我们都需要格式化输出和绘制数据曲线等,因此可根据这些共有的特征,定义一个类,该类具有的属性包含文件名、原始数据、统计数据、X 轴刻度,拥有的方法包含格式化输出、图形绘制。可以将9.5.1 节的函数 load_data()改为构造函数,将函数 print_data()修改成格式化输出方法,将函数 plot_date()改成绘图方法。以下是代码实现:

```
In [134]: import numpy
          import csv
          import prettytable as pt
          import matplotlib.pyplot as plt
          import re

          class MyStats():
              """
              用来处理来自国家统计局(https://data.stats.gov.cn/)的统计数据的基类。
              国家统计局的数据格式通常如下:

                  第 1 行: 数据库:年度数据
                  第 2 行: 时间:最近 xx 年
```

第 3 行：指标,年份 1,年份 2,……,年份 n
第 4 行：指标 1
……
第 n 行：指标 n
第 n + 1 行:数据来源:国家统计局

本基类提取不同数据文件对象的公共部分。

属性
————
file_name: string
　　数据文件的文件名。

raw_data: string list
　　以文本形式保存的原始数据。

stats: float list
　　统计数据组成的数组。

x: int list
　　绘图时,X 轴刻度。

方法
————
print_data()
　　以格式化的方式输出统计数据
plot_date()
　　绘制统计曲线。

```
"""
def __init__(self, file_name):
    """
    MyStats 类构造函数
    打开数据文件,将其中数据提取出来。

    入参
    ——————
    file_name: string
        数据文件名

    返回值
    ——————
        无
    """
    self.__file_name = file_name
    raw_data = []
    with open(file_name, 'r') as csv_file:
        lines = csv.reader(csv_file)
        for line in lines:
            raw_data.append(line)
```

```python
        #将年份提取出来
        dat_re = re.compile(r'\d+\.?\d*')
x = [int(dat_re.search(i).group())
        for i in raw_data[2] if dat_re.search(i)]

        #提取统计数据。由于统计是依时间逆序排列的,因此需要反转排列顺序。
        self.__stats = numpy.genfromtxt(file_name, delimiter = ',',
                        skip_header = 3, skip_footer = 1)[..., -1:0:-1]
        self.__raw_data = raw_data
        self.__x = x[-1::-1]

    def __del__(self):
        """
        MyStats 类析构函数。
        """
        del self.__raw_data
        del self.__x

    def print_data(self):
        """
        将统计数据格式化输出。
        """
        f_name = True
        tb = pt.PrettyTable()
        for line in self.__raw_data:
            if (len(line) > 1):
                if (f_name == True):
                    tb.field_names = line
                    f_name = False
                else:
                    tb.add_row(line)
            else:
                print(line[0])
        print(tb)

    def plot_date(self, label_names):
        """
        绘制统计图表。
        """
        plt.rcParams['font.sans-serif'] = ['SimHei']

        x_major_locator = plt.MultipleLocator(1)
        ax = plt.gca()
        ax.xaxis.set_major_locator(x_major_locator)

        for i in range(numpy.shape(self.__stats)[0]):
        plt.plot(self.__x, self.__stats[i], marker = '.',
                label = label_names[i])
        plt.legend(loc = 'upper left')
        plt.show()
```

人口统计数据大部分的属性和方法都可以从 MyStats 类继承，它的特有属性是其统计数据的类别，分别为年底总人口、男性人口、女性人口、城镇人口和乡村人口。这些将在绘图时做标签使用。另外在绘图时，人口统计数据在 X 轴和 Y 轴上的标识分别为"年份"和"人口(万人)"。以下是派生类 Population 的代码：

```
In [135]: class Population(MyStats):
              label_names = [u'年底总人口', u'男性人口', u'女性人口',
                             u'城镇人口', u'乡村人口']

              def __init__(self, file_name):
                  super(Population, self).__init__(file_name)

              def plot_date(self):
                  plt.xlabel("年份")
                  plt.ylabel("人口(万人)")
              super(Population, self).plot_date(self. label_names)
```

以上所有的代码片段可以保存在同一个文件 nbs_stats.py 中，这样别的文件可以像导入其他模块一样导入它，然后使用其中定义的类来处理相应的数据。以下代码的执行效果和前文一样：

```
In [136]: import nbs_stats
          p = nbs_stats.Population('population.csv')
          p.print_data()
          p.plot_date()
          del p
```

9.6 绘制统计图

统计图是根据统计数据绘制的各种图形。它可以使复杂的统计数据简单化、通俗化、形象化。统计图直观、形象，使人一目了然，便于理解和比较，因此，统计图在统计资料整理与分析中占有重要地位，并得到广泛应用。本节将演示如何绘制常用的统计图。

9.6.1 上海车牌竞拍

为解决交通拥堵状况，上海市对私家车牌照实行拍卖政策。现在有一份 2012—2019 年的拍卖数据文件 Shanghai_license_plate_price.csv(数据来源：https://www.kaggle.com)，本节将对此文件内的数据进行分析整理。

本例中使用的 CSV 文件的格式比较规整，如表 9-1 所示。第 1 行是数据栏位标识，以下每行均为历次拍卖的数据。

表 9-1 上海市私家车牌拍卖数据(节选)

Date	Total number of license issued	lowest price	avg price	Total number of applicants
Jan-02	1400	13 600	14 735	3718
Feb-02	1800	13 100	14 057	4590

　　CSV 文件的特点之一：记录数据的每一行拥有相同的组织结构。从表 9-1 可以看出，Shanghai_license_plate_price.csv 每一行均记录了 5 种不同类型的数据。根据 OOP 的原则，这些记录数据的行，可被视为同一个类的不同实例。7.3.4 节的 NumPy 结构化数据类型正是针对这种情况而设计的。新的 NumPy 结构化数据类型将有 5 个成员，分别对应每一行中的 Date、Total number of license issued、lowest price、avg price 和 Total number of applicants。使用函数 numpy. genfromtxt（）导入数据时，增加关键字参数 names＝True，numpy. genfromtxt（）会根据 CVS 文件第 1 行的内容自动创建一个结构化数据类型，并依据此类型使用文件中的数据生成并返回一维数组，数组成员对应原文件中每一行的数据，代码如下：

```
In [137]: license_data =
numpy.genfromtxt('Shanghai_license_plate_price.csv',
                                        delimiter = ',', names = True)
            numpy.shape(license_data)
Out[137]: (204,)


In [138]: license_data.dtype
Out[138]: dtype([('Date', '< f8'), ('Total_number_of_license_issued', '< f8'),
('lowest_price', '< f8'), ('avg_price', '< f8'),
('Total_number_of_applicants', '< f8')])
```

　　对数组 license_data 的访问可以分为两种方式：一种是第 7 章介绍过的 NumPy 数组的索引方式，使用这种索引方式，每次得到的是一个结构化对象或者数组，其类型是 numpy. void，也可以使用结构化数据中的数据名来索引，此时得到的将是原始文件中每一列的数据，代码如下：

```
In [139]: license_data[1]
Out[139]: (nan, 1800., 13100., 14057., 4590.)


In [140]: type(license_data[1])
Out[140]: numpy.void


In [141]: license_data['Date']
Out[141]:
array([nan, nan, nan, nan, nan, nan, nan, nan, nan, nan, nan, nan, nan,
    ……
    nan, nan, nan, nan, nan, nan, nan, nan, nan])


In [142]: license_data['Total_number_of_license_issued']
Out[142]:
array([ 1400., 1800., 2000., 2300., 2350., 2800., 3000., 3000.,
    ……
    10728., 11766., 12850., 12832.])
```

　　由于第 1 列的数据无法直接转换为 numpy. float 型数据，因此这一列的内容被转换成了 numpy. nan，说明这一列的数据不是数值。第 1 列的内容对于绘制统计图是很重要的，因为它记录的是日期信息，绘图时通常作为 X 轴的刻度。由于之前的代码未能把它们转换成有效数值，因此需要使用额外的代码把它们提取出来。从 CSV 文件中，读取一列数据的方法有很多种，以下代码是一种解决方案：

```
In [143]: #读取 CSV 文件中第一列的内容
          with open('Shanghai_license_plate_price.csv', 'r') as csvfile:
              reader = csv.reader(csvfile)
              next(reader)
              column0 = [row[0] for row in reader]
```

由于文件的第 1 行不是有效数据，因此以上代码中使用函数 next()跳过一次迭代。接下来的列表生成语言使用 for 表达式迭代每一行，每次迭代中读取第 1 个元素，从而将第 1 列的数据提取到列表 column0 中。

将第 1 列数据提取出来的目的是将其转换为 Matplotlib 的日期刻度。转换的过程是这样的：首先使用 Python 函数 time.strptime()根据格式规范将字符串解析为时间元组，然后使用年、月、日创建 Python 的 datetime 对象，最后使用函数 matplolib.dates.date2num()将这个 datetime 对象转换为 Matplotlib 的日期对象，代码如下：

```
In [144]: import time
          import datetime
          import matplotlib as mpl

          #将第一列数据转换成 x 轴日期刻度
          x = []
          for t in column0:
              d = time.strptime(t, "%b-%y") #将日期字符串转换为时间元组
              #将日期时间对象转换为 Matplotlib 日期后，添加到列表 x
              x.append(mpl.dates.date2num(datetime.datetime(d.tm_year,
                                                            d.tm_mon, 1)))
```

接下来创建绘图和坐标系，由于统计数据的量比较大，因此画布尺寸就不能再使用默认尺寸了。另外，最终的绘图结果中不希望有边框线，所以绘图的初始化代码如下：

```
In [145]: import matplotlib.pyplot as plt

          fig, ax = plt.subplots(1, 1, figsize=(24, 20))

          #删除绘图框线
          ax.spines['top'].set_visible(False)
          ax.spines['bottom'].set_visible(False)
          ax.spines['right'].set_visible(False)
          ax.spines['left'].set_visible(False)

          #确保轴刻度只显示在绘图的底部和左侧
          ax.get_xaxis().tick_bottom()
          ax.get_yaxis().tick_left()
```

接下来需要设置 X 轴和 Y 轴的显示范围。X 轴的范围由列表 x 的首尾值决定，Y 轴的范围由统计数据中的最大值和最小值决定，但是数组 license_data 中的数据类型是结构化数据，无法直接使用 9.2.11 节介绍的函数，因此需要一些特殊处理。结构化数据对象中的每个成员，可以通过成员数据名称访问。对于结构化数组，使用成员数据名称索引，得到的是该数组内所有的此类数据。本例中，如果以 'lowest_price' 索引数组 license_data，便可得到由所有的最低中标值组成的数组，因此可以使用字符串列表，依次索引数组 license_data 中的数据，进而得到最大值和最小值，代码如下：

```
In [146]: #获取数据的最大值
          y_max = 0
          y_min = numpy.Inf

          #数据文件中包含的不同数据项
          field = ['Total number of license issued',
                   'lowest price', 'avg price', 'Total number of applicants']

          for column in field:
              if column == 'Date':
                  continue
              column_rec_name = column.replace('\n', '_').replace(' ', '_')
              ymax = numpy.amax(license_data[column_rec_name])
              ymin = numpy.amin(license_data[column_rec_name])
              if (y_max < ymax):
                  y_max = ymax
              if (y_min > ymin):
                  y_min = ymin

          #根据日期和数值范围设置X、Y显示范围
          ax.set_xlim(x[0], x[-1])
          ax.set_ylim(y_min, y_max)

          #不同数据对应的颜色编码
          ax.set_prop_cycle(color = ['slateblue', 'red', 'blue', 'black'])

          #用于调整数据标签在的Y轴的坐标,因为部分数据最后一个值可能比较接近
          y_offsets = {'Total number of license issued': 0, 'lowest price': 1500,
                       'avg price': -1500,
                  'Total number of applicants': 0}
```

方法 Axes.set_prop_cycle() 用设置对应子图的属性周期，以上代码中设置了颜色属性。即每次绘图时，将依次使用颜色 'slateblue'、'red'、'blue'、'black'。以上设置中，最后一条曲线（Total number of applicants）将是黑色的。数组 license_data 中保存的是标签数据，因此可以使用方法 Axes.plot() 及函数 pyplot.plot() 的标签绘图方式。在这种方式下，传入数组对象，指明 xlabel 和 ylabel。pyplot.plot() 函数会自动根据 label 在数组对象中索引相关数据，并根据相关数据绘制图形，最后使用 ylabel 给对应的图形打上标签。图形标签在坐标系中显示的位置由 Axes.text() 方法指定。该方法的前两个入参分别是 x 和 y 坐标值。

对于所有的曲线，X 坐标同是刻度列表 x 的最后一个元素，但 Y 坐标就不能相同了，否则全部数据将堆叠在一起。最理想的方式是紧跟在曲线的后面，但是部分数据的最后一个数值可能很接近(譬如本例中的 lowest price 和 avg price 就很接近，因此需要做一些调整。字典对象 y_offsets 记录的就是坐标的修正值。

至此，所有的绘图准备工作至此已经完毕，接下来就可以实现绘图代码了，代码如下：

```
In [147]: for column in field:
              #把每一条线分别用它自己的颜色画出来
              column_rec_name = column.replace('\n', '_').replace(' ', '_')
              line, = ax.plot(x, column_rec_name, data = license_data, lw = 1.5)

              #在每行的右端添加一个文本标签
              y_pos = license_data[column_rec_name][-1]
              y_max = numpy.amax(license_data[column_rec_name])
              d = numpy.where(license_data[column_rec_name] == y_max)

              #添加特定的偏移量，因为一些标签重叠了
              y_pos += y_offsets[column]

              ax.text(x[-1], y_pos, column, fontsize = 14,
color = line.get_color())
                  for idx in numpy.nditer(d):
                      ax.annotate('{label} max
value'.format(label = column_rec_name),
                                  xy = (x[idx], y_max),
                                  xytext = (x[idx] + 500,
y_max + 3500 + y_offsets[column]),
                                  arrowprops = dict(facecolor = line.get_color(),
                                                    shrink = 0.05))
              #X轴刻度以年、月的形式显示
              monthsLoc = mpl.dates.MonthLocator(interval = 6)
              monthsLoc1 = mpl.dates.MonthLocator(interval = 2)
              ax.xaxis.set_major_locator(monthsLoc)
              ax.xaxis.set_minor_locator(monthsLoc1)
              monthsFmt = mpl.dates.DateFormatter('%Y - %b')
              ax.xaxis.set_major_formatter(monthsFmt)
              fig.autofmt_xdate(bottom = 0.18)
              fig.subplots_adjust(left = 0.18)
              #plt.savefig('Shanghai_car_licence.png')
          plt.show()
```

以上代码中使用了字符串格式化函数 format()，这是另外一种格式化输出字符串的方法。字符串中的{}起到占位及格式说明的作用，最终将被 format()函数传入的参数替换。字符串对象的 replace()方法用来替换字符串中的字符。列表 field 中的字符串是以空格' '分隔关键字的，而结构化数据类型中的数据名称以下画线'_'分隔关键字，因此需要将' '替换成'_'才能够进行数组索引。

使用 ax. plot()方法绘图时,Y 轴上的数据是 license_data[column_rec_name]。由于原始数据的第一列导出后全是 nan,因此不能使用标签访问。代码中额外使用了 x 列表,列表中保存的是 Matplotlib 的日期和时间数据,由于它们都是 float 型数据,因此需要将其转换成日期显示。MonthLocator 类和 DateFormatter 类分别对应月刻度的间隔和显示格式,set_major_locator()和 set_major_formatter()方法分别用设置指定轴的刻度间隔和显示格式。以上代码最终的执行效果如图 9-2 所示。

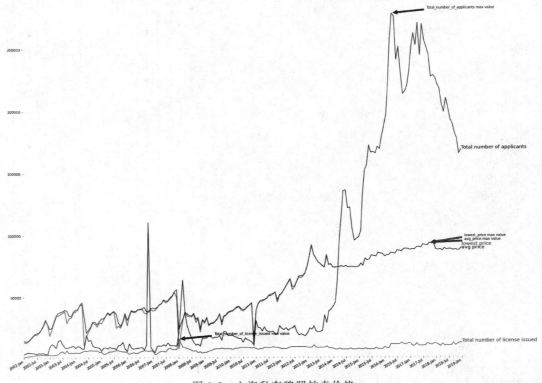

图 9-2　上海私车牌照拍卖价格

以上折线图可以描述价格、竞拍人数、中标者人数的变化趋势。曲线图的典型特征是带有时间标签,通常横轴表示时间(时间顺序不能乱),纵轴表示某一指标的取值。

在观察折线图时需注意:

(1)指标随着时间的变化所呈现的趋势:递增、递减、持平。

(2)指标的取值是否呈现出一定的规律。

(3)指标的取值是否出现波峰或波谷。我们可以从刚刚的折线图中看到:2006 年年底,参与竞拍的人数突然激增,而 2011 年中标价格出现一次陡降。

但是通过折线图无法直观看出数据的分布情况。描述数据的分布方法之一是报告出现在数据集中的值及每个值出现多少次。分布最常见的表示是直方图,它是一种显示每个值的频率的图形。在这里,"频率"是指数值出现的次数。Matplotlib 的 hist 函数或方法根据输入的数据绘制直方图,关键字参数 bins 用于指定数值被划分的区间,默认为 10。

在绘制直方图时,有以下需要注意的地方:

（1）数据量需要足够大，如果样本太少，则会导致直方图上每个条形包含的数据点不足，从而无法准确显示数据的分布情况。

（2）通常情况下直方图的横轴表示区间，这些区间可以等距，也可以不等距。可以是左开右闭，也可以是左闭右开。

（3）直方图的横轴表示一个范围或区间，真正有意义的是它的面积。这是直方图和柱状图根本性的区别，在柱状图中图形的粗细没有任何含义。

在统计学中，皮尔逊相关系数（Pearson Correlation Coefficient，PCC）corr 被用于度量两个变量 X 和 Y 之间的相关（线性相关），其值为 $-1 \sim 1$，其计算公式为

$$\text{corr} = \frac{n \sum x_i y_i - \sum x_i \sum y_i}{\sqrt{n \sum x_i^2 - \left(\sum x_i\right)^2} \sqrt{n \sum y_i^2 - \left(\sum y_i\right)^2}} \tag{9-7}$$

我们可以根据以上公式编写代码计算 PCC。不过，使用 NumPy 的 numpy. corrcoef() 函数是一个比较高效的选择。

两种数据的相关性还可以通过散点图的形式表现出来。以每次拍卖时的最低价格和平均价格为例，用最低中标价格作为 y 坐标，平均价格作为 x 坐标来绘制散点图。通过得到的散点图，我们可以形象地看出两组数据的相关性。

接下来的代码对上海私车牌照拍卖数据中的最低价格和平均价格的分布状态及数据相关性进行分析。为了更好地观察，两种数据的直方图和散点图被绘制在一幅图像中。散点图 X 轴为平均价格，Y 轴为最低价格。平均价格的直方图在散点图上方，最低价格直方图在散点图右侧水平显示，代码如下：

```
In [148]: count = license_data.size
          avg_mean = int(numpy.mean(license_data['avg_price'])/1000)
          avg_median = int(numpy.median(license_data['avg_price'])/1000)
          avg_min = int(numpy.min(license_data['avg_price'])/1000)
          avg_max = int(numpy.max(license_data['avg_price'])/1000)
          avg_25p, avg_50p, avg_75p = (numpy.percentile(
                  license_data['lowest_price'], [25, 50, 75])/1000).astype(int)

          lowest_mean = int(numpy.mean(license_data['lowest_price'])/1000)
          lowest_median = int(numpy.median(license_data['lowest_price'])/1000)
          lowest_min = int(numpy.min(license_data['lowest_price'])/1000)
          lowest_max = int(numpy.max(license_data['lowest_price'])/1000)
                   lowest_25p, lowest_50p, lowest_75p = (numpy.percentile(
                   license_data['lowest_price'], [25, 50, 75])/1000).astype(int)

          #定义坐标系大小
          left, width = 0.1, 0.65
          bottom, height = 0.1, 0.65
          spacing = 0.005
          rect_scatter = [left, bottom, width, height]
          rect_histx = [left, bottom + height + spacing, width, 0.2]
```

```
        rect_histy = [left + width + spacing, bottom, 0.2, height]

        # 创建正方形绘图
        fig = plt.figure(figsize = (16, 16))

        # 在绘图上划分坐标系
        ax = fig.add_axes(rect_scatter)
        ax_histx = fig.add_axes(rect_histx, sharex = ax)
        ax_histy = fig.add_axes(rect_histy, sharey = ax)

        # 坐标系相邻的区域不显示刻度
        ax_histx.tick_params(axis = "x", labelbottom = False)
        ax_histy.tick_params(axis = "y", labelleft = False)

        # 绘图
        ax.scatter(license_data['avg_price'],
license_data['lowest_price'])
        ax_histx.hist(license_data['avg_price'], bins = 20)
        ax_histx.set_title('average price')
        ax_histx.text(50000, 15, 'Mean: {}k \nMax: {}k\nMedian: {}k\n25 % :
{}k\n50 % : {}k\n75 % : {}k'.format(avg_mean, avg_max, avg_median, avg_25p,
avg_50p, avg_75p), style = 'italic',
        bbox = {'facecolor': 'lightblue', 'alpha': 0.5, 'pad': 10})
        ax_histy.hist(license_data['lowest_price'], orientation = 'horizontal')

        ax_histy.set_title('lowest price')
        ax_histy.text(25, 55000, 'Mean: {}k \nMax: {}k\nMedian: {}k\n25 % :
{}k\n50 % : {}k\n75 % : {}k'.format(lowest_mean, lowest_max, lowest_median,

lowest_25p, lowest_50p, lowest_75p), style = 'italic',
        bbox = {'facecolor': 'lightblue', 'alpha': 0.5, 'pad': 10})

        plt.show()
```

代码的执行结果如图 9-3 所示。

通过散点图观察数据时,需要注意:

(1)数据的相关不代表因果关系。

(2)注意散点图上那些"离散点"。

(3)当数据中包含多个连续变量时,散点图不是最佳选择。

9.6.2 上海的历史降雨量

网站 https://globalweather.tamu.edu 允许下载特定地点和时段的每日 CFSR 数据(降水、风、相对湿度和光照强度)。现在有一份 2000 年 1 月 1 日——2014 年 7 月 31 日上海市的 CFSR 数据,部分数据如表 9-2 所示。现在,我们根据这份数据对这 15 年中的月降水

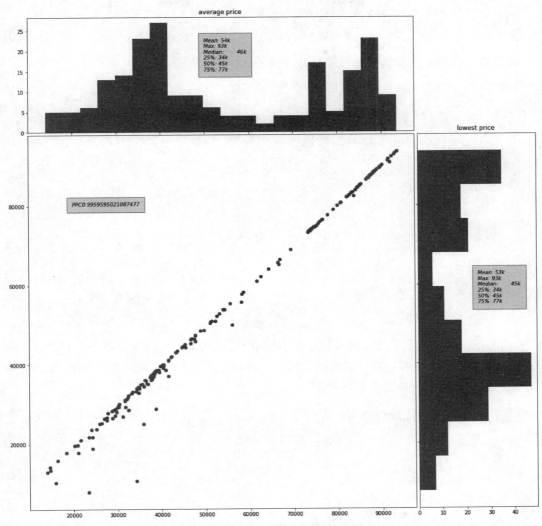

图 9-3 平均价格和最低价格分析

量进行分析。

表 9-2 上海市 CFSR 数据

Date	Elevation	Max Temperature	Min Temperature	Precipitation	Wind	Relative Humidity	Solar
1/1/2000	6	16.646	9.476	0.082397448	1.733358551	0.752161816	8.94683988
1/2/2000	6	10.665	4.521	0.027465826	5.877310775	0.76505013	8.771400648
1/3/2000	6	11.999	3.684	0	4.539534646	0.73900497	12.9627603

　　我们仍然可以使用 NumPy 的函数 numpy.genfromtxt() 将这个数据加载到一个变量中，然后对其进行操作。这一次，我们不再使用关键字参数 names＝True，而是使用关键字参数 skip_header＝1 跳过首行。这样做的结果是一个 float 型的二维数组，而非根据第一行的字段生成的结构化一维数组，代码如下：

```
In [149]: data = numpy.genfromtxt('weatherdata - 3111216.csv',
                                    delimiter = ',', skip_header = 1)
```

通过以下代码可以看到数据已经被转换成了NumPy数组：

```
In [150]: data
Out[150]:
array([[        nan, 121.5619965, 31.06679916, ..., 1.73335855,
          0.75216182,   8.94683988],
       [        nan, 121.5619965, 31.06679916, ..., 5.87731077,
          0.76505013,   8.77140065],
       [        nan, 121.5619965, 31.06679916, ..., 4.53953465,
          0.73900497, 12.9627603 ],
       ...,
       [        nan, 121.5619965, 31.06679916, ..., 2.6190015,
          0.81235931, 28.19720235],
       [        nan, 121.5619965, 31.06679916, ..., 3.80603118,
          0.79428873, 28.56608974],
       [        nan, 121.5619965, 31.06679916, ..., 3.65418218,
          0.83383561, 28.12646966]])
```

我们看到，各种数据已经被转换成了浮点型数据，然而第1列的年份由于含有非数字字符，所以被转换成了nan，这对于后续的数据分析没有帮助，因此同9.5.2节类似，我们使用以下代码从文件第一列中提取日期数据。

```
In [151]: with open('weatherdata - 3111216.csv','r') as csvfile:
              reader = csv.DictReader(csvfile)

              column = []
              date = []                    # 记录数据中的年月
              year = {}                    # 记录数据中的年
              for row in reader:
                  column.append(row['Date'])
                  dtime = time.strptime(row['Date'], "%m/%d/%Y")
                  date.append((dtime.tm_year, dtime.tm_mon))
                  year[dtime.tm_year] = year.get(dtime.tm_year, 0) + 1
          date
Out[151]:
[(1979, 1),
 (1979, 1),
 (1979, 1),
 ...
 (1981, 9),
 ...]
```

由于分析的对象是月均降水量，而给出的数据是每日降水量，因此接下来应该计算月均降水量。通过切片，我们可以得到日降水量。先准备一个36×12的二维数组来保存每年的月均降水量，代码如下：

```
In [152]: precipitation = data[:, -4]        #日降雨量
          rainfall = numpy.empty((36, 12))    #月平均降雨量数组
```

由于数组 precipitation 中保存的是日降水量,因此需要对它进行切片以获取各月的数据。切片的起始索引为 0,切片的窗口大小可以从 date 中获得,以下是实现代码:

```
In [153]: #将每月的天数提取出来
          h = collections.Counter(date)
          days = list(h.values())
          days
Out[153]:
[31,
29,
31,
...
31]
```

列表 days 保存的是每月的天数,即每次从数组 precipitation 中切片的大小。接下来的代码就是对 precipitation 切片,计算月降水量:

```
In [154]: #计算每月平均
          start = 0
          stop = 0
          it = numpy.nditer(rainfall, op_flags = ['readwrite'])

          with it:
              i = 0
              start = 0
              stop = 0
              for x in it:
                  if (i < len(days)):
                      stop += days [i]
                      avr = numpy.sum(precipitation[start:stop])
                      x[...] = avr
                      start = stop
                      i += 1
                  else:
                      x[...] = 0
          rainfall
Out[154]:
array([[150.17784416, 130.95026042, 137.98459688, 144.68773557,
        111.14006272, 127.03923259, 102.59326426, 159.81059239,
        121.45687185, 127.77752852, 146.38392897, 141.26892209],
       ......
       [128.60382328, 122.28472812, 106.15690208, 112.05395542,
         89.29675646,  93.77432032,   0.        ,   0.        ,
          0.        ,   0.        ,   0.        ,   0.        ]])
```

这里需要注意的是对数组进行迭代时,数组默认为只读模式。如果需要修改其中的内

容,则必须使用关键字参数 op_flags＝['readwrite']创建迭代器。至此,月降水量已经计算完毕。

接下来,我们绘制每年 1 月份降水量的折线图,代码如下:

```
In [155]: years = list(year.keys()) ♯将年份提取出来
          plt.rcParams['font.sans – serif'] = ['SimHei']
          fig, ax = plt.subplots(1, 1, figsize = (12, 9))
          ax.plot(years, rainfall[:,0])
          ax.set_xlabel('年')
          ax.set_ylabel('1 月份降水量')
          plt.show()
```

绘图结果如图 9-4 所示。

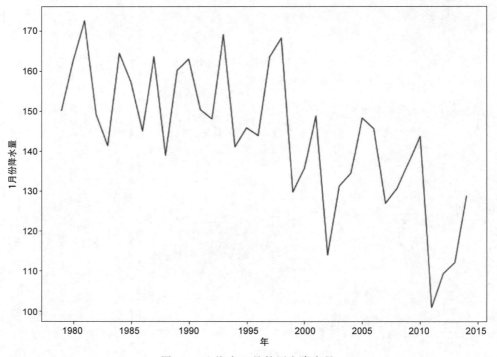

图 9-4　上海市 1 月份历史降水量

每年的月平均及年平均降水量可以通过以下代码计算:

```
In [156]: mean_rainfall_in_month = rainfall.mean(axis = 0)
          mean_rainfall_per_year = rainfall.mean(axis = 1)
```

现在我们可以绘制年平均降水量的变化情况,代码如下:

```
In [157]: mean_rainfall_in_month = rainfall.mean(axis = 0)
          mean_rainfall_per_year = rainfall.mean(axis = 1)
```

```
fig, ax = plt.subplots(1, 1, figsize = (12, 9))
ax.plot(years[0:-2:], mean_rainfall_per_year[0:-2:])
ax.set_xlabel('年')
ax.set_ylabel('年均降水量')
plt.show()
```

绘图结果如图 9-5 所示。

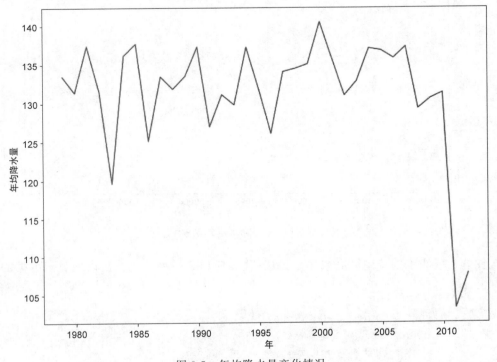

图 9-5　年均降水量变化情况

误差线是数据可变性的图形表示,用于在图形上指示测量中的误差或不确定性。误差线能够说明测量的精确度,或者测量值与真实值的距离。绘制误差线时可以使用标准差(Standard Deviation)或标准误差(Standard Error)。以下代码使用标准差绘制误差线:

```
In [158]: std_rainfall_per_year = rainfall.std(axis = 1)
          fig, ax = plt.subplots(1, 1, figsize = (12, 9))
          ax.errorbar(years, mean_rainfall_per_year, yerr = std_rainfall_per_year)
          ax.set_xlabel('年')
          ax.set_ylabel('年均降水量')
          plt.show()
```

代码执行结果如图 9-6 所示。

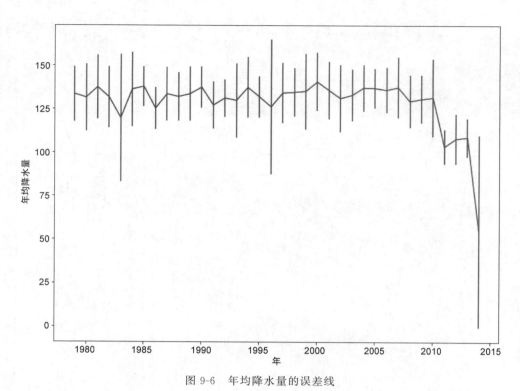

图 9-6　年均降水量的误差线

图 9-6 可能不是特别漂亮或清楚，以下代码使用了一种替代方法以便显示数据的置信区间：

```
In [159]: fig, ax = plt.subplots(1, 1, figsize = (12, 9))
          ax.plot(years, mean_rainfall_per_year)
          ax.fill_between(years, mean_rainfall_per_year -
                          std_rainfall_per_year,
                          mean_rainfall_per_year +
                          std_rainfall_per_year, alpha = 0.25, color = None)
          ax.set_xlabel('年')
          ax.set_ylabel('年均降水量')
          plt.show()
```

得到的结果如图 9-7 所示。

箱线图（Box Plot）也称为箱须图（Box-whisker Plot），是利用数据中的 5 个统计量：最小值、第 1 四分位数、中位数、第 3 四分位数与最大值来描述数据的一种方法，从中也可以粗略地看出数据是否具有对称性、分布的分散程度等信息，包括：上下限、各分位数、异常值。图 9-8 说明了箱线图上各部位的含义。

箱线图的三要素是：

（1）箱子的中间一条线是数据的中位数，代表了样本数据的中位水平。

（2）箱子的上下限，分别是数据的上四分位数和下四分位数，意味着箱子包含 50% 的数据，因此，箱子的高度在一定程度上反映了数据的波动程度。

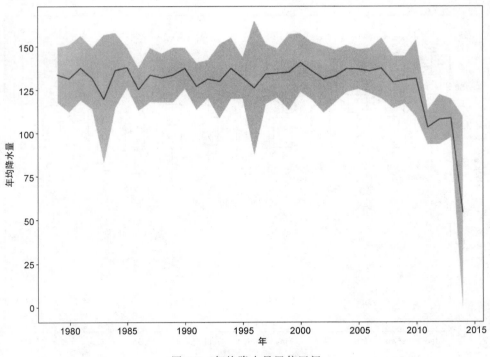

图 9-7　年均降水量置信区间

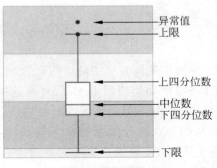

图 9-8　箱线图说明

（3）在箱子的上方和下方，各有一条线，分别代表上界和下界。对于超出去的点，应理解为异常值。

以下代码为月降水量绘制箱线图：

```
In [160]: fig, ax = plt.subplots(1, 1, figsize = (12, 9))
          months = ['Jan', 'Feb', 'Mar', 'Apr', 'May', 'Jun',
                    'Jul', 'Aug', 'Sep', 'Oct', 'Nov', 'Dec']
          ax.boxplot(rainfall, labels = months)
          ax.set_xlabel('月')
          ax.set_ylabel('月降水量')
```

绘图结果如图 9-9 所示。

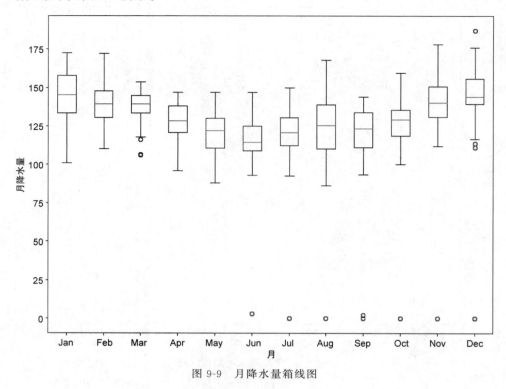

图 9-9　月降水量箱线图

9.7　本章小结

本章主要介绍了 Python 在数据统计领域中的应用。首先对可以用来描述和总结数据集的统计量进行简要说明，并介绍了如何使用 Python 计算这些统计量。Python 在 3.4 版之后引入了统计模块，很多第三方库也有针对数据统计的内容，本章介绍了 NumPy 库中与统计相关的函数。CSV 是常用的保存统计数据的文件格式，本章介绍了如何访问 CSV 文件并将其中的统计数据转换成 NumPy 数组。统计图有助于直观地分析统计数据，本章最后通过实例演示了如何使用 Matplotlib 绘制统计图。

9.8　练习

安斯库姆四重奏（Anscombe's Quartet）由统计学家弗朗西斯·安斯库姆（Francis Anscombe）于 1973 年构造，他通过构造这些数据用来说明图表对于数据分析的重要性，以及离群值对统计的影响。安斯库姆四重奏由四组数据组成，这四组数据都包含了 11 个数据点 (x, y)，虽然它们的基本统计特性一致，但由它们绘制出的图形却有很大的差别。

文件 anscombe_quartet.csv 保存了安斯库姆四重奏。

练习 1：

编写代码读取文件 anscombe_quartet.csv 中的数据。

练习 2：

使用 NumPy 库中的统计函数，计算每个数据集的平均值和标准差，精确到小数点后两位。

练习 3：

计算每个数据集的线性回归，并显示斜率和相关系数，精确到小数点后两位。

练习 4：

绘制每个数据集并添加最佳拟合线。考虑一下这个练习中的操作应该按什么顺序进行。

第 10 章

概 率 统 计

概率论研究如何定量描述随机变量及其规律,而数理统计则是以数据为唯一研究对象,包括数据的收集、整理、分析和建模,从而对随机现象的某些规律进行预测或决策。本章简要介绍随机变量的概念,展示典型随机变量的 Python 实现,以及 Python 在数理统计中的应用。

10.1 概率论

现实生活中所有发生的事件可以被分为两类:必然事件和偶然事件。

在一定的条件下重复进行试验时,在每次试验中必然会发生的事件被称为必然事件。物理学中各种定律描述的基本上是必然事件,例如:物体会因为重力下落的高度和速度,抛出去的物体在某一时刻的位置,飞船在太空中的航线,太阳系中行星的运行轨迹等。对这类事件,如果我们完全认识了它们的内在规律,则在发生之前就可以完全准确地预测出结果,但是还有一类事件是不确定的,事先无法准确地预测其结果。例如:抛硬币、掷骰子、明天是否会下雨、体育彩票是否会中奖等。这类事件的结果仅能在它们发生之后获得。一枚均匀的硬币,我们无法事先知道每次抛出后,落地时哪一面会朝上。掷出去的骰子,我们无法事先指定最终朝上的点数。这些现象单次发生时,毫无规律可循。偶然的和必然的概率性研究就成了数学领域研究的重点。

虽然我们无法确知偶然事件的结果,但当我们在相同的条件下大量重复它,然后统计试验结果,就有可能发现某种规律。还是拿抛硬币来举例,虽然每次抛硬币都不知道会得到正面还是反面,但如果有耐心将一枚均匀的硬币抛 20 000 次,然后统计一下正反面分别出现了多少次,就可以发现它们差不多各占 50%。南非数学家约翰·埃德蒙·克里奇(John Edmund Kerrich)在被纳粹关押期间,就曾经做过这样的试验。随机事件在相同的条件下,在大量重复试验中呈现的规律性就叫作统计规律性。概率统计就是研究随机事件统计规律的一门学科。

10.1.1 随机试验

对随机现象的观察、记录、实验统称为随机试验。它具有以下特性:

(1) 可以在相同条件下重复进行。

(2) 事先知道所有可能出现的结果。

（3）进行试验前不知道哪个试验结果会发生。

随机试验有很多种，例如常出现的掷骰子、摸球、射击、抛硬币等。所有随机试验的结果可以分为两类来表示：

（1）数量化表示：射击命中的次数，商场每个小时的客流量，每天经过某个收费站的车辆等，这些结果本身就是数字。

（2）非数量化表示：抛硬币的结果（正面/反面），化验的结果（阳性/阴性）等，这些结果是定性的，非数量化的，但是可以用示意性函数来表示，例如可以规定正面（阳性）为 1，反面（阴性）为 0，这样就实现了非数量化结果的数量化表示。

10.1.2　样本空间

随机试验的所有可能结果构成的集合，一般记为 S。S 中的元素 e 称为样本点（也可以叫作基本事件）。事件是样本空间的子集，同样是一个集合。

事件的相互关系有包含 $A \subseteq B$、相等 $A = B$、积（交）$A \bigcap B (AB)$、互斥（互不相容事件，不能同时出现）、和（并）$A \bigcup B$、差 $A - B$（A 发生，B 不发生）。

Python 的集合（Set）是一个无序的不重复的元素序列。以下代码演示两个集合之间的运算：

```
In [1]: a = set('abcd')
        b = set(['d', 'e', 'f', 'g'])
        print(a, b)
{'c', 'a', 'd', 'b'} {'g', 'f', 'd', 'e'}
```

两个集合 a 与 b，可以做数学意义上的交集、并集等操作，代码如下：

```
In [2]: print("a ∩ b = ", a & b)
        print("a ∩ b = ", b.intersection(a))
        print("a ∪ b = ", a | b)
        print("a ∪ b = ", b.union(a))
a ∩ b = {'d'}
a ∩ b = {'d'}
a ∪ b = {'c', 'f', 'g', 'a', 'b', 'd', 'e'}
a ∪ b = {'c', 'f', 'g', 'a', 'b', 'd', 'e'}
```

差集计算如下：

```
In [3]: print("a - b = ", a - b)
        print("a - b = ", a.difference(b))
        print("b - a = ", b - a)
        print("b - a = ", b.difference(a))
a - b = {'b', 'c', 'a'}
a - b = {'b', 'c', 'a'}
b - a = {'e', 'g', 'f'}
b - a = {'e', 'g', 'f'}
```

我们还可以找出不同时存在于集合 a 和 b 的元素，等同于 $a \bigcup b - a \bigcap b$。

```
In [4]: a^b
Out[4]: {'a', 'b', 'c', 'e', 'f', 'g'}

In [5]: (a|b) - (a&b)
Out[5]: {'a', 'b', 'c', 'e', 'f', 'g'}
```

此处需要注意运算的优先级顺序,差集优先于交集和并集。

NumPy 库中也有一些与集合相关的函数,如表 10-1 所示。

表 10-1　NumPy 库中的集合函数

函　　　数	描　　　述
numpy. unique()	返回数组的唯一元素,由输入数组生成一个集合
numpy. in1d()	测试一维数组的每个元素是否也存在于第二个数组中,测试集合的包含
numpy. intersect1d()	求两数组相同的元素
numpy. isin()	测试集合中是否包含某元素
numpy. setdiff1d()	输出两数组中相异的元素
numpy. union1d()	并集
numpy. setxor1d()	等同于 Python set 中的^运算符

相关代码实例如下:

```
In [6]: import numpy

        a = numpy.array(list('abcd'))
        b = numpy.array(list('defg'))
        print('a = ', a)
        print('b = ', b)
        #比较 a 和 b
        print('a ∩ b = :', numpy.intersect1d(a, b))
        print('a - b = :', numpy.setdiff1d(a, b))
        print('a | b = :', numpy.union1d(a, b))
        print('a ^ b = :', numpy.setxor1d(a, b))
a = ['a' 'b' 'c' 'd']
b = ['d' 'e' 'f' 'g']
a ∩ b = : ['d']
a - b = : ['a' 'b' 'c']
a | b = : ['a' 'b' 'c' 'd' 'e' 'f' 'g']
a ^ b = : ['a' 'b' 'c' 'e' 'f' 'g']
```

10.1.3　概率

概率基于大量重复试验的基础上给出了随机事件发生可能性的估计,通常是 $0 \sim 1$ 的一个实数。在多次试验中,事件发生的频率总在一个定值附近摆动,而且试验次数越多摆动越小,这个性质叫作频率的稳定性。当试验次数增加时,随机事件 A 发生频率的稳定值 p 就称为随机事件 A 发生的概率,记为 $P(A)=p$。概率是随机事件的函数,对于不同的事件,取不同的值。

在事件 B 发生的基础上,事件 A 发生的概率被称为条件概率,通常记为 $P(A|B)$。相当于 A 在 B 中所占的比例。此时,样本空间从原来的完整样本空间 S 缩小到了 B。用公式表示,则可以写成 $P(A|B)=P(AB)P(B)$。

设 $B_1,B_2,\cdots$ 为有限或无限个事件,它们两两互斥且在每次试验中至少发生一个,即

(1) 不重,$B_i \bigcap B_j = \varnothing (i \neq j)$。

(2) 不漏,$B_1 \bigcup B_2 \bigcup \cdots = \Omega$。

这时,事件组 $B_1,B_2,\cdots$ 是样本空间 S 的一个划分,把具有这种性质的事件组称为一个"完备事件组"。如 A 为样本空间 S 中的任一事件,则 A 发生的概率可由以下全概率公式(Formula of Total Probability)求得

$$P(A) = \sum_{i=1}^{n} P(B_i)P(A|B_i) \tag{10-1}$$

设随机试验的样本空间是 S。若对于 S 中的每个样本点 e,都有唯一的实数值 $X(e)$ 与之对应,则称 $X(e)$ 为随机变量,简记为 X。随机变量既然是一个变量,它就与常数相对,随机变量取值是不明确的,其整个取值范围就是 10.1.2 节所讲的样本空间,其次这个变量在样本空间范围内是随机的,也就是说它的取值带有不确定性。

随机变量通常用大写字母 X、Y、Z 或希腊字母 ξ、η 等表示,随机变量的取值一般用小写字母 x、y、z 等表示。通过引入随机变量,我们简化了随机试验结果(事件)的表示,从而可以更加方便地对随机试验进行研究。

例如:用 X 表示单位时间内某电话交换台收到的呼叫次数,它是一个随机变量。对事件 A"收到不少于 1 次呼叫",其发生的概率记为 $P(A)=P(X \geqslant 1)$。事件 B"没有收到呼叫",其发生的概率记为 $P(B)=P(X=0)$。

随机变量实际上只是事件的另一种表达方式,这种表达方式更加形式化和符号化,也更加便于理解及进行逻辑运算。不同的事件,其实就是随机变量不同取值的组合。在《概率论与数理统计》(陈希孺,中国科学技术大学出版社,2009 年 2 月第 1 版)中,举了一个很好的例子来说明两者之间的差别:

"对于随机试验,我们所关心的往往是与所研究的特定问题有关的某个或某些量,而这些量就是随机变量。当然,有时我们所关心的是某个或某些特定的随机事件。例如,在特定一群人中,年收入在万元以上的高收入者,以及年收入在 3000 元以下的低收入者,各自的比率如何? 这看上去像是两个孤立的事件。可是,若我们引入一个随机变量 X:

$$X = 随机抽出一个人的年收入$$

则 X 是我们关心的随机变量。上述两个事件可分别表示为 $\{X > 10\ 000\}$ 或 $\{X < 3000\}$。这就看出:随机事件这个概念实际上包容在随机变量这个更广的概念之内。也可以说,随机事件是从静态的观点来研究随机现象,而随机变量则是一种动态的观点,一如数学分析中的常量与变量的区分那样,变量概念是高等数学有别于初等数学的基础概念。同样,概率论能从计算一些孤立事件的概率发展为一个更高的理论体系,其基本概念就是随机变量。"

随机变量从其可能取值的性质可以分为两大类:离散型随机变量和连续型随机变量。

离散型随机变量的取值在整个实数轴上是间隔的,如图 10-1 所示,可取值的个数有限或者无限可数。

常见的离散型随机变量包括以下几种：

（1）0-1分布（也叫两点分布或伯努利分布）。

（2）二项分布。

（3）几何分布。

（4）泊松分布。

（5）超几何分布。

连续型随机变量的取值要么包括整个实数集$(-\infty, +\infty)$，要么在一个区间内连续，总之这类随机变量的可能取值要比离散型随机变量的取值多得多，它们的个数是无限不可数的，如图10-2所示。

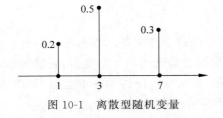

图 10-1　离散型随机变量

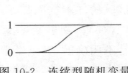

图 10-2　连续型随机变量

常见的连续型随机变量包括以下几种：

（1）均匀分布。

（2）指数分布。

（3）正态分布。

随机变量最主要的性质是其所有可能取值的规律，即取值的概率大小。如果我们把一个随机变量的取值规律研究透彻了，则这个随机变量也就被研究透彻了。随机变量的性质主要有两类：一类是大而全的性质，这类性质可以详细描述所有可能取值的概率，例如累积分布函数和概率密度函数。另一类是该随机变量的一些特征或代表值，例如随机变量的方差或期望等数字特征。常见的随机变量的性质如表10-2所示。

表 10-2　常见的随机变量的性质

缩　　写	全　　称	中 文 名	解　　释
CDF	Cumulative Distribution Function	累计分布函数	连续型和离散型随机变量都有，一般用 $F(x)$ 表示
PDF	Probability Density Function	概率密度分布函数	连续型随机变量在各点的取值规律，用 $f(x)$ 表示
PMF	Probability Mass Function	概率质量分布函数	离散随机变量在各特定取值上的概率
RVS	Random Variate Sample	随机变量的样本	从一个给定分布取样
PPF	Percentile Point Function	百分位数点函数	CDF 的反函数
IQR	Inter Quartile Range	四分位数间距	25%分位数与75%分位数之差

缩 写	全 称	中 文 名	解 释
SE	Standard Error	标准差	用于描述随机变量取值的集中程度
SEM	Standard Error of the Mean	样本均值的估计标准误差,简称平均值标准误差	
CI	Confidence Interval	置信区间	

在数学中,连续随机变量的概率密度函数(Probability Density Function,PDF,在不至于混淆时可以简称为密度函数)是一个描述这个随机变量处在某个确定取值点附近的可能性的函数。概率密度函数在这个区域上的积分即为随机变量的取值落在某个区域内的概率。

概率质量函数(Probability Mass Function,PMF)是离散随机变量在各特定取值上的概率。概率质量函数和概率密度函数的不同之处在于:概率质量函数是对离散随机变量定义的,本身代表该值的概率。概率密度函数是对连续随机变量定义的,本身不是概率,只有对连续随机变量的概率密度函数在某区间内进行积分后才是概率。

累积分布函数的定义为 $F(x) = P(x \leqslant x_0) = \sum P(x \in (-\infty, x_0])$,因此累积分布函数是给定 x 求概率。百分位数点函数是累积分布函数的反函数,是已知概率求符合该条件的 x。

概率密度函数具有以下的性质:

$$f(x) \geqslant 0$$
$$\int_{-\infty}^{\infty} f(x) \mathrm{d}x = 1 \tag{10-2}$$

接下来我们将使用 Python 实现一些常用的随机变量。SciPy 是一个开源的 Python 算法库和数学工具包,其中的 SciPy. stats 模块包含大量的概率分布及一个不断增长的统计函数库。结合 NumPy 和 Matplotlib,基本上可以处理大部分计算和作图任务。

在 SciPy 库的 stats 模块中,rv_discrete 是针对离散随机分布的基类,而 rv_continuous 则是所有连续随机分布的基类。无论是哪一种具体的随机分布,都会支持如表 10-3 所示的方法。

表 10-3 SciPy 随机分布基类对象的方法

名 称	描 述
rvs	生成满足某一随机分布的随机量
pmf	离散随机分布的概率质量函数
pdf	连续随机分布的概率密度函数
cdf	累计分配函数
ppf	百分比点函数
stats	该分布的统计值: mean('m'), variance('v'), skew('s'), kurtosis('k')

有两种创建随机变量对象的方式:

(1) 通用模式,这种模式下,随机变量的相关统计参数未固定,该对象代表某一种类型的所有随机变量。

（2）冻结模式，这种模式下，该随机变量的所有统计参数已经确定。该对象仅代表一个确定的随机变量。

接下来，我们用代码说明如何使用 Python 来研究常见的随机变量。首先导入必要的模块，代码如下：

```
In [7]: import numpy
        from scipy import stats
        import matplotlib.pyplot as plt
```

10.1.4　离散型随机变量

1. 伯努利分布

伯努利分布（Bernoulli Distribution），又名两点分布或者 0-1 分布，是一个离散型概率分布，为纪念瑞士科学家雅各布·伯努利而命名。若伯努利试验成功，则伯努利随机变量取值为 1。若伯努利试验失败，则伯努利随机变量取值为 0。记其成功概率为 $p(0<p<1)$，失败概率为 $q=1-p$。

则其概率质量函数（PMF）为

$$P_X(x)=\begin{cases} \binom{n}{p} p^k (1-p)^{n-k}, & 其中 k=0,1,2,\cdots,n \\ 0, & 其他 \end{cases} \quad 0<p<1 \quad (10\text{-}3)$$

伯努利分布只有一个参数 p，记作 $X\sim\text{Bernoulli}(p)$ 或 $X\sim B(1,p)$，读作 X 服从参数为 p 的伯努利分布。

伯努利分布应该是所有分布里面最简单的分布，也是二项分布的基本单元。伯努利分布适合于试验结果只有两种可能的单次试验，例如抛硬币和产品质检。这类事件的样本空间中只有两个点，一般取为 $\{0,1\}$。不同的伯努利分布只是取到这两个值的概率不同。例如，可以将抛一次硬币看作一次伯努利实验，将正面朝上记作 1，反面朝上记作 0，那么伯努利分布中的参数 p 就表示硬币正面朝上的概率。

以下代码使用了 SciPy 库中的函数 scipy.stats.bernoulli()创建了一个固定形状和位置的伯努利分布。该对象将固定给定的参数，因此被称为一个"冻结的"对象。该随机变量服从参数为 p 的伯努利分布，代码如下：

```
In [8]: def bernoulli_pmf(p = 0.0):
            """
            伯努利分布,只有一个参数

            参数
            ____
            p: float
                概率值,默认 0
            """
            ber_dist = stats.bernoulli(p)
            x = [0, 1]
            x_name = ['0', '1']
```

```
            pmf = ber_dist.pmf(x)
            plt.plot(x, pmf, 'bo', ms = 8, label = 'Bernoulli PMF')
            plt.vlines(x, 0, pmf, colors = 'k', linestyles = '-',
                       lw = 3, label = 'Frozen PMF')
            plt.xticks(x, x_name)
            plt.ylabel('Probability')
            plt.title('PMF of Bernoulli distribution')
            plt.legend(loc = 'best', frameon = False)
            plt.show()

       bernoulli_pmf(p = 0.3)
```

以上代码的执行结果如图 10-3 所示。

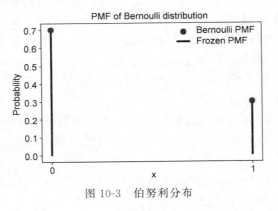

图 10-3 伯努利分布

以下代码在创建一个伯努利对象时并未指明形状参数 p，不同于"冻结的"伯努利随机变量，该参数仅在使用相关方法时才指定。以下代码运行的效果是一样的：

```
In [9]: fig, ax = plt.subplots(1, 1)
        p = 0.3

        x = numpy.arange(stats.bernoulli.ppf(0.01, p), 2)
        ax.plot(x, stats.bernoulli.pmf(x, p), 'bo', ms = 8, label = 'bernoulli pmf')
        ax.vlines(x, 0, stats.bernoulli.pmf(x, p), colors = 'b', lw = 5, alpha = 0.5)
        rv = stats.bernoulli(p)
        ax.vlines(x, 0, rv.pmf(x), colors = 'k', linestyles = '-', lw = 1,
                  label = 'frozen pmf')
        ax.legend(loc = 'best', frameon = False)
        plt.show()
```

2. 二项分布

如果把一个伯努利分布独立地重复 n 次，就可以得到一个二项分布。二项分布是最重要的离散型概率分布之一。随机变量 X 要满足这个分布有两个重要条件：

（1）各次试验的条件是稳定的。

（2）各次试验之间是相互独立的。

二项分布有两个参数：试验次数 n 和每次试验成功的概率 p。其概率质量函数为

$$P_X(x) = f(x) = \begin{cases} \dbinom{n}{k} p^k (1-p)^{n-k}, & \text{其中 } k = 0,1,2,\cdots,n \\ 0, & \text{其他} \end{cases} \quad 0 < p < 1 \quad (10\text{-}4)$$

一个随机变量 X 服从参数为 n 和 p 的二项分布,记作 $X \sim \text{Binomial}(n,p)$ 或 $X \sim B(n,p)$。

还是使用抛硬币的例子来比较伯努利分布和二项分布:如果将抛一次硬币看作一次伯努利实验,且将正面朝上记作 1,反面朝上记作 0,则抛 n 次硬币,记录正面朝上的次数 Y,Y 就服从二项分布。假如硬币是均匀的,Y 的取值应该大部分集中在 $n/2$ 附近,而非常大或非常小的值都很少。由此可见,二项分布关注的是计数,而伯努利分布关注的是比值(正面朝上的计数:n)。

现实生活中有许多现象程度不同地符合这些条件,例如经常用来举例子的抛硬币、掷骰子等。如果每次试验条件都相同,则硬币正面朝上的次数及骰子某一个面朝上的次数都是典型的符合二项分布的随机变量。均匀硬币抛 1000 次,则正面朝上的次数 $X \sim \text{Binomial}(1000, 0.5)$。将有 6 个面的骰子,掷 100 次,则 6 点出现的次数 $X \sim \text{Binomial}(100, 1/6)$。

假设一枚不均匀的硬币抛 20 次,其中正面朝上的概率为 0.6。下面的代码用来模拟每次试验抛 20 次,做 5 次这样的试验。

上面定义了一个 $n = 20, p = 0.6$ 的二项分布,意思是说每次试验抛硬币(该硬币正面朝上的概率大于背面朝上的概率)20 次并记录正面朝上的次数。代码中方法 rvs 的关键字参数 size 默认为 5,表示从符合二项分布的 n 个数据中随机取 5 次,以模拟 5 次抛硬币的试验。由于每次试验抛硬币 20 次,因此试验结果从 0 到 20 都有可能,只是出现的概率不同而已。从模拟结果可以看出,5 次试验分别得到 9、10、12、12、16 次正面朝上的结果,代码如下:

```
In [10]: def binom_dis(n = 1, p = 0.1, times = 5):
             """
             二项分布,模拟试验中成功的次数

             入参
             ____
             n: int
                 试验总次数
             p: float
                 单次试验成功的概率

             返回值
             ____
             success: numpy.int array
                 试验成功的次数
             """
             binom_dis = stats.binom(n, p)
             simulation_rst = binom_dis.rvs(size = times)  # 取 5 个符合该分布的随机变量
             return simulation_rst

         binom_dis(n = 20, p = 0.6)
Out[10]: array([13, 14, 13, 13, 12])
```

下面的代码用于绘制一个二项分布的概率质量函数图：

```
In [11]: def binom_pmf(n = 1, p = 0.1):
         """
         绘制二项分布概率质量分布图

         入参
         _____
         n: int
             试验次数
         p: float
             单次试验成功的概率

         返回值
         _____
             无
         """

         x = numpy.arange(stats.binom.ppf(0.0001, n, p),
                          stats.binom.ppf(0.9999, n, p))
         print(x)
         fig, ax = plt.subplots(1, 1)
         y = stats.binom.pmf(x, n, p)
         ax.plot(x, y, 'bo', label = 'Binom PMF')
         ax.vlines(x, 0, y, colors = 'b', lw = 5, alpha = 0.5)

         # "frozen" 二项随机变量
         binom_dis = stats.binom(n, p)
         ax.vlines(x, 0, binom_dis.pmf(x),
                   colors = 'k', label = 'Frozen PMF', lw = 1)

         ax.legend(loc = 'best', frameon = False)
         plt.ylabel('Probability')
         plt.title('PMF of Binomial distribution(n = {}, p = {})'.format(n, p))
         plt.show()

     binom_pmf(n = 20, p = 0.6)
[ 4. 5. 6. 7. 8. 9. 10. 11. 12. 13. 14. 15. 16. 17. 18.]
```

以上代码的执行结果如图 10-4 所示。从结果中可以明显看到该分布的概率质量分布函数图明显向右边偏移，在 $x = 12$ 处取到最大概率，这是因为这个硬币正面朝上的概率大于反面朝上的概率。

为了比较准确地得到某个服从二项分布的随机变量的期望，需要大量重复二项分布试验，例如有 m 个人进行试验（每人抛 n 次），然后利用"所有人得到的正面次数之和 $\div m$"来估计 np。总共相当于做了 nm 次伯努利试验。

3. 泊松分布

在日常生活中，大量事件的发生是有固定频率的。例如某医院平均每小时出生 3 个婴儿，某网站平均每分钟有 2 次访问等。它们的特点是，我们可以预估这些事件在某个时间段

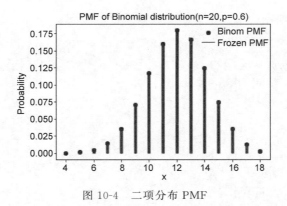

图 10-4　二项分布 PMF

内发生的总次数，但是无法知道具体的发生时间。已知平均每小时出生 3 个婴儿，请问下一个小时会出生几个？

下一小时有可能出生 6 个，也有可能一个也不出生，这是我们无法知道的。

如果某事件以固定强度 λ，随机且独立地出现，则该事件在单位时间内出现的次数（个数）可以看成服从泊松分布。

泊松分布有一个参数 λ（有时也会用 μ 表示）表示单位时间（或单位面积）内随机事件的平均发生次数，其 PMF 表示为

$$P_X(x) = f(x) = \begin{cases} \dfrac{\lambda^k}{k!} e^{-\lambda}, & \text{其中 } k \in \mathbf{R}_x \\ x, & \text{其他} \end{cases} \tag{10-5}$$

以上表示单位时间上的泊松分布，即 $t=1$，如果表示时间 t 上的泊松分布，则公式（10-5）中出现 λ 的地方都需要写成 λt。

一个随机变量 X 服从参数为 λ 的泊松分布，记作 $X \sim \text{Poisson}(\lambda)$ 或 $X \sim P(\lambda)$。

泊松分布适合于描述单位时间内随机事件发生的次数的概率分布。如某一服务设施在一定时间内受到的服务请求的次数、电话交换机接到呼叫的次数、汽车站台的候客人数、机器出现的故障数、自然灾害发生的次数、DNA 序列的变异数、放射性原子核的衰变数、激光的光子数分布等。

下面的代码用于绘制参数 $\mu=8$ 时的泊松分布的概率质量分布图，如图 10-5 所示（在 SciPy 中将泊松分布的参数表示为 μ）：

```
In [12]: def poisson_pmf(mu = 3):
             """
             绘制泊松分布的概率质量分布图

             入参
             ___
             mu: int
                 单位时间(或单位面积)内随机事件的平均发生次数

             返回值
             _____
                 无
```

```
            """
            x = numpy.arange(stats.poisson.ppf(0.001, mu),
                             stats.poisson.ppf(0.999, mu))
            print(x)
            y = stats.poisson.pmf(x, mu)
            fig, ax = plt.subplots(1, 1)
            ax.plot(x, y, 'bo', ms = 8, label = 'Poisson PMF')
            ax.vlines(x, 0, y, colors = 'b', lw = 5, alpha = 0.3)

            poisson_dis = stats.poisson(mu)
            ax.vlines(x, 0, poisson_dis.pmf(x), colors = 'k',
                      label = 'Frozen PMF', lw = 1)

            ax.legend(loc = 'best', frameon = False)
            plt.ylabel('Probability')
            plt.title('PMF of Poisson distribution(mu = {})'.format(mu))
            plt.show()

        poisson_pmf(mu = 8)
[ 1. 2. 3. 4. 5. 6. 7. 8. 9. 10. 11. 12. 13. 14. 15. 16. 17.]
```

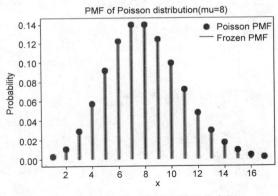

图 10-5　泊松分布的概率质量分布图

4. 泊松分布与二项分布的关系

如果仅看二项分布与泊松分布的概率质量分布图,则可以发现它们的相似度非常高。事实上这两个分布的内在联系十分紧密。泊松分布可以作为二项分布的极限得到。一般来讲,若 $X \sim B(n, p)$,其中 n 很大,p 很小,而 $np = \lambda$ 又不太大,则 X 的分布接近于泊松分布 $P(\lambda)$。

从以下代码的结果可以看到两者的关系:

```
In [13]: mu = 4          # 泊松分布的参数
         n1 = 8           # 第一次二项分布的试验次数
         n2 = 50          # 第二次二项分布的试验次数
```

```
                ♯为了具有可比性,利用 mu = n * p, 计算 p
                p1 = mu/n1                          ♯二项分布中的参数,单次试验成功的概率
                p2 = mu/n2

                poisson_dist = stats.poisson(mu)      ♯初始化泊松分布
                binom_dist1 = stats.binom(n1, p1)     ♯初始化第一个二项分布
                binom_dist2 = stats.binom(n2, p2)     ♯初始化第二个二项分布

                ♯计算 PMF
                X = numpy.arange(poisson_dist.ppf(0.0001), poisson_dist.ppf(0.9999))
                y_po = poisson_dist.pmf(X)
                print(X)
                print(y_po)
                y_bi1 = binom_dist1.pmf(X)
                y_bi2 = binom_dist2.pmf(X)

                ♯作图
                ♯First group
                ♯当 n 比较小、p 比较大时,两者差别比较大
                plt.figure(1)
                plt.subplot(211)
                plt.plot(X, y_bi1, 'b-', label = 'binom1 (n = {}, p = {})'.format(n1, p1))
                plt.plot(X, y_po, 'r--', label = 'Poisson (mu = {})'.format(mu))
                plt.ylabel('Probability')
                plt.title('Comparing PMF of Poisson Dist. and Binomial Dist.')
                plt.legend(loc = 'best', frameon = False)

                ♯second group
                ♯当 n 比较大、p 比较小时,两者非常相似
                plt.subplot(212)
                plt.plot(X, y_bi2, 'b-', label = 'binom1 (n = {}, p = {})'.format(n2, p2))
                plt.plot(X, y_po, 'r-', label = 'Poisson (mu = {})'.format(mu))
                plt.ylabel('Probability')
                plt.legend(loc = 'best', frameon = False)
                plt.show()
[ 0. 1. 2. 3. 4. 5. 6. 7. 8. 9. 10. 11. 12.]
[0.01831564 0.07326256 0.14652511 0.19536681 0.19536681 0.15629345
 0.10419563 0.05954036 0.02977018 0.01323119 0.00529248 0.00192454
 0.00064151]
```

以上代码的执行结果如图 10-6 所示。

5. 自定义分布函数及经验分布函数

从本质上讲,只要满足"概率密度(质量)函数的性质"的函数都可以作为分布函数,离散型随机变量具有以下特性:

(1)所有可能取值被取到的概率不小于 0。

(2)所有以上概率的和等于 1。

根据上面的条件,我们完全可以自定义无数个不同于上述三类分布的离散型随机变量。下面代码通过创建一个 rv_discrete 的实例,定义了一个取值范围为 $\{0,1,2,3,4,5,6\}$ 的离

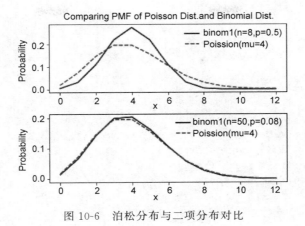

图 10-6　泊松分布与二项分布对比

散型分布，并做出了该分布的 PMF 图，如图 10-7 所示，代码如下：

```
In [14]: xk = numpy.arange(7)                    #所有可能的取值
         pk = (0.1, 0.2, 0.3, 0.1, 0.1, 0.0, 0.2)  #各个取值的概率
         custm = stats.rv_discrete(name = 'custm', values = (xk, pk))

         fig, ax = plt.subplots(1, 1)
         ax.plot(xk, custm.pmf(xk), 'ko', ms = 8)
         ax.vlines(xk, 0, custm.pmf(xk), colors = 'k', linestyles = '-', lw = 2)
         plt.title('Custom made discrete distribution(PMF)')
         plt.ylabel('Probability')
         plt.show()
```

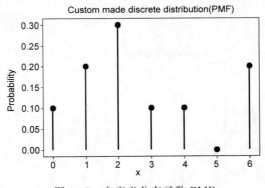

图 10-7　自定义分布函数 PMF

　　该分布的取值就是 $0 \sim 6$ 这 7 个数字，但是取到这几个数字的概率是不同的，其中取到 2 的概率最大（$p(2)=0.3$），而取到 5 的概率为 0（也就是说几乎不可能取到 5）。我们利用上面的概率分布，取 20 个数（即从该分布中进行抽样，每抽一次样就相当于做了一次试验），代码如下：

```
In [15]: X1 = custm.rvs(size = 20)        #第一次抽样
         print(X1)
         val1, cnt1 = numpy.unique(X1, return_counts = True)
```

```
        print(val1)
        print(cnt1)
        pmf_X1 = cnt1 / len(X1)          #经验概率质量分布
        print(pmf_X1)
        plt.figure()
        plt.plot(xk, custm.pmf(xk), 'ko', ms = 8, label = 'theor.pmf')
        plt.vlines(xk, 0, custm.pmf(xk), colors = 'r', lw = 5, alpha = 0.2)
        plt.vlines(val1, 0, pmf_X1, colors = 'b', linestyles = '-',
                   lw = 3, label = 'X1 empir.pmf')
        plt.legend(loc = 'best', frameon = False)
        plt.ylabel('Probability')
        plt.title('Theoretical dist. PMF vs.Empirical dist. PMF')
[1 4 6 6 3 3 3 2 4 2 1 1 6 6 2 1 1 6 2 6 3]
[1 2 3 4 6]
[5 4 3 2 6]
[0.25 0.2 0.15 0.1 0.3 ]
Out[15]: Text(0.5, 1.0, 'Theoretical dist. PMF vs.Empirical dist. PMF')
```

以上代码执行的结果如图 10-8 所示。观察结果可以发现(注意：每次运行结果可能不同)：

(1) $p(0)=0/20=0$。

(2) $p(1)=5/20=0.25$。

(3) $p(2)=4/20=0.2$。

(4) $p(3)=3/20=0.15$。

(5) $p(4)=2/20=0.1$。

(6) $p(5)=0/20=0$。

(7) $p(6)=6/20=0.3$。

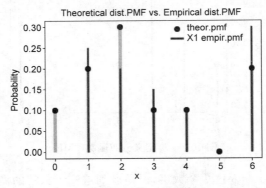

图 10-8　自定义分布和经验分布(一)

上面各个数取到的概率是通过具体的试验结果计算出来的,同时也符合"概率质量函数的性质",因此叫作经验分布。从计算结果来看,经验分布各个结果取到的概率和其抽样的分布函数(自定义的分布函数)给定的概率几乎相同,但由于抽样次数只有 20 次,因此与原分布中的概率还是有差异的。

下面将抽样次数提高到 2000 次,再做一次比较,结果如图 10-9 所示。我们此时可以发现经验分布就和理论分布比较接近了。

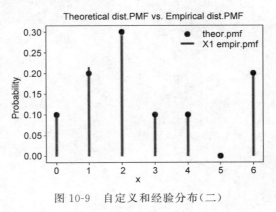

图 10-9 自定义和经验分布(二)

10.1.5 连续型随机变量

离散型随机变量的可能取值只有有限多个或无限可数。连续型随机变量的可能取值则是一段连续的区域或整个实数轴,连续型随机变量是不可数的。最常见的一维连续型随机变量有 3 种:均匀分布、指数分布和正态分布。

1. 均匀分布

均匀分布是最简单的连续型概率分布。因为其概率密度是一个常数,不随随机变量 X 取值的变化而变化。如果连续型随机变量 X 具有以下概率密度函数,则称 X 服从 $[a,b]$ 上的均匀分布(Uniform Distribution),记作 $X \sim U(a,b)$ 或 $X \sim \text{Unif}(a,b)$。

$$f_X(x) = \begin{cases} \dfrac{1}{b-a}, & a < x < b \\ 0, & x < a \text{ 或 } x > b \end{cases} \tag{10-6}$$

均匀分布具有等可能性,也就是说,服从 $U(a,b)$ 上的均匀分布的随机变量 X 落入 (a,b) 中的任意子区间上的概率只与其区间长度有关,而与区间所处的位置无关。

由于均匀分布的概率密度函数是一个常数,因此其累积分布函数是一条直线,即随着取值在定义域内的增加,累积分布函数值均匀增加。

$$F_X(x) = \begin{cases} 0, & x < a \\ \dfrac{x-a}{b-a}, & a \leqslant x \leqslant b \\ 1, & x > b \end{cases} \tag{10-7}$$

现实生活中有很多符合均匀分布的例子,例如:

(1) 设通过某站的汽车 10 分钟一辆,则乘客候车时间 X 在 $[0,10]$ 上服从均匀分布。

(2) 某电台每隔 20 分钟发一个信号,我们随手打开收音机,等待时间 X 在 $[0,20]$ 上服从均匀分布。

(3) 随机投一根针于坐标纸上,它和坐标轴的夹角 X 在 $[0,\pi]$ 上服从均匀分布。

从定义可以看出,定义一个均匀分布需要两个参数,定义域区间的起点 a 和终点 b,而在 Python 中是 location 和 scale,分别表示起点和区间长度。以下代码用于绘制均匀分布的 PDF:

```python
In [16]: def uniform_distribution(loc = 0, scale = 1):
             """
             绘制均匀分布的概率密度分布

             入参
             ___
             loc: float
                     该分布的起点
             scale: float
                     该分布的区间长度

             返回
             ____
                   无
             """

             fig, ax = plt.subplots(1, 1)

             x = numpy.linspace(stats.uniform.ppf(0.01, loc = 2, scale = 4),
                                stats.uniform.ppf(0.99, loc = 2, scale = 4),
                                100)

             # 根据入参绘制概率密度
             ax.plot(x, stats.uniform.pdf(x, loc = loc, scale = scale), 'r - ',
                     lw = 6, alpha = 0.6, label = 'Uniform PDF')

             # 冻结该分布函数
             uniform_dis = stats.uniform(loc = loc, scale = scale)
             ax.plot(x, uniform_dis.pdf(x), 'k - ',
                     lw = 1, label = 'Frozen PDF')

             # 计算 ppf 分别等于 0.001、0.5、0.999 时的 x 值
             vals = uniform_dis.ppf([0.001, 0.5, 0.999])
             print(vals) # [ 2.004 4. 5.996]

             # 验证 cdf 和 ppf
             print(numpy.allclose([0.001, 0.5, 0.999], uniform_dis.cdf(vals)))

             r = uniform_dis.rvs(size = 1000)
             ax.hist(r, density = True, histtype = 'stepfilled', alpha = 0.4)
             plt.ylabel('Probability')
             plt.title(r'PDF of Unif({}, {})'.format(loc, loc + scale))
             ax.legend(loc = 'best', frameon = False)
             plt.show()

         uniform_distribution(loc = 2, scale = 4)
[2.004 4. 5.996]
True
```

以上代码的执行结果如图 10-10 所示。

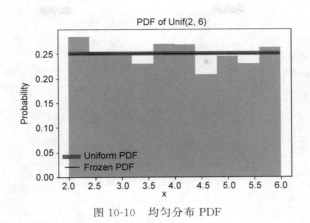

图 10-10　均匀分布 PDF

从图 10-10 可看出：虽然均匀分布的 PDF 是水平线段，但多次试验所得的结果不一定会在各区间内均匀分布。

2. 指数分布

其实指数分布和离散型的泊松分布之间有很大的关系。泊松分布表示单位时间（或单位面积）内随机事件的平均发生次数，指数分布则可以用来表示独立随机事件发生的时间间隔。由于发生次数只能是自然数，所以泊松分布自然就是离散型的随机变量，而时间间隔则可以是任意的实数，因此其定义域是$(0, +\infty)$。

如果一个随机变量 X 的概率密度函数满足以下形式，就称 X 服从参数 λ 的指数分布（Exponential Distribution），记作 $X \sim E(\lambda)$ 或 $X \sim \text{Exp}(\lambda)$。

$$f_X(x) = \begin{cases} \lambda e^{-\lambda x}, & x > 0 \\ 0, & \text{其他} \end{cases} \quad (\lambda > 0) \tag{10-8}$$

指数分布主要用来表示独立随机事件发生的时间间隔，例如旅客进机场的时间间隔、公交车出站的时间间隔等。在排队论中，一个顾客接受服务的时间长短也可以用指数分布来近似。指数分布的一个显著特点是其具有无记忆性。例如排队的顾客接受服务的时间服从指数分布，则无论你已经排了多久的队，再排 t 分钟的概率始终是相同的。用公式表示就是：

$$P(X \geqslant s+t \mid X \geqslant s) = P(X \geqslant t) \tag{10-9}$$

以下代码用于绘制指数分布的 PDF 和 CDF。

```
In [17]: def exponential_dis(loc = 0, scale = 1.0):
    """
    绘制指数分布的概率密度分布

    入参
    ----
    loc: float
    定义域的左端点，相当于将整体分布沿 x 轴平移 loc
    scale: float
```

```
        lambda 的倒数,loc + scale 表示该分布的均值,
        scale^2 表示该分布的方差

        返回值
        -----
        无
        """


        fig, ax = plt.subplots(1, 2, figsize = (12,4))

        #直接传入参数绘制 PDF
        x = numpy.linspace(stats.expon.ppf(0.000001, loc = loc, scale = scale),
        stats.expon.ppf(0.999999, loc = loc, scale = scale),
        100)
        ax[0].plot(x, stats.expon.pdf(x, loc = loc, scale = scale), 'r - ',
        lw = 5, alpha = 0.6, label = 'uniform pdf')

        #冻结的指数分布并取值
        exp_dis = stats.expon(loc = loc, scale = scale)
        ax[0].plot(x, exp_dis.pdf(x), 'k - ',
        lw = 1, label = 'Frozen PDF')

        ax[1].plot(x, exp_dis.cdf(x), 'k - ',
        lw = 1, label = 'Frozen PDF')
        #计算 ppf 分别等于 0.001、0.5、0.999 时的 x 值
        x1 = [0.001, 0.5, 0.999]
        vals = exp_dis.ppf(x1)
        print(vals)

        #验证 cdf 和 ppf
        print(numpy.allclose(x1, exp_dis.cdf(vals)))

        r = exp_dis.rvs(size = 10000)
        ax[0].hist(r, density = True, histtype = 'stepfilled', alpha = 0.2)
        plt.ylabel('Probability')
        ax[0].set_title(r'PDF of Exp({})'.format(1/scale))
        ax[0].legend(loc = 'best', frameon = False)
        ax[1].set_title(r'CDF of Exp({})'.format(1/scale))
        plt.show()

        exponential_dis(loc = 0, scale = 2)
[2.00100067e - 03 1.38629436e + 00 1.38155106e + 01]
True
```

以上代码的执行结果如图 10-11 所示。

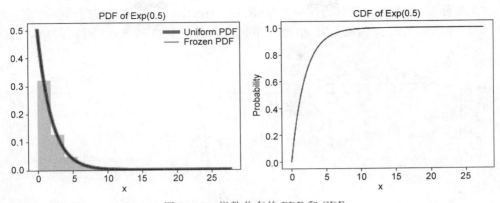

图 10-11　指数分布的 PDF 和 CDF

接下来我们通过代码比较不同的 λ 值下指数分布的差异,代码如下:

```
In [18]: # 不同参数下的指数分布
         exp_dis_param = Numpy.dtype([('scale','f4'),
                               ('line_sytle', numpy.str_, 2),
                               ('line_color', numpy.str_, 2)])
         exp_dis_params = numpy.array([
             (0.5, '-', 'k'),
             (1, "-.", 'r'),
             (2, ':', 'b')], dtype = exp_dis_param
         )

         fig, ax = plt.subplots(1, 2, figsize = (12,4))
         with numpy.nditer(exp_dis_params) as it:
             for i in it:
                 scale = i['scale']
                 exp_dis = stats.expon(scale = scale)
                 x = numpy.linspace(exp_dis.ppf(0.001),
                                     exp_dis.ppf(0.9999), 100)
                 l = str(i['line_sytle'])
                 color = str(i['line_color'])
                 ax[0].plot(x, exp_dis.pdf(x), c = color, ls = l,
                            lw = 2, label = r'lambda = {}'.format(scale))
                 ax[1].plot(x, exp_dis.cdf(x), c = color, ls = l,
                            lw = 2, label = r'lambda = {}'.format(scale))

         # plt.ylabel('Probability')
         ax[0].set_title(r'PDF of Exponential Distribution')
         ax[1].set_title(r'CDF of Exponential Distribution')
         ax[0].legend(loc = 'best', frameon = False)
         ax[1].legend(loc = 'best', frameon = False)
         plt.show()
```

运行结果中用符号'+'构成的是 $\lambda = 2$ 时的曲线;用符号'×'构成的是 $\lambda = 0.5$ 时的曲线;用实线构成的是 $\lambda = 1$ 时的曲线。通过观察比较发现:在接近 y 轴时,随着 λ 的增加,分布曲线会愈发陡峭。

在指数分布中，参数 λ 被称为速率参数（Rate Parameter），即单位时间内发生该事件的次数，所以在给定的时间间隔内，λ 值越大事件发生的可能性越高，不同 λ 的指数分布如图 10-12 所示。

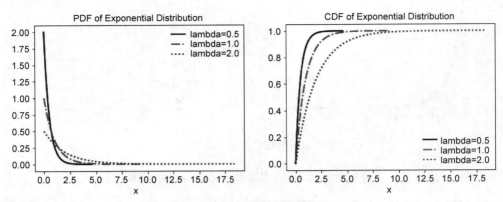

图 10-12　不同 λ 的指数分布

先看 $\lambda=1.0$ 这条曲线。这条曲线上横坐标为 2 的点，其意义是 2 个单位时间该事件发生 1 次的概率。换种方法来讲，就是第 k 次该事件发生后隔 2 个单位时间发生第 $k+1$ 次该事件的概率。如果是横坐标为 4 的点，则其意义便是 4 个单位时间内该事件发生 1 次的概率。

再看 $\lambda=1.5$ 这条曲线。与上述描述类似，先关注到这条曲线上横坐标为 2 的点，其意义是 2 个单位时间内该事件发生 1.5 次的概率。同样地，换个说法，也就是第 k 次该事件发生后隔 2 个单位时间该事件发生第 $k+1.5$ 次的概率。

指数分布和泊松分布有着紧密的联系。在泊松分布中，时间是固定的（例如单位时间内），研究的随机变量 X 是某事件在该时间段内出现的次数。其均值为 λ，表示某随机事件在单位时间内平均发生的次数。在指数分布中，出现的次数是固定的（例如出现了 1 次），研究的是随机变量 T 出现（发生或到达）1 次所需要的时间。其均值为 $1/\lambda$，表示某随机事件发生一次的平均时间间隔。λ 越大，表示单位时间内发生的次数就越多，那么每 2 次事件之间的时间间隔 $1/\lambda$ 也就越小。

泊松过程中，第 k 次随机事件与第 $k+1$ 次随机事件出现的时间间隔服从指数分布，而根据泊松过程的定义，我们将 T 定义为 2 次随机事件出现的时间间隔。此时 T 是一个随机变量，并且可以得到 T 的分布函数为

$$F(t)=\Pr(T\leqslant t)=1-\Pr(T>t) \tag{10-10}$$

根据泊松分布，我们可以计算在长度为 t 的时间段内随机事件不发生的概率为

$$\Pr(T>t)=\Pr(随机事件在时间 t 内出现了 0 次)=\Pr(X=0)$$

$$=\frac{\mathrm{e}^{-\lambda t}(\lambda t^{0})}{0!}=\mathrm{e}^{-\lambda t} \tag{10-11}$$

将式（10-11）代入式（10-10）即可得到：

$$F(t)=1-\mathrm{e}^{-\lambda t} \tag{10-12}$$

对其求导后，就可以得到指数分布的概率密度函数。

现在举一个例子以便更好地理解指数分布和泊松分布之间的关系：一座休眠的火山平

均 50 年会喷发一次,那么如何来求火山下一次喷发的时间概率?

根据题意将 50 年作为一个单位时间,那么 $\lambda=1$ 等效于单位时间 50 年内的一次喷发。根据式(10-12)就可以计算出小于某个特定时间点火山可能会喷发的概率。以下是解决该问题的代码:

```
In [19]: """
         本例说明泊松分布和指数分布的关系,
         满足泊松分布的随机事件,在单位事件内发生
         的概率等于下式
             - P(Xt <= x) = 1 - e^( - lambda * x)
         该式就是指数分布的概率密度函数
         """
         x = numpy.linspace(stats.poisson.ppf(0.001, 1),
                            stats.poisson.ppf(0.999, 1),101)

         y1 = 1 - numpy.power(numpy.e, - x)        # lambda = 1
         y2 = 1 - numpy.power(numpy.e, - 0.2 * x)  # lambda = 0.2
         y3 = 1 - numpy.power(numpy.e, - 5 * x)    # lambda = 5
         print(y1[:20])
         print(y2[:20])
         print(y3[:20])
         fig, ax = plt.subplots(1, 1)
         ax.plot(x, y1, 'r - ', label = 'lambda = 1')
         ax.plot(x, y2, 'g - .', label = 'lambda = 0.2')
         ax.plot(x, y3, 'b -- ', label = 'lambda = 5')
         ax.legend(loc = 'best', frameon = False)
         plt.ylabel('Probability')
         plt.title('CDF of Exponential Distribution')
         plt.show()
[0.         0.04877058  0.09516258  0.13929202  0.18126925  0.22119922
 0.25918178  0.29531191  0.32967995  0.36237185  0.39346934  0.42305019
 0.45118836  0.47795422  0.5034147   0.52763345  0.55067104  0.57258507
 0.59343034  0.61325898]
[0.         0.00995017  0.01980133  0.02955447  0.03921056  0.04877058
 0.05823547  0.06760618  0.07688365  0.08606881  0.09516258  0.10416586
 0.11307956  0.12190457  0.13064176  0.13929202  0.14785621  0.15633518
 0.16472979  0.17304087]
[0.         0.22119922  0.39346934  0.52763345  0.63212056  0.7134952
 0.77686984  0.82622606  0.86466472  0.89460078  0.917915    0.93607214
 0.95021293  0.96122579  0.96980262  0.97648225  0.98168436  0.98573577
 0.988891    0.9913483 ]
```

通过比较图 10-11 和图 10-13,我们也会发现满足泊松分布的事件发生的时间概率和指数分布的累积分布概率很相似。

以上结果可以这样理解:如果每 50 年内喷发的次数越多(λ 越大),则下一次发生喷发的时间间隔就有可能越短。例如我们取刻度 2,表示第 100 年,则会预期在 100 年内火山喷发的概率。lambda=5 的概率取值几乎为 1,表示如果 50 年内平均会喷发 5 次的情况下,250 年内几乎肯定会至少喷发一次 lambda=0.2 的概率大概为 0.4,表示如果 50 年内平均

喷发 0.2 次,也就是说基本上 250 年才喷发一次,则 250 年内喷发的概率就会比较小。

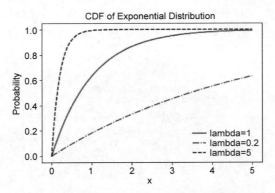

图 10-13　满足泊松分布的事件发生的时间概率

3. 正态分布

正态分布(Normal Distribution)又名高斯分布(Gaussian Distribution),是最常见的连续概率分布。正态分布在统计学上十分重要,经常用于自然和社会科学来代表一个不明的随机变量。若随机变量 X 的概率密度符合式(10-13)的形式,就称 X 服从参数为 μ、σ 的正态分布(或高斯分布),记为 $X \sim N(\mu, \sigma^2)$。

$$f_X(x) = \frac{1}{\sqrt{2\pi}\sigma} \exp\left\{-\frac{(x-\mu)^2}{2\sigma^2}\right\}, \quad 对于 x \in \mathbf{R} \qquad (10\text{-}13)$$

如果上面公式中 $\mu=0$、$\sigma=1$,就叫作标准正态分布,一般记作 $X \sim N(0,1)$。

由于标准正态分布在统计学中的重要地位,因此它的累积分布函数(CDF)有一个专门的表示符号:Φ。与统计相关的书籍附录中的"标准正态分布函数值表"就是该值与随机变量的取值之间的对应关系。

正态分布具有以下性质:

(1) $f(x)$ 图像关于 $x = \mu$ 对称。

(2) 当 $x \leqslant \mu$ 时,$f(x)$ 是严格单调递增函数。

(3) $f(x)_{\max} = f(\mu) = \dfrac{1}{\sqrt{2\pi}\sigma}$。

(4) 当 $X \sim N(\mu, \sigma^2)$ 时,$\dfrac{X-\mu}{\sigma} \sim N(0,1)$。

PDF 和 CDF 图由如下代码实现:

```
In [20]: def normal_dis(miu = 0, sigma = 1):
    """
    正态分布有两个参数
    :param miu: 均值
    :param sigma: 标准差
    :return:
    """

    # 在分布区间[-5, 15]上均匀地取 101 个点
    x = numpy.linspace(stats.norm.ppf(0.0001, miu, sigma),
```

```
                        stats.norm.ppf(0.9999, miu, sigma),
                        101)

    # 计算该分布在 x 中各点的概率密度分布函数值(PDF)
    pdf = stats.norm.pdf(x, miu, sigma)

    # 计算该分布在 x 中各点的累计分布函数值(CDF)
    cdf = stats.norm.cdf(x, miu, sigma)

    # 创建一个冻结的正态分布(frozen distribution)
    norm_dis = stats.norm(miu, sigma)

    # 下面利用 Matplotlib 画图
    fig, ax = plt.subplots(2, 1)
    # plot PDF
    ax[0].plot(x, pdf, 'r-', lw=5, alpha=0.5, label='PDF')
    ax[0].plot(x, norm_dis.pdf(x), 'k', lw=1, label='Frozen PDF')
    ax[0].set_ylabel('Probability')
    ax[0].set_title(r'PDF/CDF of normal distribution')
    ax[0].text(-5.0, .12, r'$\mu={},\ \sigma={}$'.format(miu, sigma))
    ax[0].legend(loc='best', frameon=False)
    # plot CDF
    ax[1].plot(x, cdf, 'r-', lw=5, alpha=0.5, label='CDF')
    ax[1].plot(x, cdf, 'k', lw=1, label='frozen CDF')
    ax[1].set_ylabel('Probability')
    ax[1].legend(loc='best', frameon=False)

    plt.show()

normal_dis(miu=5, sigma=3)
```

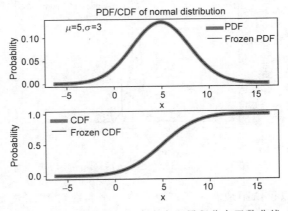

图 10-14　正态分布的概率密度和累积分布函数曲线

正态分布的概率密度函数曲线呈现为钟形,因此也被称为钟形曲线。数学期望值或期望值 μ 等于位置参数,决定了分布的位置,其方差 σ^2 的开平方或标准差 σ 等于尺度参数,决定了分布的幅度。以下通过一段代码演示这一性质:

```
In [21]: """
         不同参数下的指数分布
         """
         dis_param = numpy.dtype([('miu','f4'), ('sigma', 'f4'),
                                  ('line_sytle', numpy.str_, 2),
                                  ('line_color', numpy.str_, 2)])
         dis_params = numpy.array([
             (0, 1, '-', 'k'),
             (0, 0.5, "-.", 'r'),
             (0, 2, ':', 'b'),
             (2, 2, '--', 'g')], dtype = dis_param
         )
         fig, ax = plt.subplots(1, 1)
         with numpy.nditer(dis_params) as it:
             for i in it:
                 miu = i['miu']
                 sigma = i['sigma']
                 norm_dis = stats.norm(miu, sigma)
                 x = numpy.linspace(norm_dis.ppf(1e-8),
                                    norm_dis.ppf(0.99999999),
                                    1000)
                 l = str(i['line_sytle'])
                 color = str(i['line_color'])
                 ax.plot(x, norm_dis.pdf(x), ls = l, c = color,
                         lw = 2, label = r'miu = {}, sigma = {}'.format(miu, sigma))
         plt.ylabel('Probability')
         plt.title(r'PDF of Normal Distribution')
         ax.legend(loc = 'best', frameon = False)
         plt.show()
```

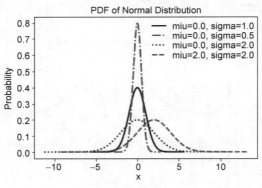

图 10-15　正态分布在不同参数下的 PDF

通过图 10-15 可以很清晰地看出正态分布中两个参数对 PDF 的影响：

（1）当固定 σ 并改变 μ 的大小时，$f(x)$ 图形的形状不变，只是沿着 x 轴作平移变换，因此 μ 被称为位置参数（决定对称轴的位置）。

（2）当固定 μ 并改变 σ 的大小时，$f(x)$ 图形的对称轴不变，但形状改变，σ 越小，图形越高越瘦，σ 越大，图形越矮越胖，因此 σ 被称为尺度参数（决定曲线的分散程度）。

4. 卡方分布(χ^2)

从其名称中可以看到,卡方分布跟平方有关。事实也是这样,卡方分布是由服从标准正态分布的随机变量的平方和组成的。卡方分布的定义如下:

设随机变量 $X_1, X_2, \cdots, X_n$ 相互独立,都服从 $N(0,1)$,则称

$$\chi^2 = \sum_{i=1}^{n} \chi_i^2 \qquad (10\text{-}14)$$

服从自由度为 n 的 χ^2 分布,记为 $\chi^2 \sim \chi^2(n)$。自由度是指上式右端包含的独立变量的个数。

卡方分布具有以下性质:

(1) $E(\chi^2) = n, D(\chi^2) = 2n$。

(2) 分布的可加性:设 $Y_1, Y_2, \cdots, Y_m$ 相互独立,$Y_i \sim \chi^2(n_i)$,则 $\sum_{i=1}^{m} Y_i = \chi^2\left(\sum_{i=1}^{m} n_i\right)$。

卡方分布的概率密度曲线代码如下:

```
In [22]: def chi2_distribution(df = 1):
            """
            卡方分布 PDF,
            在实际的定义中只有一个参数 df,即定义中的 n

            入参
            ____
            df: int
                自由度,也就是该分布中独立变量的个数

            返回值
            _____
               无
            """

            fig, ax = plt.subplots(1, 1)

            x = np.linspace(stats.chi2.ppf(0.001, df),
                            stats.chi2.ppf(0.999, df), 200)
            ax.plot(x, stats.chi2.pdf(x, df), 'r-',
                    lw = 5, alpha = 0.6, label = r'$\chi^2$ PDF')

            # 从冻结的均匀分布中取值
            chi2_dis = stats.chi2(df = df)
            ax.plot(x, chi2_dis.pdf(x), 'k-',
                    lw = 2, label = 'frozen PDF')

            # 计算 ppf 分别等于 0.001、0.5、0.999 时的 x 值
            vals = chi2_dis.ppf([0.001, 0.5, 0.999])
            print(vals) # [ 2.004    4.       5.996]
```

```
            print(np.allclose([0.001、0.5、0.999], chi2_dis.cdf(vals)))

            r = chi2_dis.rvs(size = 10000)
            ax.hist(r, density = True, histtype = 'stepfilled', alpha = 0.2)
            plt.ylabel('Probability')
            plt.title(r'PDF of $ \chi^2 $ ({})'.format(df))
            ax.legend(loc = 'best', frameon = False)
            plt.show()

        chi2_distribution(df = 20)
```

以上代码的执行结果如图 10-16 所示。

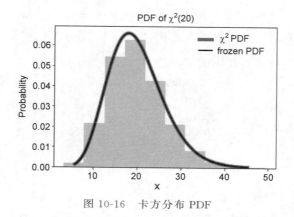

图 10-16　卡方分布 PDF

在 SciPy 对卡方分布的说明中,卡方分布还有两个参数,loc 和 scale,默认情况下,loc＝0,scale＝1。此时相当于一个标准化的卡方分布,可以根据 loc 和 scale 对函数进行平移和缩放。

当自由度 df 等于 1 或 2 时,卡方分布的 PDF 函数图像都呈单调递减的趋势。当 df 大于或等于 3 时,呈先增后减的趋势。从定义上来看,df 的值只能取正整数,但是实际上传入小数也可以画出图像。Python 实现代码如下:

```
In [23]: fig, ax = plt.subplots(1, 1)

         line_style = ['-', '--', '-.', ':']
         dfs = [1, 4, 10, 20]

         for i in range(4):
             chi2_dis = stats.chi2(df = dfs[i])
             x = numpy.linspace(chi2_dis.ppf(0.71),
                                chi2_dis.ppf(0.9999999),
                                100)
             ax.plot(x, chi2_dis.pdf(x),c = 'k',
                     ls = line_style[i], lw = 2,
                     label = 'df = {}'.format(dfs[i]))
         plt.ylabel('Probability')
         plt.title(r'PDF of $ \chi^2 $ Distribution')
         ax.legend(loc = 'best', frameon = False)
         plt.show()
```

以上代码的执行结果如图 10-17 所示。

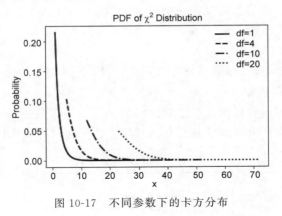

图 10-17　不同参数下的卡方分布

10.2　数理统计

概率论是从已知分布出发，研究随机变量 X 的性质、规律、数学特征等，而数理统计研究的对象 X 的分布情况却是未知的。数理统计通过对未知分布 X 的观察、总结和分析，进而推断出 X 服从哪一种分布，并确定相关未知参数。数理统计需要利用概率论来研究具有随机性的现象（结果的不确定性）。主要的方法就是大量重复试验进而找到其统计规律性。一般步骤为重复试验（例如反复测量、多次观察等）并记录试验结果，然后对这些试验数据进行整理、分析和建模，最终达到对随机现象的某些规律进行预测。

数理统计中，样本与总体是两个很重要的基本概念。关于这两个概念，前文已经多次接触到，只是没有非常明确地给出定义。前文中我们说某个随机变量符合某一种分布，这里的分布就是"总体"的分布，字面意思就是所有待研究对象的集合，而在实际的数据分析中，通过观察或其他测量方式得到的数据一般只是待研究对象的一个子集，这个子集就是一个样本（可以包含多个个体）。例如通过某种方式，从全体学生中找出 100 名学生，这 100 名学生就是一个样本。样本与总体之间的关系，有 2 种可能的情况：

（1）如果样本是完全随机产生的（例如抽签），则这个样本就是总体非常好的代表。这时候样本的分布应该与总体的分布类似。

（2）如果样本抽取的方式不是完全随机的，则这个样本就不具有代表性，此时样本的分布与总体的分布可能会有非常大的差异。

若 $X_1, X_2, \cdots, X_n$ 是相互独立的（独立性）且与总体 X 有相同的分布（代表性），则称 $X_1, X_2, \cdots, X_n$ 为来自总体 X 的一个容量为 n 的简单随机样本，简称为 X 的一个样本。获得简单随机样本的抽样称为简单随机抽样。如果没有特殊说明，则统计里面所讲的样本指的是简单随机样本。样本 $X_1, X_2, \cdots, X_n$ 的每个观察值 $X_1, X_2, \cdots, X_n$ 被称为样本值或样本的一次实现。

10.2.1　统计量

关于统计量，我们在前文（第 9 章）已经有过初步的接触，只是没有从数理统计的角度给出明确的定义。统计量的概念存在于样本中,是对样本某个指标的概括,例如从全体学生中选出来的 100 位学生的平均身高就是一个统计量。统计量具有以下两个特点:

(1) 不包含任何未知数。

(2) 包含所有样本的信息。

因此只要样本确定,统计量的值就可以直接计算出来。例如一旦选定 100 位学生,他们的平均身高就可以计算出来。

统计量是样本的不包含任何未知参数的函数。通常可以通过构造统计量的方式,从样本中提取有用的信息来研究总体的分布及各种特征数。常用的统计量如表 10-4 所示。

表 10-4　常用统计量公式

统　计　量	计　算　公　式
样本均值	$\overline{X} = \dfrac{1}{n} \sum\limits_{i=1}^{n} X_i$
样本方差	$S^2 = \dfrac{1}{n-1} \sum\limits_{i=1}^{n} (X_i - \overline{X})^2$
样本标准差	$S = \sqrt{S^2}$
样本 k 阶原点矩	$A_k = \dfrac{1}{n} \sum\limits_{i=1}^{n} X_i^k$
样本 k 阶中心距	$B_k = \dfrac{1}{n} \sum\limits_{i=1}^{n} (X_i - \overline{X})^k, k = 1, 2, \cdots$

当总体的统计特性未知时,往往可以用样本的统计值估计。总体的统计值是一个数,其值可能已知,也可能未知,而样本的统计值是一个依赖于样本值的变量。

10.2.2　大数定理

大数定理的内容如下:

设 $X_1, X_2, \cdots, X_n$ 是独立同分布的随机变量,它们的公共均值为 μ。又设它们的方差存在并记为 σ^2。则对任意给定的 $\varepsilon > 0$,有

$$\lim_{n \to \infty} P(\mid \overline{X}_n - \mu \mid \geqslant \varepsilon) = 0 \tag{10-15}$$

这个式子指出了"当 n 很大时,$\overline{X}_n$ 接近 μ"的确切含义。这里的"接近"是概率上的,也就是说虽然概率非常小,但还是有一定的概率出现意外情况(例如上面的式子中概率大于 ε)。只是这样的可能性越来越小,这样的收敛性,在概率论中叫作"$\overline{X}_n$ 依概率收敛于 μ"。

最早的大数定律由伯努利在他的著作《推测术》中提出并给出了证明,大数定理是整个数理统计学的一块基石。大数定理的本质是一类极限定理,它是由概率的统计定义"频率收敛于概率"引申而来的。简单来讲就是 n 个相互独立且具有相同分布的随机变量的样本均值 $E(X)$ 最终会收敛于这些随机变量所属分布的总体均值。

举一个古典概率模型的例子:一个盒子里面装有 $a+b$ 个大小、质地一样的球,其中白球 a 个,黑球 b 个。这时随机地从盒子中拿出一个球(各球被拿出的可能性相同),则"抽出白球"(事件 A)的概率为 $p = a/(a+b)$,但是如果不知道 a、b 的比值,则 p 也不知道,但我们可以反复从此盒子中抽球(每次抽出并记下其颜色后再放回盒子中)。设抽取了 N 次,发

现白球出现了 m 次,则用 m/N 去估计 p。这个估计含有一定程度不确定的误差,但我们直观上会觉得,抽取次数 N 越大,误差一般会缩小。

从实用的角度看,概率的统计定义无非是一种通过试验去估计事件概率的方法。大数定律为这种后验地认识世界的方式提供了坚实的理论基础。正如伯努利在结束《推测术》时就其结果的意义所做的表述:"如果我们能把一切事件永恒地观察下去,则我们终将发现:世间的一切事物都受到因果律的支配,而我们也注定会在种种极其纷纭杂乱的现象中认识到某种必然。"

下面用代码模拟抛硬币的过程来辅助说明大数定理:

```
In [24]: import random

         def flip_plot(minExp, maxExp):
             """
             模拟抛硬币
             共做了(2 ** maxExp - 2 ** minExp)批次试验,每批次重复抛硬币 2 ** n 次

             入参
             ----
             minExp: int
                 第一次试验抛硬币的次数为 2 ** minExp
             maxExp: int
                 最后一次试验抛硬币的次数为 2 ** maxExp

             返回值
             ------
                 无
             """

             ratios = []
             xAxis = []                  # 存储每次试验抛的次数
             for exp in range(minExp, maxExp + 1):
                 xAxis.append(2 ** exp)
             for numFlips in xAxis:
                 numHeads = 0            # 硬币正面朝上的计数
                 for n in range(numFlips):
                     if random.random()< 0.5:
                         numHeads += 1
                 numTails = numFlips - numHeads
                 ratios.append(numHeads/float(numTails))

             plt.title('Heads/Tails Ratios')
             plt.xlabel('Number of Flips')
             plt.ylabel('Heads/Tails')
             plt.plot(xAxis, ratios, 'k')
             plt.hlines(1, 0, xAxis[-1], linestyles = 'dashed', colors = 'r')
             plt.show()

         flip_plot(4, 16)
```

以上代码的执行结果如图 10-18 所示。

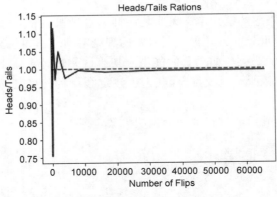

图 10-18　模拟抛硬币

Python 内建有 random 模块，该模块用于生成随机数。函数 random.random()在半开区间[0,1)内以均匀分布生成随机数，随机生成的数中大于 0.5 或小于 0.5 的概率应该是相同的（相当于硬币是均匀的），所以以 0.5 为界限，如果生成的数小于 0.5，就记为硬币正面朝上，否则记为硬币反面朝上。这样就用随机数模拟出了实际的抛硬币试验。理论上试验次数越多（即抛硬币的次数越多），正反面出现的次数之比越接近于1（也就是说正反面各占一半）。从得到的图形上看，试验结果符合理论预期。

NumPy 库中也有一个向量化的 random 模块，也可以用来生成符合均匀分布的随机数。该模块的函数 numpy.random.random()需要传入一个整型参数指定随机数的个数。以下代码是向量化的版本：

```
In [25]: def flip_plot2(minExp, maxExp):
    """
    模拟抛硬币
    共做了(2 ** maxExp - 2 ** minExp)批次试验,每批次重复抛硬币 2 ** n 次

    入参
    ----
    minExp: int
        第一次试验抛硬币的次数为 2 ** minExp
    maxExp: int
        最后一次试验抛硬币的次数为 2 ** maxExp

    返回值
    ------
    无
    """
    flip_num = numpy.arange(minExp, maxExp + 1)
    # 存储每次试验抛的次数和结果
    stats = numpy.array([numpy.exp2(flip_num),
                         numpy.zeros(flip_num.size)])
    with numpy.nditer(stats, flags = ['external_loop'],
```

```
                          op_flags = ['readwrite'], order = 'F') as it:
        for x in it:
            head = (numpy.random.random(int(x[0])) < 0.5)
            headCount = numpy.sum(head)
            x[1] = headCount/(x[0] - headCount)

    plt.title('Heads/Tails Ratios')
    plt.xlabel('Number of Flips')
    plt.ylabel('Heads/Tails')
    plt.plot(stats[0], stats[1], 'k')
    plt.hlines(1, 0, stats[0][-1], linestyles = 'dashed', colors = 'r')
    plt.show()

flip_plot2(4, 16)
```

10.2.3　中心极限定理

中心极限定理(Central Limit Theorem,CLT)说明,如果样本量足够大,则变量均值的采样分布将近似于正态分布,而与该变量在总体中的分布无关。中心极限定理是数理统计学和误差分析的理论基础。

中心极限定理和大数定理都用来描述独立同分布(i.i.d)的随机变量的和的渐进表现(Asymptotic Behavior),但是它们描述的是在不同的收敛速率(Convergence Rate)之下的表现,LLN 的前提条件弱一点,仅要求总体的均值存在,即 $E(|X|) < \infty$,而 CLT 成立的前提条件要强一点,它要求总体平方的方差存在,即 $E(X^2) < \infty$。

如果我们将每次抛硬币都看成一次伯努利试验,即 $X \sim B(1, P_h)$,其中正面朝上记为 1,则概率为 P_h。由于是同一个人进行的试验,可以将每次试验都看作独立同分布。对于充分大的 n,根据中心极限定理可得

$$X_1 + X_2 + \cdots + X_n \sim N(nP_h, nP_h(1 - P_h)) \tag{10-16}$$

式(10-16)表示所有试验结果之和,也就是硬币正面朝上的总次数,近似服从均值为 nP_h,方差为 $nP_h(1 - P_h)$ 的正态分布。严格意义上来讲,n 次伯努利试验之和服从二项分布 $B(n, P_h)$,近似地正态分布中的均值和方差与对应的二项分布相同。

式(10-16)是利用正态分布近似估计二项分布的理论基础(在 n 很大的前提下:p 固定,并且 np 也很大时常用正态分布逼近;当 p 很小,并且 np 不太大时常用泊松分布逼近)。

假如此时又来了一个人,他不相信前一个人的试验结果,自己重新做了一次试验:大量地重复抛这枚硬币,他的估计值是 P_2。接着又来了第 3 个人,第 4 个人,…,这些人每个人都做了一次这样的试验,每个人都得到了一个估计值 P_i。那么这些不同的估计值之间有什么联系呢?类似上面一个人抛硬币的过程,如果将每个人抛硬币的试验看作二项分布 $B(n, P_h)$,正面记为 1,背面记为 0,则每个人的试验结果之和都相当于一个具体的观察值,表示其试验中硬币正面朝上的总次数 X。正面朝上的概率可以用 X/n 来估计。由大数定理可得 $X - n * P_h$ 依概率收敛于 0(也就是说如果每个人的重复次数都非常多,则每个人的结果都是依概率收敛于二项分布的期望),中心极限定理进一步给出了下面的结论:值得注意的一点是,此时需要区分两个不同的量:一个是每个人重复伯努利试验的次数,还是取为 n,

另一个是参与试验的人数,这里取为 m。

$$X_1 + X_2 + \cdots + X_m \sim N(\mu, \sigma^2) \tag{10-17}$$

也就是说,这 m 个人的试验结果之和也属于正态分布。由于每个人的试验都相当于是一个二项分布,假如将每个二项分布都用式(10-16)逼近,那么这里的和就相当于服从式(10-16)。中正态分布的随机变量之和(这些不同的随机变量之间相互独立),也就不难求出这里的均值和方差分别为 $\mu = mnP_h$,$\sigma^2 = mnP_h(1 - P_h)$。由于这些随机变量之间是相互独立的,因此求和以后均值和方差都扩大了 m 倍。此外,

$$\overline{X} \sim N\left(nP_h, \frac{nP_h(1 - P_h)}{m}\right) \tag{10-18}$$

其中,$\overline{X} = \dfrac{1}{m}\sum_{i=1}^{n} X_i$。同样本均值的均值和方差,$m$ 个人的结果均值的均值没变,方差缩小为原来的 $1/m$。

这里还有一个很好的问题是,m 取多少比较合适。如果只取 1,上面 3 个式子都是等价的,随着人数的增加,式(10-18)的方差越来越小,也就是说用多人的均值来估计的结果也越来越准确(不确定性减小了),而式(10-17)的方差会越来越大(所有人的试验结果之和)。

其实和式中的每一项可以是任意分布的,只要每一项都是独立同分布且该分布的方差存在,那么当 m 趋近于无穷大时,它们的和就服从正态分布。

接下来,我们模拟服从伯努利分布的随机变量之和。这就相当于一个人做抛硬币的试验(正面朝上为 1,反面朝上为 0),这些试验结果之和就表示这个人的试验中出现正面朝上的总次数。

设单次伯努利试验服从 $B(1, p)$,单次试验抛硬币 n 次(这 n 次试验结果合起来为该试验条件下的一个样本),重复单次试验 t 次,那么这些试验结果之和近似服从 $N(np, np(1-p))$。其中 np 表示均值 μ,$np(1-p)$ 表示方差 σ^2。

```
In [26]: def sampling(n, dist, t):
            """
            对特定概率分布进行采样

            入参
            ____
            n: int
                每次试验时的抽样次数
            dist: distribution object
                冻结的分布函数
            t: int
                试验重复的次数

            返回值
            _____
            val, pmf: 元组
                采样值和采样频率
            """
```

```
            sum_of_samples = []
            for i in range(t):
                samples = dist.rvs(size = n)
                sum_of_samples.append(numpy.sum(samples))
            val, cnt = numpy.unique(sum_of_samples, return_counts = True)
            pmf = cnt / len(sum_of_samples)
            return val, pmf

    def dist2norm(size, b, dist, dist_type = None):
        """
        用连续采样之和逼近正态分布

        入参
        ----
        size: int list
            每次采样的样本数列表
        b: int
            每次试验中采样的次数
        dist:
            用于逼近的概率分布

        返回值
        ------
            无
        """
        if (dist_type == None):
            name = "Some Distribute"
         else:
            name = dist_type
        fig = plt.figure(figsize = (12,8))
        for i in range(len(size)):
            ax = fig.add_subplot(321 + i)
            mu = size[i] * dist.mean()
            sigma = numpy.sqrt(size[i] * dist.var())
            samples = sampling(size[i], dist, b)
            ax.vlines(samples[0], 0, samples[1],
                        colors = 'g', linestyles = '-', lw = 3)
            ax.set_ylabel('Probability')
            ax.set_title('Sum of {} dist. (n = {})'.format(name, size[i]))
            # normal distribution
            norm_dis = stats.norm(mu, sigma)
            norm_x = numpy.linspace(mu - 3 * sigma, mu + 3 * sigma, b)
            pdf1 = norm_dis.pdf(norm_x)
            ax.plot(norm_x, pdf1, 'r--')

        plt.tight_layout()
        '''
        if (dist_type != None):
            plt.savefig('sum_of_{}_{}.png'.format(b, dist_type), dpi = 200)
        '''
```

```
#每次试验的次数
size = [1, 4, 20, 80, 200, 1000]
scale = 10000
bernouli = stats.bernoulli(p = 0.4) #定义一个伯努利分布

dist2norm(size, scale, bernouli, dist_type = 'bernoulli')
```

图 10-19 曲线表示逼近"多个取自伯努利分布的随机变量之和"的正态分布的概率密度曲线。由图 10-19 可以看到,当 n(单次试验抛硬币的次数)等于 20 的时候,随机变量和的分布已经逼近对应的近似正态分布,但是当 n 继续增大时,拟合程度反而有所下降,这是由于单次试验中采样次数相对于 X 轴上分割的区间数太小造成的。当采样次数为 1 时,该随机变量就是伯努利分布本身,这时只有两个可能的取值: 0 和 1。当采样次数为 20 时,该随机变量是 20 个服从伯努利分布的随机变量之和,这时的可能取值是闭区间 $[0,20]$ 内的整数。

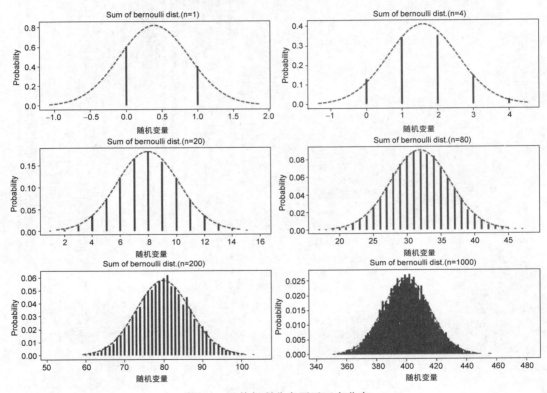

图 10-19　伯努利分布逼近正态分布

以下代码通过增大参数 scale,即每次采样的次数,便可以得到更加逼近的效果,如图 10-20 所示,代码如下:

```
In [27]: scale = 100000
        dist2norm(size, scale, bernouli, dist_type = 'bernoulli')
```

由图 10-20 可以看到,增加试验次数和在 x 轴上分割区间的个数后,随机变量之和与正

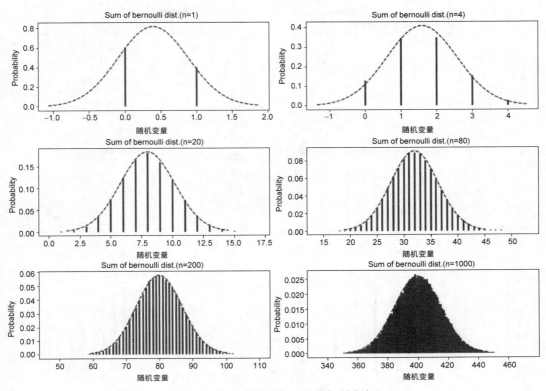

图 10-20　增大采样次数后的伯努利分布和

态分布之间的重合度随着样本量的增加而升高。这是因为对于随机变量和的分布，抽样次数（试验次数）越多，最终画出来的图越能代表整个分布，但是抽样次数本身却不影响该分布的类型和参数。就像在学校研究全体同学的身高，抽样的人数不会影响身高的真实分布，只会影响我们利用所得的样本描绘出来的分布的形状。

　　此外，还有一个因素对随机变量和的分布也有极大的影响：单次试验所在分布的参数，这里是指伯努利分布中的参数 p，图 10-21 所示为将 p 从 0.4 增加到 0.99 后的运行结果，代码如下：

```
In [28]: bernouli = stats.bernoulli(p = 0.99)          #定义一个伯努利分布
         dist2norm(size, scale, bernouli, dist_type = 'bernoulli')
```

　　由图 10-21 可以看到，由于单个样本所在的伯努利分布严重不均匀（如果这个试验表示抛硬币且正面朝上记为 1，则意味着 99% 的情况下都只出现正面），导致后面随机变量之和的图形出现了偏斜，但是，偏斜程度随着样本量的增加而降低。如果样本量继续增加，就会基本消除这种偏斜。

　　接下来我们还用抛硬币的试验来说明二项分布对正态分布的逼近。与伯努利分布的单人多次不同，这次试验相当于每次有多个人同时抛硬币，当然正反面朝上还是分别记为 1 和 0，试验统计每次采样中出现正面朝上的总次数。设单次二项试验服从 $B(m,p)$，参与人数为 n，那么这些试验结果之和近似服从 $N(nmp, nmp(1-p))$。其中 nmp 表示均值 μ，$nmp(1-p)$ 表示方差 σ^2。

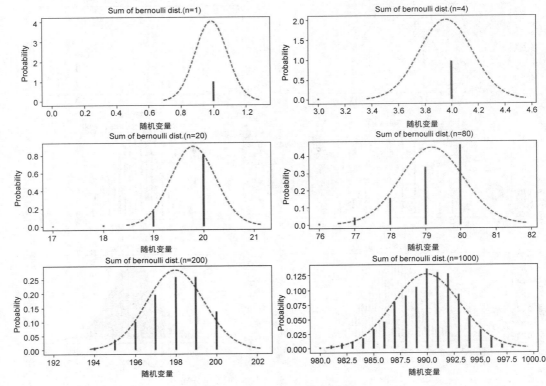

图 10-21 $p = 0.99$ 的逼近图

假设现有 20 个人参与试验，硬币质量不均匀，正面朝上的概率为 0.4，因此试验符合服从参数为 20 和 0.4 的二项分布。以下代码先创建一个二项分布，然后调用函数 dist2norm() 绘制模拟的结果：

```
In [29]: bino_para = [20, 0.4]

         #定义一个二项分布
         bino_dist = stats.binom(n = bino_para[0], p = bino_para[1])
         dist2norm(size, 10000, bino_dist, dist_type = 'bino')
```

图 10-22 显示了参数为 (20，0.4) 的二项分布在 n 依次等于 1、4、20、80、200、1000 时的和。当 $n=1$ 时，就相当于图 10-19 中 $n=20$ 的情况：单人重复抛 20 次硬币正面朝上的概率。

现在假设有 n 个人参与服从 $U[a,b]$ 的均匀分布，分布求和就相当于将这些人的试验结果相加，那么根据中心极限定理这些试验结果之和近似服从 $N\left(\dfrac{n(b-a)}{2}, \dfrac{n(b-a)^2}{12}\right)$。

连续型随机变量不同于离散随机变量，由于连续型随机变量的取值是无穷多，它的概率对应的不是 X 轴上的单点而是 X 轴的一段区域。对于本次试验的均匀分布，每次取值为区间 [3,5] 上的任意实数，且取到这些实数的概率是相等的，因此在显示试验结果时，需要使用的是直方图而非离散随机分布所使用的垂线图。具体代码如下：

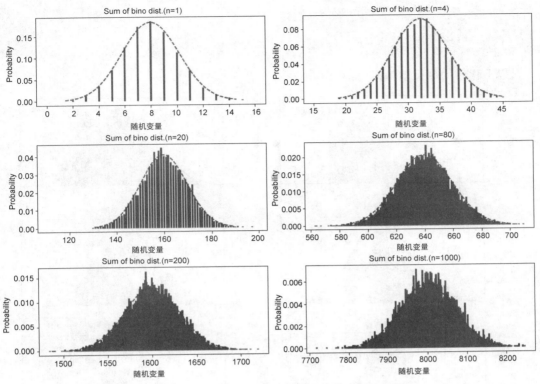

图 10-22　二项分布逼近正态分布

```
In [30]: size = [1, 2, 3, 4, 8, 10]
         uniform_dist = stats.uniform(loc = 3, scale = 2) #定义一个[3, 5]区间上的均匀分布
         t = 10000

         fig = plt.figure(figsize = (10, 7))
         for s in range(len(size)):
             n = size[s]
             mu = n * uniform_dist.mean()
             sigma = numpy.sqrt(n * uniform_dist.var())
             ax = fig.add_subplot(321 + s)
             sum_of_samples = numpy.zeros(t)
             for i in range(t):
                 sum_of_samples[i] = numpy.sum(uniform_dist.rvs(n))

         ax.hist(sum_of_samples, density = True,
                 bins = 100, label = '{} RVs'.format(n))
         ax.set_ylabel('Probability')

         #Frozened 正态分布
         norm_dis = stats.norm(mu, sigma)
         norm_x = numpy.linspace(mu - 3 * sigma, mu + 3 * sigma, 10000)
         pdf = norm_dis.pdf(norm_x)
         ax.plot(norm_x, pdf, 'k--',
                 label = 'N( $ {0:.0f}, {1:.2f}^2 $ )'.format(mu, sigma))
```

```
ax.legend(loc = 'upper right')

plt.show()
```

以上代码的执行结果如图 10-23 所示。

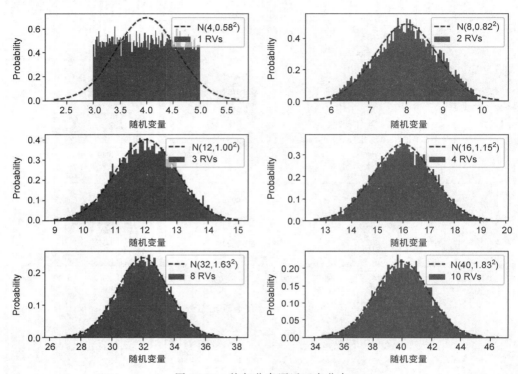

图 10-23　均匀分布逼近正态分布

如图 10-23 所示,当 $n=1$ 时,每次仅进行一次采样,采样次数为 100 000 次。阴影部分的面积大概为 $0.5 \times 2=1$,刚好近似于总体的概率和。当 $n=8$ 时,相当于同时独立地做 8 次采样,然后将采样值相加。试验 t 次,就可以得到 t 个和。由于每次采样都是从均匀分布中取值,采样结果值几乎均匀地分布在区间 $[3,5]$ 上,因此采样和的期望等于采样次数乘以均匀分布的均值,即 $8 \times 4=32$。该期望值是进行 8 次采样时,采样和最有可能出现的值,因此概率最大,大于该值或小于该值的概率都会比它小。

在多次采样时,部分采样值较大,部分采样值较小,但是总的来讲,这些值的和为采样次数乘以均匀分布的均值,得到这个值的概率最大,即图 10-23 中正态分布的顶点。所采样值都同时小于或大于均值的概率是比较小的,因此顶点两侧的概率降低了,且越往两侧概率越小。取到极小值(极大值)的概率又是最低的。

10.2.4　贝叶斯公式

贝叶斯公式是建立在条件概率的基础上寻找事件发生的原因,即大事件 A 已经发生的条件下,分割中的小事件 B_i 在 A 发生的条件下的概率,设 $B_1,B_2,\cdots,B_n$ 是样本空间 S 的一个划分,则对任一事件 $A(P(A)>0)$,有

$$P(B_i \mid A) = \frac{P(B_i)P(A \mid B_i)}{\displaystyle\sum_{j=1}^{n} P(B_j)P(A \mid B_j)} \tag{10-19}$$

上式即为贝叶斯公式(Bayes Formula),B_i 常被视为导致试验结果 A 发生的"原因",$P(B_i)(i=1,2,\cdots,n)$ 表示各种原因发生的可能性大小,故称先验概率(权重)。$P(B_i \mid A)$ $(i=1,2,\cdots,n)$ 则反映当试验产生了结果 A 之后,再对各种原因概率的新认识,故称后验概率。

分成两步来看,B 发生在 A 之前,且 B 有多种情况($B_1 \sim B_n$)。在运用贝叶斯公式时,一般已知和未知条件如下:

(1) B 中到底哪种情况发生了,但却是未知的,但是每种情况发生的概率已知,即 $P(B_j)$。

(2) 事件 A 是已经发生的确定事实,且每种 B 发生条件下 A 发生的概率已知,即 $P(A \mid B_j)$。

(3) $P(A)$ 未知,需要使用全概率公式计算得到。

(4) 求解的目标是用 B 的某种情况 B_i 的无条件概率求其在 A 发生的条件下的有条件概率 $P(B_i \mid A)$。

下面我们写一段代码,模拟事件在某个子集中发生的概率。首先我们用一组整数代表独立的事件编号,代码如下:

```
In [31]: #创建一个虚拟的事件集
         event_set = [
                 [1,2,3,5,1],  #数据中包含 4 个子数据
                 [1,2,1,1,8,8],
                 [1,7,2,3,5],
                 [4,8,9,1,1,8,9,3]

         ]
```

接着定义从事件集中计算全概率的函数,代码如下:

```
In [32]: def get_total_probability(event_set, event):
         """
             计算某一事件 A 发生的全概率

             入参
             ____
             event_set: list
                 事件集
             event: int
                 事件编号

             返回值
             _____
             prob_event: float
                 该事件全概率
         """
```

```
            prob_event = 0.0
            for sub_dataset in event_set:
                prob_sub = 1/len(dataset)                  # 该子集发生的概率
                num = len(sub_dataset)
                data_dict = {}
                for data in sub_dataset:
                    data_dict[data] = data_dict.get(data, 0) + 1

                prob = 0.0
                if event in data_dict:
                    prob += data_dict[event]/num       # 事件在该子集中的出现概率
                else:
                    print("没有该事件")

                prob_event += prob * prob_sub

        return prob_event
```

最后定义一个函数,计算在事件 A 发生条件下,第 n 个子空间发生的概率。

```
In [33]: def probability_sub_eventset(eventset, subset_id, event):
             """
             计算事件 A 发生条件下第 n 个子空间发生的概率

             入参
             ____
             eventset: list
                 事件集
             subset_id: int
                 子集编号
             event: int
                 事件编号

             返回值
             _____
             prob_event: float
                 该子集的后验概率

             """

             """
             事件发生在某一子集的概率,即此子集在空间中的分布概率
             """
             prob_subset = 1 / len(dataset)
             print("子集 %d 的概率:%f" % (subset_id, prob_subset))

             # 事件在子空间中发生的概率
             event_num = eventset[subset_id].count(event)
             prob_sub_dataset_event = event_num/len(dataset[subset_id])
```

```
        print("在子集♯%d中发生事件No.%d的概率:%f"%(subset_id, event,
prob_sub_dataset_event))

        prob_event = get_total_probability(eventset, event)
        print("整个样本发生事件No.%d的概率:%f"%(event, prob_event))

        ♯事件发生在某一子集中的概率
prob_sub_dataset = (prob_subset * prob_sub_dataset_event)/prob_event
        print("事件No.%d发生在子集♯%d的概率为%f"%(event, subset_id,
prob_sub_dataset))

        return prob_sub_dataset


    probability_sub_eventset(event_set, 2, 1)♯1出现在第3个子集中的概率
子集2的概率:0.250000
在子集♯2中发生事件No.1的概率:0.200000
整个样本发生事件No.1的概率:0.337500
事件No.1发生在子集♯2的概率为0.148148
Out[22]: 0.14814814814814814
```

假设某个体有 n 项特征,分别为 $F_1,F_2,\cdots,F_n$。现有 m 个分类,分别为 $C_1,C_2,\cdots,C_m$。贝叶斯分类器可以计算出概率最大的那个分类,也就是求式(10-20)的最大值:

$$P(C|F_1F_2\cdots F_n)=\frac{P(F_1F_2\cdots F_n|C)P(C)}{P(F_1F_2\cdots F_n)} \tag{10-20}$$

其中,C 取 $C_1,C_2,\cdots,C_m$。由于 $P(F_1F_2\cdots F_n)$ 对于所有的类别都是相同的,因此可以省略它,问题就变成了求 $P(F_1F_2\cdots F_n|C)P(C)$。

朴素贝叶斯假定所有的特征值相互独立,因此:

$$P(F_1F_2\cdots F_n|C)P(C)=\frac{P(F_1|C)P(F_2|C)\cdots P(F_n|C)P(C)}{P(F_1)P(F_2)\cdots P(F_n)} \tag{10-21}$$

上式等号右边的每一项,都可以从统计资料中得到,由此就可以计算出每个类别对应的概率,从而找出最大概率的那个类。虽然"所有特征彼此独立"这个假设在现实中不太可能成立,但是它可以大大简化计算,而且有研究表明对分类结果的准确性影响不大。

接下来通过知道一个人的身高、体重及脚的尺寸,去判断这个人是男还是女。表 10-5 是一组统计数据,现有一身高 6 英尺(1 英尺≈0.3048 米),体重 130 磅(1 磅≈0.4535 千克),脚尺寸为 8 英寸(1 英寸=0.0254 米)的人,需要根据此表判断这个人是男还是女。

表 10-5　男女身高体重登记表

性　　别	身高(英尺)	体重(磅)	脚的尺寸(英寸)
男	6	180	12
男	5.92	190	11
男	5.58	170	12
男	5.92	165	10
女	5	100	6

续表

性　　别	身高(英尺)	体重(磅)	脚的尺寸(英寸)
女	5.5	150	8
女	5.42	130	7
女	5.75	150	9

我们先做一点微小的数据可视化工作,代码如下:

```
In [34]: fig = plt.figure()
         ax = fig.add_subplot(111, projection = '3d')

         ♯身高、体重、脚尺寸数据
         data = numpy.array([[6, 5.92, 5.58, 5.92, 5, 5.5, 5.42, 5.75],
                             [180, 190, 170, 165, 100, 150, 130, 150],
                             [12, 11, 12, 10, 6, 8, 7, 9]])

         ♯男性用圆点表示
         ax.scatter(data[0][:4], data[1][:4], data[2][:4],
                 c = 'r', marker = 'o', s = 100)
         ♯女性用三角表示
         ax.scatter(data[0][4:], data[1][4:], data[2][4:],
                 c = 'b', marker = '^', s = 100)

         ax.set_xlabel('Height (feet)')
         ax.set_ylabel('Weight (lbs)')
         ax.set_zlabel('Foot size (inches)')

         ♯显示散点图
         plt.show()
```

以上代码执行的结果如图 10-24 所示。

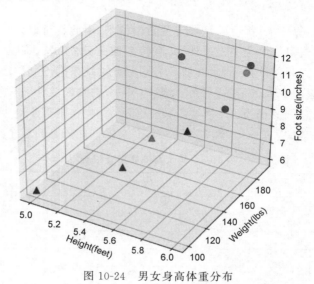

图 10-24　男女身高体重分布

通过图 10-24 我们可以看出，身高 6 英尺、体重 130 磅、脚尺寸为 8 英寸的人很大概率是个女性。

接着我们就要通过贝叶斯分类器来检测一个人究竟是男性还是女性。男性和女性出现的概率可以认为是相等的，都是 0.5。无论男女，每个特征都满足正态分布。以身高为例

$$P(h \mid male) = \frac{1}{\sqrt{2\pi\delta_h^2}}\exp\left(-\frac{(h-\mu_h)^2}{2\delta_h^2}\right) \tag{10-22}$$

这里是概率密度而不是概率，因为身高是一个连续的变量。后验概率由以下公式计算：

$$posterior(G) = \frac{P(gender)P(height|G)P(weight|G)P(foot|G)}{evidence}G : gender$$

$$evidence = P(male)P(height|male)P(weight|male)P(foot|male) + P(female) \cdot$$
$$P(height|female)P(weight|female)P(foot|female) \tag{10-23}$$

其中，$P(male) = P(female) = 0.5$。

首先，我们需要计算样本中各项指标的均值和标准差，实现代码如下：

```
In [35]: from __future__ import unicode_literals

         stats_male = [u"男性"]
         stats_female = [u"女性"]
         ndata = numpy.array(data, order = 'F')
         with numpy.nditer(ndata, flags = ['external_loop'], order = 'C') as it:
             for x in it:
                 stats_male.append(numpy.mean(x[:4]))
                 stats_male.append(numpy.std(x[:4], ddof = 1))     # 求样本标准差
                 stats_female.append(numpy.mean(x[4:]))
                 stats_female.append(numpy.std(x[4:], ddof = 1))   # 因此减少一个自由度

         # 输出统计数据
         import prettytable
         tb = prettytable.PrettyTable()
         tb.field_names = [u"性别", u"身高", u"标准差(身高)",
                           u"均值(体重)", u"标准差(体重)",
                           u"平均值(脚码)", u"标准差(脚码)"]
         tb.add_row(stats_male)
         tb.add_row(stats_female)
         tb.align = "l"
         tb.align["Gender"] = "c"
         tb.padding_width = 1
         print(tb)
```

性别	身高	标准差(身高)	均值(体重)	标准差(体重)	平均值(脚码)	标准差(脚码)
男性	5.855	0.18717193521821937	176.25	11.086778913041726	11.25	0.9574271077563381
女性	5.4175	0.3118092365533773	132.5	23.629078131263043	7.5	1.2909944487358056

在以上代码中需要注意的是，由于使用的是样本空间，因此在计算方差和标准差时需要

减少一个自由度。代码中后一部分是将统计数据格式化输出。

由于身高、体重和脚码均满足正态分布,因此接下的代码利用各自的均值和标准差计算概率密度,代码如下:

```
In [36]: p = numpy.empty((2,3)) ♯概率密度
         param = [6, 130, 8] ♯身高、体重、脚码
         for j in range(3):
             p[0][j] = stats.norm.pdf(param[j],
                                      stats_male[2 * j + 1],
                                      stats_male[2 * j + 2])

         for j in range(3):
             p[1][j] = stats.norm.pdf(param[j],
                                      stats_female[2 * j + 1],
                                      stats_female[2 * j + 2])

         print(p)

         ♯性别判断
         if (numpy.prod(p[0]) > numpy.prod(p[1])):
             print('这很可能是一位男性')
         else:
             print('这很可能是一位女性')

[[1.57888318e + 00 5.98674302e − 06 1.31122104e − 03]
 [2.23458727e − 01 1.67892979e − 02 2.86690700e − 01]]
这很可能是一位女性
```

我们再看一个水果分类的例子。考虑到水果的 3 个特征:长短、甜或不甜、是否为黄色。现在有以下统计数据,如表 10-6 所示。

表 10-6　水果统计数据

类　　别	较　　长	不　　长	甜	不　　甜	黄　　色	不是黄色	总　　数
香蕉	400	100	350	150	450	50	500
橘子	0	300	150	150	300	0	300
其他	100	100	150	50	50	150	200
总数	500	500	650	350	800	200	1000

根据贝叶斯分类器公式,我们需要做的是,在知道上述特征的情况下,判断这个水果是香蕉、橘子还是其他,写成式(10-24)。

$$P(F|LSC) = \frac{P(LSC|F)P(F)}{P(LSC)} \tag{10-24}$$

根据上述推导,我们只需求等式的最大值 $P(L|F)P(S|F)P(C|F)P(F)$。其中,F 表示水果,L 表示长度,S 表示甜度,C 表示颜色。假设,我们有一个水果,它有以下特征:较长、不甜、黄色,请问它最有可能是什么水果?

首先,我们自定义一个结构化数据类型来描述每一行的数据,并生成结构化数据数组,

代码如下：

```
In [37]: fruit = numpy.dtype([('class', numpy.str),
                              ('long', numpy.int), ('not_long', numpy.int),
                              ('sweet', numpy.int), ('not_sweet', numpy.int),
                              ('yellow', numpy.int), ('not_yellow', numpy.int),
                              ('total', numpy.int)])
         attr = numpy.dtype([('long', numpy.float), ('not_long', numpy.float),
                             ('sweet', numpy.float), ('not_sweet', numpy.float),
                             ('yellow', numpy.float),
                             ('not_yellow', numpy.float)])
         fruit_data = numpy.array([('banana', 400, 100, 350, 150, 450, 50, 500),
                                   ('orange', 0, 300, 150, 150, 300, 0, 300),
                                   ('other_fruit', 100, 100, 150, 50, 50, 150, 200)], dtype
= fruit)
         label = {'banana':0, 'orange':1, 'other_fruit':2}
         fruit_data
Out[37]:
array([('', 400, 100, 350, 150, 450, 50, 500),
       ('', 0, 300, 150, 150, 300, 0, 300),
       ('', 100, 100, 150, 50, 50, 150, 200)],
      dtype = [('class', '< U'), ('long', '< i4'), ('not_long', '< i4'), ('sweet', '< i4'), ('not_
sweet', '< i4'), ('yellow', '< i4'), ('not_yellow', '< i4'), ('total', '< i4')])
```

当然，我们也可以将数据保存在 CSV 文件中，利用函数 numpy.genfromtxt()自动生成类似的数组。

接下来，我们编写一个函数将所有水果的所有特性的分布概率计算出来，代码如下：

```
In [38]: def get_base_rate():
             p_f = numpy.empty((3,), dtype = attr )
             field = ['long', 'not_long', 'sweet', 'not_sweet',
                 'yellow', 'not_yellow']
             for i in range(3):
                 for j in (field):
                     p_f[i][j] = fruit_data[i][j]/fruit_data[i]['total']
             return p_f
```

此时只需将各种水果出现的概率算出来，就可以根据具体的属性计算后验概率了，代码如下：

```
In [39]: def get_label(sweet, length, corlor):
             fruit_rate = fruit_data['total']/numpy.sum(fruit_data['total'])
             p = get_base_rate()
             likelyhood = {}
             for l in label.keys():
                 idx = label[l]
                 pr = p[idx][sweet] * p[idx][length] * p[idx][corlor] * fruit_rate[idx]
                 likelyhood[l] = pr
             return likelihood
```

接下来，我们写一段测试代码验证以上代码：

```
In [40]: import operator
         import random

         def random_attr(pair):
             return pair[random.randint(0,1)]

         def gen_attrs():
             #生成测试数据集
         sets = [('long','not_long'),
                 ('sweet','not_sweet'),
                 ('yellow','not_yellow')]
             test_datasets = []
             for _ in range(5):
                 test_datasets.append(list(map(random_attr,sets)))
             return test_datasets

         if __name__ == "__main__":
             test_datas = gen_attrs()
             for data in test_datas:
                 print("特征值:")
                 print(data)
                 res = get_label(data[0], data[1], data[2])
                 print("后验概率值:")
                 print(res)
                 print("预测结果是:")
                 print(sorted(res.items(),
                              key = operator.itemgetter(1),
                              reverse = True)[0][0])
```

特征值:
['long', 'sweet', 'not_yellow']
后验概率值:
{'banana': 0.027999999999999997, 'orange': 0.0, 'other_fruit': 0.05625}
预测结果是:
other_fruit
特征值:
['long', 'sweet', 'yellow']
后验概率值:
{'banana': 0.252, 'orange': 0.0, 'other_fruit': 0.018750000000000003}
预测结果是:
banana
特征值:
['long', 'not_sweet', 'yellow']
后验概率值:
{'banana': 0.108, 'orange': 0.0, 'other_fruit': 0.00625}
预测结果是:
banana
特征值:

```
['long', 'not_sweet', 'yellow']
后验概率值:
{'banana': 0.108, 'orange': 0.0, 'other_fruit': 0.00625}
预测结果是:
banana
特征值:
['not_long', 'not_sweet', 'not_yellow']
后验概率值:
{'banana': 0.003, 'orange': 0.0, 'other_fruit': 0.018750000000000003}
预测结果是:
other_fruit
```

10.3　本章小结

本章首先简要介绍了概率统计中的一些基本概念,利用 SciPy 库中 stats 模块函数,演示了典型的离散随机分布和连续随机分布的特性,并通过代码展示了相关分布之间的联系。接着用 Python 代码演示了数理统计中的大数定理、中心极限定理的特性及与经典随机分布的关系。最后,介绍了如何利用 Python 实现贝叶斯分类器。

10.4　练习

练习1:

生成一个二项随机变量 $X \sim \text{Bin}(n=10, p=0.2)$ 并计算其概率质量函数(PMF)或累积密度函数(CDF)。计算关于 X 的一些统计信息,然后计算 $P(X=3)$ 和 $P(X \leqslant 4)$。

练习2:

生成一个正态随机变量 $A \sim N(\mu=3, \sigma^2=16)$,然后计算 $f_Y(0)$ 和 $F_Y(0)$。

练习3:

生成一个泊松随机变量 $Y \sim \text{Poi}(\lambda=2)$,然后计算 $P(Y=3)$。

练习4:

生成一个几何随机变量 $X \sim \text{Geo}(p=0.75)$。

练习5:

通常,我们需要多个随机数,尝试使用函数 random() 来创建随机数列表。

练习6:

有些密码是弱密码,例如 123456、password、qwerty 等,应该避免使用。我们可以利用 random 模块定义一个强大的随机密码生成器,尝试编写代码生成可指定长度的密码。提示:可使用 Random 库中的 SystemRandom 类。

第 11 章

分　　形

自然界的很多事物,其外形非常复杂,经典几何学无法对其进行描述。不过经仔细观察后,会发现这一类事物的形状往往具有这样的特点:如果将形状的局部放大,会发现其与形状整体有相似性。这一类图形被称为分形。分形几何学是专门研究分形的一门学科,借助计算机辅助绘图,我们可以深入直观地观察和理解分形。本章将介绍几种常见的分形图案及如何使用 Python 绘制它们。

11.1　Koch 曲线

瑞典数学家 Helge von Koch,在 1904 年发表的名为《关于一条连续而无切线,可由初等几何构作的曲线》的论文中提出 Koch 曲线。它的描述如下:

(1) 指定一条线段的长度 l(可以理解为第 0 次迭代)。

(2) 将这条线段三等分,并以中间的线段为底边构造一个等边三角形,然后去掉底边。

(3) 对(2)中生成的曲线的每一条边重复(2)的操作(每操作一次称为一次迭代)。

最终得到的集合图形长度为 $L = l \times (4/3)^N$。

其中的 N 指的是迭代次数。

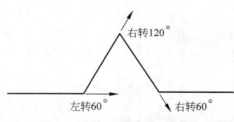

图 11-1　Koch 曲线的绘制方法

Koch 曲线的绘制方法如图 11-1 所示。

(1) 如果 $N = 0$,则直接画出长度为 L 的线段即可。

(2) 如果 $N = 1$(第一次迭代),则可画出长度为 $L/3$ 的线段;画笔向左转 60°再画长度为 $L/3$ 的线段;画笔向右转 120°画长度为 $L/3$ 的线段;画笔再向左转 60°画出长度为 $L/3$ 的线段。

以下是一段使用 Python Turtle 模块绘制 Koch 曲线的代码,注意:它只能够在 CPython 环境下运行。

```
# - * - coding: UTF - 8 - * -
"""

koch_curv.py
```

```
    绘制 Koch 曲线
    """

import turtle

screen = turtle.Screen()
screen.setup(1000,1000)
screen.title("Koch 曲线")
screen.tracer(0,0)

level = 3
side = 600

def koch(size, n, tt):
    """
    绘制一条 Koch 曲线

    size:边长
    n:当前阶数
    tt:绘制曲线所用的海龟
    """
    if n == 0:
        tt.fd(size) #递归结束
    else:
        for angle in [0,60,-120,60]:
            tt.left(angle)
            koch(size/3, n-1, tt) #递归

t = turtle.Turtle()
t.hideturtle()
t.speed(0)
t.up()
t.goto(-0.5 * side, 150)
t.pd()
t.color("black", "skyblue")
t.begin_fill()
for i in range(4):
    koch(side, level, t)
    t.right(120)
t.end_fill()
screen.update()
```

11.2 递归

递归一词还较常用于描述以自相似方法重复事物的过程。例如,当两面镜子相互之间近似平行时,镜中嵌套的图像是以无限递归的形式出现的。也可以理解为自我复制的过程。

在数理逻辑和计算机科学中经常使用递归方法定义某些对象。譬如对于自然数的一个

递归定义：

（1）0 是一个自然数。

（2）比一个自然数大 1 的数也是自然数。

（3）除(1)和(2)的描述外没有自然数。

以下是关于树的递归定义：

（1）空节点是一棵树。

（2）用一个节点将两棵树连接后也是一棵树。

（3）除(1)和(2)的描述外没有树。

以上代码中，我们看到函数 koch()调用了它自身。在数学与计算机科学中，在函数的定义中使用函数自身的方法被称为递归(Recursion)，又译为递回。递归算法是一种直接或者间接调用自身函数或者方法的算法。递归算法的实质是把原问题分解成规模缩小的同类子问题，然后递归调用相同的方法来求问题的解。递归算法可以使算法简洁和易于理解。递归算法能使代码变得非常简洁和直观，从而使编码得以简化，最终以小的代码量解决比较复杂的问题。

递归算法解决问题的特点：

（1）在方法里调用自身。

（2）必须有一个明确的递归结束条件，此递归结束条件称为递归出口。

以下是 Matplotlib 中的一段示例代码，该段代码使用递归的方法生成 Koch 雪花每个顶点的坐标，然后调用函数 pyplot.fill()绘制多边形：

```
In [1]: import numpy
        import matplotlib.pyplot as plt


        def koch_snowflake(order, scale = 10):
            """
            返回 Koch 雪花的点坐标的两个列表 x 和 y.

            参数
            ----------
            order: int
                递归深度.
            scale: float
                雪花的长度(底三角形的边长).
            """
            def _koch_snowflake_complex(order):
                if order == 0:
                    ♯作为底的正三角形的 3 个顶点的弧角度数
                    angles = numpy.array([0, 120, 240]) + 90
                    return scale / numpy.sqrt(3) * numpy.exp(numpy.deg2rad(angles) * 1j)
                else:
                    ZR = 0.5 - 0.5j * numpy.sqrt(3) / 3
```

```
              p1 = _koch_snowflake_complex(order - 1)        # Koch 曲线的一个端点
              p2 = numpy.roll(p1, shift = -1)                # Koch 曲线的另一个端点
              dp = p2 - p1                                   # 两段点之间的向量差

              '''
              每增加一次迭代的级数,原来的两个端点之间需插入 3 个新的端点
              需要注意的是以下都是复数空间的运算
              '''
              new_points = numpy.empty(len(p1) * 4, dtype = numpy.complex128)
              new_points[::4] = p1
              new_points[1::4] = p1 + dp / 3
              new_points[2::4] = p1 + dp * ZR
              new_points[3::4] = p1 + dp / 3 * 2
              return new_points

          points = _koch_snowflake_complex(order)
          print(points)
          x, y = points.real, points.imag
          return x, y

In [2]: x, y = koch_snowflake(order = 2)

          plt.figure(figsize = (8, 8))
          plt.axis('equal')
          plt.fill(x, y)
          plt.show()
```

以上代码执行的结果如图 11-2 所示。

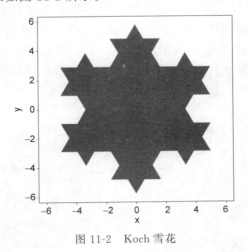

图 11-2　Koch 雪花

递归算法也有一些局限性。在递归调用的过程中,每一次的递归调用都需要栈空间存放每一次递归调用的返回点和局部变量。递归的层级过深容易造成栈溢出,另外递归算法的效率也比较低,所以通常情况下,递归的层级不宜过深,并且能够使用循环来解决的问题,不提倡用递归算法解决。

11.3　曼德勃罗集合

曼德勃罗(Mandelbrot)集合是在复平面上组成分形的点的集合。曼德勃罗集合可以用下面的复二次多项式定义：

$$f_c(z) = z^2 + c \tag{11-1}$$

其中 c 是一个复数。对每个 c，通过从 $z=0$ 开始对 $f_c(z)$ 进行迭代，得到序列($0, f_c(0)$, $f_c(f_c(0)), f_c(f_c(f_c(0))), \cdots$)。不同的参数可能使迭代值的模逐渐发散到无限大，也可能收敛在有限的区域内。曼德勃罗集合就是使其不扩散的所有复数的集合。

关于曼德勃罗集合有以下三条定理：

(1) 若 $|c| \leqslant 14$，则 $c \in M$。

(2) 若 $c \in M$，则 $|c| \leqslant 2$。

(3) 若 $c \in M$，则 $|zn| \leqslant 2$。

从数学上来讲，判断复平面上一个点是否属于曼德勃罗集合需要迭代无限次。程序中显然不可能这么做，通常的方法是设置一个迭代次数的上限，只要满足这个上限即认为属于曼德勃罗集合，而用图形表示时，利用这些迭代次数决定相应点的颜色，即可完成曼德勃罗集合的图形化。

具体算法如下：

(1) 判断每次调用函数 $f_c(z)$ 得到的结果是否在半径 R 之内，即复数的模小于 R。

(2) 记录模大于 R 时的迭代次数。

(3) 迭代最多进行 N 次。

(4) 不同的迭代次数的点使用不同的颜色绘制。

在编码之前，先介绍两个需要使用到的函数。第一个函数是 numpy.frompyfunc()。该函数接受任意 Python 函数并返回一个 NumPy ufunc。在前文我们已经介绍过，NumPy 的 ufunc 可以将标量函数向量化。由于曼德勃罗集合实质上是复平面上点的映射，因此使用向量化的映射函数，能够使代码更加简洁。实现向量化的计算有两种方式：第一种方式，直接编支持向量化运算的函数。第二种方式，使用 numpy.frompyfunc() 将标量函数向量化。

以下是将标量函数向量化的代码：

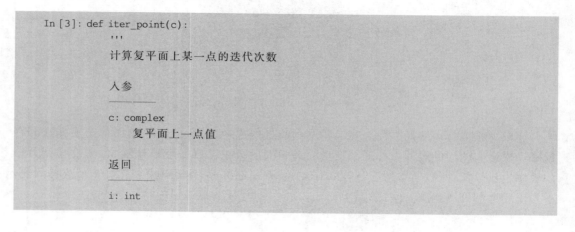

```
In [3]: def iter_point(c):
            '''
            计算复平面上某一点的迭代次数

            入参
            ————
            c: complex
                复平面上一点值

            返回
            ————
            i: int
```

```
                 该点在验证定理 2 时可以迭代的次数
            '''
            n = 100                    #最多迭代 100 次
            if (abs(c) < 1/4):         #定理 1
                return n
            z = c
            for i in range(1, n):
                if abs(z) > 2:
                    break              #半径大于 2,违反定理 2
                z = z * z + c
            return i                   #返回迭代次数


        #创建向量化 ufunc 函数
        iter_points = numpy.frompyfunc(iter_point,1,1)

        iter_points
Out[3]: < ufunc '? (vectorized)'>
```

接下来,我们编写一个函数在复平面上指定的区域内绘制曼德勃罗集合的图像。对该区域使用 numpy.ogrid 来实例化,代码中传给 numpy.ogrid 构造函数的两个入参分别是 X 轴和 Y 轴的起始值及步长,当步长是复数时,则其幅度的整数部分将被解释为指定在起始值和终止值之间创建的点数,其中终止值包括端点值。

以下代码可以理解为将复平面上点 $(-9, -9)$ 和点 $(9, 9)$ 之间的区域分成 100 份,然后生成所有子区间顶点坐标的集合:

```
In [4]: y, x = numpy.ogrid[ -9:9:10j, -9:9:10j]
        print(numpy.shape(x), numpy.shape(y))
        print(x)
        y
(1, 10) (10, 1)
[[ -9. -7. -5. -3. -1. 1. 3. 5. 7. 9.]]
Out[4]:
array([[ -9.],
       [ -7.],
       [ -5.],
       [ -3.],
       [ -1.],
       [ 1.],
       [ 3.],
       [ 5.],
       [ 7.],
       [ 9.]])
```

利用 NumPy 数组的广播机制可以生成所有顶点对应的数值,代码如下:

```
In [5]: x + y * 1j
Out[5]:
array([[ -9. -9.j, -7. -9.j, -5. -9.j, -3. -9.j, -1. -9.j, 1. -9.j, 3. -9.j,
```

```
5. - 9. j, 7. - 9. j, 9. - 9. j],
[- 9. - 7. j, - 7. - 7. j, - 5. - 7. j, - 3. - 7. j, - 1. - 7. j, 1. - 7. j, 3. - 7. j,
5. - 7. j, 7. - 7. j, 9. - 7. j],
……
[- 9. + 7. j, - 7. + 7. j, - 5. + 7. j, - 3. + 7. j, - 1. + 7. j, 1. + 7. j, 3. + 7. j,
5. + 7. j, 7. + 7. j, 9. + 7. j],
[- 9. + 9. j, - 7. + 9. j, - 5. + 9. j, - 3. + 9. j, - 1. + 9. j, 1. + 9. j, 3. + 9. j,
5. + 9. j, 7. + 9. j, 9. + 9. j]])
```

以下代码与以上代码等效：

```
In [6]: x = numpy. linspace( - 9, 9, 10)
        y = numpy. linspace( - 9, 9, 10). reshape(10, 1)
        x + y * 1j
Out[6]:
array([[ - 9. - 9. j, - 7. - 9. j, - 5. - 9. j, - 3. - 9. j, - 1. - 9. j, 1. - 9. j, 3. - 9. j,
        5. - 9. j, 7. - 9. j, 9. - 9. j],
       [- 9. - 7. j, - 7. - 7. j, - 5. - 7. j, - 3. - 7. j, - 1. - 7. j, 1. - 7. j, 3. - 7. j,
        5. - 7. j, 7. - 7. j, 9. - 7. j],
       ……
       [- 9. + 9. j, - 7. + 9. j, - 5. + 9. j, - 3. + 9. j, - 1. + 9. j, 1. + 9. j, 3. + 9. j,
        5. + 9. j, 7. + 9. j, 9. + 9. j]])
```

现在利用以上知识，编写我们的函数，根据式(11-1)计算区域内采样点的迭代值，代码
如下：

```
In [7]: import matplotlib. pyplot as plt
        from matplotlib import cm

        def get_mandelbrot_iter(x0, x1, y0, y1, step = 200):
            """
            获得点(x0, y0)和(x1, y1)围成的矩形区域内
            曼德勃罗迭代次数。默认被划分成 200 × 200 的
            子区间。

            入参
            ---
            x0: float
                起始点实部

            y0: float
                起始点虚部

            x1: float
                截止点实部

            y1: float
                截止点虚部
```

```
            step: int
                区间,默认 200

            返回
            ———
            iter_matix: float array
                每个采样点的迭代次数
            """
            y, x = numpy.ogrid[y0:y1:step * 1j, x0:x1:step * 1j]
            c = x + y * 1j
            iter_points = numpy.frompyfunc(iter_point,1,1)
            iter_matrix = iter_points(c).astype(numpy.float)

            return iter_matrix
```

Matplotlib 子图对象的 Axes. imshow()方法可以根据输入的数据集来绘制二维热图。参数及其默认值如下:

```
plt.imshow(X, cmap = None, norm = None, aspect = None, interpolation = None, alpha = None, vmin =
None, vmax = None, origin = None, extent = None, shape = None, filternorm = 1, filterrad = 4.0,
imlim = None, resample = None, URL = None, **kwargs)
```

参数 X 表示图像数据,可以是 Python PIL 图像数据或者 NumPy 数组。支持的 NumPy 数组形状分为以下几种。

(1) (M, N):单纯的二维标量数组,通过 colormap 展示。我们将使用这种格式的数据。

(2) $(M, N, 3)$:RGB 三通道图像,元素值可以是 $0 \sim 1$ 的浮点数或者 $0 \sim 255$ 的整型数。

(3) $(M, N, 4)$:具有 RGBA 值的图像,增加了透明度,元素值可以是 $0 \sim 1$ 的浮点数或者 $0 \sim 255$ 的整型数。

参数 cmap 表示将标量数据映射到色彩图。我们选取的参数是 camp. Blues_r,即将标量数值映射到蓝色。

参数 extent(left,right,bottom,top)指明数据坐标中左下角和右上角的位置。

现在使用迭代生成的数值,只要设定 cmap 和 extent 参数,便可以绘制特定区域中的曼德勃罗集合了。以下是绘制复平面上点 $(-9, -9)$ 和点 $(9, 9)$ 之间曼德勃罗集合的代码:

```
In [8]: def draw_mandelbrot(ax, cx, cy, d):
            """
            绘制点(cx, cy)附近正负 d 范围的曼德勃罗集合

            入参
            ———
            ax: Axis
            当前坐标系
```

```
            cx: float
            复平面上一点的实部

            cy: float
            复平面上一点的虚部

            d: float
            范围

            返回
            ————
            无

            """
            x0, x1, y0, y1 = cx - d, cx + d, cy - d, cy + d
            mandelbrot = get_mandelbrot_iter(x0, x1, y0, y1)
            ax.imshow(mandelbrot, cmap = plt.cm.Blues_r, extent = [x0,x1,y0,y1])
            ax.set_axis_off()
```

接下来使用刚刚定义的函数 draw_mandelbrot() 在复平面上的点(-0.5, 0)附近 1.5 的范围内绘制曼德勃罗集合,代码如下:

```
In [9]: fig = plt.figure(figsize = (6, 6))
        draw_mandelbrot(plt.gca(), -0.5, 0, 1.5)
        plt.show()
```

以上代码的执行结果如图 11-3 所示。

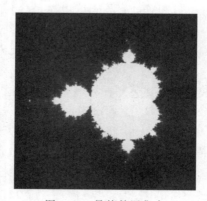

图 11-3　曼德勃罗集合

接下来,我们缩小采样的区间,对曼德勃罗集合的图形进行局部放大,代码如下:

```
In [10]: fig = plt.figure(figsize = (12, 8))
         x, y = 0.27322626, 0.595153338
         for i in range(1, 7):
             plt.subplot(230 + i)
             draw_mandelbrot(plt.gca(), x, y, 0.3 ** (i - 1))
```

```
        plt.subplots_adjust(0.02, 0, 0.98, 1, 0.02, 0)
        plt.show()
```

以上代码的执行结果如图 11-4 所示。

图 11-4 曼德勃罗集合局部放大

以上代码的运行效率不高,可以使用%time 测试函数 draw_mandelbrot()的运行时间,代码如下:

```
In [11]: fig = plt.figure(figsize = (6, 6))
         % time draw_mandelbrot(plt.gca(), - 0.5, 0, 1.5)
         plt.show()
Wall time: 318 ms
```

函数 draw_mandelbrot()运行效率低的原因是曼德勃罗集合中每个点的数据是通过循环的方法生成。在这种情况下,可以使用向量化来提升计算效率。以下代码是向量化实现的版本:

```
In [12]: def get_mandelbrot_iter(x0, x1, y0, y1, step = 200):
             """
             获得点(x0, y0)和(x1, y1)围成的矩形区域内
             曼德勃罗迭代次数。默认被划分成 200×200 的
             子区间。

             入参
             ——
```

```
            x0: float
                起始点实部

            y0: float
                起始点虚部

            x1: float
                截止点实部

            y1: float
                截止点虚部

            step: int
                区间，默认 200

        返回
        ———
        iter_matix: float array
            每个采样点的迭代次数
        """
        x = np.linspace(x0, x1, step)
        y = np.linspace(y0, y1, step).reshape(step, 1)
        X,Y = numpy.meshgrid(x, y)

        c = np.array(X + 1j * Y, dtype = complex)
        z = np.zeros(c.shape, dtype = complex)

        bool_index = np.ones(c.shape, dtype = bool)
        matrix_map = np.ones(c.shape)

        for i in range(100):
            z[bool_index] = pow(z[bool_index],2) + c[bool_index]
            bool_index = (np.abs(z) < 2)
            matrix_map += bool_index

        return matrix_map
```

11.4　分形树叶

在数学中，迭代函数系统（Iterated Function System，IFS）是一种构建分形的方法。迭代函数系统下的分形，可存在于各种维度的空间中，但是一般常见于二维平面。IFS 分形由数个自身的副本合并组成，每个副本皆遵循一个方程进行变换（因此称为"函数系统"），这里的变换（函数）通常是压缩性的。换言之，变换后点与点之间距离更近、图案压缩变小，因此，IFS 分形的图形由数个自身的小副本构成（副本间可能存在重合），而每个小副本又由更小的自身的副本构成，以此类推。这也是 IFS 分形的自相似性质的来源。典型的例子有树叶、谢宾斯基三角形等。

在二维平面中有下面 4 组线性函数,它们可以将平面上一点映射到另一个位置:

(1) $\begin{cases} x(n+1)=0 \\ y(n+1)=0.16\times y(n) \end{cases}$

(2) $\begin{cases} x(n+1)=0.2\times x(n)-0.26\times y(n) \\ y(n+1)=0.23\times x(n)+0.22\times y(n)+1.6 \end{cases}$

(3) $\begin{cases} x(n+1)=-0.15\times x(n)+0.28\times y(n) \\ y(n+1)=0.26\times x(n)+0.24\times y(n)+0.44 \end{cases}$

(4) $\begin{cases} x(n+1)=0.85\times x(n)+0.04\times y(n) \\ y(n+1)=-0.04\times x(n)+0.85\times y(n)+1.6 \end{cases}$

可以看到,$x(n+1)$ 是 $x(n)$ 和 $y(n)$ 的函数,$y(n+1)$ 也是如此。即这一次的计算要使用到上一次的结果,因此称为迭代。这样的系统被称为迭代函数系统。给定一个初始点 $(x(0),y(0))$,经过上面的映射函数的映射,便可以得到平面中许多点,这些点构成的图形便是分形图案。这里共有 4 个映射函数,每次迭代要使用哪一个呢? 因此,还需要给每个映射函数规定一个概率,按照概率进行选择。

首先,我们要把映射函数通过矩阵的方式描述出来,同时定义它们被使用的概率,代码如下:

```
In [13]: #蕨类植物叶子的迭代函数和其概率值
         eq1 = numpy.array([[0,0,0],[0,0.16,0]])
         p1 = 0.01

         eq2 = numpy.array([[0.2,-0.26,0],[0.23,0.22,1.6]])
         p2 = 0.07

         eq3 = numpy.array([[-0.15,0.28,0],[0.26,0.24,0.44]])
         p3 = 0.07

         eq4 = numpy.array([[0.85,0.04,0],[-0.04,0.85,1.6]])
         p4 = 0.85
```

接下来定义迭代函数。为了减少计算时间,我们在进行迭代之前先准备好每次迭代时的随机数,并利用这些随机数生成映射函数的索引数组。具体算法是:将 $0\sim1$ 按 4 种映射函数的概率划分成不同的区间,由 $0\sim1$ 的随机数决定所选函数。区间可以由以下代码生成:

```
In [14]: p = numpy.add.accumulate([0.01, 0.07, 0.12, 0.80])
         p
Out[14]: array([0.01, 0.08, 0.2, 1. ])
```

接下来,我们需要创建两个相同长度的数组 rands 和 select,数组 rands 用来保存作为区间选择的随机数,数组 select 用来保存映射函数的编号。以下代码,假设需要迭代 10 次:

```
In [15]: rands = numpy.random.rand(10)
         select = numpy.ones(10, dtype = numpy.int)
```

```
        for i, x in enumerate(p[::-1]):
            select[rands < x] = len(p) - i - 1
        print(rands)
        select
[0.39567983 0.07866636 0.38282753 0.1097787 0.8356644 0.07633884
 0.23159226 0.82488175 0.05346051 0.67682223]
Out[15]: array([3, 1, 3, 2, 3, 1, 3, 3, 1, 3])
```

以上代码使用 NumPy 数组的布尔索引，根据 rands 中成员所处的区间，为 select 数组中的成员选择相应的值。

迭代函数选好了，接着就是迭代的过程了。每次迭代选择对应的函数矩阵与被映射的点做点乘，将迭代结果存入结果数组。以下是 IFS 函数的实现代码：

```
In [16]: def ifs(p, eq, init, n):
            """
            进行函数迭代
            p: 每个函数的选择概率列表
            eq: 迭代函数列表
            init: 迭代初始点
            n: 迭代次数

            返回值：每次迭代所得的 X 坐标数组和 Y 坐标数组，以及计算所用的函数下标
            """

            # 迭代向量的初始化
            pos = numpy.ones(3, dtype = numpy.float)
            pos[:2] = init

            # 通过函数概率计算函数的选择序列
            p = numpy.add.accumulate(p)
            rands = numpy.random.rand(n)
            select = numpy.ones(n, dtype = numpy.int)
            for i, x in enumerate(p[::-1]):
                select[rands < x] = len(p) - i - 1

            # 结果的初始化
            result = numpy.zeros((n,2), dtype = numpy.float)
            c = numpy.zeros(n, dtype = numpy.float)

            for i in range(n):
                eqidx = select[i]                    # 所选的函数下标
                tmp = numpy.dot(eq[eqidx], pos)      # 进行迭代
                pos[:2] = tmp                        # 更新迭代向量

                # 保存结果
                result[i] = tmp
                c[i] = eqidx

            return result[:,0], result[:, 1], c
```

以上代码不仅返回迭代的结果,还同时返回了每个点所用的映射方程的编号。我们可以利用这些编号在绘图时为不同的点选择不同的颜色,这样便于我们分析分形的不同部分分别是由哪个映射函数生成的。

以下是使用绿色生成图案的代码,关键字参数 marker='s'。's'表示正方形,正方形在 Matplotlib 中的绘制速度是最快的,linewidths=0 表示绘图不需要边框,代码如下:

```
In [17]: x, y, c = ifs([p1,p2,p3,p4],[eq1,eq2,eq3,eq4], [10,0], 100000)
         plt.figure(figsize = (6,6))
         plt.scatter(x, y, s = 1, c = "g", marker = "s", linewidths = 0)
         plt.axis("equal")
         plt.axis("off")
         plt.show()
```

以上代码的运行结果如图 11-5 所示。

彩图

(a)   (b)

图 11-5　分形树叶

接下来,我们将函数 ifs()返回的 c 代入,这样不同映射区将会以不同颜色显示出来,代码如下:

```
In [18]: plt.figure(figsize = (6,6))
         plt.scatter(x, y, s = 1,c = c, marker = "s", linewidths = 0)
         plt.axis("equal")
         plt.axis("off")
         plt.show()
```

观察图 11-5(b)的 4 种颜色部分可以发现,概率为 1% 的函数 1 所计算的是叶杆部分(深蓝色),概率为 7% 的两个函数计算的是左右两片子叶,而概率为 85% 的函数计算的是整个叶子的迭代:即最下面的 3 种颜色的点通过此函数的迭代产生上面的所有的深红色的点。

我们可以看出整个叶子呈现出完美的自相似特性,任意取其中的一个子叶,将其旋转放大之后都和整个叶子相同。

读者可以这样修改以上代码:

试验一:以上是由 10 万个点生成的图。如果改为 1000 个点或者更少,则查看效果如何。

可以看出：点的产生并不是从下而上累计的，而是每次都会有一定概率落在某个映射函数的结果集所在的位置上，随着点数的增多，轮廓越来越明显和精细。当起始点定了之后，每个映射函数都有自己的一个映射空间，不会超出这个空间。例如两个7%的函数的映射空间就是在蓝叶子和绿叶子的轮廓中，不会跳出这个范围。

试验二：将起始点(0,0)改为不均衡的数，如(10,1)、(−1,10)等，会发现结果的形状相同。说明与起始点的值无关。这是因为，映射函数是坐标的线性变换，也是仿射变换，即不改变原有的直线性和平行性，只是进行翻转和伸缩，因此在同一个函数的作用下，两个不同位置的点进行的翻转动作是相同的，因此得到的形状也是相同的。

试验三：修改函数出现的概率和映射函数，此时会影响最终生成的图形。

11.5　L-System

L-System(Lindenmayer System)是一种生成分形图案的方法。该方法是由荷兰乌特勒支大学的匈牙利裔生物学和植物学家林登麦伊尔(Aristid Lindenmayer)于1968年提出的，最初用于建立有关细胞生长发展过程中交互作用的数学模型，也可用于生成自相似的分形。不同于迭代函数系统，L-System在生成分形时依赖的是字符的迭代。首先使用特定字符代表着一种对线条的操作，如延伸、旋转等。接着将这些字符拼接成字符串，代表一组操作。最后对字符串中的字符依次进行迭代，随着迭代次数的增加，便会得到一张分形图案。

以下是该系统中常用的一些字符及其含义：

(1) F/f：向前走固定长度。

(2) ＋：正方向旋转固定角度。

(3) －：负方向旋转固定角度。

例如，F+F－－F+F这个字符串。如果迭代规则是F＝F+F－－F+F，第一次迭代的结果是F+F－－F+F+F+F－－F+F－－F+F－－F+F+F+F－－F+F。

假设符号＋和－代表正负60°旋转，则图11-6分别代表0～3次迭代的结果：

图11-6　Koch曲线

迭代可以使用字典来表述，关键字表示字符串中被替代的字符，值表示替换的字符或字符串。例如以上替代规则可以用以下代码表示：{'F':'F+F－－F+F'}。

此时，我们需要一个符号来表示初始字符串。可以选择字符'S'。以下代码表示，初始字符串为'F'，仅有一条替换规则F＝F+F－－F+F。

```
{'F':'F + F- - F + F', 'S': 'F'}
```

为了能够生成树状结构,需要支持对某些节点入栈和出栈的操作,因此再引入两个符号:

(1) [:将当前的位置存入堆栈。

(2)]:从堆栈中取出坐标,修改当前位置。

以下符号描述了一棵树,除根节点以外,这棵树的每个非叶子节点都有 2 个分叉,在每个分叉上进行相同的迭代。

(1) S→X。

(2) X→F−[[X]+X]+F[+FX]−X。

(3) F→FF。

我们可以用一个字典定义所有的迭代公式和其他的一些绘图信息,以这棵树为例,以下代码中各参数的意义如下所示。

(1) direct:是绘图的初始角度,通过指定不同的值可以旋转整个图案。

(2) angle:定义符号+、−旋转时的角度,不同的值能产生完全不同的图案。

(3) iter:迭代次数。

```
{
    "X":"F − [[X] + X] + F[ + FX] − X", "F":"FF", "S":"X",
    "direct": − 45,
    "angle":25,
    "iter":6,
    "title":"Plant"
}
```

在开始编写代码之前,我们先对 L-System 的特性做进一步的分析。L-System 可以代表一大类的分形,体现它们之间差异的是不同实例各自的属性——迭代规则。不同L-System 的实例之间具有的共同方法是:根据迭代规则绘制分形图案。

以下代码是该类的定义。构造函数主要的功能有两部分:第一部分,提取初始状态。第二部分,对初始状态中的字符进行迭代替换,生成描述系统的最终字符串。方法 get_lines()根据最终迭代出的操作字符串计算组成分形的每一条线段的两个端点的坐标值。方法 draw_lines()将这些线段绘制出来,由于分形图案不一定是一条闭合的曲线,因此使用方法 Axes. add_collection()绘制一组线段的集合,这点需读者在使用 Matplotlib 绘图时务必留意。以下是代码:

```
In [19]: from math import sin, cos, pi
         import matplotlib. pyplot as plt
         from matplotlib import collections

         class L_System(object):
             def __init__(self, rule):
                 info = rule['S']
                 for i in range(rule['iter']):
                     ninfo = []
                     for c in info:
                         if c in rule:
                             ninfo. append(rule[c])
```

```
                else:
                    ninfo.append(c)
                info = "".join(ninfo)
        self.rule = rule
        self.info = info

    def get_lines(self):
        d = self.rule['direct']
        a = self.rule['angle']
        p = (0.0, 0.0)
        l = 1.0
        lines = []
        stack = []
        for c in self.info:
            if c in "Ff":
                r = d * pi / 180
                t = p[0] + l * cos(r), p[1] + l * sin(r)
                lines.append(((p[0], p[1]), (t[0], t[1])))
                p = t
            elif c == "+":
                d += a
            elif c == "-":
                d -= a
            elif c == "[":
                stack.append((p, d))
            elif c == "]":
                p, d = stack[-1]
                del stack[-1]
        return lines

    def draw_lines(self, ax):
        lines = self.get_lines()
        linecollections = collections.LineCollection(lines, color = "k",)
        ax.add_collection(linecollections, autolim = True)
        ax.axis("equal")
        ax.set_axis_off()
        ax.set_xlim(ax.dataLim.xmin, ax.dataLim.xmax)
        ax.invert_yaxis()
```

现在，我们为 Koch 曲线定义一套规则，并使用这套规则定义具体的实例并绘制 Koch 曲线，代码如下：

```
In [20]: rulesKoch = {
         "F":"F + F -- F + F", "S":"F",
         # "F":"F + F -- F + F", "S":"F -- F -- F", # Snowflower
         "direct":180,
         "angle":60,
         "iter":4,
         "title":"Koch"
```

```
        }

        Koch = L_System(rulesKoch)
        fig = pl.figure(figsize = (7, 4.5))
        Koch.draw_lines(plt.gca())
```

下面的代码实现了前文中的树：

```
In [21]: plant_rule = {
            "X":"F - [[X] + X] + F[ + FX] - X", "F":"FF", "S":"X",
            "direct": - 45,
            "angle":25,
            "iter":6,
            "title":"Plant"
         }

        plant = L_System(plant_rule)
        fig = pl.figure(figsize = (7, 4.5))
        plant.draw_lines(plt.gca())
```

以上代码的执行结果如图 11-7 所示。

图 11-7 分形树

以下是使用 L-System 绘制几种常见分形的代码：

```
In [22]: rules = [
            {
            "X":"X + YF + ", "Y":" - FX - Y", "S":"FX",
            "direct":0,
            "angle":90,
            "iter":13,
            "title":"Dragon"
            },
            {
            "f":"F - f - F", "F":"f + F + f", "S":"f",
            "direct":0,
            "angle":60,
            "iter":7,
            "title":"Triangle"
            },
            {
```

```
"S":"X", "X":" - YF + XFX + FY - ", "Y":" + XF - YFY - FX + ",
"direct":0,
"angle":90,
"iter":6,
"title":"Hilbert"
},
{
"S":"L - - F - - L - - F", "L":" + R - F - R + ", "R":" - L + F + L - ",
"direct":0,
"angle":45,
"iter":10,
"title":"Sierpinski"
},

]


fig = pl.figure(figsize = (5, 4.5))

for i in range(4):
    ax = fig.add_subplot(221 + i)
    lines = L_System(rules[i]).draw_lines(ax)

fig.subplots_adjust(left = 0, right = 1, bottom = 0, top = 1,
wspace = 0, hspace = 0)
pl.show()
```

以上代码的执行结果如图 11-8 所示。

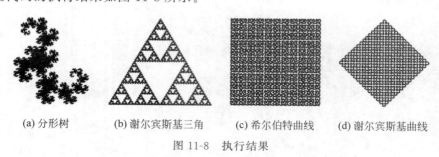

(a) 分形树   (b) 谢尔宾斯基三角   (c) 希尔伯特曲线   (d) 谢尔宾斯基曲线

图 11-8　执行结果

11.6　本章小结

本章介绍了递归的概念。递归方法适用于具有自相似过程的程序，使用递归的方法编写程序可以使代码结构简洁，但是递归调用可能会消耗大量的内存，使用时需要注意。此外，本章还介绍了几种常见的分形，以及如何使用 Python 绘制这些分形图案。通过绘制这些分形，读者可以了解迭代函数系统和 L-System。

11.7　练习

练习1：

在 L-System 中，绘制 Quadratic-Koch-Island 分形图案的规则如下：

axiom = "F + F + F + F"
rules = {"F":"F − F + F + FFF − F − F + F"}
iterations = 2　　　　# TOP: 4
angle = 90

编码实现此分形图案。

练习2：

在 L-System 中，绘制 Crystal 分形图案的规则如下：

axiom = "F + F + F + F"
rules = {"F":"FF + F++F + F"}
iterations = 3　　　　# TOP: 6
angle = 90

编码实现此分形图案。

练习3：

在 L-System 中，绘制 Quadratic-Snowflake 分形图案的规则如下：

axiom = "F − − F"
rules = {"F":"F − F + F + F − F"}
iterations = 4　　　　# TOP: 6
angle = 90

编码实现此分形图案。

练习4：

在 L-System 中，绘制 Box-Fractal 分形图案的规则如下：

axiom = "F − F − F − F"
rules = {"F":"F − F + F + F − F"}
iterations = 4　　　　# TOP: 6
angle = 90

编码实现此分形图案。

练习5：

在 L-System 中，绘制 Levy-C-Curve 分形图案的规则如下：

axiom = "F"
rules = {"F":" + F −− F + "}
iterations = 10　　　　# TOP: 16
angle = 45

编码实现此分形图案。

练习6：

在 L-System 中，绘制 Sierpinski-Arrowhead 分形图案的规则如下：

```
axiom = "YF"
rules = {"X":"YF + XF + Y", "Y":"XF − YF − X"}
iterations = 1          # TOP: 10
angle = 60
```

编码实现此分形图案。

练习7：

在 L-System 中，绘制 Peano-Curve 分形图案的规则如下：

```
axiom = "F"
rules = {"F":"F + F − F − F − F + F + F + F − F"}
iterations = 2          # TOP: 5
angle = 90
```

编码实现此分形图案。

练习8：

朱利亚集合是一个在复平面上形成分形的点的集合。以法国数学家加斯顿·朱利亚 (Gaston Julia)的名字命名。朱利亚集合可以由下式进行反复迭代得到：

$$f_c(z) = z^2 + c \tag{11-2}$$

对于固定的复数 c，取某一 z 值（如 $z = z_0$），可以得到序列

$$z_0, f_c(z_0), f_c(f_c(z_0)), f_c(f_c(f_c(z_0))), \cdots$$

这一序列可能发散于无穷大或始终处于某一范围之内并收敛于某一值。我们将使其不扩散的 z 值的集合称为朱利亚集合。假设初始值为 $0.45 + 0.1428j$，绘制朱利亚集合。

练习9：

牛顿分形是分形中的一种。假如需要求解方程 $f(x) = 0$，其中 x 的定义域是整个复平面，利用牛顿法求解该方程时，首先会估算一个"比较好"的初始值 x_0，然后使用迭代公式

$$x_{n+1} = x_n - \frac{f(x_n)}{f'(x_n)} \tag{11-3}$$

牛顿法可以确保，如果初始猜测值在根附近，则迭代必然收敛。由于 n 次方程在复数域上有 n 个根，所以用牛顿法收敛的根就可能有 n 个目标。牛顿法收敛到哪个根取决于迭代的起始值。根据最后的收敛结果，我们把所有收敛到同一个根的起始点画上同一种颜色，最终就形成了牛顿分形图。

绘制函数 $f(x) = x^4 - 1$ 的牛顿分形图。

第 12 章

异 常 处 理

如果代码总能正常执行并返回一个有效的结果就太好了,但是通常情况下,程序并不如想象中健壮。它有时会无法正常执行,例如:零不能作为除数,或者访问仅具有 5 个成员的列表中的第 8 项。解决这个问题的一种方法是严格检查每个函数的输入,以确保它们是有意义的。任何调用此函数的代码都必须显式检查错误条件并相应地执行操作。如果代码没有这么做,则程序很可能会崩溃,这就是所谓的异常。

在前面章节的例子中,我们遇到过一些异常的示例代码。当这些代码引发异常时,Python 解释器会立即终止代码的执行,并打印回溯(Traceback)。回溯中具有大量信息,可以帮助我们诊断和解决代码中引发异常的原因。了解 Python 回溯中提供的信息,对于更有效地定位和解决问题至关重要。

12.1 Python 异常回溯

回溯是一种报告,其中包含代码在特定点进行的函数调用。以下是一段会引发异常的代码:

```
In [1]: def greet(someone):
            print('Hello, ' + somone)

        greet('Richard')
```

打印语句中的 somone 是未定义的变量,因此,代码执行会得到如下的错误信息:

```
Traceback (most recent call last):

  File "< ipython - input - 1 - 50fc326c2fcd >", line 4, in < module >
    greet('Richard')

  File "< ipython - input - 1 - 50fc326c2fcd >", line 2, in greet
    print('Hello, ' + somone)

NameError: name 'somone' is not defined
```

回溯输出包含诊断问题所需的所有信息。回溯输出的最后一行告诉我们引发了什么类型的异常及有关该异常的一些相关信息。回溯的前几行指出了导致引发异常的代码。

在上述回溯中,引发异常的原因是 NameError,这意味着引用了一些未定义的名称,如变量、函数、类等。示例代码中引用的名称为 somone。对于示例的错误,最后一行具有足够的信息来帮助解决此问题。在代码中搜索名称 somone(这是一个拼写错误),并将其改为正确的名称即可修复错误,但是,通常情况下,实际代码要比示例复杂得多。

每个 Python 回溯都有几个重要的部分。图 12-1 突出显示了各部分。

Python 解释器输出的异常回溯需要从下往上读。最下面的一行输出是异常类型和Python 解释器发现的具体异常原因。往上是函数调用的嵌套次序、函数所在文件、具体的行号、被调用时的参数都会被显示出来。错误消息上方是回溯的起点,它指出引出异常的那行代码。

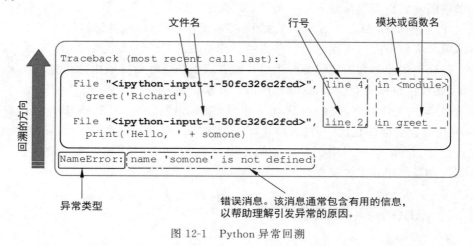

图 12-1　Python 异常回溯

注意：Python 回溯应该自下而上阅读。

12.2　Python 异常类型

Python 编程中经常会遇到的异常可以被分为两大类:解释时出现的异常和代码执行时出现的异常。

解释时出现的异常通常与语法相关,典型的是 SyntaxError,还包括 ImportError。如果这种类型的错误与代码的逻辑没有关系,则发生在代码解释的过程中。如果这类错误与语法相关,则通常比较容易被发现。

代码执行时出现的异常发生在代码执行的过程中,通常是由程序中的逻辑错误引入的。这类错误与逻辑相关,往往较难发现。

本节后续部分将对它们进行详细说明。

12.2.1　语法型错误

Python 以其简单的语法而闻名,然而,对于 Python 的初学者,无论其是否具有丰富的编程经验,都可能会遇到 Python 不允许的一些事情。当 Python 代码被执行时,解释器首先将其解析为 Python 字节码,然后执行。解释器将在程序执行的第一阶段(也称为解析阶段)发现 Python 代码中的任何无效语法。如果解释器不能成功地解析 Python 代码,则意味着代码的某个地方使用了无效语法,解释器将显示语法错误发生的位置。

以下代码的第 3 行含有一处语法错误:

```
In [2]: ages = {
          'pam': 24,
          'jim': 24
          'michael': 43
       }
       print('Michael is % d years old.' % (ages["michael"]))
```

在以上代码中,字典 ages 的第二个成员,'jim'之后少了一个逗号。这段代码执行之后的结果如下:

```
  File "< ipython - input - 2 - efd23be17b28 >", line 4
    'michael': 43
    ^
SyntaxError: invalid syntax
```

需要注意,回溯消息将错误定位在第 4 行,而不是第 3 行。当 Python 解释器试图指出语法错误出现的位置时,它所指的是其他第一次注意到问题的地方。当 Python 解释器返回一个 SyntaxError 回溯,并且回溯所指向的代码看起来没有问题时,我们需要向后遍历代码,直到能够确定错误所在的位置。

当遇到 SyntaxError 回溯时,回溯中的以下元素有助于确定代码中语法错误的位置:

(1) 文件名:语法错误出现的文件。

(2) 行号:语法错误所在的行号。

(3) 插入符号(^):用于指出语法错误在代码中的具体位置。

(4) 错误信息:紧跟在 SyntaxError 之后,详细说明具体的错误原因。

由于本例直接在 Spyder 的 IPython console 中运行,因此文件名为"< ipython-input-2-efd23be17b28 >"。行号为 4,因为解释器在解析第 4 行代码时,发现了错误。插入符指向字典关键字'michael'的左引号。如同本例中一样,有时 SyntaxError 回溯所指的代码可能并不是真正的问题,它所指向的是 Python 解释器无法理解的第一处代码。

当遇到语法错误时,了解出现问题的原因及如何修复 Python 代码中的无效语法是很有帮助的。本节后续部分将介绍引发语法错误的一些常见的原因,以及如何修复它们。

1. 误用赋值运算符

在 Python 中,赋值对象不能是函数或文本。在下面的代码块违反了这一原则,因此产生 SyntaxError:

```
In [3]: len('hello') = 5
  File "< ipython - input - 3 - 6f7fd6add487 >", line 1
    len('hello') = 5
    ^
SyntaxError: cannot assign to function call
```

```
In [4]: 'foo' = 1
  File "< ipython − input − 4 − bb710374fc04 >", line 1
    'foo' = 1
    ^
SyntaxError: cannot assign to literal


In [5]: 1 = 'foo'
  File "< ipython − input − 5 − 2a087e126fe1 >", line 1
    1 = 'foo'
    ^
SyntaxError: cannot assign to literal
```

第 1 个示例尝试将 5 赋给 len（）调用。在这种情况下,SyntaxError 消息非常有用。它告诉我们不能为函数调用赋值。

第 2 个和第 3 个示例尝试将字符串和整数赋值给文本。同样的规则也适用于其他文本值。SyntaxError 消息表明不能向文本赋值。

以上出错代码的原意可能并不是为文本或函数调用赋值,通常情况下可能在输入时不小心忽略了额外的等号（＝）,这样比较语句被误写成了赋值语句。

2. 错误拼写

Python 关键字是一组在 Python 中具有特殊含义的受保护单词。这些词在代码中不能用作标识符、变量或函数名。它们是语言的一部分,只能在 Python 允许的上下文中使用。

可能会错误地使用关键字的 3 种常见方法：

（1）拼写错误的关键字。

（2）缺少关键字。

（3）滥用关键字。

如果在 Python 代码中拼错了一个关键字,就会出现 SyntaxError。例如,以下代码将关键字 for 拼写错了：

```
In [6]: fro i in range(10):
  File "< ipython − input − 6 − 64ffe476203a >", line 1
    fro i in range(10):
        ^
SyntaxError: invalid syntax
```

错误消息的内容为 invalid syntax,对于分析问题不是很有帮助。错误回溯指向 Python 可以检测出错误的第一个地方。要修复这种错误,需要确保所有的 Python 关键字被正确拼写。

关键词的另一个常见问题是,缺失关键字,示例代码如下：

```
In [7]: for i range(10):
  File "< ipython − input − 7 − 680a5e1dfca4 >", line 1
    for i range(10):
          ^
SyntaxError: invalid syntax
```

　　同样，异常消息并不是很有帮助，但回溯确实试图为我们指明正确的方向。如果从插入符号往回移，则可以看到 for 循环语法中缺少了 in 关键字。

3. 误用关键字

　　误用关键字也是一种常见的语法错误。Python 关键字只允许在特定情况下使用，如果不正确地使用它们，则 Python 代码中的语法将无效。

　　一个常见的例子是在循环外使用 continue 或 break。这在开发过程中很容易发生，在调整代码逻辑结构时，如果不注意便会将类似的逻辑移到了循环之外，错误代码如下：

```
In [8]: names = ['pam', 'jim', 'michael']
        if 'jim' in names:
            print('jim found')
            break
  File "< ipython - input - 8 - 587c243511a3 >", line 4
    break
         ^
SyntaxError: 'break' outside loop


In [9]: if 'jim' in names:
            print('jim found')
            continue
  File "< ipython - input - 9 - bdeee22744b4 >", line 3
    continue
           ^
SyntaxError: 'continue' not properly in loop
```

　　对于示例代码中的错误，Python 可以很好地告诉我们出错的原因，并且指出错误所在文件的具体代码行，同时让插入符号(^)直接指向被误用的关键字。消息 'break' outside loop 和 'continue' not properly in loop 可以帮助我们准确地找出解决方案。

　　另一种误用关键字的情况是使用关键字命名变量或函数，错误代码如下：

```
In [10]: pass = True
  File "< ipython - input - 10 - c8afa53838c5 >", line 1
    pass = True
         ^
SyntaxError: invalid syntax


In [11]: def from():
             pass
  File "< ipython - input - 11 - 9c7740813ad6 >", line 1
    def from():
           ^
SyntaxError: invalid syntax
```

　　对于以上两处语法错误，Python 所提供的出错信息对于解决问题的帮助并不大，因为代码从外部看起来很好。如果代码看起来不错,但仍然得到 SyntaxError,就应该考虑是否使用了 Python 的关键字。

以关键字为变量或函数名的这种问题通常很容易被避免,因为多数的代码编辑工具都支持 Python 的语法高亮,但是由于 Python 版本的提升,可能有新的关键字被引入。例如 Python 3.7 中 await 是新引入的关键字。代码编辑工具如果没有及时更新关键字列表,便不能正确地对关键字进行高亮处理。

4. 缺少括号和引号

括号和引号缺失可能是 Python 代码中最常见的语法错误。借助 Python 的回溯,可以发现不匹配或缺少的括号和引号。

以下是引号失配的错误代码:

```
In [12]: message = "This is an unclosed string
  File "< ipython - input - 12 - b5c4ba0baa46 >", line 1
    message = "This is an unclosed string
                                         ^
SyntaxError: EOL while scanning string literal
```

对于这种简单的错误,回溯中的插入符号直接指出了问题代码。错误消息 EOL while scanning string literal 也详细地说明了错误的根本原因。此时,仅需要在字符串的结尾添加一个引号便可解决问题,有时 Python 解释器虽然发现了错误,但是并不能直接指出错误的根本原因,参看以下错误代码:

```
In [13]: message = 'don't'
  File "< ipython - input - 13 - 7c136c763b7b >", line 1
    message = 'don't'
                   ^
SyntaxError: invalid syntax
```

虽然出错信息没有指明具体的错误原因,但是错误回溯指出错误出现的位置,插入符号(^)指出了 Python 解释器所发现的引号失配的位置。

针对科学计算的代码经常需要在很长的行或较长的多行块中嵌套括号,这使错误很难被及时发现。以下是括号失配的错误代码:

```
In [14]: 10 * (1/2 ** 2) + (1 + (1/2 - 1/3) ** 2
  File "< ipython - input - 14 - 2802995f0450 >", line 1
    10 * (1/2 ** 2) + (1 + (1/2 - 1/3) ** 2
                                          ^
SyntaxError: unexpected EOF while parsing

In [15]: 10 * (1/2 ** 2) + (1 + 1/2 - 1/3) ** 2)
  File "< ipython - input - 15 - d2545f064c1d >", line 1
    10 * (1/2 ** 2) + (1 + 1/2 - 1/3) ** 2)
                                          ^
SyntaxError: unmatched ')'
```

以上两处错误都是由于括号失配造成的。第 1 处出错提示信息表示表达式的结尾缺失括号，第 2 处错误提示表达式结尾出现多余的括号。这里需要注意的是：错误回溯虽然指明了语法错误出现的代码行，但是插入符(^)所指向的位置不一定就是失配出现的确切位置。对于括号和引号失配的错误，Python 解释器在多数情况下虽然并不能指出失配的确切位置，但是错误信息可以帮助我们缩小排查的范围。

如果使用支持语法高亮的编辑器，则需要注意观察字符串或表达式中括号的颜色。在 Sypder 的代码编辑器中，如果某行代码中出现失配，则该行行号前将出现警示标识。在代码编辑的过程中，相互匹配的括号会被自动高亮，在录入表达式时务必注意这些细节，这样可以有助于避免出现括号失配的语法错误，如图 12-2 所示。

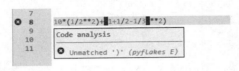

图 12-2　括号失配

5. 错误的缩进

不同于使用大括号表示代码块的其他编程语言，Python 使用不同的缩进来标识代码块。这意味着 Python 解释器希望代码中的缩进是可预测的。如果代码块中有一行的缩进不同于预测值，则会引发如下缩进错误：

（1）IndentationError。

（2）TabError。

这些异常都继承自 SyntaxError 类，但它们是涉及缩进的特殊情况。当代码的缩进级别不匹配时，将引发缩进错误。当代码在同一个文件中同时使用制表符和空格时，会引发 TabError。我们在编写代码时需要注意此类问题。

以下是一段会引发缩进错误的代码：

```
In [16]: def foo():
             for i in range(10):
                 print(i)
           print('done')

         foo()
  File "<tokenize>", line 4
    print('done')
    ^
IndentationError: unindent does not match any outer indentation level
```

代码中的这种错误会被不经意地引入。第 4 行的代码仅仅缩进了 2 个空格，它原本应该和 for 循环对齐。当然代码中存在着一些语义上的歧义：print('done')是否应该被包含在 for 循环块内？Python 解释器仅负责语法解析，语义上的正确需要编程者自己来保证。在遇到类似错误时，要确保修复语法错误的同时不要引入逻辑错误。

如果缩进时混用了制表符(Tab)和空格，则会遇到 TabError。缩进在 Python 程序中，对于代码的逻辑关系有着重要意义，而制表符（Tab）在不同的平台上有可能对应不同数量的空格，如果代码的缩进混用了制表符（Tab）和空格，则同一份程序在不同平台上就会有不同的逻辑解释，因此 Python 禁止在同一份代码中混用制表符（Tab）和空格缩进，如果遇到混用的情况则会报 TabError。

以下这段代码中 print('done') 前使用了制表符（Tab）缩进，由于编辑器中制表符（Tab）的宽度被设置为 4 空格，因此代码的缩进形式看起来不存在问题：

```
def foo():
    for i in range(10):
        print(i)
    print('done')        #此处缩进使用了 Tab 键

foo()
```

现在将它保存为文件 indentation.py，然后运行，运行结果会显示如下错误：

```
% run indentation.py
  File ".\python_math\ch12\indentation.py", line 5
    print('done')
                 ^
TabError: inconsistent use of tabs and spaces in indentation
```

Python 解释器给出了一条有用的错误消息：在同一个文件中，缩进出现制表符（Tab）和空格混用的情况。出现缩进混用时，Python 解释器通常指出第 1 处不一致的缩进行。在本例中 print('done') 前均以空格缩进，因此使用制表符（Tab）缩进的 print('done') 被指出。如果前面的代码以制表符（Tab）缩进，则首次使用空格缩进的代码将被标识为错误代码。

注意：在编辑代码时要确保使同一 Python 文件中的所有行都使用制表符（Tab）或空格进行缩进。

建议在编辑 Python 代码时，为制表符（Tab）设置自动扩展功能，这样可以有效地避免 TabError 错误。

6. 导入错误

当导入语句出现问题时，将引发 ImportError。如果代码要导入不存在的模块，或者尝试从某一模块中导入某些不存在的内容，则 Python 解释器会抛出 ImportError 异常或其子类 ModuleNotFoundError。以下是错误的代码示例：

```
In [17]: from collections import asdf
Traceback (most recent call last):

  File "< ipython - input - 17 - c8c650c05ca3 >", line 1, in < module >
    from collections import asdf
```

```
ImportError: cannot import name 'asdf' from 'collections' (C:\ProgramData\Anaconda3\lib\
collections\__init__.py)
```

```
In [18]: import asdf
Traceback (most recent call last):

  File "< ipython - input - 18 - 694512679d8a >", line 1, in < module >
    import asdf

ModuleNotFoundError: No module named 'asdf'
```

12.2.2　逻辑型错误

逻辑型错误出现在代码执行的过程中，往往难以发现。这些代码在语法上符合 Python 的语法规范，但是其中隐藏着逻辑缺陷。有缺陷的代码一旦被执行，则可能带来灾难性的后果。代码中经常会出现并能够被 Python 解释器在代码执行过程中捕获到的此类异常有属性错误（AttributeError）、索引错误（IndexError）、关键字错误（KeyError）、名字错误（NameError）、类型错误（TypeError）、值错误（ValueError）。

1. 索引错误（IndexError）

当代码试图使用不存在的索引检索序列（如列表或元组）时，将引发索引错误。错误代码如下：

```
In [19]: a_list = ['a', 'b']
         a_list[3]
Traceback (most recent call last):

  File "< ipython - input - 19 - 3e7fa24787c9 >", line 2, in < module >
    a_list[3]

IndexError: list index out of range
```

IndexError 的错误消息行所包含的信息很有限。它只是指明索引超出序列范围的错误，并指明序列的类型，本例中序列的类型为列表。在实际的应用中，索引可能通过一定的计算得出，导致索引异常的根本原因是 Python 解释器无法在回溯消息中明确指出，此时需要将回溯消息和代码相结合进行分析。

2. 数值错误（ValueError）

在 Python 中，值是存储在特定对象中的信息。遇到 ValueError 意味着代码试图将不合适的内容赋给某一对象。错误代码如下：

```
In [20]: int("dog")
Traceback (most recent call last):

  File "< ipython - input - 20 - 36189b67b4a2 >", line 1, in < module >
```

```
        int("dog")

ValueError: invalid literal for int()with base 10: 'dog'
```

Python 解释器无法将字符串"dog"转换成 int 型对象,因此只能抛出 ValueError 异常。

注意:当希望转换对象的类型时,要确保与该对象关联的值是一个有效值。

当试图对不存在的值执行操作时,也会在 Python 中触发 ValueError。例如,下面的例子:

```
In [21]: my_var = 5
         list = []
         list.remove(my_var)
Traceback (most recent call last):

  File "< ipython - input - 21 - 83e0dc2f259c >", line 3, in < module >
    list.remove(my_var)

ValueError: list.remove(x): x not in list
```

在本例中,我们定义了一个变量 myVar,使其值为 5,然后尝试从不包含该值的列表中删除该值。因为 5 不在列表中,所以不能删除它,Python 会返回一个值错误。此外,如果试图解包的值多于实际值,也会在 Python 中引发 ValueError。例如,以下错误代码:

```
In [22]: a, b, c = [1, 2]
Traceback (most recent call last):

  File "< ipython - input - 9 - 3263869b403f >", line 22, in < module >
    a, b, c = [1, 2]

ValueError: not enough values to unpack (expected 3, got 2)
```

这将返回一个值错误,因为右边的值太少,Python 无法解包。当 Python 试图使用右边的值为 c 赋值时,它无法找到任何匹配的值来解包,因此抛出 ValueError。与之类似,当右边值过多时也会引发 ValueError,错误代码如下:

```
In [23]: a, b = [1, 2, 3]
Traceback (most recent call last):

  File "< ipython - input - 23 - c702cf699c19 >", line 1, in < module >
    a, b = [1, 2, 3]

ValueError: too many values to unpack (expected 2)
```

3. 类型错误(TypeError)
Python 中的类型可以认为是相关数据类别的规范。当试图为函数传入不正确类型的对象或将操作符作用在不正确类型的对象上时,就会发生 TypeError。例如,当以下代码尝试将两个不兼容的类型加在一起时,便会引发 TypeError:

```
In [24]: 2 + "two"
Traceback (most recent call last):

  File "< ipython - input - 24 - a73dd09293c0 >", line 1, in < module >
    2 + "two"

TypeError: unsupported operand type(s) for + : 'int' and 'str'


In [25]: 2 + "two"
Traceback (most recent call last):

  File "< ipython - input - 25 - a73dd09293c0 >", line 1, in < module >
    2 + "two"

TypeError: unsupported operand type(s) for + : 'int' and 'str'
```

由于加法运算符'+'希望两边的对象类型一致,因此 Python 解释器抛出了 TypeError 异常。

下面是另外的一种常见错误:

```
In [26]: my_var = 30
         my_var[1]
Traceback (most recent call last):

  File "< ipython - input - 26 - 6c6ea219dba3 >", line 2, in < module >
    my_var[1]

TypeError: 'int' object is not subscriptable
```

由于不能像访问 list、tuple 或 string 类型对象那样通过索引访问 int 类型对象,所以 Python 解释器再次抛出 TypeError。

函数调用时,传入错误类型的参数,也会导致 TypeError 异常,错误代码如下:

```
In [27]: len(my_var)
Traceback (most recent call last):

  File "< ipython - input - 27 - 659b8266ffcf >", line 1, in < module >
    len(my_var)

TypeError: object of type 'int' has no len()
```

由于函数 len()的入参不支持 int 类型,因此 Python 解释器会抛出 TypeError 异常。

通常,如果 Python 中遇到 TypeError,则需花点时间验证正在操作的数据是否为期望的类型。要做到这一点，只需对可疑的数据调用内置的 type()函数。

4. 属性错误（AttributeError）

当代码尝试访问特定对象类型不具备的属性或调用特定对象类型不具备的方法时，通常会引发 Python 中的 AttributeError 异常。

列表类型具有一组特定的方法，包括：insert、remove 和 sort 等。这意味着任何列表类型对象都具有这些方法，但是，并非所有类型的对象都必须具有这些方法（或属性）。如果我们尝试使用整数的 append()方法，则会发生 AttributeError，因为整数类型对象不具有该方法，错误代码如下：

```
In [28]: an_int = 1
         an_int.append(2)
Traceback (most recent call last):

  File "< ipython − input − 28 − 4260c6ec7e1b >", line 2, in < module >
    an_int.append(2)

AttributeError: 'int' object has no attribute 'append'
```

本例中，错误信息很清晰地指出错误的原因。以下错误代码试图访问不存在的属性：

```
In [29]: an_int.an_attribute
Traceback (most recent call last):

  File "< ipython − input − 29 − 2702f3e0c89e >", line 1, in < module >
    an_int.an_attribute

AttributeError: 'int' object has no attribute 'an_attribute'
```

AttributeError 的错误消息行告诉我们，特定的对象类型（在本例中为 int）没有所要访问的属性（在本例中为 an_attribute），此信息可以帮助我们快速识别错误的位置。

5. 关键字错误（KeyError）

如果试图访问字典中的无效键，则会引发 Python 中的 KeyError 异常。通常情况下，这意味着试图查找的键并不存在。以下是一段错误的代码：

```
In [30]: ages = {'Jim': 30, 'Pam': 28, 'Kevin': 33}
         ages['Sam']
Traceback (most recent call last):

  File "< ipython − input − 30 − 6d327737d536 >", line 2, in < module >
    ages['Sam']

KeyError: 'Sam'
```

KeyError 的错误信息非常简短，仅仅把出错的关键字打印出来。在实际应用中，要想最终找到问题的根源，往往要回溯代码其余的部分。

6. 名字错误(NameError)

当 Python 程序在执行过程中访问未定义的对象时，会引发 NameError 异常。出现这种异常的原因，通常是对象没有被定义或者对象名称被拼写错了。错误代码如下：

```
In [31]: def greet(person):
             print(f'Hello, {persn}')
         greet('World')
Traceback (most recent call last):

  File "< ipython − input − 31 − 307fc51bd5e1 >", line 3, in < module >
    greet('World')

  File "< ipython − input − 31 − 307fc51bd5e1 >", line 2, in greet
    print(f'Hello, {persn}')

NameError: name 'persn' is not defined
```

NameError 回溯的错误消息行指出有未定义的名称。在上面的示例中，它是由函数中的拼写错误导致的。

12.3 抛出异常

与等待程序在运行中途崩溃不同，在我们自己编写的程序中，如果遇到输入无效或者某种异常情况，则可以使用前文所介绍的相同机制通知用户或调用函数抛出异常。主动抛出异常的目的是避免代码在一个低级别上中断，因为多数情况下，我们会事先知道事情可能会出错的条件。

Python 中的关键字 raise 用于引发一个异常，以下是抛出异常的示例代码：

```
In [32]: for i in range(10):
             if (i == 5):
                 raise Exception('i should not exceed {}'.format(i)) # 抛出异常
             print(i)

0
1
2
3
4
Traceback (most recent call last):

  File "< ipython − input − 32 − 0025afc1925b >", line 3, in < module >
    raise Exception('i should not exceed {}'.format(i))

Exception: i should not exceed 5
```

以上代码在 i 等于 5 时停止执行，并显示回溯信息。与 Python 内建的异常回溯类似，最后一行是我们自定义的错误消息。

我们还可以使用断言语句 assert。Python assert（断言）用于判断一个表达式，当表达式条件为 False 的时候，将触发异常。断言可以在条件不满足程序运行的情况下直接返回错误，这样避免了程序运行后出现崩溃的情况，例如我们的代码只能在 Linux 系统下运行，可以先判断当前系统是否符合条件。如果这个条件被证明是真的，则程序可以继续。如果条件为 False，则可以让程序抛出 AssertionError 异常，代码如下：

```
In [33]: import sys
         assert ('Linux' in sys.platform), "该代码只能在 Linux 下执行"
Traceback (most recent call last):

  File "< ipython - input - 33 - 12facd73f57f >", line 2, in < module >
    assert ('Linux' in sys.platform), "该代码只能在 Linux 下执行"

AssertionError: 该代码只能在 Linux 下执行
```

以上代码等价于如下代码：

```
In [34]: if not ('Linux' in sys.platform):
             raise AssertionError("该代码只能在 Linux 下执行")
```

当使用 raise 和 assert 抛出异常时，其后的异常描述越详细越好。

Python 中有大量标准异常，大多数情况下，应该使用其中的某一种，并结合有意义的错误消息。有一个特别有用的错误消息：NotImplementedError。当代码将要尝试的行为没有意义、未定义或出现类似错误时，可以抛出此异常。例如，在计算二次方程 $ax^2 + bx + c = 0(a \neq 0)$ 的实数解时，标准公式如下：

$$x = \frac{-b \pm \sqrt{b^2 - 4ac}}{2a}$$

方程仅在 $b^2 \geqslant 4ac$ 时有实数解。实现代码如下：

```
In [35]: from math import sqrt

         def real_quadratic_roots(a, b, c):
             """
             求二次方程 a x^2 + b x + c = 0 的实数根。
             如果存在，则返回两个实数根。
             如果不存在，则抛出异常。

             参数
             ----
             a: float
                 方程二次项系数
             b: float
                 方程一次项系数
             c: float
```

```
                    方程常数项

                返回值
                _____
                roots: tuple
                    方程的两个实数根(如果存在)
                """
                discriminant = b ** 2 - 4.0 * a * c
                if discriminant < 0.0:
                    raise NotImplementedError("二次方程的判别式 {} < 0。""方程不存在实数根。".
format(discriminant))
                x_plus = (- b + sqrt(discriminant)) / (2.0 * a)
                x_minus = (- b - sqrt(discriminant)) / (2.0 * a)
                return x_plus, x_minus
        print(real_quadratic_roots(1.0, 5.0, 6.0))
        real_quadratic_roots(1.0, 1.0, 5.0)
(- 2.0, - 3.0)
Traceback (most recent call last):

  File "< ipython - input - 35 - 8d9475e555d5 >", line 30, in < module >
    real_quadratic_roots(1.0, 1.0, 5.0)

  File "< ipython - input - 35 - 8d9475e555d5 >", line 25, in real_quadratic_roots
    raise NotImplementedError("二次方程的判别式 {} < 0。""方程不存在实数根。".format
(discriminant))

NotImplementedError: 二次方程的判别式 - 19.0 < 0。方程不存在实数根。
```

12.4 捕获异常

程序运行中抛出异常不仅是为了终止程序运行进行调试,更主要的目的是在程序运行过程中,由程序本身对异常进行处理,因此,Python 提供了捕获异常的机制。语法如下:

```
try:
    执行可能会抛出异常的代码
except:
    发生异常后执行的代码
```

try 语句按照如下方式工作:

(1) 执行 try 子句(在关键字 try 和关键字 except 之间的语句)。

(2) 如果没有异常发生,则忽略 except 子句,并在 try 子句执行后结束。

(3) 如果在执行 try 子句的过程中发生了异常,则 try 子句余下的部分将被忽略。如果 except 之后没有指明要捕获的异常类型,或者异常的类型和 except 之后标注的名称相符,则对应的 except 子句将被执行。

(4) 如果某个异常没有与任何的 except 匹配,则这个异常将会传递给上层的 try。

（5）如果某个异常在代码中未能和任何 except 匹配，则 Python 解释器中断程序的执行并输出 12.1 节介绍的回溯信息。

下面是关于如何使用 try 和 except 语句的例子。

首先，我们定义一个进行除法运算的函数，代码如下：

```
In [36]: def divide(numerator, denominator):
             """
             除法运算

             参数
             ----
             numerator: float
                 被除数
             denominator: float
                 除数

             返回值
             -----
             fraction: float
                 numerator / denominator
             """
             return numerator / denominator
```

由于除数不能为 0，因此函数 divide（）的第 2 个入参不能是 0，如果输入为 0，则执行函数时会引发异常。参看以下代码：

```
In [37]: denominators = [1.0, 0.0, 3.0, 5.0]
         for denominator in denominators:
             print(divide(4.0, denominator))

4.0
Traceback (most recent call last):

  File "< ipython - input - 37 - ba45bfe67751 >", line 3, in < module >
    print(divide(4.0, denominator))

  File "< ipython - input - 36 - 0ce142cebc16 >", line 17, in divide
    return numerator / denominator

ZeroDivisionError: float division by zero
```

执行代码，在输出一个结果之后，出现了异常。以上的代码仅仅是一个示例，并不具有实际的应用意义。真实的案例往往要比示例复杂得多，在这些案例中，提前预判各种错误输入可能并非易事。在这种情况下，我们希望能够在不停止代码的情况下快速运行代码并捕获错误。这时可使用 try 和 except 代码块，代码如下：

```
In [38]: try:
             print(divide(4.0, 0.0))
         except ZeroDivisionError:
             print("注意:除数为 0!")

注意:除数为 0!

In [39]: denominators = [1.0, 0.0, 3.0, 5.0]
         for denominator in denominators:
             try:
                 print(divide(4.0, denominator))
             except ZeroDivisionError:
                 print("注意:除数为 0!")

4.0
注意:除数为 0!
1.3333333333333333
0.8
```

如同关键字 try 的意义,Python 解释器"尝试"执行 try 代码块中的代码。当且仅当出现错误时,才会检查 except 代码块。如果产生的错误与列出的错误匹配,则 except 代码块内的代码将被运行。当函数 divide() 在运行中发生异常时,程序执行并未被中断,except 后的代码将继续被执行。当函数 divide() 在运行中发生异常时,程序执行并未被立即中断,与错误类型相匹配的 except 代码块将被执行。

如果没有相匹配的 except 代码块,则 Python 解释器将立即中断程序运行,并输出异常回溯。以下是出现 TypeError 的示例代码:

```
In [40]: try:
             print(divide(4.0, '0.0'))
         except ZeroDivisionError:
             print("注意:除数为 0!")
Traceback (most recent call last):

  File "< ipython - input - 40 - 3d34144ce5fd >", line 2, in < module >
    print(divide(4.0, '0.0'))

  File "< ipython - input - 36 - 0ce142cebc16 >", line 17, in divide
    return numerator / denominator

TypeError: unsupported operand type(s) for /: 'float' and 'str'
```

由于函数 divide() 的异常类型是 TypeError,没有与之匹配的 except 块,因此 Python 输出异常回溯。以下代码同时捕获 TypeError 异常:

```
In [41]: try:
             print(divide(4.0, '0.0'))
         except ZeroDivisionError:
```

```
            print("注意:除数为 0!")
        except TypeError:
            print("需要注意除数、被除数的类型")
```

需要注意除数、被除数的类型

以上代码仅能捕获特定类的异常,如果不指定异常类型,则代码将会捕获所有的异常,代码如下:

```
In [42]: try:
            print(divide(4.0, '0.0'))
        except:
            print("需要注意:函数调用出错了!")
```

需要注意:函数调用出错了!

以上示例代码没有看到被调用 divide()内部抛出的错误信息。为了确切地了解出了什么问题,有时代码中需要捕获与异常的错误信息。示例代码如下:

```
In [43]: try:
            print(divide(4.0, '0.0'))
        except (ZeroDivisionError, TypeError) as error:
            print("需要注意:函数调用出错了! \n %s" % error)
```

需要注意:函数调用出错了!
unsupported operand type(s) for /: 'float' and 'str'!

在这里,我们捕获了元组中两种可能的错误类型(在本例中必须有括号),并捕获变量error 中的特定错误,然后可以使用这个变量:这里我们只是对其进行了打印输出。正常情况下最好的做法是对试图抓住的错误进行尽可能地具体说明。

有时,某些操作只在未发生错误的情况下被执行。例如,假设我们需要存储除法运算中有效的除数和结果,一种实现方法参见以下代码:

```
In [44]: denominators = [1.0, 0.0, 3.0, "zero", 5.0]
        results = []
        divisors = []
        for denominator in denominators:
            try:
                result = divide(4.0, denominator)
            except (ZeroDivisionError, TypeError) as error:
                print("除数是{}引起的错误类型是:{} ".format(denominator, error))
            else:
                results.append(result)
                divisors.append(denominator)
        print(results)
        print(divisors)
除数是 0.0 引起的错误类型是:float division by zero
除数是 zero 引起的错误类型是:unsupported operand type(s) for /: 'float' and 'str'
[4.0, 1.3333333333333333, 0.8]
```

示例代码中，仅当 try 代码块成功时，才运行 else 中的语句。如果 try 代码块中的语句引发异常，则不会运行 else 中的语句。

12.5 本章小结

Python 程序一旦遇到错误就会终止。在 Python 中，错误可能是语法错误或逻辑错误。语法错误通常易于发现和解决，而逻辑错误往往难以发现。本章首先介绍了 Python 异常回溯的格式。接下来介绍了常见的 Python 异常类型及如何通过异常消息定位引发异常的原因。最后，介绍了如何主动抛出异常和捕获异常。

图 书 推 荐

书　名	作　者
鸿蒙应用程序开发	董昱
鸿蒙操作系统开发入门经典	徐礼文
鸿蒙操作系统应用开发实践	陈美汝、郑森文、武延军、吴敬征
华为方舟编译器之美——基于开源代码的架构分析与实现	史宁宁
鲲鹏架构入门与实战	张磊
华为 HCIA 路由与交换技术实战	江礼教
Flutter 组件精讲与实战	赵龙
Flutter 组件详解与实战	［加］王浩然（Bradley Wang）
Flutter 实战指南	李楠
Dart 语言实战——基于 Flutter 框架的程序开发（第 2 版）	亢少军
Dart 语言实战——基于 Angular 框架的 Web 开发	刘仕文
IntelliJ IDEA 软件开发与应用	乔国辉
Vue＋Spring Boot 前后端分离开发实战	贾志杰
Vue.js 企业开发实战	千锋教育高教产品研发部
Python 人工智能——原理、实践及应用	杨博雄主编，于营、肖衡、潘玉霞、高华玲、梁志勇副主编
Python 深度学习	王志立
Python 异步编程实战——基于 AIO 的全栈开发技术	陈少佳
Python 数据分析从 0 到 1	邓立文、俞心宇、牛瑶
物联网——嵌入式开发实战	连志安
智慧建造——物联网在建筑设计与管理中的实践	［美］周晨光（Timothy Chou）著；段晨东、柯吉译
TensorFlow 计算机视觉原理与实战	欧阳鹏程、任浩然
分布式机器学习实战	陈敬雷
计算机视觉——基于 OpenCV 与 TensorFlow 的深度学习方法	余海林、翟中华
深度学习——理论、方法与 PyTorch 实践	翟中华、孟翔宇
深度学习原理与 PyTorch 实战	张伟振
ARKit 原生开发入门精粹——RealityKit＋Swift＋SwiftUI	汪祥春
HoloLens 2 开发入门精要——基于 Unity 和 MRTK	汪祥春
Altium Designer 20 PCB 设计实战（视频微课版）	白军杰
Cadence 高速 PCB 设计——基于手机高阶板的案例分析与实现	李卫国、张彬、林超文
Octave 程序设计	于红博
SolidWorks 2020 快速入门与深入实战	邵为龙
SolidWorks 2021 快速入门与深入实战	邵为龙
UG NX 1926 快速入门与深入实战	邵为龙
西门子 S7-200 SMART PLC 编程及应用（视频微课版）	徐宁、赵丽君
三菱 FX3U PLC 编程及应用（视频微课版）	吴文灵
全栈 UI 自动化测试实战	胡胜强、单镜石、李睿
pytest 框架与自动化测试应用	房荔枝、梁丽丽
软件测试与面试通识	于晶、张丹
深入理解微电子电路设计——电子元器件原理及应用（原书第 5 版）	［美］理查德・C. 耶格（Richard C. Jaeger）、［美］特拉维斯・N. 布莱洛克（Travis N. Blalock）著；宋廷强译
深入理解微电子电路设计——数字电子技术及应用（原书第 5 版）	［美］理查德・C. 耶格（Richard C. Jaeger）、［美］特拉维斯・N. 布莱洛克（Travis N. Blalock）著；宋廷强译
深入理解微电子电路设计——模拟电子技术及应用（原书第 5 版）	［美］理查德・C. 耶格（Richard C. Jaeger）、［美］特拉维斯・N. 布莱洛克（Travis N. Blalock）著；宋廷强译

图书资源支持

感谢您一直以来对清华版图书的支持和爱护。为了配合本书的使用，本书提供配套的资源，有需求的读者请扫描下方的"书圈"微信公众号二维码，在图书专区下载，也可以拨打电话或发送电子邮件咨询。

如果您在使用本书的过程中遇到了什么问题，或者有相关图书出版计划，也请您发邮件告诉我们，以便我们更好地为您服务。

我们的联系方式：

地　　址：北京市海淀区双清路学研大厦 A 座 714

邮　　编：100084

电　　话：010-83470236　010-83470237

客服邮箱：2301891038@qq.com

QQ：2301891038（请写明您的单位和姓名）

资源下载：关注公众号"书圈"下载配套资源。

资源下载、样书申请

书圈

获取最新书目

观看课程直播